"十二五"国家重点图书出版规划项目 · 新能源技术丛书

太阳能光伏发电系统

◆ 金步平　吴建荣　刘士荣　陈哲艮　编著

U0233054

Solar Photovoltaic

电子工业出版社·

Publishing House of Electronics Industry

北京·BEIJING

内 容 简 介

本书立足于分布式光伏发电系统发展的需求，系统介绍了晶体硅太阳电池的物理基础，晶体硅太阳电池和组件的制备技术，硅基薄膜太阳电池、碲化镉太阳电池等太阳电池的原理、性能和制备技术，太阳能光伏发电系统中直流－直流（DC/DC）变换电路和直流－交流（DC/AC）变换电路、系统储能装置、系统的充/放电控制电路，光伏系统的软件设计和硬件设计，以及分布式发电与微电网的基本概念、微电网的典型结构、微电网运行控制等内容。在此基础上，本书也介绍相关的实际应用案例，以供读者在实际工作中作为参考。

本书内容较为丰富，既有工作原理的阐述，又列举了一些实际应用的案例，适合从事太阳能光伏发电技术的工程技术人员阅读使用，也可作为高等院校相关专业的教学用书。

图书在版编目（CIP）数据

太阳能光伏发电系统/金步平等编著． －北京：电子工业出版社，2016．5
（新能源技术丛书）
ISBN 978-7-121-27968-3

Ⅰ．①太…　Ⅱ．①金…　Ⅲ．①太阳能发电　Ⅳ．①TM615

中国版本图书馆 CIP 数据核字（2015）第 317999 号

策划编辑：张　剑（zhang@ phei. com. cn）
责任编辑：张　剑　　文字编辑：牛平月
印　　刷：北京盛通数码印刷有限公司
装　　订：北京盛通数码印刷有限公司
出版发行：电子工业出版社
　　　　　北京市海淀区万寿路 173 信箱　邮编　100036
开　　本：720×1 000　1/16　印张：29　字数：601 千字
版　　次：2016 年 5 月第 1 版
印　　次：2024 年 8 月第 7 次印刷
定　　价：78. 00 元

凡所购买电子工业出版社图书有缺损问题，请向购买书店调换。若书店售缺，请与本社发行部联系，联系及邮购电话：（010）88254888，88258888。
质量投诉请发邮件至 zlts@ phei. com. cn，盗版侵权举报请发邮件至 dbqq@ phei. com. cn。
本书咨询联系方式：zhang@ phei. com. cn。

前　言

作为一种无污染的可再生清洁能源，太阳能的开发和应用近年来日益受到关注。而光伏发电技术则是利用太阳电池组件将太阳光能直接转化为电能的，再配备其他的辅助设备，如蓄电池、控制器和逆变器等，就可构成不同的发电系统。近十年来，光伏发电产业每年以 40% ～ 50% 的速度递增，成为当今世界上发展最快的能源产业。我国也是太阳能资源丰富的国家之一，全国总面积 2/3 以上的地区年日照时数大于 2000h，有着非常有利的利用条件。

2013 年 7 月，国务院发布《关于促进光伏产业健康发展的若干意见》，国家发展和改革委员会、国家能源局也相继颁布了《分布式发电管理暂行办法》和《国家能源局关于进一步落实分布式光伏发电有关政策的通知》，这必将大大加强和推动分布式光伏发电项目的建设。由此可见，今后我国光伏发电系统的发展将以分布式光伏发电系统为主。本书的重点就是论述中小型规模的分布式光伏发电系统，涉及的内容涵盖了构成分布式光伏发电系统的各个主要方面。为了全面了解光伏发电系统的核心部件太阳电池和组件，本书还系统介绍了晶体硅太阳电池和硅基薄膜太阳电池的原理、性质及制造技术。

撰写本书的作者们长期从事光伏发电技术的研究、开发、推广应用工作和光伏专业教学工作，具有扎实的专业理论基础和较丰富的实践经验。

全书共 9 章。第 1 章主要介绍太阳能光伏系统的构成，重点讨论了地表上所受到的太阳辐射情况及其计算方法等；第 2 章主要介绍硅基太阳电池材料的基本性质，以及晶体硅太阳电池物理基础、工作原理及其性能参数等；第 3 章主要介绍晶体硅太阳电池和组件的制造技术；第 4 章主要介绍硅基薄膜太阳电池的工作原理、材料性质、制备技术和制备工艺等；第 5 章主要介绍化合物太阳电池及染料敏化太阳电池的发展概况、材料性质、制备技术和制备工艺等；第 6 章主要介绍各种类型的 DC/DC 变换电路和 DC/AC 变换电路的工作原理和特点；第 7 章主要介绍常用蓄电池的工作原理和特点，以及将来可能会在光伏系统中使用的一些新型储能装置，重点探讨了目前在光伏系统中广泛使用的铅酸蓄电池的主要特性参数及其充/放电特性、充/放电保护控制电路原理和一些基本电路结构；第 8 章主要讨论了光伏系统所涉及的软件设计和硬件设计，并介绍了一些目前较为常用的光伏系统设计和优化软件；第 9 章主要介绍分布式发电与微电网的基本概念、微电网的典型结构、微电网运行控制等内容。

本书由金步平、吴建荣、刘士荣、陈哲艮编著。其中，第 1 章、第 6 章至第 8 章由金步平编写，第 2 章和第 3 章由陈哲艮编写，第 4 章和第 5 章由吴建荣编写，第 9 章由刘士荣编写。在本书撰写过程中，常州天合光能有限公司张臻博士提供了两例光伏电站的设计实例，在此表示衷心的感谢。

在本书编写过程中还参考了大量的国内外光伏发电领域的文献资料，在此谨向相关作者表示衷心的感谢！

太阳能光伏发电技术涉及众多学科，既涉及半导体物理、化学和材料科学，也涉及光学、电学、电子学、计算机和机械等，因此全书的符号难以做到完全统一，这可能会给读者的阅读带来一些不便，敬请谅解。

由于时间和作者水平的有限，书中难免会有疏漏和错误之处，敬请读者批评指正。

编著者

目　　录

第 1 章　阳光发电概论

阳光发电系统是指利用太阳电池组件将太阳光能直接转化为电能，再配备其他设备（如蓄电池、控制器和逆变器等）构成的各种不同的发电系统。对于直接利用太阳光发电的太阳电池而言，太阳辐射的光谱、能量和太阳辐射的变化情况与太阳电池的输出功率密切相关。本章将简单介绍太阳辐射和常用的一些坐标系，重点讨论地面上所接收到的太阳辐射情况及其计算方法，以及太阳能光伏系统的构成，为阅读后续章节打下基础。

1.1　太阳辐射

1.1.1　太阳能量与光谱

1. 太阳能量

太阳是一个主要由氢和氦组成的炽热的气体星球，直径约为 1.392×10^6 km，距地球的距离约为 1.496×10^8 km。太阳是能量最强、天然稳定的自然辐射源，其中心温度为 1.5×10^7 K，表面的有效温度为 5762K。内部发生由氢转换成氦的聚核反应，每秒有 6.57×10^{11} kg 的氢聚合生成 6.53×10^{11} kg 的氦，总辐射功率可达到 3.8×10^{26} W，这些能量以电磁波的形式，以 3×10^8 m/s 的速度向外发射，虽然其中只有大约 22 亿分之一能到达地球大气层（约为 1.7×10^{17} W），但也有相当于 5.9×10^6 t 煤的能量。这部分太阳辐射能在穿越大气层时，约 19% 被大气所吸收，约 30% 被大气尘粒和地面反射回宇宙空间，最后约有 8.5×10^{16} W 到达地球的表面。

2. 太阳光谱

太阳属于黄色的矮星，太阳光谱属于 G2V 光谱型，太阳辐射的波长范围覆盖了从 X 射线到无线电波的整个电磁波谱。在大气层外，太阳的光谱分布曲线和 5900K 黑体的相近。在地面上观测的太阳辐射的波段范围大约为 $0.295 \sim 2.5\mu m$。小于 0.295 μm 和大于 $2.5\mu m$ 波长的太阳辐射，因被地球大气中臭氧、水气和其他大气分子强烈吸收，而不能到达地面。

太阳辐射主要集中在可见光部分（$0.4 \sim 0.76\mu m$），波长大于可见光的红外线（$> 0.76\mu m$）和小于可见光的紫外线（$< 0.4\mu m$）部分较少。在全部辐射能中，波长在 $0.15 \sim 4\mu m$ 之间的占 99% 以上，且主要分布在可见光区和红外区，前

者占太阳辐射总能量的约50%，后者占约43%，紫外区的太阳辐射能很少，只占总量的约7%。

大气层外的太阳光谱如图1-1所示。太阳光谱辐照度的积分值见表1-1[1]。

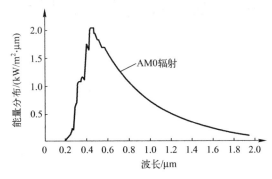

图1-1　大气层外的太阳光谱

表1-1　太阳光谱辐照度的积分值

波长范围/μm	光照辐射度/（W/m²）		波长范围/μm	光照辐射度/（W/m²）	
0.1510～0.2100	a：	0.2	0.6569～1.2500	a：$\eta = 2.0\%$	246.4
	b：	0.2		b：$\eta = 1.0\%$	248.9
0.2100～0.3000	a：	16	1.25～2.5	a：	225.7
	b：	16.2		b：	228.9
0.3000～0.3300	a：	20.8	2.5～10	a：	45.6
	b：	22.0		b：	47.9
0.3300～0.6569	540.3		>10	0.8	
0.6569～0.8770	272.0		合计	a：	1368
				b：	1377

3. 太阳常数

太阳的辐射能量用太阳常数来表示。太阳常数定义为在平均日地距离上、地球大气层外测得的垂直于光线的单位面积上所接收到的太阳辐射通量，用 I_{sc}（Solar constant）表示。1976年，美国宇航局发布的太阳常数值为（1353 ± 21）W/m²。1981年，世界气象组织推荐的太阳常数值 $I_{sc} = (1367 ± 7)$ W/m²，通常采用 1367W/m²。

某一实际日地距离 R 处的太阳辐射通量 I_R 可由下式决定：

$$I_R = \frac{R_0^2}{R^2} I_{R_0}$$ （1-1）

式中，R_0 为平均日地距离（km）；I_{R_0} 为平均日地距离的太阳辐射通量（W）。

1.1.2　太阳与地球的位置关系

1. 地理坐标系

地理坐标系是用于确定地球上某一物体在地球上位置的坐标系。地球除绕太阳公转外，还绕自己的轴线旋转，地球自转轴线（地轴）与地球椭球体的短轴相重合，并与地面相交于两点，即地球的两极——北极和南极。垂直于地轴，并通过地心的平面称为赤道平面，赤道平面与地球表面相交的大圆圈（交线）称为赤道，赤道平面将地球分为南半球和北半球。

地球表面上任一点的位置均可用纬度和经度来确定。纬度线和经度线是地球表面上两组正交（相交为 90°）的曲线，这两组正交的曲线构成的坐标，称为地理坐标系，如图 1-2 所示。

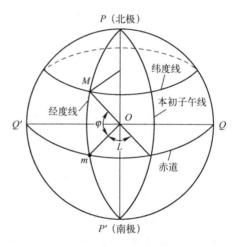

图 1-2　地理坐标系

1）纬度（Latitude）　过地表任意点 M 的平行于赤道的圆周线，称为纬度线；纬度线上任意点指向地心的铅垂线与赤道面的交角，称为该点的地理纬度（简称纬度），用字母 φ 表示。纬度从赤道起算，在赤道上纬度为 0°，纬线离赤道越远，纬度越大，至极点纬度为 90°。赤道以北称为北纬，以南称为南纬。

2）经度（Longitude）　过地表任意点 M 过南北极的垂直于赤道面的圆周线，称为经度线（又称为子午线）；过某点的子午面与通过英国格林尼治天文台的子午面所夹的二面角，称为该点的地理经度（简称经度），用字母 L 表示。国际规定通过英国格林威治天文台的子午线为本初子午线（或称为首子午线），作为计算经度的起点，该线的经度为 0°，向东 0 ～ 180°称为东经，向西 0 ～ 180°称为西经。

2. 天球坐标系

由于要研究太阳和地球的相对位置关系，所以可采用表明太阳所处位置的天球坐标系。天球是以地球的地心为球心，以日—地平均距离为半径的一个假想球面，太阳就是在这个球面上自东向西做相对于地球的运动。天球坐标系上一些物理量和地理坐标系上的物理量可以相对应，只是所针对的球面不同，通过延长或平行放大就可得到。常用的天球坐标系分为赤道坐标系和地平坐标系两种。

1）赤道坐标系　赤道坐标系是以天赤道 QQ′ 为基本圆，以天赤道与天子午圈

的交点 Q 为原点的天球坐标系，如图 1-3 所示。太阳的位置 S_θ 由时角 θ_h 和赤纬角 δ 这两个具有相互垂直关系的坐标决定。

☺ 时角 θ_h：表示太阳中心点到地心的连线 OS_θ 与天子午线 PQ 之间的夹角。对于圆弧 QB 而言，顺时针方向为正，逆时针方向为负。太阳正午时刻，$\theta_h = 0°$，上午为负值，下午为正值，每 1h 对应的时角为 15°。任一时刻所对应的时角为该时刻与正午的时间差（h）乘以 15°。

☺ 赤纬角 δ：表示太阳中心到地心的连线 OS_θ 与其在天赤道平面投影 OB 之间的夹角。赤纬角是由于地球绕太阳运行造成的现象，它随时间变化而变化。赤纬角以年为周期，在 $+23.45°$ 与 $-23.45°$ 的范围内移动。每年夏至，赤纬角达到最大值 $+23.45°$，太阳位于地球北回归线正上空，夏至日是北半球日照时间最长、南半球日照时间最短的一天；随后，赤纬角逐渐减少，至秋分时等于零；至冬至时，赤纬角减至最小值 $-23.45°$，此时阳光斜射北半球，昼短夜长，而南半球则相反；之后，赤纬角逐渐增加，至春分时，赤纬角又回到 0°。

因赤纬角值日变化很小，按照库珀（Cooper）方程，一年内任意一天的赤纬角 δ 可用下式计算：

$$\delta = 23.45 \sin\left[360 \times (284 + n)/365\right] \tag{1-2}$$

式中，n 为日数，自 1 月 1 日开始计算。如在春分日，$n = 81$，则 $\delta = 0$。

式（1-2）只是一个很好的近似公式，因一年的长度并不完全是 365 天，春分也并不一定总是第 81 天。

2）地平坐标系 地平坐标系中的基本圈是地平圈，基本点是天顶和天底，如图 1-4 所示。太阳的位置 S_θ 由天顶角 θ_z（或太阳高度角 α）和太阳方位角 γ_s 这两个具有相互垂直关系的坐标来决定。

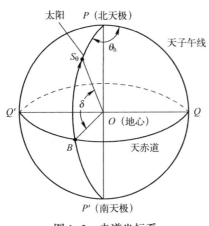

图 1-3　赤道坐标系

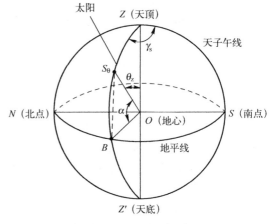

图 1-4　地平坐标系

☺ 天顶角 θ_z：即地心到太阳中心的连线 OS_θ 与地心到天顶连线 OZ 之间的夹角。

☺ 太阳高度角：即地心到太阳中心的连线 OS_θ 与其在地平面上投影线 OB 之间的夹角，表示太阳高出水平面的角度。

太阳高度角 α 和天顶 θ_z 满足如下关系：

$$\theta_z + \alpha = 90° \tag{1-3}$$

任意条件下的太阳高度角 α 可用下式来计算[2]：

$$\sin\alpha = \sin\varphi\sin\delta + \cos\varphi\cos\delta\cos\theta_h \tag{1-4}$$

☺ 太阳方位角 γ_s：即地心到南点的连线 OS 与 OS_θ 在地平面上投影线 OB 之间的夹角，表示太阳光线的水平投影偏离正南方向的角度。正南方向的方位角 $\gamma_s = 0°$，顺时针向西旋转为正，逆时针向东旋转为负。

任意条件下的太阳方位角 γ_s 可用下式来计算：

$$\sin\gamma_s = \frac{\cos\delta \cdot \sin\theta_h}{\cos\alpha} \tag{1-5}$$

或

$$\cos\gamma_s = \frac{\sin\alpha \cdot \sin\varphi - \sin\delta}{\cos\alpha \cdot \cos\varphi} \tag{1-6}$$

1.1.3　太阳辐射量

地面上接收到的太阳辐射包括直接辐射和散射辐射。由于太阳辐射在穿越大气层时要受到大气层中的各种成分的反射、吸收和散射的影响，使到达地球表面的太阳辐射强度和光谱能量分布都发生了不同程度的衰减和变化。太阳辐射通过大气层的路程越长，大气层对其反射、吸收和散射的影响越大，到达地球表面的太阳辐射能量也就越小。

1. 大气质量

大气质量是一个无量纲的量，用 AM 表示，其定义为太阳光线通过大气的路程与太阳在天顶角时太阳光线通过大气的路程之比。规定在 1 个标准大气压和温度为 0° 时，海平面上太阳光线垂直入射路径 R 等于 1，即 AM 为 1，记作 AM1。AM1 条件下的太阳辐照度为 0.107W/cm²。大气层外无衰减时的大气质量为 0，即 AM0，太阳在其他任意位置时的大气质量都大于 1。任意位置的大气质量 AM 与太阳高度角 α 的关系示意图如图 1-5 所示。AM 值可按下式计算得到：

$$AM = \sec\theta_z = \frac{1}{\sin\alpha}, \quad 0° < \alpha < 90° \tag{1-7}$$

式（1-7）的推出是忽略了折射和地面曲率等影响，当 $\alpha < 30°$ 时，有较大误差。在光伏系统工程计算中，可采用下式[3]：

$$AM(\alpha) = \sqrt{1229 + (614\sin\alpha)^2} - 614\sin\alpha \tag{1-8}$$

我国规定 AM1.5 为测试硅太阳电池标称输出功率的标准条件之一，此条件下的太阳高度角为 $\alpha = 41.81°$，太阳辐照度为 $1kW/m^2$。AM0 和 AM1.5 的太阳光谱的能量分布图如图 1-6 所示。

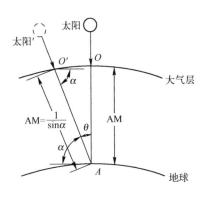

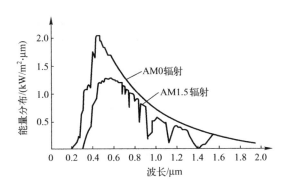

图 1-5 大气质量与太阳高度角关系示　　　　图 1-6 太阳能光谱分布图

2. 大气透明度

大气透明度是表征地球大气容许太阳辐射通过的百分率。根据布克－兰贝特（Bonguer－Lambert）定律，波长为 λ 的太阳辐照度 $I_{\lambda,0}$ 经过厚度为 dm 的大气层后，辐照衰减量为

$$dI_{\lambda,n} = -a_\lambda I_{\lambda,0} dm \tag{1-9}$$

积分后得到：

$$I_{\lambda,n} = I_{\lambda,0} e^{-a_\lambda m} \tag{1-10}$$

式中，$I_{\lambda,n}$ 为到达地球表面的波长为 λ 的法向太阳辐照度；$I_{\lambda,0}$ 为大气层外的太阳辐照度；α_λ 为大气消光系数；m 为大气质量。

令 $P_\lambda = e^{-\alpha_\lambda}$，为单色光谱的透明度或"透明系数"，则：

$$I_{\lambda,n} = I_{\lambda,0} p_\lambda^m \tag{1-11}$$

设在某个大气质量下的整个太阳辐射光谱范围内单色光谱透明度的平均值为 p_m，则可得到该大气质量下全色太阳辐照度 I_n 为：

$$I_n = \int_0^\infty I_{\lambda,0} p_\lambda^m d\lambda = \gamma I_{sc} p_m^m \tag{1-12}$$

因此有：

$$p_m = \left(\frac{I_n}{\gamma I_{sc}}\right)^{1/m} \tag{1-13}$$

式中，γ 为日地变化修正值；I_{sc} 为太阳常数。

p_m 与 m 有着复杂的关系，它表征大气对太阳辐射能的衰减程度。

3. 与太阳光线垂直的地球表面上的太阳直接辐照度

由于 p_m 与 m 有着复杂的关系，为了简单起见，通常将大气透明度修正到某个给定的大气质量上，如将大气质量为 m 的大气透明度 p_m 值修正到大气质量为 2 的大气透明度 p_2 上，则与太阳光线垂直的地球表面上的太阳直接辐照度为

$$I_n = \gamma I_{sc} p_2^m \qquad (1-14)$$

表 1-2 给出了各种大气透明度下太阳直接辐射的平均辐照度与大气质量的关系[4]。

表 1-2　各种大气透明度下太阳直接辐射的平均辐照度与大气质量的关系

单位：cal/（cm² · min）

p_2		m					
代表值	范围	8	5	4	3	2	1
0.60	≤0.625	0.158	0.298	0.390	0.522	0.698	0.852
0.65	0.625～0.675	0.244	0.419	0.522	0.647	0.843	1.001
0.70	0.675～0.725	0.340	0.533	0.647	0.791	0.960	1.100
0.75	0.726～0.775	0.470	0.682	0.791	0.923	1.103	1.220
0.80	0.776～0.825	0.600	0.814	0.923	1.053	1.222	1.327
0.85	≥0.826	0.748	0.957	1.067	1.186	1.350	1.432

4. 水平面上的直接太阳辐照度

I_n 表示与太阳光线垂直的地球表面上的太阳直接辐照度。如果太阳是以某一高度角 α 入射，则可按下面的分析计算到达地球水平面上的直接太阳辐照度。

直接太阳辐照度与高度角的关系图如图 1-7 所示。I_n 表示入射到 AC 面上的直接太阳辐照度，I_b 表示水平面上的直接太阳辐照度。由于在 AC 面上接受到的太阳能量与 AB 面上接受到的太阳能量相等，即：

$$I_n \times AC = I_b \times AB \qquad (1-15)$$

而 $AC = AB\sin\alpha$，所以水平面上的直接太阳辐照度为：

$$I_b = I_n \sin\alpha \qquad (1-16)$$

将式（1-14）代入式（1-16），可得：

$$I_b = \gamma I_{sc} p_2^m \sin\alpha \qquad (1-17)$$

将式（1-17）对时间积分，则可得到水平面上单位面积上太阳辐射能为

$$Q_b = \int_0^t \gamma I_{sc} p_m^m \sin\alpha \, dt \qquad (1-18)$$

将式（1-4）代入式（1-18）中，并利用时角 θ_h 与 t 的关系：

$$dt = \frac{T}{2\pi} d\theta_h$$

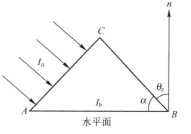

图 1-7　直接太阳辐照度与
高度角的关系图

得到

$$Q_{b} = \frac{T}{2\pi}\gamma I_{sc} \int_{-\omega_0}^{\omega_0} p_{m}^{m}(\sin\varphi\sin\delta + \cos\varphi\cos\delta\cos\theta_{h})\mathrm{d}\theta_{h} \qquad (1-19)$$

式中，T 为昼夜时长（1 天为 24h）；$-\omega_0$ 和 ω_0 为日出和日落的时角。

5. 水平面上的散射辐照度

水平面上的散射辐照度主要由太阳高度角 α 和大气透明度决定，即

$$I_{d} = c_{1}(\sin\alpha)^{c_2} \qquad (1-20)$$

式中，c_1、c_2 为经验系数。

6. 水平面上的太阳总辐射度

以高度角 α 入射到地球表面水平面上的太阳总辐射度为

$$I = I_{b} + I_{d} = \gamma I_{sc} P_{2}^{m}\sin\alpha + c_{1}(\sin\alpha)^{c_2} \qquad (1-21)$$

7. 倾斜面上的太阳直射辐射量

通常情况下，由于太阳电池方阵在安装时要与地球表面呈某一倾斜角 β，而一般气象台测量得到的是水平面上的太阳辐射量，因此还需将水平面上的太阳辐射量转换成倾斜面上的太阳辐射量。倾斜面上的太阳直射辐射情况可用图 1-8 来表示，θ 为太阳入射光线与倾斜面法线之间的夹角。I_{n} 表示正入射到 AC 面上的太阳直射辐射量，$I_{T,b}$ 表示入射到倾斜面上的太阳直射辐射量。由于在 AC 面上接收到的太阳能量与 AB 面上接收到的太阳能量相等，即

$$I_{n} \times AC = I_{T,b} \times AB \qquad (1-22)$$

而 $AC = AB\cos\theta$，所以倾斜面上的太阳直射辐射量为

$$I_{T,b} = I_{n}\cos\theta$$

而 θ 角与前述的各相关的太阳与地球的位置关系角度之间有如下几何关系：

$$\cos\theta = \sin\delta\sin\varphi\cos\beta - \sin\delta\cos\varphi\sin\beta\cos\gamma + \cos\delta\cos\varphi\cos\beta\cos\theta_{h}$$
$$+ \cos\delta\sin\varphi\sin\beta\cos\gamma\cos\theta_{h} + \cos\delta\sin\beta\sin\gamma\sin\theta_{h}$$
$$(1-23)$$

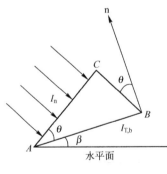

图 1-8　倾斜面上的太阳
直射辐射情况

式中，γ 为倾斜面方位角。

8. 倾斜面上的太阳散射辐射量

倾斜面上太阳散射辐射量 $I_{T,d}$ 与水平面上太阳散射辐射量 I_{d} 和斜面的倾角 β 有关，为

$$I_{\mathrm{T,d}} = (1 + \cos\beta) I_{\mathrm{d}} / 2 \qquad (1\text{--}24)$$

9. 地面反射的太阳辐射量

假设太阳光线入射到地面时其反射是各向同性的，则地面反射的太阳辐射量 $I_{\mathrm{T,r}}$ 为

$$I_{\mathrm{T,r}} = \rho (1 - \cos\beta) I / 2 \qquad (1\text{--}25)$$

式中，ρ 为地面反射率；I 为水平面上的太阳总辐射度。

不同性质地表的反射率不同，其比较值见表 1-3[5]。

表 1-3　不同地面状态的反射率

地 面 状 态	反射率/%	地面状态	反射率/%	地面状态	反射率/%
干燥黑土	14	干草地	15～25	干砂地	18
湿黑土	8	湿草地	14～26	湿砂地	9
干灰色地面	25～30	森林	4～10	新雪	81
湿灰色地面	10～12			残雪	46～70

10. 倾斜面上的太阳总辐射量

可用如下两个不同的模型来计算倾斜面上的太阳总辐射量。

1）天空各向同性模型　假设太阳辐射是各向同性的，则倾斜面上的太阳总辐射量为

$$I_{\mathrm{T}} = I_{\mathrm{T,b}} + I_{\mathrm{T,d}} + I_{\mathrm{T,r}} = I_{\mathrm{n}} \cos\theta + I_{\mathrm{d}} \left(\frac{1 + \cos\beta}{2} \right) + \rho \left(\frac{1 - \cos\beta}{2} \right) I \qquad (1\text{--}26)$$

2）天空各向异性模型　实际上天空中太阳辐射并不是各向同性的，Hay、Davies、Klucher、Rcindl 等人分别提出了天空散射各向异性模型，构成了 HDRK 模型。在天空各向异性情况下，倾斜面上的太阳总辐射量为

$$I_{\mathrm{T}} = \left(I_{\mathrm{b}} + I_{\mathrm{d}} \frac{I_{\mathrm{b}}}{I_0} \right) R_{\mathrm{b}} + I_{\mathrm{d}} \left(1 - \frac{I_{\mathrm{b}}}{I_0} \right) \left(\frac{1 + \cos\beta}{2} \right) \left[1 + \sqrt{\frac{I_{\mathrm{b}}}{I}} \sin^3 \left(\frac{\beta}{2} \right) \right] + \rho \left(\frac{1 - \cos\beta}{2} \right) I$$

$$(1\text{--}27)$$

式中，I_0 为大气层外的太阳总辐射量；R_{b} 为倾斜面与水平面上太阳直射辐射量的比值，其值为

$$R_{\mathrm{b}} = \frac{I_{\mathrm{T,b}}}{I_{\mathrm{b}}} = \frac{\cos(\varphi - \beta) \cos\delta \sin\omega_{\mathrm{r}} + \dfrac{\pi}{180} \omega_{\mathrm{r}} \sin(\varphi - \beta) \sin\delta}{\cos\varphi \cos\delta \sin\omega_{\mathrm{p}} + \dfrac{\pi}{180} \omega_{\mathrm{p}} \sin\varphi \sin\delta} \qquad (1\text{--}28)$$

式中，ω_{r} 为倾斜面上日落时角；ω_{p} 为水平面上日落时角。

11. 倾斜面上的月平均太阳辐照量

由于在太阳能光伏系统设计中，需要进行负载用电量和太阳电池组件输出能量之间的平衡计算，但太阳辐射具有随机性，比较合理的是按月进行能量平衡计算，因此需要计算倾斜面上的月平均太阳总辐射量。

Klien 和 Theilacker 在 1981 年提出了基于天空各向异性模型的倾斜面上的月平均太阳辐照量的计算方法[6]。

设倾斜面上太阳月平均总辐照量与水平面上月平均总辐照量的比值 $\bar{R}$ 为

$$\bar{R} = \frac{\sum\limits_{n=1}^{N} \int_{t_{sr}}^{t_{ss}} G_{T} dt}{\sum\limits_{n=1}^{N} \int_{t_{sr}}^{t_{s}} G dt} \tag{1-29}$$

式中，G_T 为倾斜面上太阳辐照度；G 为水平面上太阳辐照度；t_{ss} 为倾斜面上日落时间；t_{sr} 为倾斜面上日出时间；N 为每个月的天数。

假设散射和地面反射仍然是各向同性的，则有

$$N \bar{I}_{T} = N \left[(\bar{I} - \bar{I}_{d}) R_{b} + \bar{I}_{d} \left(\frac{1 + \cos\beta}{2} \right) + \rho \left(\frac{1 - \cos\beta}{2} \right) \bar{I} \right] \tag{1-30}$$

式中，$\bar{I}$ 和 $\bar{I}_d$ 分别是水平面上总辐照量和散射辐照量的长期平均值，由总辐照量 I 和散射辐照量 I_d 在 N 天内对每小时求和再除以 N。将式（1-30）代入式（1-29）中，可得：

$$\bar{R} = \frac{N \int_{t_{sr}}^{t_{ss}} \left[(\bar{I} - \bar{I}_{d}) R_{b} + \bar{I}_{d} \left(\frac{1 + \cos\beta}{2} \right) + \rho \left(\frac{1 - \cos\beta}{2} \right) \bar{I} \right] dt}{\bar{H}} \tag{1-31}$$

式中，$\bar{H}$ 为水平面上月平均太阳总辐照量。

Klein 和 Theilacker 考虑到对于朝向赤道（方位角 $\gamma = 0°$）倾斜面上，其日出时间和日落时间相对于太阳正午仍然是对称的，而在任意方位角的倾斜面上，日出时间和日落时间相对于太阳正午并不是对称的等因素，倾斜面上太阳月平均总辐照量与水平面上月平均总辐照量的比值 $\bar{R}$ 为

$$\bar{R} = D + \frac{\bar{H}_{d}}{2\bar{H}} (1 + \cos\beta) + \frac{\rho}{2} (1 - \cos\beta) \tag{1-32}$$

式中，$\bar{H}_d$ 为水平面上月平均太阳散射总辐照量；$\bar{H}$ 为水平面上月平均太阳总辐照量；β 为方阵倾角；ρ 为地面反射率。

$$D = \begin{cases} \max[0, G(\omega_{ss}, \omega_{sr})], & \omega_{ss} \geqslant \omega_{sr} \\ \max\{0, [G(\omega_{ss}, -\omega_{s}) + G(\omega_{s}, \omega_{sr})]\}, & \omega_{sr} > \omega_{ss} \end{cases} \tag{1-33}$$

而函数 G 可用下式求得：

$$G(\omega_1,\omega_2) = \frac{1}{2d}\left[\left(\frac{bA}{2} - a'B\right)(\omega_1 - \omega_2)\frac{\pi}{180°} + (a'A - bB)(\sin\omega_1 - \sin\omega_2)\right]$$

$$- a'C(\cos\omega_1 - \cos\omega_2) + \frac{bA}{2}(\sin\omega_1\cos\omega_1 - \sin\omega_2\cos\omega_2) + \frac{bA}{2}(\sin^2\omega_1 - \sin^2\omega_2) \quad (1-34)$$

式中，$A = \cos\beta + \tan\varphi\cos\gamma\sin\beta$；$B = \cos\omega_s\cos\beta + \tan\delta\sin\beta\cos\gamma$；$C = \dfrac{\sin\beta\sin\gamma}{\cos\varphi}$；$a = 0.409 + 0.5016\sin(\omega_s - 60°)$；$b = 0.6609 - 0.4767\sin(\omega_s - 60°)$；$d = \sin\omega_s - \dfrac{\pi}{180°}\omega_s\cos\omega_s$；$a' = a - \dfrac{\overline{H_d}}{\overline{H}}$；$\gamma$ 为方位角，朝向正南时为 $0°$，朝向正北时为 $180°$，偏东为负，偏西为正；ω_s 为水平面上的日落时角，与当地纬度 φ 和太阳赤纬角 δ 的关系为 $\cos\omega_s = -\tan\varphi\tan\delta$；$\omega_{sr}$ 为倾斜面上日出时角，满足下列关系式：

$$|\omega_{sr}| = \min\left[\omega_s, \cos^{-1}\frac{AB + C\sqrt{A^2 - B^2 + C^2}}{A^2 + C^2}\right];$$

$$\omega_{sr} = \begin{cases} -|\omega_{sr}| & A > 0 \text{ 且 } B > 0 \text{ 或 } A \geqslant B \\ |\omega_{sr}| & \text{其他} \end{cases}$$

ω_{ss} 为倾斜面上日落时角，满足下列关系式：

$$|\omega_{ss}| = \min\left[\omega_s, \cos^{-1}\frac{AB - C\sqrt{A^2 - B^2 + C^2}}{A^2 + C^2}\right];$$

$$\omega_{ss} = \begin{cases} |\omega_{ss}| & A > 0 \text{ 且 } B > 0 \text{ 或 } A \geqslant B \\ -|\omega_{ss}| & \text{其他} \end{cases}$$

这是国际上公认比较合理的由水平面月平均太阳总辐照量和散射辐照量来计算倾斜面上月平均太阳总辐照量的方法。在设计太阳能系统时，可根据不同的方位和不同的倾斜面来计算月平均太阳总辐射量。当然，实际计算会非常复杂，可利用专门的计算软件来进行计算。

1.1.4 中国太阳能资源分布

我国属太阳能资源丰富的国家之一，全国总面积 2/3 以上的地区年日照时数大于 2000h，年辐射量在 5000MJ/m² 以上。据统计资料分析，中国陆地面积每年接收的太阳辐射总量为 $3.3 \times 10^3 \sim 8.4 \times 10^3$ MJ/m²，相当于 2.4×10^4 亿吨标准煤的储量。

根据国家气象局风能太阳能评估中心划分的标准，我国按太阳能资源分布情况可分为以下四类地区。

☺ 一类地区（资源丰富带）：全年辐射量在 $6700 \sim 8370$ MJ/m²，相当于 230kg

标准煤燃烧所发出的热量，主要包括青藏高原、甘肃北部、宁夏北部、新疆南部、河北西北部、山西北部、内蒙古南部、宁夏南部、甘肃中部、青海东部、西藏东南部等地。

☺ 二类地区（资源较丰富带）：全年辐射量在 5400 ～ 6700MJ/m²，相当于 180 ～ 230kg 标准煤燃烧所发出的热量，主要包括山东、河南、河北东南部、山西南部、新疆北部、吉林、辽宁、云南、陕西北部、甘肃东南部、广东南部、福建南部、江苏中北部和安徽北部等地。

☺ 三类地区（资源一般带）：全年辐射量在 4200 ～ 5400MJ/m²，相当于 140 ～ 180kg 标准煤燃烧所发出的热量，主要包括长江中下游、福建、浙江和广东的一部分地区，春夏多阴雨，秋冬季太阳能资源还可以。

☺ 四类地区：全年辐射量在 4200MJ/m² 以下，主要包括四川、贵州两省，是我国太阳能资源最少的地区。

一、二类地区，年日照时数不小于 2200h，是我国太阳能资源丰富或较丰富的地区，面积较大，约占全国总面积的 2/3 以上，具有可利用太阳能的良好资源条件。

我国各地区的太阳能资源分布如图 1-9 所示。

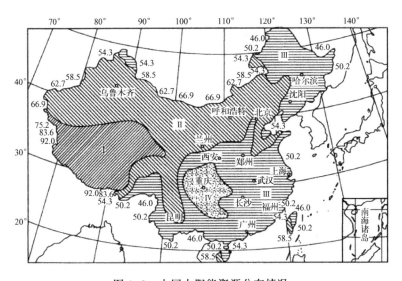

图 1-9　中国太阳能资源分布情况

Ⅰ　≥6700MJ/m²；Ⅱ　5400～6700MJ/m²；Ⅲ　4200～5400MJ/m²；Ⅳ　<4200MJ/m²

1.1.5　太阳能的特点

与其他常规能源和核能相比，太阳能具有以下一些特点。

☺ 太阳能的资源十分丰富，每年到达地球表面的太阳辐射能约相当于 130 万亿吨标准煤，其总量属现今世界上可以开发的最大能源。

☺ 太阳能发电安全可靠，按目前太阳产生的核能速率估算，太阳上氢的贮量足够维持上百亿年，可以长久稳定地提供能源，不会遭受能源危机或燃料市场不稳定的冲击。

☺ 太阳能随处可得，可就近供电，不必长距离输送，避免了长距离输电线路的损失。

☺ 常规能源（如煤、石油和天然气等）在燃烧时会放出大量的有害气体，核燃料工作时要排出放射性废料，对环境造成污染。而太阳能的利用不产生任何废弃物，没有污染、噪声等公害，对环境无不良影响，是理想的清洁能源。

☺ 太阳能不用燃料，运行成本很低。

☺ 太阳辐射总的辐射能量很大，但其辐射能密度较小，即每单位面积上的入射功率较小，标准条件下，地面上接收到的太阳辐射强度为 $1000W/m^2$。如果需要得到较大的功率，就必须占用较大的受光面积。

☺ 太阳辐射的随机性较大，除了受不同的纬度和海拔高度的影响外，一年四季甚至一天之内的辐射能量都会发生变化。所以，在利用太阳能光发电时，为了保证能量供给的连续性和稳定性，需要配备相当容量的储能装置，如储水箱、蓄电池等。

1.2　太阳能光伏系统

阳光发电技术具有的特点是，太阳能是一种用之不竭的可再生能源，初始能源成本极低；太阳能光伏电源或光伏电站的功率可根据需要从数毫瓦至数十兆瓦配置，发电系统建设周期短，方便灵活；作为将光能直接转变为电能的半导体器件——晶体硅太阳电池可使用 20 年以上，而且整个系统没有转动装置，系统寿命长，可靠性高，使用方便。

虽然目前太阳能光伏发电成本仍高于常规能源发电的成本，但随着全球化石能源的日渐枯竭和光伏发电技术的迅速发展，太阳能光伏发电成本将继续下降，在计入火电发电外部成本的情况下，在不远的将来，光伏发电成本与火力发电成本将会相等，继而低于火力发电成本。据《全球光伏市场分析和 2020 年展望》报告，到 2030 年，光伏发电系统将提供 2600TW/h 的电能，占全球所需电量的 14%。到 21 世纪末，可再生能源在能源结构中将占到 80% 以上，其中阳光发电将占到 60% 以上。

太阳能光伏系统是直接将太阳能转化为直流电能或交流电能供用户使用的，因此要构成一个太阳能光伏发电系统，就需要包括太阳电池组件（方阵）、储能装置（蓄电池组）、控制器和逆变器等部件。太阳能光伏发电系统的基本构成框图如图 1–10 所示。

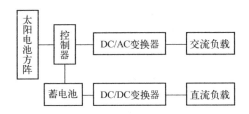

图 1-10　太阳能光伏发电系统构成框图

1. 太阳电池方阵

太阳电池的作用是直接将太阳光能转换成电能，其工作原理是基于半导体 PN 结基础上的光生伏特效应。由于一个太阳能单体电池只能产生约 0.45V 的电压，因此需要将单体电池按要求串联（及并联）起来，形成太阳电池组件，以满足所配套的蓄电池的额定充电电压的要求。如果要对额定电压为 12V 的蓄电池充电，一般串联的数量是 33 个或 36 个。太阳电池组件按用户的负载需求（电压、功率）再进行串/并联就构成了太阳电池方阵。太阳电池、组件和方阵的实物图如图 1-11 所示。

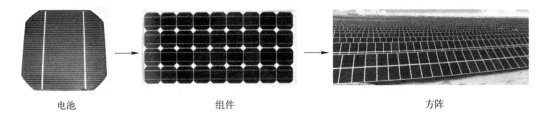

电池　　　　　　　　　　　组件　　　　　　　　　　　方阵

图 1-11　太阳电池、组件和方阵实物图

太阳电池的开路电压是负温度系数，约为 2 ～ 3mV/℃。因此，在选择组件电池串联数量时，要考虑应用场所的环境温度问题，如在高温地区使用，则应考虑选择电池串联数量较多的组件。这种形式的组件开路电压较高，因此在实际使用时，即使由于温度的升高引起开路电压下降，但太阳电池组件仍可以工作在组件的最佳工作点附近。

在实际工作中，还要注意防止太阳电池方阵的"热斑"效应。方阵可能会出现部分被遮挡的情况，当串联组件中局部被遮挡时，被遮挡的组件电流通流能力将下降，它将消耗未被遮挡的组件所发出的功率，从而导致发热。为了防止"热斑"效应的发生，在每个串联组件旁都要并联一个旁路二极管，当组件被遮挡时，电流可通过旁路二极管，使被遮挡的组件不构成负载，如图 1-12 所示。

太阳电池的工作原理及其制备工艺等将在本书第 2 章和第 3 章中详细介绍。

2. 蓄电池

蓄电池是光伏发电系统中的储能装置，其作用是将方阵在有光照时发出的多余电能储存起来，在晚间或阴雨天供负载使用，尤其是在独立光伏发电系统中，更需要配置蓄电池。蓄电池是光伏系统中除太阳电池外的成本最高的部件，而且也是最需要维护的部件，其性能的优劣直接影响了光伏发电系统的可靠性和成本，在使用时必须要配置控制器对蓄电池的充/放电进行控制，以尽可能延长蓄电池的使用寿命。光伏发电系统对蓄电池的基本要求是，自放电率低，使用寿命长，深放电能力强，充电效率高，少维护或免维护，工作温度范围宽，价格低廉等。目前，在独立光伏发电系统

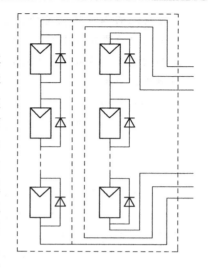

图 1-12　带有旁路二极管的太阳
电池方阵连接示意图

中常用的蓄电池有铅酸蓄电池和硅胶蓄电池等，要求较高的场合也有价格比较昂贵的镍镉蓄电池。本书第 7 章将详细讨论在光伏系统中使用的各种蓄电池的工作原理和性质。

3. 控制器

光伏发电系统中控制器的主要作用是针对蓄电池的特性，对蓄电池的充/放电进行控制，以延长蓄电池的使用寿命。在各种不同类型的光伏发电系统中，所采用的控制器各不相同，其功能的多少及复杂程度也会有很大的差别，需根据发电系统的要求及重要程度来确定。在独立光伏发电系统中，由于蓄电池（主要为铅酸蓄电池）的投资在系统中占有较大的比重，过度的充电和过度的放电都将大大缩短蓄电池的寿命，因此控制器的主要作用是保证系统能正常、可靠地工作，延长系统部件（特别是蓄电池）的使用寿命。

控制器应满足以下基本要求。

☺ 将来自太阳电池组件的电能直接或间接（通过逆变器）向用电器供电，同时确定最佳充电方式，将多余的电能储存到蓄电池中，以备太阳能电力不足时（如夜间）对用电器供电。

☺ 为防止蓄电池过充电，保护蓄电池的循环充/放电性能，当蓄电池出现过充电时，能及时切断充电回路，并能按照预先设定的保护模式自动恢复对蓄电池的充电。

☺ 提供蓄电池对各种家用电器的供电通路，进行蓄电池的放电管理。为确保

蓄电池的正常使用寿命，当蓄电池出现过放电时，能及时切断放电回路；当蓄电池再次充电后，又能自动恢复供电。

☺ 当用电器发生故障或短路时，能自动保护控制器及系统的安全。

☺ 具有能够承受在多雷区由于雷击引起的击穿保护、防反充功能和各种运行状态指示功能。

本书第 7 章将详细讨论光伏系统控制器的工作原理和应用实例。

4. 变换器

变换器可分为直流–交流（DC/AC）变换器和直流–直流（DC/DC）变换器，其作用是将太阳电池和蓄电池输出的直流电转换成与用电器所匹配的交流电或直流电。变换器应满足以下基本要求。

☺ 在规定的输入直流电压允许的波动范围和额定的负载变化范围内，要有稳定的交/直流输出电压，如在稳态运行时，电压波动不超过额定值的 $\pm 3\%$；在动态情况下，电压偏差不超过额定值的 $\pm 8\%$。

☺ 在正弦逆变输出情况下，输出电压的总波形失真度值不应超过 5%。其额定输出频率应是一个稳定的值，通常为工频 50Hz，正常工作条件下其偏差应在 $\pm 1\%$ 以内。

☺ 具有一定的过负载能力，一般可承受 150% 的过载。

☺ 具有过电压、过电流、过热等保护和显示报警功能。

☺ 具有较高的变换效率，满负荷效率一般在 85% 以上。

本书第 6 章将详细讨论各种变换器的工作原理。

5. 负载

太阳电池的输出特性使得光伏发电系统对负载有一定的要求，容量较大的负载的启动和停止将对光伏发电系统的输出造成较大的冲击，严重时还会造成感性类的负荷不能正常启动；在某一光照条件下，太阳电池输出的最大功率点不能精确地与不同的负载相匹配，需要对负荷加以调整，以实现光伏输出最大功率。

负载可分为阻性、感性和容性三类，其对光伏系统的影响也各不相同。阻性负载在启动和断开时对系统几乎不产生影响；感性负载和带有大滤波电容器的负载，在启动时会产生远大于额定电流的"浪涌电流"，在断开时由于电感的续流效应，会在开关两端产生远高于负载工作电压的感应过电压，这类负载往往会威胁光伏系统变换器中对过电压敏感的电力电子器件的耐压安全和电流安全。

在光伏发电系统中接入负载一般应遵循以下原则。

☺ 由于光伏发电系统投资较大，因此对接入系统的负载要进行限制，不得使用大功率电器和高耗能负载，尽量选用节能型负载。

☺ 科学、合理地安排负载用电时间。大功率电器（如水泵等）尽可能安排在光伏发电能力最强的中午使用，并尽可能错开时段使用。在连续阴雨天气下，尽量少用电器，减少蓄电池用电量，提高蓄电池使用寿命和系统综合效率。

光伏系统的负载特性分为稳态特性和动态特性。稳态特性包括负载正常运行条件下的伏安特性和功率特性等；动态特性包括启动特性和停止特性，以及电压和电流突变期间的电压和电流之间的非线性函数关系。

1.3 太阳能光伏系统分类

太阳能光伏系统在不同的应用场合有不同的构成形式，一般可将太阳能光伏系统分为独立光伏系统和并网光伏系统两大类。

1. 独立光伏系统

独立光伏系统是指将太阳能光伏发电系统构成一个独立运行的发电系统，通过太阳电池将接收到的太阳辐射能直接转换成电能，并可直接提供给负载，也可将多余能量储存在蓄电池中，供需要时使用。独立光伏系统又可分为户用光伏系统和独立光伏电站两类。

1) 户用光伏系统 户用光伏系统主要指为住户本身需要供电的光伏发电系统，一般由太阳电池板、蓄电池、充/放电控制器和变换器构成。有阳光时，发电系统可直接对住户负载供电，或者对蓄电池进行充电；无阳光时，由蓄电池输出能量，通过逆变器实现对住户负载的供电。从经济和技术角度考虑，户用光伏系统还可采用与风力发电、柴油机发电或市电互补的方式。户用光伏系统应用技术相对简单，其供电可靠性、稳定性要求相对不高。典型的户用光伏系统框图如图 1-13 所示。户用光伏系统的 DC/DC 变换电路或 DC/AC 变换电路的容量一般都较小。

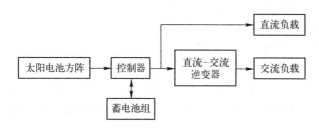

图 1-13 典型的户用光伏系统框图

2) 独立光伏电站 独立光伏电站是指为区域型用户供电的光伏发电系统，在一些光照条件较好的无电村镇、海岛，适宜建立独立光伏电站。独立光伏电站的容量一般较大。独立电站由太阳电池阵列、蓄电池、变换器、能量管理器、配电和输电系统构成一个区域性电网。设计独立电站时，需要重点考虑蓄电池的合理使用。由于独立电站需要同时给许多负荷供电，因此要使用能量管理器，合理规划与管理各负荷用电与蓄电池充电之间的能量分配，以便最合理和充分地利用太阳能量。独立光伏电站系统框图如图1-14所示。独立光伏电站系统的 DC/AC 逆变器容量都较大。

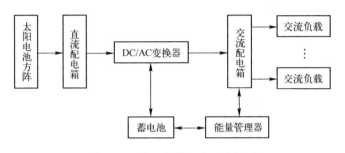

图 1-14 独立光伏电站系统框图

2. 并网光伏系统

并网光伏系统是将太阳电池方阵产生的直流电经过并网逆变器转换成符合市电电网要求的交流电后，直接并入公共电网。并网光伏系统是今后太阳能光伏技术的发展方向。与独立光伏电站相比，并网光伏系统具有很多优点，如不必考虑负载供电的稳定性和供电质量问题；太阳电池可以始终运行在最大功率点处，提高了光伏系统利用效率；以电网作为储能装置，不需要蓄电池进行储能，除降低了光伏系统建设初始投资外，还降低了蓄电池充/放电过程中的能量损失，免除了蓄电池带来的运行与维护费用。

与独立光伏系统类似，并网光伏系统也可分为户用并网光伏系统和并网光伏电站两类。

并网光伏系统由光伏阵列、变换器和控制器组成，变换器将光伏阵列发出的直流电能逆变成正弦电流并入电网中；控制器控制光伏电池最大功率点跟踪，控制逆变器并网电流的波形和功率，使向电网转送的功率与光伏阵列所发的最大功率电能相平衡。光伏并网系统结构图如图1-15所示。

并网光伏系统还要考虑一种特殊的故障状态，即孤岛现象，这种故障将会产生一些不良影响，因此必须加以防护。有关孤岛现象的影响和具体的防护方法将在第9章中介绍。

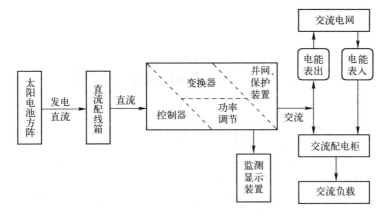

图1-15 光伏并网系统结构图

参 考 文 献

［1］Neckel H. Labs D. Solar Phys. 1981，（74）：231.

［2］Markvert, T. , Ed. , John Wiley & Sons, Chichester, U. K. , 1994.

［3］杨金焕，于从化，葛亮. 太阳能光伏发电应用技术［M］. 北京：电子工业出版社，2009：29.

［4］王炳忠等. 我国的大气透明度及其计算［J］. 太阳能学报，1981，2（1）.

［5］日本太阳能学会. 太阳能的基础和应用［M］. 刘鉴民等，译. 上海：上海科学技术出版社，1982.

［6］Klien. S. A. & Theilacker, J. C. , "An Algorithm for Calculating Monthly – Average Radiation on Inclined Surfaces", Jour. of Solar Energy Engineering, vol. 103, 29 – 33, 1981.

第2章 晶体硅太阳电池

太阳电池是将太阳辐射能直接转换为电能的半导体光电器件。

早在 1939 年，法国物理学家亚历山大·埃德蒙·贝克勒尔（Alexander - Edmond Becquerel）就发现了光生伏打效应。所谓光生伏打效应，是指当光照射到安装有两个电极的固态或液态系统时，电极之间能产生电压。基于晶体硅光电效应的太阳电池称为晶体硅太阳电池。当光量子被具有 PN 结的半导体晶体硅吸收后将产生电子—空穴对。这些电子—空穴对到达 PN 结时，被结电场分离到 PN 结的两边。当接通外部负载时，就形成光电流，输出电能。

1954 年，贝尔（Bell）实验室的达里尔·切宾（Daryl Chapin）等人利用光伏效应研制成光电转换效率为 6% 的太阳电池，而后效率很快就增加到 10%，应用到人造卫星上作为电源，并逐步扩展到地面应用。目前，晶体硅太阳电池的光电转换效率为 17% ～ 20%。实验室中的最高效率为 25.6%。

地球上硅原材料的贮量丰富，晶体结构稳定，硅半导体器件工艺成熟，对环境的影响很小，而且有希望进一步提高光电效率，从而降低生产成本。目前硅基太阳电池仍然以绝对优势占据着太阳电池市场，占各种形式太阳电池总量的约 90%。

2.1 硅的晶体结构

硅是现有晶体硅太阳电池的基础材料。地球上硅的丰度为 25.8%。硅属于元素周期表第三周期 Ⅳa 族，原子序数为 14，原子量为 28.085。原子价主要为 4 价。在硅晶体中，原子以共价键结合，并具有正四面体晶体学特征。

硅晶体中的化学键是共价键，每个原子都与周围的原子形成 4 个等同的共价键，如图 2-1 所示。图中，圆球表示硅原子，圆球间的连线表示共价键。它们两两之间的夹角都是 109°28′，硅晶体属金刚石型结构。

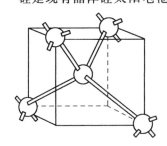

图 2-1 硅晶体中共价键的取向

1. 硅的晶体结构

硅晶胞是立方晶系。硅晶胞的 8 个顶点和 6 个面心都有原子，另外在立方体内还有 4 个硅原子，各占据空间对角线上距相应顶点 1/4 处。硅的晶格常数

$a = 5.4395$Å。硅晶体中的原子密度为 $n_a \approx 5 \times 10^{22} \text{cm}^{-3}$。

相邻两原子间的间距为 $\sqrt{3} a/4 = 2.35167$Å，四面体共价半径为 1.17584Å，如图 2-2 所示。

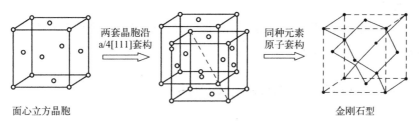

面心立方晶胞　　　　　　　　　　　　　　　　　　　　金刚石型

图 2-2　金刚石型晶胞的构成

硅晶体中有一些重要的晶面和晶向，如图 2-3 所示。硅的金刚石结构具有对称性，每一类型的晶面组（hkl）含有多个等同晶面（hkl）。

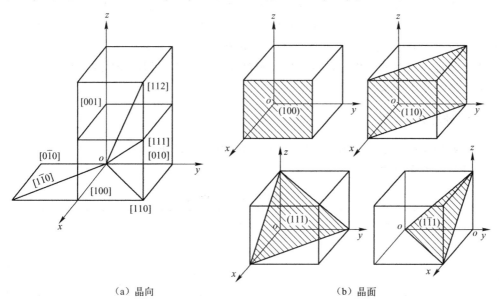

（a）晶向　　　　　　　　　　　（b）晶面

图 2-3　硅晶体中几个重要的晶向和晶面

2. 晶体硅的表面与界面

从电子分布来看，硅晶体的物理表面是以表面最外层原子为基准的表面，向真空和体内各延伸 $1.0 \sim 1.5$nm 的区域。

在晶体表面上的硅原子只能与周围 3 个硅原子形成共价键，部分多余的共价键通常会被存在于硅表面的 SiO_2 中的氧原子所饱和，部分未被饱和的共价键形成悬键。这些悬键和表面缺陷加上表面吸附的外来原子都将形成表面态。表面电子态将形成表面能级，非平衡载流子会通过这些能级复合而降低其寿命。

硅的界面态与界面处的悬键、杂质及缺陷有关，硅晶体的界面态密度与衬底的晶面取向有关，它们按（111）＞（110）＞（100）的顺序降低。界面态是载流子的产生和复合中心。

硅与金属、绝缘介质（如 SiO_2、SiN 等）及其他半导体接触形成的界面对改变硅太阳电池的性能有重要作用。

2.2 晶体硅的基本物理与化学性质

1. 硅的电学性质

硅是典型的半导体材料，其电阻率约为 $10^{-4} \sim 10^{10} \Omega \cdot cm$。电导率和导电型号与硅晶体中的杂质有关。本征半导体硅不含杂质和缺陷，电阻率很高；当掺入微量的杂质后，其电导率增加。当在纯硅中掺入施主杂质（Ⅴ族元素：P、As、Sb 等）时，形成 N 型硅，呈电子导电；当掺入受主杂质（Ⅲ族元素：B、Al、Ga 等）时，形成 P 型硅，呈空穴导电。P 型硅与 N 型硅相接触的界面形成 PN 结，它是晶体硅太阳电池的基本结构，也是太阳电池的工作基础。

2. 硅的光学性质

入射到晶体硅上的光遵守光的反射、折射和吸收定律。

硅的折射率见表 2-1。

表 2-1 硅的折射率（300K）

波长 $\lambda / \mu m$	Si 折射率
1.1	3.5
1.0	3.5
0.90	3.6
0.80	3.65
0.70	3.75
0.60	3.9
0.50	4.25
0.45	4.75
0.40	6.0

硅对光的吸收符合吸收定律，硅晶体内离前表面距离为 x 处的光强度 I_x 为

$$I_x = I_0 (1 - R) e^{-\alpha x} \tag{2-1}$$

式中，α 为吸收系数，R 为反射率。单晶硅材料的吸收系数与光波波长的关系如图 2-4 所示。

在晶体硅中，对光的吸收分为本征吸收、杂质吸收、激子吸收和晶格振动吸收等，最重要的是本征吸收。本征吸收是指光子激发电子从价带跃迁到导带，它发生在极限波长 λ_0 之内，对应于禁带宽度 1.1eV；其他各种吸收都在 λ_0 之外。在 1～7μm 红外光范围内，硅的透射率高达 90%～95%。

硅属于间接带隙材料，但如果受能量足够大的光子激发，硅中电子也能发生直接跃迁。由图 2-4 可以看出，吸收系数在吸收限 λ_0 以下时随光子能量逐渐上升，当 α 达到 10^4～10^8/cm 范围内时出现直接跃迁。图 2-5 所示的是在 AM0 和 AM1.5 条件下，硅厚度与吸收光能的关系。从图可知，晶体硅需要有 100μm 的厚度才能吸收绝大部分太阳光能。

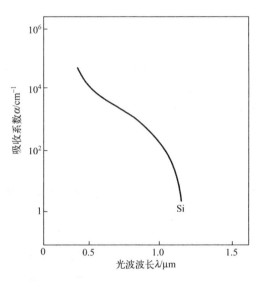

图 2-4　单晶硅材料的吸收系数与
光波波长的关系

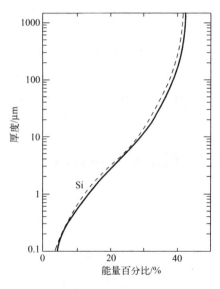

图 2-5　在 AM0 和 AM1.5 条件下，硅的
厚度与利用太阳能的百分率

（实线—AM0 光谱条件；

虚线—AM1.5 光谱条件）

3. 硅的力学和热学性质

在室温下，硅是脆性材料；当温度高于 700℃时，硅具有热塑性。硅的抗拉应力远大于抗剪应力。硅在熔化时体积缩小，凝固时体积膨胀。熔融硅的表面张力为 736mN/m，密度 2.533g/cm³。

4. 硅的化学性质

在自然界中，硅主要以氧化物形式存在。在常温下，晶体硅的化学性质很稳定；但在高温下，硅几乎可与所有物质发生化学反应。与太阳电池相关的一些重要的化学反应式有：

$$\left.\begin{aligned}
\mathrm{Si} + \mathrm{SiO_2} &\xrightarrow{\sim 1400℃} 2\mathrm{SiO} \\
\mathrm{Si} + \mathrm{O_2} &\xrightarrow{\sim 1100℃} \mathrm{SiO_2} \\
\mathrm{Si} + 2\mathrm{H_2O} &\xrightarrow{\sim 1000℃} \mathrm{SiO_2} + 2\mathrm{H_2}\uparrow \\
\mathrm{Si} + 2\mathrm{Cl_2} &\xrightarrow{\sim 300℃} \mathrm{SiCl_4} \\
\mathrm{Si} + 3\mathrm{HCl} &\xrightarrow{\sim 280℃} \mathrm{SiHCl_3} + \mathrm{H_2}\uparrow
\end{aligned}\right\} \tag{2-2}$$

后两个反应常用来制造高纯多晶硅材料。

硅可被 $\mathrm{HF-HNO_3}$ 混合液溶解和腐蚀：

$$\mathrm{Si} + 4\mathrm{HNO_3} + 6\mathrm{HF} \rightarrow \mathrm{H_2SiF_6} + 4\mathrm{NO_2} + 4\mathrm{H_2O} \tag{2-3}$$

硅能与 NaOH 或 KOH 反应生成能溶于水的硅酸盐：

$$\mathrm{Si} + 2\mathrm{NaOH} + \mathrm{H_2O} \rightarrow \mathrm{Na_2SiO_3} + 2\mathrm{H_2}\uparrow \tag{2-4}$$

2.3　硅的半导体性质

硅是地球上最重要的半导体材料。硅的半导体性质是研究现有硅基太阳电池的基础。通常用能带理论描述晶体硅材料的半导体特性。

1. 晶体硅的能带结构

晶体的能带反映了晶体中各个原子之间，特别是外层电子的相互作用，n 个孤立原子的一个能级分裂成 n 个间隔很小近乎连续的能级，形成一个能带，如图 2-6 所示。

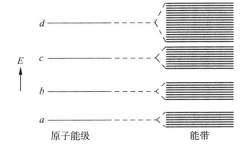

图 2-6　原子能级和能带

2. 半导体的能带模型

根据能带理论，在绝对零度（$T = 0\mathrm{K}$）时，电子填满较低的能带，称为满带；满带上面空着的能带是空带，如图 2-7 所示。半导体和绝缘体中最高满带称为价带，与其上边最邻近的空带称为导带，价带与导带之间隔着禁带。在 $T > 0\mathrm{K}$ 时，由于半导体的禁带宽度一般约为 $1 \sim 2\mathrm{eV}$，通常会有一定数量的电子受热激发从价带跃迁到导带，成为导电电子，同时价带中出现等量的空穴，自由的电子和空穴在外电场作用下产生漂移运动，导致半导体具有一定的导电性。硅晶体是典型的半导体材料，其禁带宽度为 1.11eV。

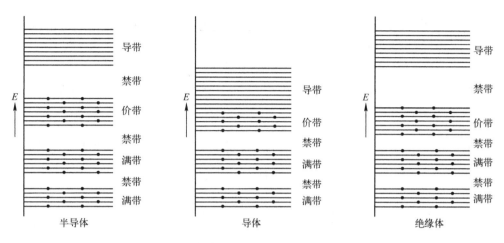

图 2-7　半导体、导体与绝缘体的能带模型

绝缘体的禁带较宽，由热激发引起电子从价带跃迁到导带的几率小，导电性很差。在金属导体的导带中，禁带与价带相连接，在外电场作用下，具有良好的导电性。

硅的禁带宽度 E_g 在很大的温度 T 范围内随温度呈线性变化，如图 2-8 所示。

3. 本征半导体硅与非本征半导体硅

1）本征半导体硅　纯净、完整的理想单晶硅的禁带中不存在其他能级，是本征半导体。本征半导体中的载流子由本征激发产生，电子浓度与空穴浓度相等。

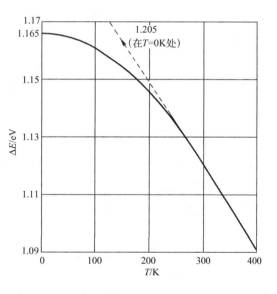

图 2-8　硅的禁带宽度 E_g 随温度 T 的变化

半导体的载流子浓度或电导率不仅取决于电子和空穴的有效质量大小，而且与温度有关。这种导电类型是本征导电。n_i 称为本征载流子浓度。

2）非本征半导体硅　实际的半导体材料总存在一定数量的杂质，当其中的杂质所形成的电导超过本征电导时，即为非本征半导体或杂质半导体。晶体硅太阳电池使用的硅是非本征半导体，其中的杂质和缺陷控制着太阳电池的性能。

硅中杂质的能级如图 2-9 所示。

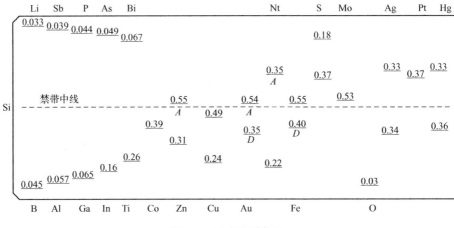

图 2-9　硅中杂质能级

硅中Ⅲ、Ⅴ族元素杂质通常在禁带中产生浅能级，是硅的浅能级杂质，它对硅的电学性质有至关重要的作用。有些杂质、缺陷或二者的络合物，特别是金、银和铁等重金属杂质，可以在禁带中部产生能级，称为深能级杂质，电子和空穴将会通过这些深能级复合降低少数载流子寿命，在太阳电池制造过程中应力求减少这类杂质。

4. N 型晶体硅和 P 型晶体硅

1) N 型晶体硅　当晶体硅中掺入微量杂质Ⅴ族元素（如 P）时，它的 5 个价电子与硅原子形成 4 个共价键，Ⅴ族离子核多出一个正电荷，形成正电中心，同时还多出一个价电子。这个电子受正电中心束缚，形成束缚态电子，其能级位于导带底以下。

当电子获得能量脱离正电中心（Ⅴ族杂质原子）的束缚时，变成能导电的电子。这种正电中心（杂质）称为施主。以施主杂质为主的半导体硅称为 N 型半导体硅。被束缚在施主上的电子能级（E_D）称为施主能级。施主能级位于禁带中，靠近导带底的施主杂质，称为浅施主杂质。由于 $\Delta E_D \ll E_g$，束缚在施主上的电子很容易在室温（$kT = 0.026\text{eV}$）下从施主能级激发到导带。N 型晶体硅中载流子的数目取决于这类施主杂质原子的数量。

2) P 型晶体硅　当晶体硅中掺入Ⅲ族杂质原子（如 B）时，杂质原子中只有 3 个价电子，与硅原子只能形成 3 个共价键，在价键中出现一个空位，称为"空穴"。空穴相当于正电荷。Ⅲ族原子的离子核只带 3 个正电荷，在晶格中形成负电中心，从而束缚空穴。

空穴能级基态位于禁带底部价带顶上面的 E_A 处。对于Ⅲ族这种形成负电中心的杂质，它能接受价带中电子，称为受主杂质，其能级称为受主能级。以受主为主的半导体硅称为 P 型半导体硅。靠近价带顶的受主杂质称为浅受主杂质。浅受主杂质由于 $\Delta E_A \ll E_g$，能明显改变硅的导电性，如图 2-10 所示。

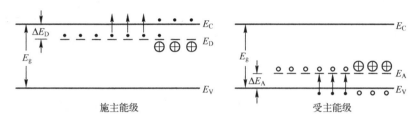

施主能级　　　　　　　　　　　　　受主能级

图 2-10　施主能级和受主能级

通常，硅中既有施主杂质也有受主杂质。由于施主能级比受主能级高，施主能级上的电子将首先填充受主能级，产生补偿作用。当施主浓度 n_D 远大于受主浓度 n_A（即 $n_D \gg n_A$）时，除填充受主能级外，施主能级上仍有大量电子，可以跃迁到导带成为载流子，这时晶体硅仍为 N 型半导体；反之，当 $n_A \gg n_D$ 时，晶体硅仍为 P 型半导体。经过补偿后，半导体中的净杂质浓度为有效杂质浓度。当 $n_D > n_A$ 时，则 $n_D - n_A$ 为有效施主浓度；当 $n_A > n_D$ 时，则 $n_A - n_D$ 为有效受主浓度。

5. 掺杂半导体的载流子浓度

掺杂半导体中载流子浓度随温度的变化，从低温到高温经历了弱电离区、中间电离区、强电离区、过渡区和本征激发区。掺杂半导体的载流子浓度可以通过量子统计理论进行计算和分析。

在导带、价带中存在着大量的能态，加进了施主杂质、受主杂质后，禁带中又引进了能态。对于一个一定能态 E，电子占据它的概率 $P(E)$ 由费米—狄拉克函数给出：

$$P(E) = \frac{1}{1 + e^{(E-E_F)/kT}} \tag{2-5}$$

式中，E_F 称为费米能级。费米能级的定义是固体中电子的化学势，电子占据费米能级 E_F 的概率恰好是 1/2，即能量为 E_F 的电子出现的概率是 1/2。

图 2-11 所示的是根据费米 - 狄拉克函数得到的半导体能带中的电子分布关系。费米 - 狄拉克函数对于费米能级 E_F 是对称的，因而如果在导带和价带中的电子能态数相同，导带中的电子数和价带中的空穴数也相同时，费米能级位于禁带中

线，如图 2-11（a）所示。这种情况是本征半导体，本征半导体的费米能级用 E_i 表示。

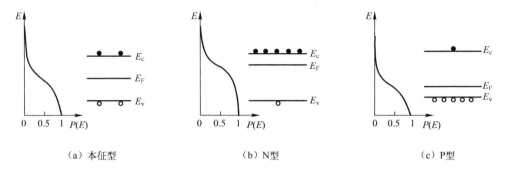

（a）本征型　　　　　　　（b）N型　　　　　　　（c）P型

图 2-11　半导体的费米-狄拉克分布函数和能带图的对应关系

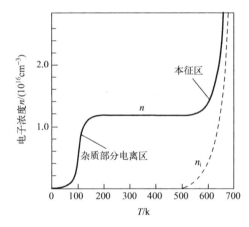

图 2-12　N型硅中电子浓度与温度的关系

1）N 型半导体载流子浓度　N 型硅中电子浓度与温度的关系如图 2-12 所示。在低温时，电子浓度随温度升高而增高。在 100K 时，杂质全部电离，温度高于 500K 后本征激发开始起主要作用，进入本征区。在 100～500K 范围内，杂质全部电离，载流子浓度基本上等于杂质浓度。

（1）低温弱电离区（施主能级部分电离的情况）：当温度较低时，大部分施主杂质能级仍为电子所占据，只有少量施主杂质发生电离，形成少量的电子进入了导带，而从价带中依靠本征激发跃迁至导带的电子数可以忽略。在这种弱电离情况下，可以认为导带中的电子全部由电离施主杂质所提供。

此时，费米能级 E_F 为

$$E_F = \frac{E_C + E_D}{2} + \left(\frac{kT}{2}\right)\ln\left(\frac{N_D}{2N_C}\right) \tag{2-6}$$

电子浓度 n_0 为

$$n_0 = \left(\frac{N_D N_C}{2}\right)^{\frac{1}{2}} e^{-\Delta E_D/2kT} \tag{2-7}$$

式中，E_C 为导带底的能量；N_c 为导带的有效态密度；N_D 为施主杂质浓度；k 为波尔兹曼常量；T 为绝对温度；ΔE_D 为施主杂质电离能，$\Delta E_D = E_C - E_D$。

（2）强电离区（施主极大部分已电离的情况）：对应于室温的区是强电离区，

这一区的电离施主浓度几乎等于施主杂质浓度 N_D。

$$N_D = N_C e^{-\frac{E_C - E_F}{kT}} \quad (2-8)$$

费米能级 E_F 为

$$E_F = E_C + kT\ln\left(\frac{N_D}{N_C}\right) \quad (2-9)$$

式（2-9）表明，费米能级 E_F 依赖于温度和施主杂质浓度。在一般掺杂浓度下，$N_C > N_D$，$kT\ln\left(\dfrac{N_D}{N_C}\right)$ 是负值，费米能级 E_F 位于禁带内。在温度 T 一定时，N_D 越大，E_F 就越向导带靠近。

当施主杂质浓度 N_D 一定时，温度越高，E_F 就越向本征费米能级 E_i 靠近。当施主杂质全部电离时，电子浓度 n_0 为

$$n_0 = N_D \quad (2-10)$$

这时，载流子浓度与温度无关，这一温度区域称为饱和区。

杂质浓度越高，达到全部电离的温度就越高。平常认为室温下浅能级全部电离，这是忽略了杂质浓度的影响。以掺磷的 N 型硅为例，室温下，$N_c = 2.8 \times 10^{19} cm^{-3}$，$\Delta E_D = 0.044 eV$，$kT = 0.026 eV$，由此可计算出磷全部电离时的浓度上限 N_D 约为 $3 \times 10^{17} cm^{-3}$。在室温下，硅的本征载流子浓度约为 $1.5 \times 10^{10} cm^{-3}$。所以，硅中磷的浓度要在 $10^{11} \sim 3 \times 10^{17} cm^{-3}$ 范围内，才可认为是以杂质电离为主，而且处于杂质全部电离的饱和区。

2）P 型半导体载流子浓度

（1）低温弱电离区（受主能级部分未电离的情况）：费米能级 E_F 为

$$E_F = \frac{E_V + E_A}{2} - \left(\frac{kT}{2}\right)\ln\left(\frac{N_A}{2N_V}\right) \quad (2-11)$$

空穴浓度为

$$p_0 = \left(\frac{N_A N_V}{2}\right)^{\frac{1}{2}} e^{-\Delta E_A/2kT} \quad (2-12)$$

式中，E_V 为价带顶能量；N_V 为价带的有效态密度；N_A 为受主杂质浓度；ΔE_A 为受主杂质电离能，$\Delta E_A = E_A - E_V$。

（2）强电离区（受主绝大部分已电离的情况，即饱和区）：在这种情况下，费米能级 E_F 为

$$E_F = E_V - kT\ln\frac{N_A}{N_V} \quad (2-13)$$

当受主杂质全部电离时，空穴浓度为

$$p_0 = N_A \quad (2-14)$$

式（2-14）表明，在饱和区，空穴浓度随受主浓度成比例增加，而且与温度无关。

综上所述，掺杂半导体的载流子浓度和费米能级由温度及杂质浓度来决定。对于 N 型半导体，N_D 越大，E_F 位置越高；对于 P 型半导体，N_A 越大，E_F 位置越低。

6. 载流子的输运性质

在外加电场和磁场的作用下，晶体硅中电子和空穴运动导致电荷的输运，产生电流。

在 300K 下，非补偿或轻补偿的硅材料的电阻率与浅杂质浓度的关系如图 2-13 所示。对于浓度小于 $10^{17} cm^{-3}$ 的轻掺杂，室温下杂质可认为是全部电离的。电阻率与杂质浓度成反比关系。当掺杂浓度增高时，由于杂质在室温下不能全部电离，迁移率随杂质浓度的增加而显著下降，电阻率曲线偏离直线。

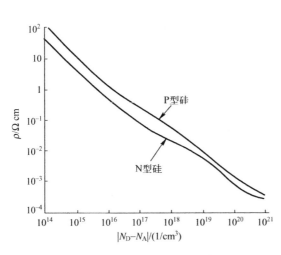

图 2-13　硅单晶电阻率与杂质浓度关系曲线 （$T = 300K$）

实际晶体硅晶格中总存在一些杂质和缺陷，而且晶格原子都在其平衡位置附近作热振动，这些因素都会导致晶格势场偏离周期势，使载流子不断从一个运动状态跃迁到另一个运动状态，产生载流子散射。散射促使载流子运动紊乱，影响电导率。

在室温下，硅的电子迁移率为 $1350 cm^2/(V \cdot s)$，空穴迁移率为 $480 cm^2/(V \cdot s)$。

在强电场（$10^4 V/cm$ 量级）下，载流子的平均能量增高，称为热载流子。在更强的电场下会出现碰撞离化，促使载流子密度大量增加。

7. 非平衡载流子

在热平衡条件下，N 型半导体中的空穴是少数平衡载流子，而 P 型半导体中的电子是少数平衡载流子。在外界作用下，半导体中将产生新的少数载流子，这些载流子是非平衡少数载流子，简称"少子"。当外界作用消除后，这些非平衡少数载流子将通过各种途径复合而消失，并恢复到热平衡状态。

注入少数载流子的主要方法有光注入和电注入两种。光注入产生的非平衡载流子，在基于 PN 结光生伏打效应的硅太阳电池中有特别重要的作用。

通常，非平衡少数载流子数随时间按指数规律衰减，即

$$\Delta p（或 \Delta n）\infty e^{-\frac{t}{\tau}} \qquad (2-15)$$

τ 是衰减时间常量，表明非平衡载流子从产生到复合的平均存在时间，也就是非平衡少数载流子寿命。

非平衡少数载流子的复合过程有多种形式。图 2-14（a）所示的是电子—空穴对的带—带复合。电子从导带跃迁到价带，同时发射出一个光子（即辐射过程），或者把能量转移到其他自由电子或空穴（即俄歇过程）。前者是光致跃迁的逆过程，后者是碰撞电离的逆过程。

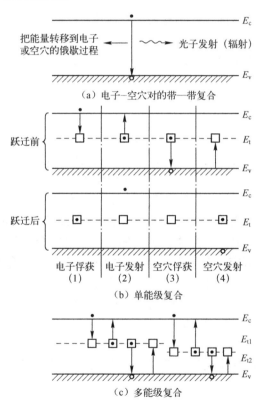

图 2-14　非平衡少数载流子的复合过程

图 2-14（b）所示的是禁带中只有一个陷阱能级的单能级复合；图 2-14（c）所示的是禁带内存在多种深能级或陷阱能级的多能级复合。单能级复合包括电子俘获、电子发射、空穴俘获及空穴发射这些过程。当复合中心能级接近位于禁带中心的本征费米能级时，复合速率趋近极大值。对太阳电池最有害的复合中心是位于禁带中心附近的那些能级。

当注入载流子数目（$\Delta p = \Delta n$）远低于多数载流子数目时，即在低注入条件

下，复合速率为

$$U = \frac{p_n - p_0}{\tau_p} \qquad (2\text{–}16)$$

式中，p_0 是平衡少数载流子密度；$p_n = \Delta p + p_0$；τ_p 是少数载流子（空穴）寿命；复合速率 U 的单位为 $\mathrm{cm}^{-2}\mathrm{s}^{-1}$。

在 N 型半导体中，$n \approx n_0$（平衡载流子密度），$n \gg n_i$ 及 p_i 时，少数载流子寿命（空穴寿命）为

$$\tau_p = \frac{1}{\sigma_p v_{th} N_t} \qquad (2\text{–}17)$$

式中，σ_p 表示空穴俘获截面；v_{th} 是载流子的热速度；N_t 是陷阱密度；n_i 和 p_i 是本征载流子密度。

同样得 P 型半导体中电子寿命：

$$\tau_n = \frac{1}{\sigma_n v_{th} N_t} \qquad (2\text{–}18)$$

式中，σ_n 为电子俘获截面。

对于多能级陷阱复合过程，其定性的特征与单能级的情形相似。

半导体体内存在载流子复合过程，半导体表面层也存在着复合过程。

从体内延伸到表面，晶格结构中断，表面原子出现悬键；硅片加工过程中造成的表面损伤或由内应力产生的缺陷和晶格畸变，都将形成表面能级，这些表面态都可成为表面复合中心。此外，表面层吸附荷电的外来杂质会在表面层中感应出异号电荷，使表面形成反型层。所有这些因素都使得表面复合过程变得比体内更复杂。以 N 型晶体硅为例，假定存在于表面薄层中的单位面积上复合中心总数为 N_{st}，薄层中的非平衡少数载流子浓度为 $(\Delta p)_s$，则表面复合率 U_s 为

$$U_s = \sigma_p v_{th} N_{st} (\Delta p)_s = s (\Delta p)_s \qquad (2\text{–}19)$$

式中，s 称为表面复合速度，可表示为

$$s = \sigma_p v_{th} N_{st} \qquad (2\text{–}20)$$

为了提高太阳电池的光电转换效率，应尽可能减小载流子的体内复合和表面复合。

2.4　晶体硅太阳电池物理基础

晶体硅中掺入受主杂质成为 P 型半导体，掺入施主杂质成为 N 型半导体，在两者接触的界面处形成 PN 结。PN 结是晶体硅太阳电池的工作基础。

1. 半导体 PN 结

两块均匀掺杂的 P 型硅和 N 型硅，掺杂浓度分别为 N_A 和 N_D。在室温下，杂质

原子全部电离，在 P 型硅中分布着浓度为 p_p 的空穴和浓度为 n_p 的电子（少子）；在 N 型硅中分布着浓度为 n_n 的电子和浓度为 p_n 的空穴（少子）。当 P 型硅和 N 型硅相互接触时，由于交界面两侧的电子和空穴的浓度不同，电子和空穴产生扩散运动，如图 2-15（a）、（b）和（c）所示；PN 界面两侧便分别出现固定电离杂质，形成负、正电荷区，如图 2-15（d）所示。因为电偶层中的电子或空穴几乎全都流失或复合，所以这一层称为阻挡层或耗尽层（也称空间电荷区），相应建立起由 N 区指向 P 区的自建电场（也称内建电场），如图 2-15（e）所示。在自建电场作用下，将产生空穴和电子漂移运动，其方向与各自的扩散运动相反。载流子的扩散运动和漂移运动达到动态平衡，净电流为零。此时，空间电荷区称为平衡时 PN 结的结区。空间电荷区的宽度随掺杂浓度增高而变窄；自建电场的两边电势差称为 PN 结的接触势垒。电子或空穴都要克服这个势垒才能越过 PN 结，所以空间电荷区也称为势垒区。势垒的高度与材料的性质、N 区和 P 区的掺杂浓度以及温度有关。图 2-15（c）所示为 N 区和 P 区的杂质分布；（d）所示为空间电荷区电荷分布；（e）所示为空间电荷区电场强度分布，可以看到极大值 ε_{max} 出现在 N 区和 P 区界面上；（f）所示为各区载流子分布；（g）所示为 PN 结的能带图。

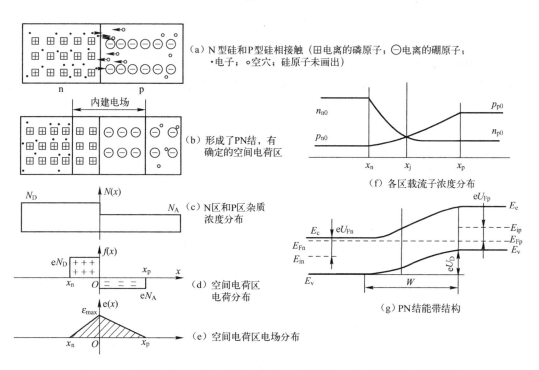

（a）N 型硅和 P 型硅相接触（⊞电离的磷原子；⊖电离的硼原子；·电子；○空穴；硅原子未画出）

（b）形成了 PN 结，有确定的空间电荷区

（c）N 区和 P 区杂质浓度分布

（d）空间电荷区电荷分布

（e）空间电荷区电场分布

（f）各区载流子浓度分布

（g）PN 结能带结构

图 2-15　理想突变 PN 结中杂质、电荷、电场强度、载流子分布及能带图

按能带理论，N 型半导体中电子浓度大，费米能级 E_{Fn} 位置较高；P 型半导体空穴浓度大，费米能级 E_{Fp} 位置就低。当两者形成 PN 结时，电子将从费米能级高处流向低处，而空穴则相反。与此同时，在自建电场作用下，N 区能带下移，P 区能带上移，直到在形成 PN 结的半导体中有了统一的费米能级 E_F（$E_{Fn} = E_{Fp} = E_F$），达到平衡。平衡状态下的 PN 结，价带和导带弯曲形成势垒。图 2-15（g）中 E_{ip}、E_{in} 分别表示 P 区和 N 区中的本征费米能级，$V_{Fp} = (E_{ip} - E_{Fp})/e$，$V_{Fn} = (E_{Fn} - E_{in})/e$ 分别为 P 区和 N 区的费米势，$V_D = V_{Fn} + V_{Fp}$ 为总费米势。热平衡时总费米势 V_D 即为空间电荷区两端间电势差 U_D，也就是 PN 结自建电压，又称接触电势差。

在太阳电池中，通常用扩散法制 PN 结，硅片的表面杂质浓度很高，结深和耗尽区都很小，可近似地看作单边突变 PN 结，其杂质分布如图 2-15（c）所示。

在 PN 结的空间电荷区外，N 区的电子浓度 n_{N0} 和 P 区的电子浓度 n_{P0} 为

$$n_{N0} = n_i e^{(E_{FN} - E_i)/kT}$$

$$n_{P0} = n_i e^{-(E_{FP} - E_i)/kT}$$

于是，自建电压 U_D 为

$$U_D = \frac{kT}{e} \ln \frac{n_{N_0}}{n_{P_0}} = \frac{kT}{e} \ln \frac{N_D N_A}{n_i^2} \tag{2-21}$$

可见在一定温度下，自建电压 U_D 随 PN 结两边掺杂浓度的增大和禁带宽度的加大而增高。在平衡的 PN 结中，电偶层两边分别带有等量异号电荷，如图 2-15（b）所示。

$$N_D x_N = N_A x_P \tag{2-22}$$

式中，x_n 和 x_p 分别为 N 区和 P 区中空间电荷层厚度。利用泊松方程可求得 PN 结中最大电场强度 E'_{max}、自建电压 U_D 和势垒宽度 W。

$$\frac{d^2 U(x)}{dx^2} = \begin{cases} -\dfrac{eN_D}{\varepsilon_r \varepsilon_0} & x_N \leqslant x \leqslant 0 \\[2mm] -\dfrac{eN_A}{\varepsilon_r \varepsilon_0} & x_P \geqslant x \geqslant 0 \end{cases} \tag{2-23}$$

$$E'_{max} = \frac{eN_D x_N}{\varepsilon_r \varepsilon_0} = \frac{eN_A x_P}{\varepsilon_r \varepsilon_0} \tag{2-24}$$

$$U_D = \frac{1}{2} E'_{max}(x_P + x_N) = \frac{1}{2} E'_{max} W \tag{2-25}$$

$$W = \sqrt{\frac{2\varepsilon_r \varepsilon_0 (N_A + N_D)}{eN_A N_D} U_D} \tag{2-26}$$

式中，$U(x)$ 为 x 处的静电势；ε_r、ε_0 分别为材料的相对介电系数和真空介电系数。

当有外电压 U 存在时，并作单边突变结近似（$N_D \gg N_A$），势垒宽度为

$$W = \sqrt{\frac{2\varepsilon_r \varepsilon_0}{e N_A}(U_D - U)} \qquad (2\text{-}27)$$

硅太阳电池的 W 值见表 2-2。

表 2-2　硅太阳电池的势垒宽度 W 值表

基区材料电阻率/($\Omega \cdot cm$)	PN 结电容 $C/(\mu F/cm^2)$	耗尽区宽度 $W/\mu m$
10	0.0145	0.75
1	0.038	0.28
0.1	0.106	0.098

2. 非平衡状态下的 PN 结

对 PN 结施加电压，将使其处于非平衡状态。

1）正向偏压　当 P 区接正，N 区接负，PN 结施加正偏压 U_F 时，由于 U_F 与 U_D 反向，结势垒高度 $e(U_D - U_F)$ 减低。N 区的电子越过耗尽区界面 x_p 后，扩散到 P 区而成为 P 区的过剩少子，在 P 区复合；从 P 区扩散到 N 区的空穴也在 N 区内复合。电子和空穴在这三个区域中不断地因复合而消失，而损失的电子和空穴将分别通过与 N 区和 P 区的接触电极从电源得到补充，形成由 P 区至 N 区的正向电流，如图 2-16 所示。

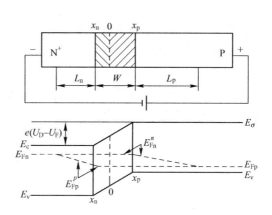

图 2-16　PN 结正偏时的能带图

在图 2-16 中，正向电流密度 J_D 可表示为

$$J_D = (J_n + J_p) + J_c \qquad (2\text{-}28)$$

式中，N 区和 P 区中的中性区复合电流分量 J_n 和 J_p 称为扩散电流；耗尽区的复合电流分量 J_c 称为复合电流。

在稳态情况，总的正向电流密度 J_D 为

$$J_D = \left(e \frac{D_n n_i^2}{N_A L_n} + e \frac{D_p n_i^2}{N_D L_p} \right)(e^{eU_F/kT} - 1) + \frac{1}{2} e \frac{n_i}{\tau_0} W (e^{eU_F/2kT} - 1) \qquad (2\text{-}29)$$

式中，$\dfrac{D_n}{L_n}$ 和 $\dfrac{D_p}{L_p}$ 分别为电子扩散速度和空穴扩散速度，D_n 和 D_p 为电子扩散系数和空

穴扩散系数，L_n 和 L_p 为电子扩散长度和空穴扩散长度。

$$\left.\begin{array}{l} L_p = \sqrt{D_p \tau_p} \\ L_n = \sqrt{D_n \tau_n} \end{array}\right\} \tag{2-30}$$

式中，τ_n、τ_p 分别为少数载流子电子和空穴的寿命。

根据式（2-29），当 $U_F \gg \dfrac{kT}{e}$ 时，复合电流正比于 $e^{eU_F/2kT}$，扩散电流正比于 $e^{eU_F/kT}$。

若忽略耗尽区 J_c 的影响，则 PN 结的正向电流密度 J_D 为

$$J_D = \left(\frac{eD_n n_i^2}{L_n N_A} + \frac{eD_p n_i^2}{L_p N_D} \right) (e^{eU_F/kT} - 1)$$

$$J_D = J_0 (e^{eU_F/kT} - 1) \tag{2-31}$$

式中，J_0 为忽略 PN 结耗尽区影响时的反向饱和电流密度。

$$J_0 = \left(\frac{eD_n n_i^2}{L_n N_A} + \frac{eD_p n_i^2}{L_p N_D} \right) \tag{2-32}$$

式（2-31）就是肖克莱方程。它反映了理想情况下，PN 结在正偏时电流密度 J_D 与偏压、反向饱和电流密度及温度的关系。

考虑了复合电流 J_c 后，正向电流为

$$J_D = J_0 (e^{eU_F/AkT} - 1) \tag{2-33}$$

式中，A 为二极管曲线因子（也称二极管质量因子）。当 A 接近于 1 时，扩散电流为主；A 接近 2 时，复合电流为主。

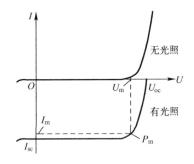

图 2-17 PN 结的整流特性和太阳电池有光照（下部）与无光照（上部）的 I—U 特性曲线（PN 结的整流特性与太阳电池无光照时的暗特性相同）

随着正向电压 U_F 的增加，扩散电流将超过由电势 $U_D - U_F$ 形成的漂移电流，从而获得如图 2-17 第一象限所示的 PN 结的正向伏安特性。

2）反向偏压 当 PN 结处于反向偏压 U_R 时，势垒 $e(U_D + U_R)$ 增高加宽，电子及空穴的扩散减弱，而少子的漂移作用增强，在 PN 结中形成反向电流。由于少子数量远小于多数载流子，反向电流也就很小，如图 2-18 所示。反向电流密度 J_R 为 N$^+$ 区、耗尽区、P 区反向电流密度 J_n'、J_c'、J_p' 之和，即

$$J_R = (J_n' + J_p') + J_c' \tag{2-34}$$

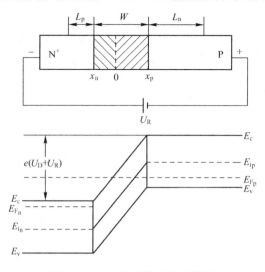

图 2-18　PN 结反偏时的能带图

在稳态情况下，总的反向电流密度为

$$J_R = e\left(D_p \frac{p_{n_0}}{L_p} + D_n \frac{n_{p_0}}{L_n}\right) + \frac{1}{2} e \frac{n_i}{\tau_0} W \qquad (2-35)$$

式中，第一项为 N$^+$ 区、P 区反偏时扩散电流密度之和 J_0，当外电压 $U_R \gg \dfrac{kT}{e}$ 时，扩散电流就是饱和的，此时 J_0 也称为反向饱和电流密度；第二项为反偏时耗尽区产生的电流密度 J_c'。

图 2-17 的第三象限中所示的是 PN 结的反向 $I-U$ 特性。

3. 浓度结

当导电类型相同且掺杂浓度不同的两种晶体硅相接触时，同样可形成具有电偶层和自建电场的浓度结（也称为梯度结），如图 2-19 所示。

对于 P 型硅，热平衡时 PP$^+$ 浓度结界面处的接触势垒高度 eU_g 为

$$eU_g = E_{F_p} - E_{F_{p+}} = \frac{kT}{e} \ln \frac{N_A^+}{N_A} \qquad (2-36)$$

如果在 N$^+$P 结上再形成 PP$^+$ 结，那么 N$^+$PP$^+$ 结的总内建电势 U_B 将增加为

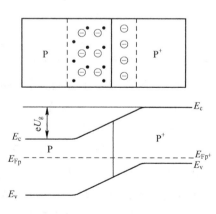

图 2-19　PP$^+$ 浓度结能带图

$$U_{\mathrm{B}} = U_{\mathrm{D}} + U_{\mathrm{g}} = \frac{kT}{e}\ln\frac{N_{\mathrm{D}}^{*}N_{\mathrm{A}}}{n_{\mathrm{i}}^{2}} + \frac{kT}{e}\ln\frac{N_{\mathrm{A}}^{+}}{N_{\mathrm{A}}} = \frac{kT}{e}\ln\frac{N_{\mathrm{D}}^{*}N_{\mathrm{A}}^{+}}{n_{\mathrm{i}}^{2}} \qquad (2-37)$$

4. 硅太阳电池构造和工作原理

图 2-20 所示为现在最常用的 N$^+$/P 晶体硅太阳电池结构示意图。P 型晶体硅片上扩磷形成 N$^+$ 型顶区，构成一个 PN$^+$ 结。顶区表面为栅状的金属顶电极（也称正电极），表面覆盖减反射膜，背面为金属底电极（也称背电极）。

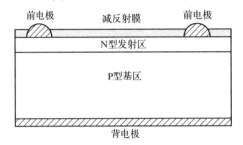

图 2-20　太阳电池的结构

当电池被照射时，光穿过减反射膜进入硅中，能量大于硅禁带宽度的光子在 N 区、耗尽区和 P 区中激发出光生电子—空穴对。进入耗尽区的和在耗尽区内产生的光生电子—空穴对将立即被内建电场分离，光生电子进入 N 区，光生空穴进入 P 区。在 N 区中，扩散到 PN 结边界的光生空穴（少子）在内建电场作用下，越过耗尽区进入 P 区，光生电子（多子）则被留在 N 区。同样，P 区中的光生电子（少子）先扩散、后漂移而进入 N 区，光生空穴（多子）留在 P 区。于是 PN 结两侧积累了正、负电荷，产生了光生电压。如果连接上负载，就会产生从 P 区经负载流至 N 区的光电流。

图 2-21 所示为硅太阳电池的 PN 结能带图。其中，图 2-21（a）所示为无光照情况，此时处于热平衡状态下，PN 结有统一的费米能级，势垒高度为 $eU_{\mathrm{D}} = E_{\mathrm{Fn}} - E_{\mathrm{Fp}}$。图 2-21（b）所示为在稳定光照下，且电池处于开路的情况，此时 PN 结处于非平衡状态，光生载流子积累形成开路时的光电压（称为开路电压），使 PN 结处于正偏，费米能级发生分裂，分裂的宽度等于 eU_{oc}，势垒高度为 $e(U_{\mathrm{D}} - U_{\mathrm{oc}})$。图 2-21（c）所示为在有稳定光照下，电池处于短路状态的情况，原来在 PN 结两端积累的光生载流子通过外电路复合，光电压消失，势垒高度为 eU_{D}，各区中的光生载流子不断地被内建电场分离，通过外接导线形成短路状态下的光电流（称为短路电流 I_{sc}）。图 2-21（d）所示为有光照和外接负载时，一部分光电流流过负载，在负载上建立电压 U，相当于对 PN 结施加正向偏压 U_{F}；另一部分光电流和 PN 结在正向偏压 U_{F} 下形成的正向电流抵消；费米能级分裂的宽度等于 eU，势垒高度为 $e(U_{\mathrm{D}} - U)$。

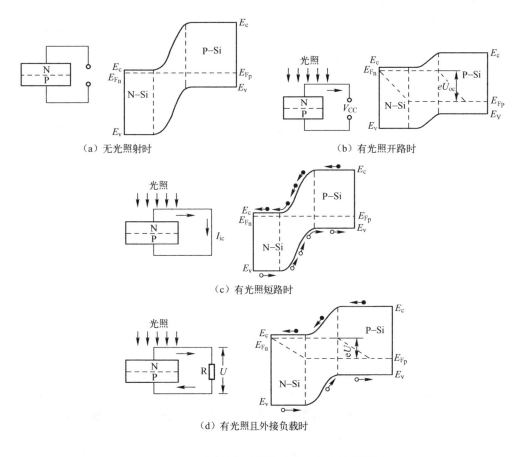

（a）无光照射时　　　　　　　　　　　　　（b）有光照开路时

（c）有光照短路时

（d）有光照且外接负载时

图 2-21　不同状态下晶体硅太阳电池的能带图

2.5　晶体硅太阳电池的性质

1. 光电流和光电压

硅太阳电池的光照特性如图 2-22 所示。由图可见，短路电流随光强增加呈线性上升，开路电压随光强增加而呈指数上升，强光下趋于饱和。不同辐照度下太阳电池的 I—U 特性曲线如图 2-23 所示。

1）光电流　假设在太阳电池中产生的光生载流子可以全部被收集，则其光电流密度 J_L 为

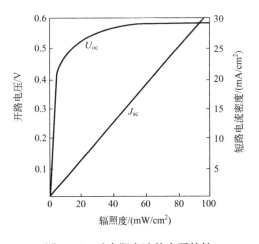

图 2-22 硅太阳电池的光照特性

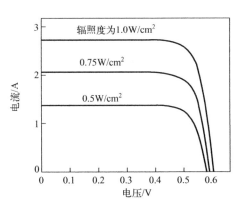

图 2-23 不同辐照度下太阳电池
的 I—U 特性曲线

$$J_L = \int_0^\infty \left[\int_0^H e\phi(\lambda)Q[1-R(\lambda)]\alpha(\lambda)e^{-\alpha(\lambda)x}dx \right]d\lambda$$

$$(2-38)$$

$$= \int_0^\infty \int_0^H eG_L(x)dxd\lambda$$

$$G_L(x) = \phi(\lambda)Q[1-R(\lambda)]\alpha(\lambda)e^{-\alpha(\lambda)x}$$

式中，$\phi(\lambda)$ 为投射到单位面积太阳电池上的波长为 λ、带宽为 $d\lambda$ 的光子数；Q 为量子产额，即能量大于 E_g 的一个光子产生一对光生载流子的几率，通常可认为 $Q \approx 1$；$R(\lambda)$ 为入射光的光谱反射率；$\alpha(\lambda)$ 为光谱吸收系数；H 为电池厚度；dx 为电池中距电池表面 x 处的薄层；$G_L(x)$ 为在 x 处光生载流子的产生率。

太阳电池的 N 区、耗尽区和 P 区中均能产生光生载流子，这些光生载流子要通过耗尽区才能形成光电流。计算光生电流时，必须考虑到各区中载流子的产生和复合、扩散和漂移等多种因素。太阳电池中光电流形成过程如图 2-24 所示。

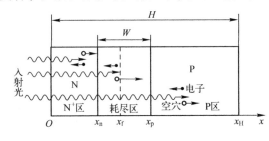

图 2-24 太阳电池中光电流形成过程

顶区的光电流主要由短波光产生，约占总光电流的 5% ～ 12%；空间电荷区的光生电流约占 2% ～ 5%；基区的光电流主要由长波光产生，约占 90%。

2）短路电流 在光照下且太阳电池被短路时，PN 结处于零偏压状态，此时短路电流密度 J_{sc} 等于光生电流密度 J_L，短路电流密度 J_{sc} 正比于入射光强度 Φ，如图 2-22 所示。

$$J_{sc} = J_L \propto \Phi \qquad (2-39)$$

3) 光电压　在光照下，太阳电池两端产生的电压为光电压。在开路状态下，光照产生的载流子被内建电场分离形成由 N 区流向 P 区的光电流 J_L，而太阳电池两端出现的开路电压 U_{oc} 却产生由 P 区流向 N 区的正向结电流 J_D。在稳定光照时，光电流 J_L 和正向结电流 J_D 在数值上相等（$J_L = J_D$）。根据式（2-33）

$$J_L = J_D = J_0 \left(e^{eU_{oc}/AkT} - 1 \right)$$

由于通常情况下，$\dfrac{J_L}{J_0} \gg 1$，所以有：

$$U_{OC} = \frac{AkT}{e} \ln \frac{J_L}{J_0} \qquad (2\text{-}40)$$

可见 U_{oc} 随 J_L 增加而增加，随 J_0 增加而减小。由于曲线因子 A 增大时，反向饱和电流密度 J_0 也增加，所以 U_{OC} 不会随因子 A 的增大而增大。

当忽略耗尽区复合电流影响时，据式（2-32），反向饱和电流密度为

$$J_0 = eD_n \frac{n_i^2}{N_A L_n} + eD_p \frac{n_i^2}{N_D L_p}$$

根据式（2-21）$n_i^2 = N_A N_D e^{-eU_D/kT}$

$$J_0 = \left(eD_n \frac{N_D}{L_n} + eD_p \frac{N_A}{L_p} \right) e^{-eU_D/kT} = J_{00} e^{-eU_D/kT} \qquad (2\text{-}41)$$

式中，$J_{00} = eD_n \dfrac{N_D}{L_n} + eD_p \dfrac{N_A}{L_p}$

U_D 为最大 PN 结电压，eU_D 等于 PN 结势垒高度。按式（2-41）和式（2-40），当 $A = 1$ 且 $\dfrac{J_L}{J_0} \gg 1$ 时，将式（2-41）代入式（2-40），可得

$$U_{oc} = U_D - \frac{kT}{e} \ln \frac{J_{00}}{J_L} \qquad (2\text{-}42)$$

从式（2-42）可见，当温度较低和光强较高时，开路电压 U_{oc} 接近 U_D。由于 $U_D \approx \dfrac{kT}{e} \ln \dfrac{N_D N_A}{n_i^2}$，所以 PN 结两边掺杂浓度越大，开路电压也越大。

2. 等效电路、输出功率和填充因子

1) 等效电路　图 2-25 所示的是在稳定光照下太阳电池的等效电路。它由以下电路元件构成：能产生光电流 I_L 的电流源、处于正偏压下的二极管 VD、与二极管并联的电阻 R_{sh}、电容 C_f、与输出端串联的电阻 R_s。光电流 I_L 提供二极管的正向电流 $I_D = I_0 \left(e^{eU/AkT} - 1 \right)$ 和旁路电流 I_{Rp} 和负载电流 I。

2) 输出功率　按图 2-25，光照下，在负载 R_L 上得到的太阳电池输出功率 P 为

$$P = IU = \left[I_L - I_0 (e^{e(U + IR_s)/AkT} - 1) - \frac{I(R_s + R_L)}{R_{sh}} \right]^2 R_L \qquad (2-43)$$

当负载 R_L 从零变到无穷大时，即可绘制出如图 2-26 所示的太阳电池的 $I-U$ 特性曲线。曲线上的任一点都称为工作点，工作点和原点的连线就是负载线，负载线的斜率的倒数等于 R_L。调节负载电阻 R_L 到某一值 R_m 时，可在曲线上得到太阳电池的最佳工作点 M（也称最大功率点），这时对应的工作电流 I_m 和工作电压 U_m 的乘积达到最大值。

$$P_m = I_m U_m \qquad (2-44)$$

I_m 称为最佳工作电流，U_m 称为最佳工作电压，R_m 为最佳负载电阻，P_m 为最大输出功率。

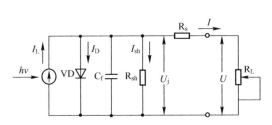

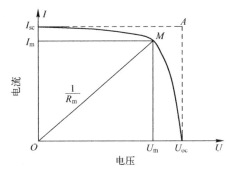

图 2-25　PN 结太阳电池（单二极管）等效电路图　　图 2-26　太阳电池的 $I-U$ 特性曲线

3）填充因子　填充因子（FF）是评价太阳电池优劣的重要参数，其定义为太阳电池的最大输出功率 P_m 与开路电压和短路电流的乘积（$U_{oc} I_{sc}$）之比值。

$$FF = \frac{P_m}{U_{oc} I_{so}} = \frac{U_m I_m}{U_{oc} I_{sc}} \qquad (2-45)$$

在一定光强下，FF 越大，输出功率也越高。FF 与入射光强、反向饱和电流、曲线因子和串/并联电阻密切相关。

通常 $I-U$ 特性曲线关系式是采用单二极管等效电路，并假设并联电阻 R_{sh} 为无穷大、串联电阻 $R_s = 0$ 的理想情况下得到的。但实际上，将基区、发射区和空间电荷区的载流子复合电流区分开来，用含有两个二极管的双二极管等效电路才与实际的 $I-U$ 特性曲线拟合得更好，如图 2-27 所示。图中，I_{D1} 表示体区或表面通过陷阱能级复合的饱和电流，所对应的二极管曲线因子 $A = 1$；I_{D2} 表示 PN 结耗尽区或晶界内复合的饱和电流，所对应的二极管曲线因子 $A = 2$。

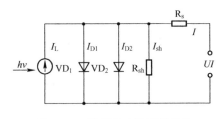

图 2-27　具有双二极管模型的
太阳电池等效电路

3. 太阳电池的效率

太阳电池的光电转换效率 η 是太阳电池受光照射时输出电功率与入射光功率之比，简称电池效率，可表达为

$$\eta = \frac{P_m}{A_i P_{in}} = \frac{I_m U_m}{A_i P_{in}} = \frac{FF \cdot I_{sc} V_{oc}}{A_i P_{in}} \tag{2-46}$$

式中，A_i 为太阳电池面积；P_m 为单位面积入射光功率，$P_{in} = \int_0^\infty \Phi(\lambda) \frac{hc}{\lambda} d\lambda$。如果从总面积中扣除遮光的栅线面积，可得到有效面积 A_a 下的电池效率。

太阳电池光电转换过程中存在各类损耗，如图 2-28 所示。

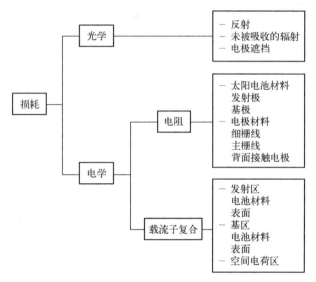

图 2-28　太阳电池光电转换过程中的各类损耗

1）光学损失　电池表面的反射损失；波长大于 $1.1\mu m$ 的光 （$hv < E_g$）透过电池造成的长波损失；一个 $hv > E_g$ 的光子激发出光生载流子后，多余的能量不能被利用造成的短波损失。

2）电学损失　光生空穴－电子对在体内和表面复合，以及通过其他复合中心复合；光生载流子被 PN 结分离时，在结区产生的损失，包括产生声子和微等离子体效应损失；结电流因少子复合损失，以及由势垒高度所造成的损失等；串、并联电阻损失。

为了提高光电转换效率，必须尽可能减小各类损耗。

4. 晶体硅太阳电池效率极限

一些研究者已提出了最佳电池结构及其效率极限的概念。假定所有可以避免的

损耗全都被排除，即完全消除反射损失，并通过理想的陷光技术最大程度吸收入射光；假定除俄歇复合外，SRH 和表面复合均可避免；理想的接触电极既不遮光又无串联电阻损耗；在基片中不存在转移损耗，且基片中载流子分布是十分均匀的，以致在给定电压下，载流子的复合可减至最小。为了尽可能减小俄歇复合和自由载流子吸收，最佳电池用本征半导体硅材料制造，厚度约为 80μm。在对载流子复合和光吸收进行综合处理后，结果得出在一个太阳光强、AM1.5 和 25℃ 条件下，单晶硅太阳电池效率可接近 29%。

5. 硅太阳电池的光谱特性

太阳电池的光谱特性是指单位辐射通量的不同波长的光分别照射太阳电池时，太阳电池短路电流的大小，通常用特性曲线表示，称为光谱响应 SR(λ)。太阳电池的光谱响应可分为相对光谱响应和绝对光谱响应，如图 2-29 所示。

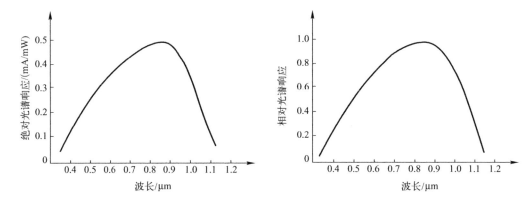

图 2-29　晶体硅太阳电池的光谱响应

太阳电池的光谱特性还可用量子效率来表示。太阳电池的量子效率可分为外量子效率 EQE(λ) 和内量子效率 IQE(λ) 两种。

太阳电池外量子效率的定义为，波长为 λ 的光照在电池内部产生并对短路电流有贡献的光生载流子的数目与入射到电池表面的光子数目的比值，即

$$EQE(\lambda) = \frac{I_{sc}(\lambda)}{e\phi(\lambda)} \qquad (2-47)$$

式中，e 为电子电量；$\phi(\lambda)$ 为入射到电池表面上的波长为 λ 的光子通量。

太阳电池内量子效率的定义为，波长为 λ 的光照在电池内部产生并对短路电流有贡献的光生载流子的数目与入射进电池内部的光子数目的比值，即扣除了电池表面反射损失的光子数目，可以表示为

$$IQE(\lambda) = \frac{I_{sc}(\lambda)}{[1 - R(\lambda) - T(\lambda)]e\phi(\lambda)} = \frac{EQE(\lambda)}{1 - R(\lambda) - T(\lambda)} \qquad (2-48)$$

式中，$R(\lambda)$ 为电池表面对波长为 λ 的光的反射率；$T(\lambda)$ 为透射率。通常，透射率 $T(\lambda)$ 可以忽略。

太阳电池的内量子效率总大于其外量子效率。

6. 硅太阳电池的温度特性和光照特性

图 2-30 所示的是硅太阳电池的温度特性。因为硅的禁带宽度随温度的变化率约为 $-0.003\text{eV}/℃$，引起开路电压 U_{OC} 变化约为 $-2\text{mV}/℃$。短路电流 I_{SC} 随温度升高而略有升高。在同样的光照下，电池的输出功率随温度升高而降低，每升高 $1℃$ 功率下降 $0.35\% \sim 0.45\%$。

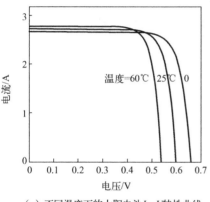

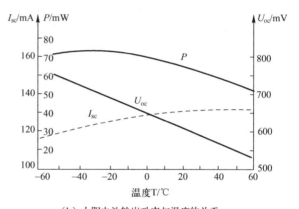

（a）不同温度下的太阳电池 I—U 特性曲线　　（b）太阳电池输出功率与温度的关系

图 2-30　硅太阳电池的温度特性

太阳电池输出功率与电池端电压的关系如图 2-31 所示。

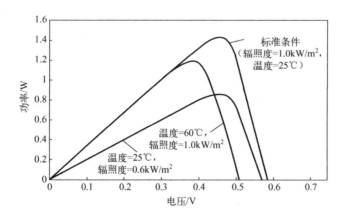

图 2-31　太阳电池产生的功率 P 与电池端电压 U 的函数关系

参 考 文 献

［1］阙端麟，陈修治. 硅材料科学与技术 ［M］. 杭州：浙江大学出版社，2000.

［2］赵富鑫，魏彦章. 太阳电池及其应用 ［M］. 北京：国防工业出版社，1985.

［3］A. Goetzberger, V. U. Hoffmann. Photovoltaic Sotar Energy Generation ［M］. New York：Springer, 2005.

［4］Roger A. Messenger, Jerry Ventre. Photovoltaic Systems Engineering ［M］. New York：CRC PRESS, 2004.

［5］Tomas Markvart, Solar Electuieity ［M］. New York：John Wiley & Sons, LTD 2005.

［6］Gray J L. , Handbook of Photovoltaic Sciesce and Engineering ［M］. Steven Hegedus John Wiley&Sons Ltd. 2002.

［7］Nelson J. , The Physics of Solay Cells ［M］. Imperial College Press，U K，2003.

第3章 晶体硅太阳电池和组件的制造

3.1 晶体硅太阳电池的制造

晶体硅太阳电池制造工艺一般包括晶硅材料与硅片的制备、太阳电池的制造和组件的封装等。电池的制造工艺目标是提高电池效率、降低制造成本，实现大规模自动化流水线生产。

1. 硅材料的制备

通过电弧炉，在高温下，二氧化硅（SiO_2）与还原剂产生焦炭反应。生成液相的硅沉入电弧炉底部，铁作为催化剂防止碳化硅的形成。在电弧炉底部开孔收集液相硅，经过冷却凝固，得到纯度为 97% ～ 99% 的冶金级硅。原材料和制备方法不同，杂质含量也不同。通常，铁和铝约占 0.1% ～ 0.5%，钙约占 0.1% ～ 0.2%，铬、锰、镍、钛和锆各约占 0.05% ～ 0.1%，硼、铜、镁、磷和钒等均占 0.1% 以下。

通过冶金级硅生产高纯多晶硅的技术主要有改良西门子法、硅烷法和流化床法。图 3-1 所示的是通过石英砂制备高纯硅的工艺过程示意图。

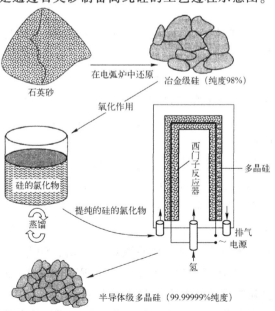

图 3-1 通过石英砂制备高纯硅的工艺过程示意图

1) 西门子法 西门子法最早由德国西门子（Siemens）公司发明并实现工业化生产。西门子法工艺是将工业硅粉与 HCl 反应，形成 $SiHCl_3$，再让 $SiHCl_3$ 在 H_2 气氛的还原炉中还原沉积从而得到多晶硅。后来，西门子公司在此基础上进行了改进，采用了闭环式生产工艺，形成改良西门子法。改良西门子法增加还原尾气干法回收系统和 $SiCl_4$ 氢化工艺，将还原炉排出的尾气 H_2、$SiHCl_3$、$SiCl_4$、SiH_2Cl_2 和 HCl 经过分离后再利用，实现了闭路循环，其工艺流程如图 3-2 所示。由于这种方法采用了大型还原炉，降低了单位产品的能耗；采用 $SiCl_4$ 氢化工艺和尾气干法回收工艺，明显降低了原/辅材料的消耗。

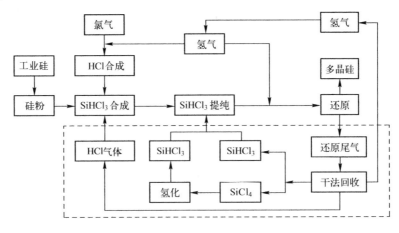

图 3-2 改良西门子法工艺流程图

首先在电弧炉中用焦炭还原石英砂（SiO_2）制取单质硅，温度为 1600 ～ 1800℃，还原出硅和 CO_2 气体，形成纯度为 98% 的工业硅。其化学反应为

$$SiO_2 + C \rightarrow Si + CO_2 \uparrow \tag{3-1}$$

然后将工业硅粉碎后与无水氯化氢（HCl）在流化床（沸腾床）反应器中反应，生成三氯氢硅（$SiHCl_3$）。用沸腾床合成 $SiHCl_3$，具有产能大、产品中 $SiHCl_3$ 含量高、成本低等优点。

在沸腾床中硅粉和 HCl 按下式反应生成 $SiHCl_3$：

$$Si + 3HCl \rightarrow (280 \sim 320℃) SiHCl_3 + H_2 + 50 千卡/克分子 \tag{3-2}$$

注意，上述反应为放热反应，必须严格控制反应温度。

进一步分解硅粉，冷凝 $SiHCl_3$、$SiCl_4$，将气态 H_2、HCl 返回到反应器中，或者经环保处理后排放到大气中。再分解冷凝的 $SiHCl_3$、$SiCl_4$，得到高纯的 $SiHCl_3$。提纯 $SiHCl_3$ 和 $SiCl_4$ 的方法有精馏法、络合物法、固体吸附法和萃取法等，其中通过蒸馏塔多重精馏去除杂质的精馏方法具有处理量大、操作方便和效率高等特点，绝大多数杂质都能被完全分离，但完全分离硼、磷和强极性杂质氯化物比较困难。

最后，在密闭的多晶硅反应容器内，高纯的 $SiHCl_3$ 在 H_2 气氛中，通电加热到 $1050 \sim 1100℃$ 的细长的硅芯表面还原出多晶硅并沉积在硅芯表面。通过一周或更长的反应时间，还原炉中的硅芯将从 8mm 生长到 $150 \sim 200mm$，获得高纯度的多晶硅棒。

其化学反应为

$$SiHCl_3 + H_2 \rightarrow Si + 3HCl \uparrow \qquad (3-3)$$

大约有 35% 的 $SiHCl_3$ 反应后生成多晶硅，剩余部分与 H_2、HCl、$SiHCl_3$ 和 $SiCl_4$ 一起从反应容器中分离出来并再利用，返回到整个反应中。其中，主要产物 $SiCl_4$、$SiHCl_3$ 在分离提纯后，高纯的 $SiHCl_3$ 又进入还原炉中生长多晶硅。HCl 可用活性炭吸附法或者冷 $SiCl_4$ 溶解 HCl 法回收，进入流化床反应器与冶金级硅粉反应。

改良西门子法生产的高纯硅纯度高，其中间产物 $SiHCl_3$ 可安全运输和长时间保存（数个月），适用于年产千吨级以上的太阳能级多晶硅生产。

2）硅烷法　硅烷法以氟硅酸、钠、铝和氢气为主要原/辅材料，通过 $SiCl_4$ 氢化法、硅合金分解法、氢化物还原法、硅的直接氢化法等方法制取 SiH_4，然后将 SiH_4 气体提纯后，通过 SiH_4 热分解生产高纯度的棒状多晶硅。硅烷法的中间产物是 SiH_4。硅烷法生产工艺流程图如图 3-3 所示。

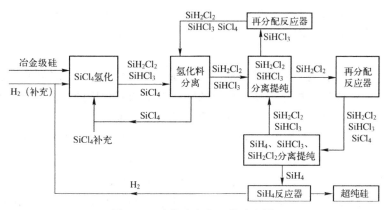

图 3-3　硅烷法生产工艺流程图

硅烷的制备采用歧化法，用 $SiCl_4$、冶金级硅和 H_2 反应生成 $SiHCl_3$，然后 $SiHCl_3$ 歧化反应生成 SiH_2Cl_2，最后由 SiH_2Cl_2 进行催化歧化反应生成 SiH_4，即

$$3SiCl_4 + Si + 2H_2 = 4SiHCl_3 \qquad (3-4)$$

$$2SiHCl_3 = SiH_2Cl_2 + SiCl_4 \qquad (3-5)$$

$$3SiH_2Cl_2 = SiH_4 \uparrow + 2SiHCl_3 \qquad (3-6)$$

制得的硅烷经精馏提纯后，通入固定床反应器，在 800℃ 下进行热分解，反应如下：

$$SiH_4 = Si + 2H_2 \uparrow \qquad (3-7)$$

与西门子法相比，硅烷热分解法的优点是硅烷较易提纯，含硅量较高（87.5%）；分解温度低、速度快，分解率高达99%；能耗低，仅为40kW·h/kg，且产品纯度高。其缺点是硅烷气体为有毒、易燃、易爆性气体，沸点低，是一种高危险性的气体，安全性差，且制造成本较高。

3）流化床法　流化床是一种利用气体或液体使固体颗粒处于悬浮运动状态，进行气固相反应或液固相反应的反应器。

流化床法是以 $SiCl_4$ 或 SiF_4、H_2、HCl 和冶金硅为原料，在高温、高压流化床（沸腾床）内生成 $SiHCl_3$，将 $SiHCl_3$ 再进行歧化加氢反应生成 SiH_2Cl_2，继而生成 SiH_4 气体；再将 SiH_4 气体通入加有小颗粒硅粉的流化床反应炉内进行热分解反应，生成粒状多晶硅。

由于在流化床反应炉内颗粒硅在悬浮状态下与流体接触，接触面积很大（可高达 $3280 \sim 16400 m^2/m^3$），多晶硅的沉积多，生产效率很高。由于颗粒在沸腾床内混合，温度均匀，表面之间的传热系数很高，有利于放热反应的等温操作，易于实现颗粒群在流化床之间循环，使所有反应过程都能进行。流化床工艺的操作范围宽，设备结构简单，造价低且产能大。

流化床法生产的颗粒状多晶硅不仅适用于连续拉晶工艺的加料或多晶硅定向凝固硅锭时的二次加料，而且在生长直拉硅单晶或多晶硅定向凝固硅锭时，如果将块状硅与颗粒状硅混合使用，或者进而压成大块硅料，还可增大石英坩埚中装料的填充系数。

流化床法的缺点是，床层颗粒轴向没有温度差和浓度差，气体可能呈大气泡状态通过床层，导致气固接触不良；反应的转化率不如固化床的高，而且多晶硅颗粒碰撞炉壁，容易被腐蚀、磨损，炉壁杂质也可能会污染多晶硅。

4）物理方法生产太阳级（SOG）硅　在晶体硅太阳电池的制造成本中，多晶硅原材料占有较大的比重。为降低多晶硅材料的制造成本，可以采用物理方法（有时也称冶金法）或物理方法与化学方法相结合的方法提纯多晶硅材料，这类方法的具体工艺路线各不相同，其特点是简化工艺、减少设备投资、减小环境污染，最终降低生产成本。目前，有的物理提纯法已可制备出纯度接近 6N 的多晶硅材料。例如，选择纯度较好的冶金级硅进行水平区熔单向凝固成硅锭，除去硅锭中部分金属杂质后，进行粉碎与清洗，在等离子体熔解炉中去除硼杂质，再次区熔凝固，除去金属杂质，粉碎与清洗后，在电子束熔解炉中去除磷和碳杂质，直接生成 SOG 硅。冶金法生产 SOG 硅在成本上有一定的优势，但在质量上还需进一步提高。

2. 单晶硅锭的制备

目前制造太阳电池用的单晶硅锭主要有两种方法，即熔体直拉法（CZ）和悬浮区熔法（FZ）。

1）直拉法（CZ 工艺）　高纯多晶硅材料或单晶、多晶硅锭头尾料，在单晶炉的石英坩埚内拉出单晶。将硅料在真空或保护性气氛下加热熔化，同时掺杂。用硅单晶籽晶与硅熔体熔接，并以一定速度旋转提升，形成直径约 150 ～ 300mm，长度可达 1m 以上的单晶硅锭，如图 3-4 所示。

在直拉法制备硅单晶时，要使用超纯石英（SiO_2）坩埚。石英坩埚与硅熔体反应，反应产物 SiO 的一部分从硅熔体中蒸发出来，另外一部分溶解在熔融硅中。这是单晶硅中氧杂质的主要来源。

2）悬浮区熔法（FZ）　将已适度掺杂的多晶硅棒和籽晶一起竖直固定在区熔炉上，以高频感应等方法加热多晶硅棒的一部分区域。由于硅密度小、表面张力大，在电磁场浮力、熔融硅的表面张力和重力的平衡作用下，使所产生的熔区能稳定地悬浮于硅棒中间。在真空或保护性气氛下，控制特定的工艺条件，使熔区在硅棒上从头到尾定向移动，如此反复多次，借助于杂质的分凝作用，最后形成沿籽晶生长的高纯单晶硅锭，如图 3-5 所示。区熔单晶硅纯度高，晶体缺陷少，但成本也很高，因此通常只用于制造高效单晶硅太阳电池。

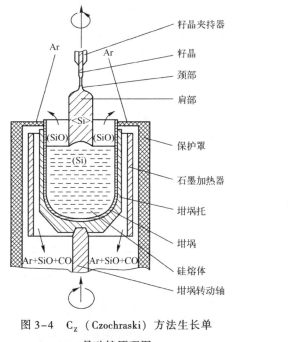

图 3-4　C_z（Czochraski）方法生长单晶硅锭原理图

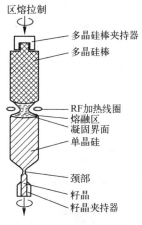

图 3-5　悬浮区熔技术原理图

3. 多晶硅锭的制备

目前，太阳电池用的多晶硅锭有三种制造方法，即定向凝固法、浇铸法和电磁铸锭法。三种方法中多采用定向凝固法。

与单晶硅生产工艺相比，多晶硅锭的生产设备比较简单，耗电少，生产效率高，生产成本较低，但生产出的多晶硅太阳电池的转换效率稍低于单晶硅电池。通过采用浅结、改进绒面技术和电极接触技术，可提高少子寿命。

1）定向凝固法　将装有高纯多晶硅原材料的坩埚置于铸锭炉中，加热熔化高纯多晶硅原材料后，坩埚从热场中逐渐退出或从坩埚底部通冷却介质进行冷却，自坩埚底部开始逐渐降温，形成一定的温度梯度，使坩埚底部的熔体首先结晶，固相、液相的界面在同一水平面上从坩埚底部缓慢向上移动，熔体由下而上逐步生长成为多晶硅锭。在这种制备方法中，硅原材料的熔化和结晶都在同一坩埚中进行的，晶体生长较稳定，晶粒较均匀，工艺简单，操作方便，如图 3-6（a）所示。不同铸锭炉的加热方法、热场移动方法和冷却方法都不一样。热场加热方法有侧面加热、顶部和底部同时加热，以及这两种方法相结合的加热方法。冷却方法分为底部水冷和气冷两种。定向凝固法中常用热交换法（HEM），它是通过坩埚下部流通冷却介质（水冷或气冷）散热形成温度梯度。现在有一种定向凝固系统（DSS）对原来的 HEM 装置做了重要改进，如图 3-6（b）所示。DSS 重新设计了炉体结构和控制程序，克服了原有的设备从炉顶装卸硅料、定向凝固时需要移动坩埚、生长时间长等缺点，特别是炉体下部可以打开，便于安装重达数百千克的硅料以及取出硅锭。多晶硅锭的结晶的速度约为 1～2cm/h，多晶的晶界和晶粒清晰可见。晶锭上部的晶粒尺寸大于底部的晶粒尺寸，晶粒平均可以达到 5～10mm；从侧面观看，晶粒呈柱状几乎垂直于底面生长。硅锭的质量通常为 500～600kg，尺寸为 840mm×840mm，最大可以达到 1200kg，尺寸为 1200mm×1200mm。主要性能为少子寿命 $\geq$2ms，电阻率为 0.5～6.0$\Omega \cdot$cm，O_2 含量 $\leq 1 \times 10^{18}/cm^3$，C 含量 $\leq 5 \times 10^{16}/cm^3$。

采用定向凝固方法制备多晶硅锭的主要工艺过程如图 3-7 所示。

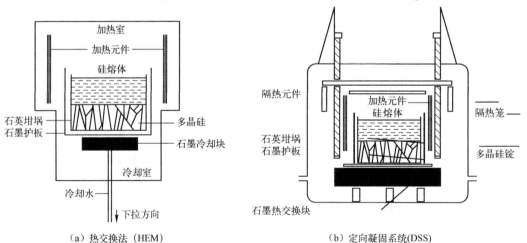

（a）热交换法（HEM）　　　　　　（b）定向凝固系统(DSS)

图 3-6　用定向凝固方法制备多晶硅锭原理图

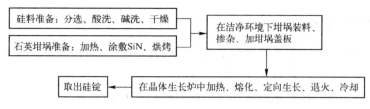

图 3-7　定向凝固方法制备多晶硅锭的主要工艺流程

2）浇铸法　图 3-8 所示的是浇铸法制备铸锭多晶硅的示意图。图中，上部为预熔坩埚，下部为凝固坩埚。在制备铸造多晶硅时，首先将多晶硅的原料在预熔坩埚内熔化，然后将熔化在坩埚中的硅熔体倾倒，硅熔体通过漏斗逐渐注入到下部的凝固坩埚内，通过控制凝固坩埚的加热装置，使得凝固坩埚的底部温度最低，从而硅熔体在凝固坩埚底部开始逐渐结晶。结晶时，始终控制固液界面的温度梯度，保证固液界面自底部向上部逐渐平行上升，最终使得所有的硅熔体结晶，形成硅锭。铸出的硅锭再被切割成方形硅砖和方形硅片，从而制作太阳电池。与定向凝固方法相比，此方法由于硅料熔化与凝固生长在两个不同的坩埚中进行，所以设备比较复杂，硅材料易受污染，铸成的多晶硅锭晶粒较细，位错与杂质缺陷也较多，从而导致太阳电池转换效率低于用定向凝固法制造的多晶硅电池，此方法目前已较少使用。

3）电磁铸锭法　将硅料连续地从上部加入熔融硅中，借助于电磁力的作用，熔融硅与无底的冷却坩埚保持接触，如图 3-9 所示。用这种方法生长的硅锭纯度高，但冷却凝固时易产生应力影响硅片质量，且硅锭产能不大。目前生产的硅锭面积为 350mm×350mm，长度约为 2～3m。

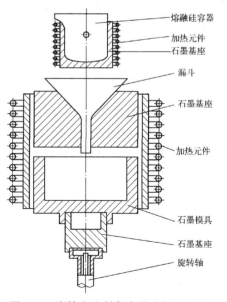

图 3-8　浇铸方法制备多晶硅锭原理图

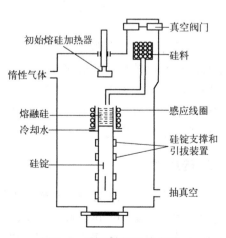

图 3-9　电磁铸锭法示意图

4. 准单晶硅锭的制备

直拉单晶硅锭与定向凝固法制备的多晶硅锭比较，其缺点是耗电量较高、投料量较低、硅锭体积小等；其优点是位错密度较低，电池转换效率较高。为了取长补短，开发了准单晶硅锭的制备技术，从籽晶制造定向凝固准单晶硅锭。准单晶也称类单晶。

准单晶锭的制造方法类似于定向凝固制造方法，在石英陶瓷坩埚的底部铺设一个或多个单晶硅籽晶。图 3-10 所示的是准单晶制备示意图。

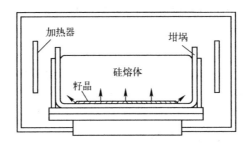

图 3-10　准单晶制备示意图

在加热熔化硅料时，必须精确控制好单晶籽晶熔化的高度，以确保单晶籽晶未熔高度控制在一个水平面上，获得类似于直拉单晶籽晶的作用，形成晶向生长均匀、位错密度低和晶界少的准单晶。准单晶的晶向取决于底部籽晶的晶向，通常采用［100］晶向，籽晶可以循环使用，直接从［100］晶向的直拉单晶硅棒截取。

准单晶硅锭中间区域形成的是完整的单晶体，在其边缘处区域存在部分多晶。切割后的准单晶硅片可以采用碱制绒形成细小致密的金字塔绒面，因此硅片表面的反射率与直拉单晶硅片的接近，制成电池后的转换效率也与直拉单晶硅片的相近。

准单晶硅片的优点明显，但在制作时，晶体生长控制难度很高，坩埚底部铺设单晶籽晶成本也较高；部分区域（特别是硅锭边缘）仍然有多晶分布，造成电池制绒时制绒液选配困难，有可能降低电池的转换效率。为了抑制晶体缺陷密度，提高准单晶电池的成品率，需要有很好的籽晶保护措施，对固液界面温度梯度和生长速率要进行十分严格的控制。

5. 硅片的加工

晶体硅片的加工，是通过对硅锭整形、切割，制成具有一定大小、厚度且表面平整的硅片。通常用厚度 160 ～ 200μm、面积 125mm × 125mm ～ 156mm × 156mm 的 P 型硅片。现在一般采用多线切割机切割硅片，它是将 150 ～ 400km、直径 100

～ 120μm 钢丝卷置于固定架上，经过滚动 SiC 磨料切割硅片，如图 3-11 所示。这种切片方法与内圆式切割方法相比具有质量好、效率高、硅材料损耗小（约 30%～40%）、可切割大尺寸薄片（厚度小于 200μm）等特点。

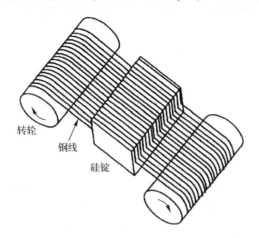

图 3-11　多线切割机切割硅片示意图

多线切割机切片工艺流程如图 3-12 所示。

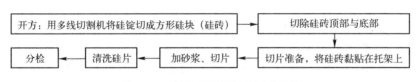

图 3-12　多线切割机切片工艺流程

在硅片切割过程中，需要消耗大量的砂浆，提高了切片成本。虽然砂浆可以回收再利用，但是在硅片切割完成后的预清洗、脱胶、清洗和废砂浆处理等环节中要消耗大量自来水和纯水。现在已开始采用金刚线多线切割技术。金刚线多线切割技术是将游离磨料多线切割中使用到的金刚石直接固定附着在钢线上，通过附着在钢线上的金刚石颗粒直接切割硅块，切割效率比游离磨料提高一倍以上。在金刚线切割中，附着在钢线上的金刚石颗粒切割硅块时与钢线内芯没有相对运动，不磨损钢线内芯；而在游离磨料切割中，钢线磨损较大。

金刚线分为电镀金刚线和树脂金刚线两种，如图 3-13 所示。电镀金刚线是把金刚石颗粒通过电镀镍的方式附着在钢线上，金刚石颗粒露出的棱角多，切割能力强，切割效率高，但硅片的表面损伤较大。树脂金刚线是通过有机树脂将金刚石颗粒附着在钢线表面，金刚石颗粒棱角露出较少，附着力较弱，耐扭曲力较强，硅片的表面损伤较小。目前，电镀金刚线和树脂金刚线在单晶硅棒的切割上都已得到成功应用。

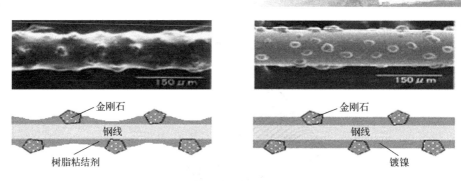

图 3-13　树脂和电镀金刚线示意图

6. 硅带的制备

硅带由硅熔体直接形成，可减少切片损失。硅带有多种制造方法，现在比较成熟的技术是限边喂膜法（EFG），将熔融硅从能润湿硅的石墨模具狭缝中拉出，从而形成单晶硅带，如图 3-14 所示。然后用激光切割硅带，形成单晶硅片，从而制作太阳电池。目前已能拉制出每面宽为 10cm 的 10 面体筒状硅，厚度约为 $280 \sim 300\mu m$。制成的硅带太阳电池实验室效率可达 16%，批量生产的电池的效率约为 $11\% \sim 13\%$。

另有一种细线拉制硅带方法，是将硅带与耐高温的细线一起从熔体中直接拉出，如图 3-15 所示。之后用金刚石刀具切割成所需长度。该工艺很简单，生长速度可达 25mm/min。用 $10mm^2$、$100\mu m$ 厚的硅带做成的电池，其实验室效率已达 15.1%。

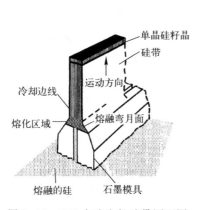

图 3-14　EFG 方法生长硅带原理图

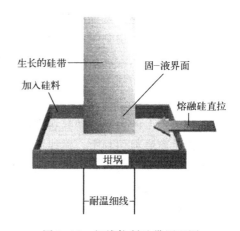

图 3-15　细线拉制硅带原理图

7. 太阳电池的制造

现在制造晶体硅太阳电池常用 P 型硅片。硅片进行腐蚀、清洗后，将其置于扩散炉石英管内，用三氯氧磷在 P 型硅片上扩散磷原子形成深度约 0.5μm 的 PN 结，再在受光面上制作减反射薄膜，并通过真空蒸发或丝网印刷制作上电极和底电极。上电极位于受光面，应采用栅线电极，以便透光。

由于目前常用的掺硼 P 型直拉单晶硅片中的氧含量较高，在光照条件下，氧和硼易发生反应导致性能退化，影响电池效率。如果采用区熔硅片，虽然氧含量较低，但成本较高。现在大多利用磁聚焦直拉法生产氧含量较低的单晶硅 MCZ（B），也有采用镓等掺杂源制取 P 型直拉单晶硅的，可以提高电池效率的稳定性。

氧原子在硅晶体中容易与硼原子结合形成复合中心，导致晶体硅太阳电池性能降低。硅晶体中的氧主要来自原材料的清洗过程和硅熔融时的石英坩埚中。运动的熔体有较强的导电性和导磁性，因此施加磁场可使坩埚壁界处形成一个滞流层，减缓氧进入熔体的速度。试验表明，利用在加磁场的单晶炉（MCZ）中拉制的单晶硅制作的电池不仅光电转换效率较高，而且性能稳定性也比较好。

减少晶体硅太阳电池转换效率衰减的另一条途径是采用镓作为掺杂剂。镓是 Ⅲ−Ⅴ 族元素，一般为替位共价态，硼的共价原子半径小于镓的共价原子半径，镓不易形成亚稳态的复合中心。但镓的分凝系数（8×10^{-3}）远高于硼的分凝系数（8×10^{-1}），拉单晶时电阻率的分布不易控制，切割成硅片后，硅片的电阻率不一致性大，不利于电池的规模生产。

此外，由于 N 型硅材料载流子具有寿命长、硼含量低、饱和电流低和电导率高等特点，已开始应用于制造高效太阳电池。

晶体硅太阳电池的典型制造工艺流程如图 3−16 所示。

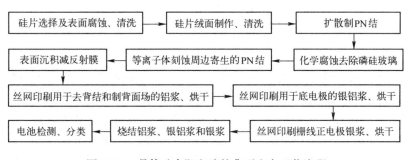

图 3−16　晶体硅太阳电池的典型生产工艺流程

1）硅片的选择与清洗　首先根据导电类型、电阻率、位错、少子寿命和厚度等要求检查硅片的质量。然后在腐蚀液中除去由切片引起的约 10 ～ 20μm 厚的表面损伤层。常用的腐蚀液有两种，即硝酸与氢氟酸混合的酸性腐蚀液和 NaOH、

KOH 等碱性腐蚀液。用碱腐蚀成本较低，环境污染较小。表面腐蚀后，需用高纯去离子水清洗硅片。

2）硅片表面织构化 未经处理的硅片表面的光反射率可超过35%。减少光反射损失的有效途径之一是采用表面织构化技术，也称制作绒面，即利用 NaOH 等化学腐蚀液对电池表面进行腐蚀处理。例如，对于[100]晶向的单晶硅片，由于碱腐蚀液对硅片表面[100]晶向和[111]晶向的腐蚀速率不同，经表面腐蚀后硅片表面可形成很多个[111]晶面的金字塔形织构，密布于电池的表面，这种织构表面酷似丝绒，因此称之为绒面。直拉法（Cz 工艺）如图 3-17 和图 3-18 所示。通过绒面的陷光作用，可使硅片表面的反射率减少到10% 以内。目前单晶硅片制绒面的腐蚀液通常为以氢氧化钠为主的碱性腐蚀液。

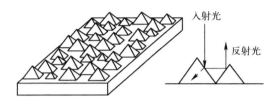

图 3-17 金字塔形绒面化表面

图 3-18 绒面化硅片表面的电镜照片

对于多晶硅片，由于其表面不是单一晶向，通常用酸性腐蚀液（硝酸和氢氟酸混合溶液）制作绒面。由于通过化学腐蚀降低反射率的效果不如采用[100]晶向的单晶硅显著，现在正试验用活性离子刻蚀等方法形成绒面，效果较好。

3）扩散制结 形成 PN 结时，需要对硅片掺杂，掺杂主要采用热扩散方法。在硅片中，杂质原子的扩散形式分为间隙扩散和替位式扩散两种。对于 P、B 等原子半径较大的Ⅲ、Ⅴ族杂质原子，一般按替位式扩散。杂质扩散过程符合扩散方程。

制作太阳电池 PN 结时，最重要的工艺参数是结深 x_j。

☺采用恒定表面源扩散时，$x_j = 2\left(\ln\dfrac{N_S}{N_B}\right)^{\frac{1}{2}}\sqrt{D't}$（高斯分布）。

☺采用有限表面源扩散时，$x_j = 2\,\mathrm{erfc}^{-1}\left(\ln\dfrac{N_S}{N_B}\right)^{\frac{1}{2}}\sqrt{D't}$（余误差分布）。

式中，N_S 为硅片表面处的杂质浓度，N_B 为硅片体内的杂质浓度，D' 为杂质扩散系数。

替位式杂质原子的扩散速度比间隙式杂质原子扩散速度慢；无论替位式扩散还是间隙式扩散，扩散系数 D' 都与温度 T 密切相关，温度越高扩散越快。无论采用哪种扩散源，结深均正比于 $\sqrt{D't}$，控制时间 t 与温度 T 能控制结深，但两者相比，温度对结深的影响更大。在 $800 \sim 900℃$ 的温度下，P 型硅片上扩磷，温度偏差应小于 $1℃$。

扩散可以在通常的管式扩散炉中进行，也可在链式扩散炉中进行，如图 3-19所示。目前常用的工艺是在链式扩散炉中扩散。在链式扩散炉中，P 型硅片置于石英管内，用液态 $POCl_3$ 作为扩散源，进行磷扩散形成 N 型层。这种扩散方法具有生产效率高，PN 结均匀扩散层表面平整等优点。

磷扩散过程的反应式为

$$4POCl_3 + 3O_2\ （过量）\rightarrow 2P_2O_5 + 6Cl_2 \uparrow \tag{3-8}$$

$$2P_2O_5 + 5Si \rightarrow 5SiO_2 + 4P \tag{3-9}$$

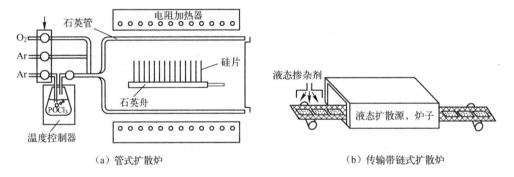

（a）管式扩散炉　　　　　　　　　　　　（b）传输带链式扩散炉

图 3-19　扩散炉示意图

扩散温度一般为 $800 \sim 900℃$，时间为 $20 \sim 30min$。这种方法制得的 PN 结方块电阻的不均匀性小于 10%，少子寿命可大于 10ms。

通常用电阻加热器加热。为了提高工效，也有采用红外线加热的扩散工艺。

在晶硅太阳电池扩散制结时，常采用液态源，通过"两步扩散"工艺来完成。第一步采用恒定表面源扩散的方式，在硅片表面淀积一定数量的杂质原子；这一步扩散温度较低，扩散时间较短，杂质原子在硅片表面的扩散深度极浅，相当于淀积在表面，因此称之为"预淀积"。第二步是有限表面源扩散，经预淀积的硅片在扩散炉内再加热，使杂质向硅片内部扩散，重新分布，达到所要求的表面浓度和扩散深度（或结深），因此称之为"主扩散"或"再分布"。

除采用扩散方法制备 PN 结外，还可采用离子注入掺杂方法制结。

离子注入技术是使杂质原子电离成带电粒子后，再用强电场加速这些粒子，注入到硅基体材料中，进行掺杂。与热扩散掺杂技术相比，离子注入掺杂技术具有诸多优点：可以在室温下注入掺杂，不会沾污背表面；通过质量分析器可选取单一杂质离子，确保注入杂质的纯度；通过准确控制注入离子的能量和剂量，获得所需的掺杂浓度和注入深度；特别适合于制作结深 0.2μm 以下的浅结，获得适应于细栅线设计和选择性发射极电池所需的高方块电阻；可通过掩蔽膜（如 SiO_2 薄膜）进行掺杂，避免正表面沾污；此外，在退火过程中能形成热氧钝化层，改善晶硅太阳能电池的蓝光响应。由于掺杂均匀，重复性好，成品率高，适用于大批量自动化连续生产。但由于离子注入设备价格昂贵，束流密度不易提高，影响生产效率和成本，这项技术尚未大规模应用于太阳电池的生产中。

4) 腐蚀电池边缘和去磷硅玻璃 硅片经过扩散制结后，在其表面（包括正表面、背表面和四周边缘）上会形成扩散层和 SiO_2 层。当光照射到电池上时，电池正表面的光生载流子沿着边缘扩散层和磷硅玻璃（掺 P_2O_5 的 SiO_2）层流到硅片的背表面，这不仅会降低电池的并联电阻，甚至会造成电池上电极与底电极短路，因此，必须将磷硅玻璃层和边缘扩散层去除。

去除磷硅玻璃层和边缘扩散层有多种方法，现在大多采用等离子体干法刻蚀电池周边扩散层，利用辉光放电中的氟离子与硅发生反应，产生挥发性的产物 SiF_4，去除硅片周边形成的扩散层。然后采用氢氟酸湿法腐蚀去除电池表面的磷硅玻璃，即利用磷硅玻璃中的 SiO_2，使之与 HF 反应，生成可溶于水的 SiF，从而溶解硅表面的磷硅玻璃，其化学反应式为

$$SiO_2 + 6HF \rightarrow H_2(SiF_6) + 2H_2O \qquad (3-10)$$

近年已开始全过程采用湿法刻蚀，把硅片置于刻蚀溶液中，与刻蚀溶液直接接触，使表面薄层与刻蚀溶液发生化学反应，生成可溶性或挥发性物质，将表面薄层去除。硝酸与氢氟酸混合液去除太阳电池背表面和周边扩散层、氢氟酸腐蚀去除磷硅玻璃，均属湿法刻蚀。现在，太阳电池的生产工艺中已采用将背表面和周边扩散层一并去除的湿法刻蚀工艺。利用 RENA InOxSide 刻蚀设备或库特勒（Kuttler）刻蚀设备，将硅片漂浮在腐蚀液上湿法腐蚀去除电池磷硅玻璃层和边缘扩散层；也有采用斯密德（Schmid）刻蚀设备，用滚轮携带腐蚀液湿润硅片背表面和周边的湿法腐蚀去除磷硅玻璃层和边缘扩散层。

对于硅片正表面厚度为 20 ~ 40nm 的磷硅玻璃，则使用氢氟酸溶液湿法腐蚀去除。氢氟酸对磷硅玻璃和硅具有选择性反应，只腐蚀主要成分为 SiO_2 的磷硅玻璃而不会腐蚀硅，磷硅玻璃被腐蚀完后，会自动停止反应。由于氢氟酸的腐蚀在硅

片表面形成硅氢键（Si－H），所以硅片具有疏水性，有利于后续的硅片干燥和采用 PECVD 法进行 SiN$_x$ 镀膜工艺。

5）制备减反射膜、同时进行表面钝化　减少入射光反射率的另一有效方法是在电池受光面镀减反射膜，镀单层膜可将反射光减少到约 10%，镀多层膜可将反射光减少到 4% 以下。

在电池表面制作绒面的基础上再沉积减反射膜，可使硅表面的反射率降至 2% 以下。

减反射膜的折射率、厚度及膜系的设计对提高减反射效果具有很大影响，它们要满足以下关系。

☺ 单层减反射膜：$n_1 t_1 = \dfrac{\lambda}{4}$；$n_1 = (n_s n_m)^{\frac{1}{2}}$　　　　　　　　　　　（3-11）

☺ 双层减反射膜：$n_1 t_1 = n_2 t_2 = \dfrac{\lambda}{4}$；$n_1^2 n_s = n_2^2 n_m$　$(n_s > n_2 > n_1 > n_m)$　　　（3-12）

式中，n_m 为光进入减反射膜前介质的折射率；n_1、n_2 分别为每层减反射膜的折射率；n_s 为硅的折射率；t_1、t_2 分别为每层减反射膜的厚度。

TiO_2、SiO_2、SnO_2、ZnS、MgF_2 和 SiN$_x$ 薄膜都可作为减反射膜。对于单层减反膜，虽然热氧化 SiO_2 有良好的表面钝化作用，有利于提高电池效率，但折射率偏低，其减反射效果欠佳；TiO_2 的折射率合适，减反射效果较好，但是没有钝化作用。采用 PECVD 法制作的 SiN$_x$ 膜，既具有良好的减反射效果，又具有良好的表面钝化和体钝化作用，在生产中使用最为普遍。

PECVD 沉积技术的原理是利用辉光放电产生低温等离子体，在低气压下将硅片置于辉光放电的阴极上，借助于辉光放电加热或另加发热体加热硅片，使硅片达到预定的温度，然后通入适量的反应气体，气体经过一系列反应，在硅片表面形成固态薄膜。

以硅烷、氨作为反应气体，采用 PECVD 法沉积 SiN$_x$ 薄膜的反应式为

$$3SiH_4 + 4NH_3 \longrightarrow Si_3N_4 + 12H_2 \uparrow \qquad\qquad (3-13)$$

实际上，所形成的膜的成分并不是严格按 Si_3N_4 的化学计量比 3:4 构成，膜中还含有高达 40at% 的氢，写作 SiN$_x$:H（简写为 SiN$_x$）。通常将反应式表示为

$$SiH_4 + NH_3 \xrightarrow[350 \sim 450℃]{\text{等离子体} \atop 350 \sim 450℃} SiN_x:H + H_2 \uparrow \qquad\qquad (3-14)$$

与其他 CVD 沉积技术相比，PECVD 沉积技术的优点是等离子体中含有大量高能量的电子，可提供化学气相沉积过程中所需的激活能；与气相分子的碰撞促进气体分子的分解、化合、激发和电离过程，生成高活性的各种化学基因，从而显著降低 CVD 薄膜沉积的温度，实现在低于 450℃ 的温度下沉积薄膜，在降低能耗的同

时，还能降低由于高温引起的硅片中少子寿命的衰减。此外，这种沉积方法还有利于电池的规模化生产。

采用 PECVD 技术在电池表面沉积氮化硅（SiN$_x$）减反射膜，不仅可以减少光的反射，而且因为在制备 SiN$_x$ 膜层过程中存在的大量的氢原子，可对硅片表面和体内进行钝化。特别是对多晶硅材料，由于晶界上的悬键可被氢原子饱和，可显著降低复合中心的作用，提高太阳电池的短路电流和开路电压。这项工艺可显著提高电池效率。

采用 PECVD 技术沉积 SiN$_x$ 薄膜有多种方式，它们各有特点。

PECVD 沉积设备按结构形式可分为平板式和管式两类。平板式沉积设备中的电极通常水平放置，如图 3-20（a）所示；而管式沉积设备中的电极通常垂直放置，如图 3-20（b）所示。

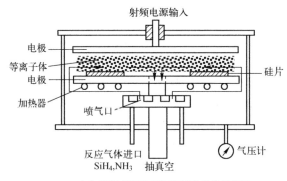

（a）平板式 PECVD 沉积设备结构示意图

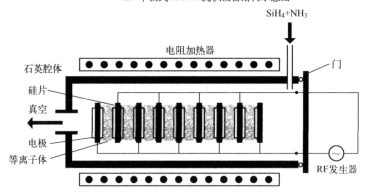

（b）管式 PECVD 沉积设备结构示意图

图 3-20　平板式和管式 PECVD 沉积设备结构示意图

PECVD 沉积设备按反应方式分为直接式和间接式两种。在直接式 PECVD 设备中，硅基片置于一个电极上，直接与等离子体接触，如图 3-20（a）所示。使用直接式 PECVD 设备，虽然沉积时由于等离子体中的重离子轰击会造成电池表面存在较多的缺陷，但是这些缺陷能增强表面的钝化效果，同时又可以通过高温退火来消除，使得直接式 PECVD 设备也能充分发挥其生产效率高的特点。

在间接式 PECVD 设备中，由微波或直流电激发 NH_3 生成的等离子体在反应腔外的设备中产生，等离子体由石英管导入反应腔中，反应气体 SiH_4 直接进入反应腔，如图 3-21 所示。由于等离子体激发源远离放置硅片的反应腔，与硅片直接置于电极上的直接式 PECVD 沉积设备相比，等离子体对硅片表面的损伤要小得多。间接式 PECVD 沉积设备的沉积速率高于直接式 PECVD 沉积设备的速率，有利于大规模生产。

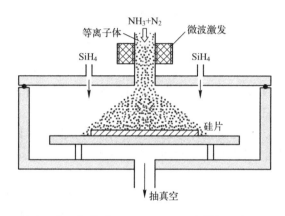

图 3-21　间接式 PECVD 沉积设备结构示意图

6）电极的丝网印刷　在太阳电池的制造过程中，使用丝网印刷技术在硅片上印刷金属浆料，其主要目的是制备太阳电池接触电极。金属浆料经烧结后在太阳电池的表面形成正表面电极（也称上电极或前电极）和背表面电极（也称下电极或底电极），通过这些电极收集并输送电池的电流，如图 3-22 所示。单体电池的电极串联焊接，形成电池串，最后电池串再并联或串联制得电池组件。

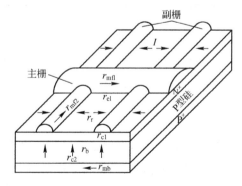

图 3-22　太阳电池电极收集电流示意图

正表面栅状电极分为主栅电极和副栅电极两种。栅状电极宽度小，有时也称为栅线电极或栅线。图 3-23 所示为太阳电池正表面栅极实物照片。

丝网印刷方法具有制作成本低、生产量高等特点，是目前规模化生产中普遍采用的方法。制作电极除了采用丝网印刷方法外还可采用其他方法，如刻槽埋栅法、

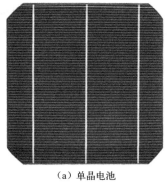
（a）单晶电池

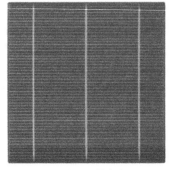
（b）多晶电池

图 3-23　太阳电池正表面栅极实物照片

喷墨打印法等。

　　丝网印刷金属浆料并进行高温烧结，除了形成欧姆接触电极外，还有其他重要作用，如"烧穿"SiN_x膜，进行氢钝化，在电池背表面形成背表面场等，这是制造出高效率电池的重要工序之一。

　　进行丝网印刷时，首先应设计印刷图案，并制作成网版。网版上需要形成图形部分的网孔是通透的，非图形部分的网孔是闭塞的。印刷时，在网版上敷设浆料，刮刀的刀刃紧贴网版的丝网表面横向刮动浆料，并施加适当的压力使网版与硅电池片接触，将浆料挤出网孔后黏附在硅片上。由于网版与电池片之间留有间隙，网版将利用自身的张力与电池片瞬间接触后立即脱离硅片回弹，挤出网孔的浆料与丝网分离，在硅片的表面按照网版图形限定的区域黏附上浆料，如图 3-24 所示。

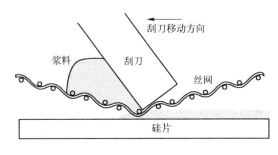

图 3-24　丝网印刷工艺示意图

　　太阳电池的正表面电极和背表面电极分别位于电池的正表面和背表面上。正表面是指电池的受光面。基底为 P 型材料的晶硅电池的正表面电极与 N 型区接触，是电池的负极；而背表面电极与电池的 P 型区接触，是电池的正极。为了使电池表面接收入射太阳光，正表面电极做成栅线状，由主栅线和副栅线两部分构成。为了增大透光面积，使绝大部分入射光进入电池，同时保持良好的导电性，使通过电池正表面扩散层的方块电阻尽可能多地收集电流，栅线宽度要尽可能小，厚度要尽可能大。现有的技术可将细栅线的宽度降低到 50μm，厚度达到 15μm 以上。由于栅线电极细而长，需用具有高导电率的银浆来制造。电池背表面电极是 2～4 条银浆主电极，再加上用铝浆覆盖电池全部背表面，可有效地收集太阳电池内的电流。

7）电极浆料烧结　在硅片上印刷金属浆料后，需要通过烧结工序才能形成接触电极。太阳电池的烧结工艺要求正表面电极浆料中的 Ag 穿过 SiN_x 反射膜扩散进硅表面，但不可到达电池前面的 PN 结区；背表面浆料中的 Al 和 Ag 扩散进背表面硅薄层，使 Ag、Ag/Al、Al 与 Si 形成合金，实现优良的欧姆接触电极和 Al 背场，有效地收集电池内的电子。

烧结是指在高温下金属与硅形成合金，即正面栅极的银－硅合金、背场的铝－硅合金和背电极的银－铝－硅合金。

印刷有电极浆料的硅片经过烘干除碳过程，使浆料中的有机溶剂挥发后，呈固态状的膜层紧贴在硅片上。当电极浆料里的金属材料和半导体硅材料加热到共晶温度以上时，晶体硅原子以一定比例融入到熔融的电极合金材料中。电极金属材料的温度越高，融入的硅原子数越多。当合金温度升高到一定的值后，温度开始降低，融入到电极金属材料中的硅原子重新再结晶，在金属和晶体接触界面上生长出外延层。当外延层内含有足够的与基质硅晶体材料导电类型相同的杂质量时，杂质浓度将高于基质硅材料的掺杂浓度，则可形成 PP^+ 或 NN^+ 浓度结，外延层与金属接触处将形成欧姆接触。

通过高温下的烧结，不仅可使印刷的电极浆料形成电池的欧姆接触电极和浓度结，提高电池的开路电压和填充因子，同时烧结过程还有利于使 PECVD 工艺所引入的 H 向体内扩散，起到良好的钝化作用。

在以 P 型硅为基片的电池中，Al 电极浆料还能补偿电池背表面由扩散工序残留下来的在 N 型层中的 P 型施主杂质，从而得到以 Al 为受主杂质的 P^+ 层，在消除 PN^+ 背结的同时形成的 PP^+ 结背表面场，其能带结构如图 3-25 所示。

8）质量检测与分级　烧结后的电池需要检验其质量是否合格。在生产中，主要测试的是电池的 $I-U$ 特性曲线，从 $I-U$ 特性曲线可以得知电池的短路电流、开路电压及最大输出功率等参数，并按电压、电流和功率值分档，或者根据电池效率分级，为封装太阳电池组件做好准备。

（1）标准测试条件：光源辐照度为 $1000W/m^2$；测试温度为 $25℃$；地面太阳光谱辐照度分布为 AM1.5。

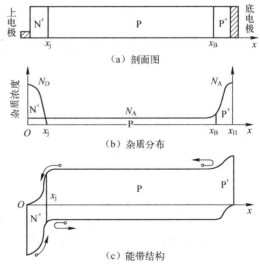

（a）剖面图

（b）杂质分布

（c）能带结构

图 3-25　背表面场能带结构

（2）主要测试参数。

☺ 短路电流 I_{sc}：在一定的温度和辐照条件下，太阳电池在端电压为零时的输出电流。

☺ 开路电压 U_{oc}：在一定的温度和辐照度条件下，太阳电池在空载情况下的端电压。

☺ 最大功率点 P_{max}：在太阳电池的 $I-U$ 特性曲线上，对应最大功率 P_{max}（电流电压乘积为最大值时）的点。

$$P_{max} = I_{mp} \cdot U_{mp} = U_{oc} \cdot I_{sc} \cdot FF \tag{3-15}$$

☺ 最佳工作电压 U_{mp}：太阳电池 $I-U$ 特性曲线上最大功率点所对应的电压。

☺ 最佳工作电流 I_{mp}：太阳电池 $I-U$ 特性曲线上最大功率点所对应的电流。

☺ 填充因子 FF：太阳电池的最大功率与开路电压和短路电流乘积之比，即

$$FF = I_{mp} \cdot U_{mp}/I_{sc} \cdot U_{oc} \tag{3-16}$$

式中，$I_{sc}U_{oc}$ 是太阳电池的极限输出功率；$I_m U_m$ 是太阳电池的最大输出功率。

☺ 转换效率 η：受光照太阳电池的最大功率与入射到该太阳电池上的全部辐射功率 $P_总$ 的百分比。

$$\eta = I_{sc} \cdot U_{oc} \cdot FF/P_总 = U_{mp} \cdot I_{mp}/A_t \cdot P_{in} \tag{3-17}$$

式中，U_{mp} 和 I_{mp} 分别为最大输出功率点对应的电压和电流；A_t 为太阳电池的总面积；P_{in} 为单位面积太阳入射光的功率。

☺ 光谱响应 SR(λ)：太阳电池的光谱响应 SR(λ) 是以给定单色光照射太阳电池时产生的短路电流密度 $I_{sc}(\lambda)$ 与该波长入射到电池表面的辐射通量 $\phi(\lambda)$ 之比，单位为 A/W。

$$SR(\lambda) = I_{sc}(\lambda)/\phi(\lambda) \tag{3-18}$$

辐射通量以能量计时为等能量光谱响应，以光子数计时为等光子光谱响应。

如所测得的光谱响应峰值取值为 1，对光谱分布进行归一化，即可得到相对光谱响应。

☺ 外量子效率 EQE：在给定波长的光照射下，电池所收集并输出光电流的最大电子数与入射到电池表面的光子数之比，即

$$EQE(\lambda) = \frac{I_{sc}(\lambda)}{e\phi_e(\lambda)} \tag{3-19}$$

式中，$I_{sc}(\lambda)$ 为电池输出的光电流，$\phi_e(\lambda)$ 为入射到电池表面的光子通量。

按爱因斯坦公式，光子能量 E 与波长 λ 的关系为

$$E = \frac{hc}{\lambda} \tag{3-20}$$

式中，h 为普朗克常数，c 为光速。

因此，

$$\mathrm{EQE}(\lambda) = \frac{I_{sc}(\lambda)}{e\phi_e(\lambda)} = \frac{hc}{e\lambda}\mathrm{SR}(\lambda) = \frac{\mathrm{SR}(\lambda)}{0.808\lambda} \tag{3-21}$$

式中，$\mathrm{SR}(\lambda)$ 为太阳电池的光谱响应。

☺ 内量子效率 IQE：在给定波长的光照射下，电池收集并输出光电流的最大电子数与所吸收的光子数之比，即

$$\mathrm{IQE}(\lambda) = \mathrm{EQE}(\lambda)/[1 - R(\lambda) - T(\lambda)] \tag{3-22}$$

式中，$R(\lambda)$ 为反射率，$T(\lambda)$ 为透射率。

内量子效率反映电池的载流子复合损失。

☺ 电流温度系数 α：在规定的试验条件下，被测太阳电池温度每变化 1℃ 时，太阳电池短路电流的变化值。

☺ 电压温度系数 β：在规定的试验条件下，温度每变化 1℃ 时，被测太阳电池开路电压的变化值。

☺ 串联电阻 R_s：串联电阻 R_s 包括作为正表面电极的金属栅线的电阻 r_{mf}、金属栅线和前表面间的接触电阻 r_{c1}、前表面扩散层的电阻 r_t、基区电阻 r_b、下电极与半导体硅的接触电阻 r_{c2}、上电极金属栅线的电阻 r_{mb}，即

$$R_s = r_{mf} + r_{c1} + r_t + r_b + r_{c2} + r_{mb} \tag{3-23}$$

在这些电阻中，r_t 是主要的。

☺ 并联电阻 R_{sh}：太阳电池内部跨接电池两端的等效电阻。

（3）主要测试设备：测试太阳电池性能的主要设备是晶体硅太阳电池测试仪。主要测试电池的 $I - U$ 特性曲线、最佳工作电压、最佳工作电流、峰值功率、转换效率、开路电压、短路电流和填充因子等参数。电池的 $I - U$ 特性曲线如图 3-26 所示。

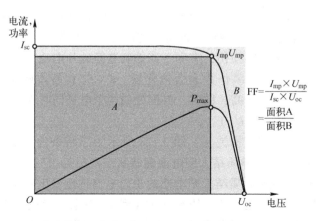

图 3-26　太阳电池的 $I - U$ 特性曲线

太阳电池测试仪由太阳模拟器、电子负载和计算机控制与处理器等部分组成，太阳模拟器通常采用闪光脉冲式太阳模拟器，它包括电光源及其驱动电源、光学系统和滤光装置等部分。电子负载由电子线路组成，用以代替可变电阻作为测试电池 $I-U$ 特性用的负载。电子负载与计算机相连。计算机具有采集、处理、显示和存储测试数据功能等，给出需要的测试结果。

8. 高效率晶体硅太阳电池制造技术

现在已有很多种提高晶体硅太阳电池效率的电池结构和制造方法。这里主要介绍3种已实现产业化的成本有效的高效化技术。

1) 本征薄层异质结（HIT）太阳电池　HIT 太阳电池是一种单晶硅和非晶型硅结合的异质结太阳电池。这类电池由日本三洋公司开发并实现产业化生产，具有效率高、制造成本低等特点[1]。2014 年，日本松下公司公布，其 143.7cm² 电池的效率已达到 25.6%，创造了世界纪录。

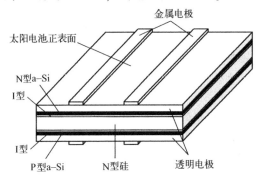

图 3-27　HIT 太阳电池的结构

（1）HIT 太阳电池的结构特点：HIT 太阳电池具有对称结构，如图 3-27 所示。HIT 电池用 N 型单晶硅片，厚度不超过 200μm，其正表面（受光面）是 p 型和 I 型 a-Si 膜，每层膜厚 5～10 nm，背表面是 I 型和 N 型 a-Si 膜，每层膜厚 5～10 nm，正表面和背表面外层为具有抗反射作用的透明导电层（TCO），最外层为栅状银电极。由于 HIT 太阳电池使用 a-Si 形成 PN 结，可以在低于 200℃ 的温度下制造。与常规晶体硅太阳电池相比，HIT 太阳电池大幅度降低了制造工艺的温度，低温工艺加上其对称结构特征，可消除硅片的变形和热损伤，有利于高效制造薄硅片电池。

HIT 太阳电池以 a-Si 膜作为表面钝化层。a-Si 和晶体硅相比，能隙更宽；由于是异质结，内建电场升高；同时，界面处的两个电场同时作用，进一步提高了 HIT 太阳电池的开路电压（U_{oc}）。

（2）HIT 太阳电池的结构钝化：图 3-28 所示为黑暗条件下的 $I-U$ 特性，并与没有 I 型 a-Si 层的 PN 异质结太阳电池黑暗状态时的 $I-U$ 特性进行比较。由图可见，在 0.4V 附近，PN 异质结太阳电池的正向电流特性发生变化，这是由于 HIT 太阳电池在顶层和晶体硅之间插入约 5nm 的 I 型 a-Si 层，形成 HIT 结构，这是为了利用顶层的内建电场，抑制由顶层 a-Si 的高密度间隙态所造成的耗尽层内载流子再复合，降低反向饱和电流密度，提高开路电压。

（3）HIT 太阳电池的温度特性　如图 3-29 所示。由图可见，HIT 太阳电池转换效率的温度依赖性优于常规的晶体硅太阳电池，HIT 太阳电池更适合在高温条件下使用。

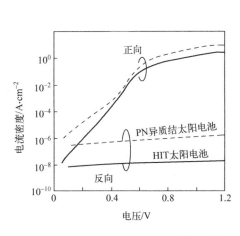

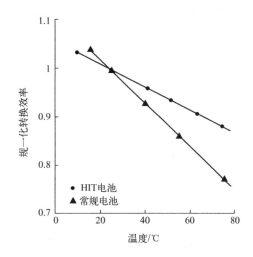

图 3-28　黑暗条件下的 $I-U$ 特性比较　　　图 3-29　HIT 太阳电池转换效率与温度的关系

正反对称形的"HIT 双功率"HIT 太阳电池能有效地利用地面反射光，增加电池的输出功率，与单面接收光照射的太阳电池结构相比，平均年输出电能可提高 6% ～ 10%。

2）选择性发射极太阳电池

选择性发射极结构设计是在电池的电极栅线与栅线之间受光区域对应的活性区形成低掺杂浅扩散区，电池的电极栅线下部区域形成高掺杂深扩散区；在电极间隔区形成与常规太阳电池一样的 PN 结，在低掺杂区和高掺杂区交界处形成横向

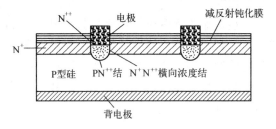

图 3-30　选择性发射极太阳电池结构示意图

N⁺N 高低结，在电极栅线下形成 N^+P 结[2]。图 3-30 所示为扩散区单边突变掺杂情况。

选择性发射极太阳电池的电极间受光区域的掺磷浓度低，PN 结的结深较浅；金属电极区域的掺磷浓度高，PN 结的结深较深。这就导致这种电池在受光区域表面复合和发射层复合减小，反向饱和电流密度减小，表面钝化效果和短波量子响应改善；在电极区域，形成良好的欧姆接触；串联电阻减小；光生载流子收集率提高，短路电流增加；防止了烧结过程中金属等杂质进入耗尽区，最终提高太阳电池

光电转换效率。

目前已有多种方法制备选择性发射极电池，如丝网印刷磷浆、掩膜腐蚀、激光掺杂和掩膜离子注入等，这些方法各有优缺点。

3) 浅结密栅太阳电池　浅结密栅太阳电池的结构如同常规太阳电池，只是电池发射区的掺杂浓度降低，栅极数量增多，密度增加，目的在于减小电池的表面复合速率，改善短波光谱响应，增大电池的开路电压和短路电流，提高电池的转换效率。

采用在发射区进行轻掺杂的方法就能减小电池表面的少子复合速率，降低反向饱和电流密度，提高短波响应，最终提升开路电压和短路电流。但轻掺杂导致串联电阻 R 增大，填充因子 FF 下降。为了减小串联电阻 R，必须增加电池正面的副栅线数量，减小栅线的间距。

但是，增加电池正面的副栅线数量，又会减小电池的受光面积。为了在密栅情况下增大电池的受光面积，应减小细栅线的宽度，增大细栅线的高宽比。目前多采用高精度的丝网印刷机并改进印刷工艺来制备高阻密栅晶体硅太阳电池。

4) PERC、PERL 和 PERT 结构单晶硅太阳电池　PERC（Passivated emitter and rear cell）电池、PERL（Passivated emitter, rear locally diffused）电池和 PERT（Passivated emitter, rear totally diffused）电池是澳大利亚新南威尔士大学研制的高效电池。PERC 高效太阳电池的结构如图 3-31（a）所示，电池采用低电阻率的 P 型硅片衬底，倒金字塔绒面结构，电池正表面和背表面进行双面钝化，背电极通过一些分离的小孔穿过钝化层与衬底接触，制得了高效电池。在 PERC 电池结构的基础上，在电池的背电极与衬底的接触孔处进行定域扩散，即采用液态源 BBr_3 浓硼掺杂，并利用三氯乙烯生长氧化层制备出高质量的双面钝化层，显著降低了背表面接触孔处的薄层电阻，缩短了孔间距，减小了横向电阻，这种电池称为 PERL 电池，其结构如图 3-31（b）所示。2001 年，在约 $1.0\Omega \cdot cm$ 的 P 型 FZ 硅片上制作了 $4cm^2$ 的 PERL 电池，开路电压达到 706mV，短路电流为 $42.2mA/cm^2$，填充因子为 82.8%，效率达 24.7%[3]。与此同时，还研制成了 PERT 电池，除在电池背表面的电极与衬底的接触孔处进行浓硼掺杂外，在其他区域进行淡硼掺杂，使电池可以在高电阻率的衬底上实现高转换效率，其结构如图 3-31（c）所示。

目前，采用背表面钝化和背表面局域 Al 背场的工业级 PERC 电池已经从实验室逐步走向产业化生产。2014 年，天合光能光伏科学与技术国家重点实验室采用背钝化结构在 P 型 156mm×156mm 单晶硅和多晶硅衬底上分别实现了 21.40% 和 20.76% 的电池效率[4]。同时，采用最新的高效背钝化晶体硅电池，结合多项自主研发的组件先进技术，天合光能公司在 60 片 156mm×156mm 电池的单晶组件、多晶组件分别实现了 335.2W 和 324.5W 的输出功率，创造了组件的世界纪录[4]。

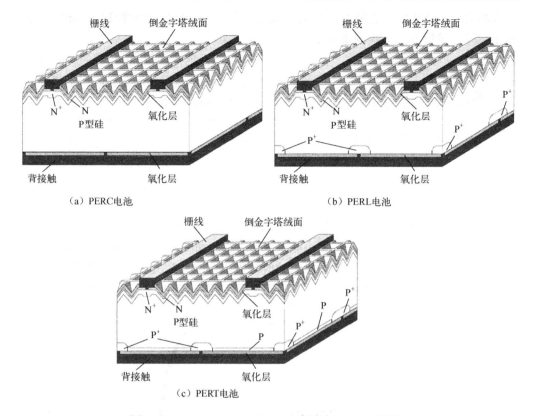

（a）PERC电池　　　　　　　　　　　（b）PERL电池

（c）PERT电池

图 3-31　PERC、PERL 和 PERT 高效太阳电池的结构

5）黑硅太阳电池　近年来，黑硅太阳电池倍受关注。所谓"黑硅"（Black Silicon），是指在晶硅材料表面通过一些特殊的方法形成一层纳米量级的织构（也称纳米绒面），其陷光性能特别优良，反射率接近于零，外观呈黑色。用黑硅制得的太阳电池在很宽的光谱范围（300 ～ 2000nm）和很大的倾角范围内反射率极低，对入射阳光的吸收性能非常好，有望大幅度提高电池的光电转换效率。

虽然黑硅电池能大幅度增加光吸收，但它并不一定能将所吸收的光能有效地转换为电能。黑硅的表面纳米织构可使其表面积增大数倍，而少子的表面复合也将成比例增加；表面粗糙度增高，将导致后续扩散过程中杂质扩散不均匀，表面杂质浓度升高，扩散速度加快；沉积在深谷中的金属杂质难以被彻底清洗干净；纳米级的深凹孔也会导致 SiN_x 钝化薄膜的沉积，使其钝化效果减弱，少子寿命降低等。要将黑硅应用于太阳电池制造必须克服这些问题。

6）双面电池与组件　英利集团有限公司光伏材料与技术国家重点实验室的宋登元和熊景峰，研究出双面发电前表面硼发射极高效率 N 型硅太阳电池及组件[5]。这种太阳电池转换效率高，最高效率达到 20.08%，而且生产成本较低。由其封装而成的太阳电池组件具有能双面发电、温度系数小、弱光响应特性良好和输出功率初始衰减小等特点，已实现批量生产。

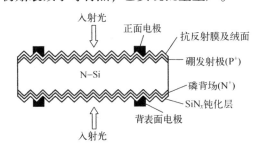

图 3-32　N-Si 太阳电池结构图

双面电池采用 [100] 晶向、电阻率为 $1.5 \sim 3.5\Omega \cdot cm$，尺寸为 156mm ×156mm，厚度为 180μm 的准方形 N 型 Cz 单晶硅片（面积约为 239cm²）。图 3-32 所示为 N-Si 电池的结构。由于 N^+ 背场由磷扩散掺杂制备，同时背表面电极也采用栅线结构，使电池前后表面都能吸收光能并产生光生载流子，并转换为电能。双面电池可提高单位面积电池的发电量。

图 3-33 所示为正表面光照射电池时 $I-U$ 特性曲线。实验室最好的电池效率已达到 20.08%。当光从背表面照射电池时，由于背表面的光生载流子到达正表面 PN 结需贯穿几乎整个硅片的距离，增加了体复合损失，造成效率降低 1.5%。

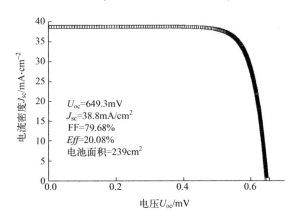

图3-33　N-Si 电池光从正表面照射时 $I-U$ 特性曲线

将双面 N-Si 电池经层压封装成两种类型的组件。一种组件的背表面采用高反射率的非透明背板封装，光从组件的正表面入射，穿透电池的长波长光能通过背板的反射二次进入电池。另一种组件采用双玻璃或透明背板材料封装，光从组件的正表面和背表面同时进入电池。由于双面接受光能，户外测试表明，组件安装在反射性能较好的白色地面上，双面电池组件比常规组件的发电量高约 15%。

3.2　太阳电池组件

单体太阳电池输出电压低（仅为 $0.5 \sim 0.6V$），输出电流小，厚度薄（约

0.16～0.24mm），性能脆，怕受潮，不适宜在通常环境条件下工作。为了使单体太阳电池能适应于实际使用条件，需要将单体太阳电池串/并联后，进行封装保护，引出电极导线，制成数瓦到数百瓦不同输出功率的太阳电池组件。

组件的封装生产工艺直接关系到组件的输出电参数、工作寿命、可靠性和成本。

1. 太阳电池组件结构

太阳电池组件结构如图 3-34 所示，它由玻璃、EVA、太阳电池串和背板等部分组成。玻璃面板是太阳电池的正表面保护层，因为它位于电池正表面，所以必须是透明玻璃。TPT 背板是背表面保护层，EVA 胶膜是太阳电池与玻璃面板、TPT 背板之间的粘接胶膜，也必须是透明材料。此外，还有互连条、汇流条和接线盒等。互连条和汇流条都是焊在电极之间起电连接作用的金属连接件。

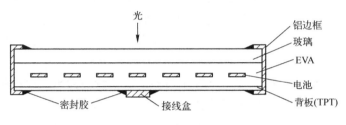

图 3-34　太阳电池组件结构

2. 电池组件的主要原材料

太阳电池组件封装是由面板、背板、胶粘剂、接线盒和边框等组成的，相应的主要原材料有玻璃、TPT、EVA 胶膜、接线盒和铝边框等。

面板采用的是低铁钢化绒面玻璃。低铁玻璃的透过率高，也称为白玻璃，其厚度为（3.2±0.2）mm，在 320～1100nm 光谱波长范围内，透光率在 91% 以上，对大于 1200nm 的红外光有更高的反射率，如图 3-35 所示。低铁钢化玻璃耐太阳光紫外辐射性能优良。

晶体硅太阳电池与玻璃面板、TPT 背板之间的粘接材料是 EVA，其结构是乙烯与醋酸乙烯脂的共聚物，其化学式结构为

$$(CH_2-CH_2)-(CH-CH_2)$$
$$|$$
$$O$$
$$|$$
$$O-O-CH_2$$

EVA 是一种热融胶粘剂，常温下无粘性，厚度在 0.4～0.6mm 之间，表面平整，厚度均匀，内含交联剂、抗紫外剂和抗氧化剂等，能在约 140℃ 的固化温度下交联，采用挤压成型方法，通过快速固化或常规固化工艺形成稳定的胶层。

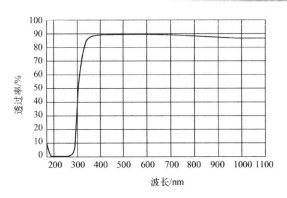

图 3-35　低铁钢化玻璃的透过率

在抽真空热压条件下发生熔融交联固化后，变成有弹性的透明材料，具有优良的柔韧性、耐候性和化学稳定性。在内侧与电池串粘接形成三明治式包封结构，其外侧与电池的上层保护材料玻璃和下层保护材料 TPT（聚氟乙烯复合膜）粘合密封。

聚氟乙烯复合膜（TPT）是现在使用最多的电池背表面封装保护膜。TPT 也称热塑聚氟乙烯弹性薄膜。除 TPT 背板外，还有 TPE、BBF 等背板。

TPT 是 PVF + PET + PVF 的三层复合膜。复合膜的纵向收缩率不大于 1.5%。TPT 三层复合结构的外层为聚氟乙烯膜（Polyvinyl Fluoride Film，PVF）保护层，具有良好的抗环境侵蚀能力。中间层聚脂薄膜具有良好的绝缘性能，内层 PVF 需经表面处理与 EVA 具有良好的粘接性能。背板必须确保太旧能电池组件在室外使用25 年仍有良好的绝缘性能、阻水性和耐老化性能。背板性能要求中水蒸气渗透率十分重要。水蒸气的渗透会影响到 EVA（乙烯－醋酸乙烯共聚物）的粘结性能，导致背板与 EVA 脱离，进入的湿气会氧化电池片。

TPT 的典型特性为：厚度，280μm；颜色，白色或黑色；热收缩率（MD/TD）<1.0/0.5%；对 EVA 的剥离强度 >40N/cm；水汽透过率 <1.9g/m^2/24h；电气强度 ≥25kV/mm；抗紫外线老化性能优良，使用寿命可达 25 年。

PVDF 树脂与 PVF 树脂结构相近，但其含氟量为 59%，远大于 PVF 的 41%，比 PVF 有着更好的耐候性，在通常的 TPT 中用 PVDF 替代 PVF，其黄变指数和老化后的机械强度等性能都更为优良。

TPE 背板是一种热塑性弹性体。由 Tedlar、聚酯和 EVA 三层材料构成。TPE 的耐候性能虽略低于 TPT，但其价格便宜。

BBF 背板是 EVA + PET + THV 制成的复合物，其厚度为 200 ～ 350μm。其中，THV 树脂是四氟乙烯、六氟丙烯和氟化亚乙烯的三元共聚物，具有韧性好，光学透明度好等特点。还有一种 BPF 是直接用高品质的含氟树脂在高温下通过交联剂反应，将氟树脂成膜于聚酯薄膜（PET）表面制成，其抗划伤性能优于三层膜通过粘结剂复合的材料，特别适合在风沙较多的沙漠地区使用。

互连条和汇流条都是在电极之间起电连接作用的金属连接件，通常采用涂锡的铜合金带，也称涂锡铜带、涂锡带或焊带。对其性能要求是：可焊性和抗腐蚀性能优良；长期工作在 $-40 \sim +100℃$ 的温度变化情况下不脱落。互连条和汇流条依据其载流能力和机械强度选用，常用的互连条规格为 $7A/mm^2$。

焊锡应使用无铅焊锡。助焊剂的酸碱度（pH 值）接近中性，不能选用一般电子工业用的有机酸助焊剂，否则会对电池片产生较严重的腐蚀。

铝合金边框的主要作用是，提高组件的机械强度，便于组件的安装和运输；保护玻璃边缘；结合在其周边注射硅胶，可增加组件的密封性能。

接线盒用于连接组件的正、负电极与外接电路，增加连接强度和可靠性。

硅胶用于粘接并密封铝合金和电池层压件、粘接固定组件背板 TPT 上的接线盒，并具有密封作用。

3. 太阳电池组件封装工艺

太阳电池组件的封装可在全自动或半自动的封装设备中进行。在自动组件封装设备中制成的产品性能一致性好，生产效率高，但设备价格比较高。

太阳电池组件封装的基本工艺步骤如下所述。

1）太阳电池分类和分选　封装前，应对太阳电池进行分类和分选。为提高太阳电池组件的效率，必须将电参数性能一致或相近的电池进行匹配组合。

2）电极焊接　电池的电极焊接和互联可用自动焊机焊接，也可用手工焊接。

首先将单体电池串联焊接成电池串。通过互连条将单体电池正表面电极（负极）焊接到相邻的下一个电池的背表面电极（正极）上，依次将 n 个单体电池串联焊接形成一个电池串，最后在组件串的正、负极焊引出导线。

太阳电池自动焊接机包括全自动串焊机和全自动单片焊接机。采用自动焊接机焊接时，焊接速度快、焊锡均匀、质量一致性和可靠性好，表面美观。

3）组件叠层　利用互连条焊接连接电池串后，在钢化玻璃上依次叠放 EVA、电池串、EVA、背板，形成叠层件。

4）组件层压　层压工艺是将敷设有电池串、EVA、背板的玻璃叠层件置于层压机内，通过抽真空的方法将组件内的空气抽出，并加热层压，使 EVA 熔化，在大气压力下将电池、玻璃和背板粘接在一起，形成层压组件。

5）封装　层压后的组件经过修边、安装外框和接线盒，最终封装成太阳电池组件。

4. 组件的电位诱发衰减（PID）效应

常规太阳电池组件在光伏电站中工作数年后，光电转换效率有可能会发生大幅衰减，这种现象常称为组件的电位诱发衰减（Potential Induced Degradation，PID）效应[6]。

PID 效应与电池、玻璃、胶膜、温度、湿度和电压有关，但其形成原因尚不完全清楚。电池本身的性能是引发 PID 的关键因素。玻璃和胶膜等因素对 PID 现象也有较大的影响。

由于湿度是产生 PID 现象的重要因素之一，如果将组件的背板改为玻璃，组件的防潮性能将会有大幅度改善，从而显著延缓 PID 现象的产生。

5. 双面玻璃封装晶体硅太阳电池组件

玻璃背板太阳电池组件通常称为双面玻璃封装组件。这类太阳电池组件取消了传统聚合物材料的背板和铝边框，正反面都采用玻璃的封装结构。双面玻璃封装组件有诸多优点，如具有很强的防火性能，抗 PID 性能，抗盐雾、酸碱和沙尘的耐候性能；能有效地保护电池片，防止电池片隐裂；无金属边框，免接地，安装更方便；可减少边缘积尘，降低维护成本等。

现在有两类双面玻璃封装组件，一类用于建筑物的屋顶、幕墙等，如图 3-36所示[7]。组件的正反两面都由厚度不小于 3.2mm 的钢化玻璃封装。按照电池片的安装数量，组件的透光率可达到 10%～70%，组件无边框。

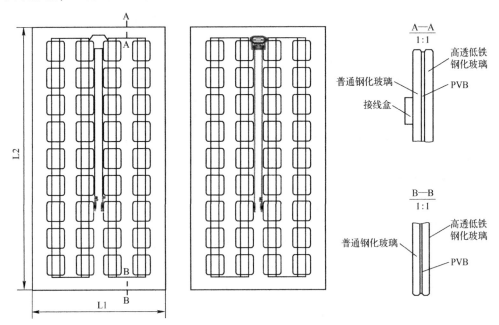

图 3-36　半透明双面玻璃组件的示意图

另一类替代现有常规组件，是用于电站建设的透明双面玻璃组件[8]。该组件取消了铝边框，实现免接地，降低了组件成本和系统 BOS 成本，但必须有良好的边缘密封。图 3-37 所示的是双面玻璃封装组件和组件周边剖面图。电池引出线与背表面接线盒相连。这类组件为减轻质量，提高发电效率，正反两面都使用厚度为 2.5mm 的强化玻璃封装。电池片布满整个组件，正表面的 EVA 封装材料采用透明 EVA，背表面的 EVA 封装材料采用白色 EVA。背表面玻璃中部开孔，电池引出线通过开孔与背表面接线盒相连。当然，这种组件也可正反两面采用透明 EVA，按安装的电池片多少做成半透明组件，用于建筑物的屋顶、幕墙等场合。

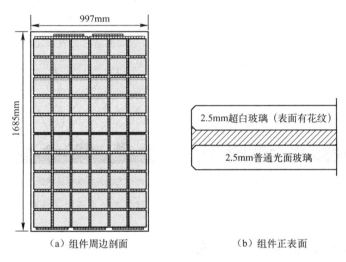

（a）组件周边剖面　　　　　　　　（b）组件正表面

图 3-37　双面玻璃组件的示意图

6. 防眩光太阳电池组件

在有些场合下需要防眩光组件，防眩光组件的面板玻璃采用表面上具有深纹理的超透玻璃，能有效地改变入射太阳光的反射光方向，从一个方向反射变成多个方向散开，将常规组件的防眩光指数从大于 22 降到小于 15，显示了较好的防眩光效果。图 3-38 所示的是中利腾晖光伏公司生产的防眩光组件。图 3-39 所示的是这种具有深纹理表面的玻璃的防眩光原理。这种组件适用于机场、高速公路、铁路、航道等对防光污染要求较高的场合。

7. 组件性能测试与分级

安装接线盒后，需要测试组件输出特性，标定组件输出功率，测试组件的电气强度、绝缘强度和电位诱发衰减效应（PID），确定组件的质量等级。

图 3-38　常规组件表面和防眩光组件表面的防眩光效果比较

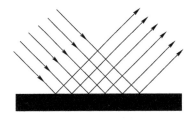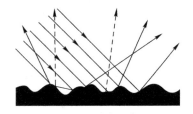

（a）常规组件玻璃表面的光反射　　　　（b）防眩光组件深纹理玻璃表面的光反射

图 3-39　常规组件表面和防眩光组件表面的光反射示意图

3.3　太阳电池及组件的测试

太阳电池的性能参数测试对于获得高效率太阳电池组件是非常重要的。在特定辐照度和负荷条件下，组件的最大输出电流受到电流最低的电池牵制。在设计与制造组件时，一个很重要的要求就是组件中电池的性能要尽可能保持一致性。

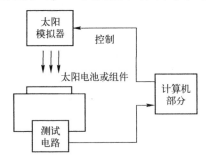

图 3-40　太阳电池/组件测试系统框图

太阳电池测试系统主要由太阳模拟器、测试电路和专用计算机 3 部分组成，如图 3-40 所示。太阳模拟器包括电光源、滤光器和光路部件等；测试电路主要是钳位电压式电子负载；计算机主要用于控制光学系统和处理数据等。实际上，现在的太阳模拟器通常包含测试电路和专用计算机。

1. 太阳模拟器[9]

为达到 1000 W/m² 的辐照度、AM1.5 的太阳光谱等均匀而稳定的标准地面阳光条件，来测量太阳电池的 $I-U$ 特性，需要采用人造光源模拟太阳的辐照和光谱。

模拟太阳光的人造光源通常称为太阳模拟器。

1) 太阳模拟器组成　太阳模拟器通常由 3 部分组成，即光源及其供电电源、光学系统（透镜和滤光片）、控制部件（还可包含 $I-U$ 数据采集系统、电子负载及运行软件）。太阳模拟器按照其在测试循环中的运行方式，可分为稳态、单脉冲和多脉冲 3 种类型。

稳态太阳模拟器的特点是在工作时输出的光辐射强度稳定不变。这类连续发光的太阳模拟器比较适用于小面积测试。如果制造大面积测试光源，其光学系统和供电系统结构会变得复杂。脉冲式太阳模拟器工作时的辐射以 ms 量级的脉冲发光形式输出，可输出很强的瞬间辐射功率，而驱动电源的平均功率却可以很小，因此具有测量速度快、能耗低的特点。

脉冲式太阳模拟器按脉冲光输出波形又可分为矩形脉冲和指数衰减型脉冲（也称为闪光脉冲）两种，如图 3-41 所示。脉冲式太阳模拟器适合于大面积测试，如太阳电池组件测量。

2) 太阳模拟器用的电光源　太阳模拟器的主要部件是光源、光学透镜系统及滤光装置。电光源通常采用卤钨灯或氙灯，现在正在开发 LED 光源。氙灯的光谱分布比较接近太阳光谱，但必须用滤光片滤除 $0.8 \sim 0.1 \mu m$ 间的红外线，使用不同的滤光片可获得与 AM0 或 AM 1.5 接近的

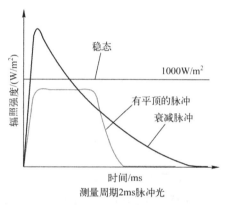

图 3-41　稳态、矩形脉冲和指数衰减脉冲太阳模拟器的输出波形

太阳光谱，适用于制造高精度的太阳模拟器。图 3-42 所示的是氙灯光源光谱分布。

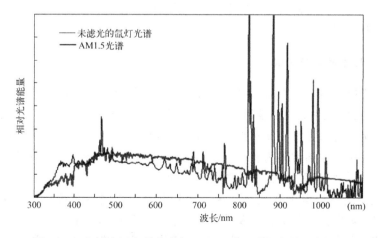

图 3-42　氙灯光源光谱分布与 AM1.5 太阳光的光谱分布比较

与稳态氙灯相比较，脉冲氙灯光谱特性更接近于太阳光谱，可在短时间内发射出很强的辐射光。高发光强度有利于增大测试距离，获得大面积的均匀光斑。现在的太阳模拟器多采用脉冲氙灯作为其光源。

3）太阳模拟器的性能参数　太阳模拟器的主要性能参数有辐照度、光谱匹配、不均匀度和稳定性等。

太阳模拟器等级根据光谱匹配、空间不均匀度和时间稳定度进行分类，每一类分为 A、B 和 C 三个等级，见表 3-1。因此，每个模拟器以光谱匹配、测试面内的辐照不均匀度和时间不稳定度为顺序的 3 个字母来标定等级（如 CBA）。

表 3-1　太阳模拟器等级的定义

类　　　别	光 谱 匹 配	辐照不均匀度	时间不稳定度	
			辐照短期 不稳定度（STI）	辐照长期 不稳定度（LTI）
A	0.75～1.25	2%	0.5%	2%
B	0.6～1.4	5%	2%	5%
C	0.3～2.0	10%	10%	10%

2. 单体太阳电池的测试

测量太阳电池的光电性能，主要是测量其 $I-U$ 特性[10]。

$I-U$ 特性与测试条件有关，因此必须在规定的标准测试条件下进行测量，或者将测量结果换算到标准测试条件下的数值。

电池的测试项目包括开路电压 U_{OC}、短路电流 I_{SC}、最佳工作电压 U_m、最佳工作电流 I_m、最大输出功率 P_m、光电转换效率 η、填充因子 FF、$I-U$ 特性曲线、短路电流温度系数 α（简称电流温度系数）、开路电压温度系数 β（简称电压温度系数）、内部串联电阻 R_s 和内部并联电阻 R_{sb}。

3. 太阳电池组件的测试

除测量光电参数外，对太阳电池组件还应进行设计鉴定和定型测试。

1）太阳电池组件光电性能测试　测量太阳电池光电性能参数方法的总原则同样适用于测量组件参数。在测量组件参数和校准辐照度时，均须采用标准组件。这些标准组件在生产中通常称为参考组件。在室内测试的情况下，参考组件的结构、材料、形状和尺寸等都尽可能与待测组件相同。

（1）室内组件光电参数测试系统：太阳电池组件测试系统包括太阳模拟器、电子负载和高速数据采集器，以及数据处理、显示和存储设备等。

（2）室内组件脉冲式组件测试系统的工作过程：启动脉冲太阳模拟器光源；

用标准太阳电池或组件的短路电流将太阳模拟器输出的辐照度标定为标准辐照度，数据采集器将获得标准太阳电池输出的光辐照度信号，并传输到控制器。

当光源的光辐照度达到预定的要求时，控制器触发电子负载以电压或电流的方式扫描组件的 $I-U$ 特性。电子负载完成扫描组件 $I-U$ 特性的时间应与脉冲太阳模拟器光源所发出的脉冲光中辐照度相对稳定的区间相吻合；同时，数据采集器同步采集组件两端的电压、组件的输出电流、标准太阳电池的输出电流所表征的光辐照度及温度传感器输出的温度信号。

在规定的时间内，电子负载以电流或电压方式从 $I-U$ 特性曲线的短路端向开路端（或从开路端向短路端）扫描，采集全部数据。在标准光辐照度和标准温度下，控制器将被测量组件的输出电流和电压进行归一化处理；控制器存储电流和电压数据，并显示这些数据，完成整个测量过程。

完成组件测试后，对于 $I-U$ 特性曲线异常的情况，需要经 EL 红外成像测试进行复核，若认定确有问题，应分析这些太阳电池出现问题或电池效率降低的原因。

2）太阳电池组件的设计鉴定和定型[11]　在国际电工委员会 TC82 为晶体硅太阳电池组件制定的质量鉴定标准 IEC 61215（GB/T 9535—2006）中，为了保证组件质量，对组件的设计鉴定和定型工作规定了合理的要求，组件在其额定寿命内电性能的衰减不得超过该标准规定的范围。一些与安全相关的测试，如湿冻测试、热循环测试、电绝缘测试等并不要求组件在一定的条件下保持电性能，而强调的是组件不能出现任何危险因素。

按相关标准规定，组件的设计鉴定和定型应随机抽取 8 个组件，并将组件分组，按图 3-43 所示的程序进行鉴定试验。

（1）外观检查：在不低于 1000 lx 的照度下，检查组件表面是否有开裂、弯曲等外观缺陷。

（2）最大功率确定：用自然阳光或模拟器和标准光伏器件确定组件在各种环境试验前、后的最大功率。

（3）绝缘试验：在温度为周围环境温度和相对湿度不超过 75% RH 组件试验条件下，测定组件中的载流部分与组件边框间的绝缘性能。

（4）温度系数的测量：用自然光或太阳模拟器和标准光伏器件，测量其电流温度系数（α）和电压温度系数（β）。

（5）电池额定工作温度（NOCT）的测量：额定工作温度定义为在标准参考环境（SRE）下，敞开式支架安装的太阳电池的平均平衡结温作为组件在现场工作时的参考温度，用于比较不同组件的性能。标准参考环境条件为，倾角设定为在当地太阳正午时使阳光垂直照射组件；总辐照度为 800W/m²；环境温度为 +20℃；风速为 1m/s；电负荷为零（开路）。实际上，组件的真实工作温度取决于安装方式、

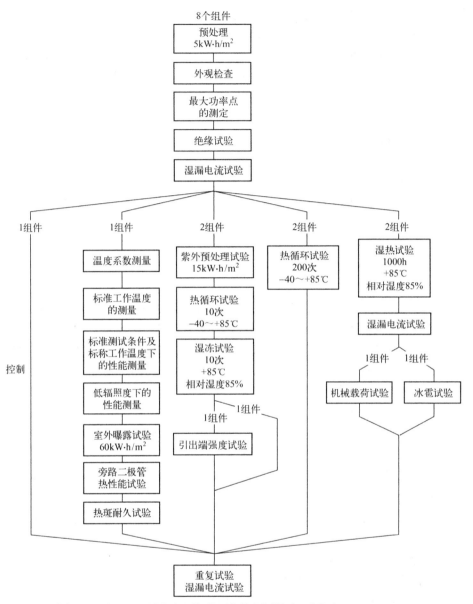

注：在标准参考环境条件下，可用太阳电池的平均平衡结温代替额定工作温度。

图 3-43　鉴定试验程序

辐照度、风速、环境温度、地面和周围物体的反射辐射与发射辐射等因素。

测定额定工作温度有两种方法，即基本方法和参考平板方法。

☺ 基本方法：测定额定工作温度的基本方法：太阳电池结温（T_J）基本上是

环境温度（T_{amb}）、平均风速（v_w）和入射到组件有效表面的太阳总辐照度（E_G）的函数。温度差（$T_J - T_{amb}$）在很大程度上不依赖于环境温度，辐照度在 400W/m² 以上时温度差大体正比于辐照度。在适宜的风速期间，做出温度差（$T_J - T_{amb}$）对 E_G 的曲线，外推到标准参考环境辐照度 800W/m² 得到（$T_J - T_{amb}$）值，再加上 20℃，即可得到初步的额定工作温度值。最后利用测试期内的平均温度和风速的校正因子（如图 3-44 所示）对初步的额定工作温度进行修正，得到温度 20℃ 和风速 1m/s 时的值。

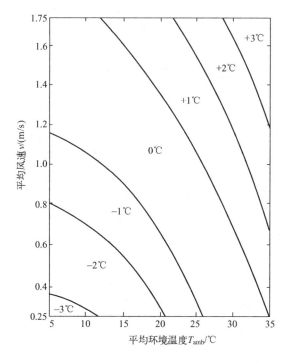

图 3-44　额定工作温度校正因子

☺ 参考平板方法：这种方法是间接测量方法，比基本方法更快捷，但仅能应用于与试验时所用的参考平板有同样环境温度响应的光伏组件。常用于具有玻璃面板和塑料背板的晶体硅组件。参考平板的校准采用与基本方法相同的程序。

（6）标准测试条件和标称工作温度下的性能：在标准测试条件、标称工作温度、辐照度为 800W/m² 且满足标准太阳光谱辐照度分布的条件下，确定组件随负荷变化的电性能。

（7）低辐照度下的性能：在 25℃ 和辐照度为 200W/m² 的自然光或模拟器下，确定组件随负荷变化的电性能。

（8）室外曝露试验：粗略评价组件经受室外条件曝露的能力，揭示在实验室试验中可能测不出来的综合衰减效应，其结果仅作为可能存在问题的提示。

（9）热斑耐久试验：所谓热斑效应，是一个电池或一组电池被遮光或损坏时，引起组件发热的现象。该项试验用于确定组件经受热斑加热效应的能力。

当 s 个电池呈单串串联连接时，电池串两端的电压为所有电池的电压相加值。如图 3-44 所示，在同一电流值下，各电池的电压相叠加可获得电池串对应的电压值，即电池串 I-U 曲线上某一点的电压值对应于在同一电流值下各电池的电压值的总和；同样，当 s 个电池呈并联连接时，并联电池组两端的电流为所有电池的电流相加值，并联电池组 I-U 曲线上某一点的电流值对应于在同一电压值下各电池的电流值的总和。

当串联组件中的一个电池或一组电池被遮光或损坏时，电池的短路电流会降低，如图 3-44 所示。此时，由于工作电流超过了被遮光电池的短路电流，使被遮光电池处于反向偏置状态，必定消耗功率，从而引起组件过热，这种情况通常称为组件的热斑效应。图 3-44 所示的是由一组串联电池构成的组件中，电池 Y 被部分遮光的现象。这个被遮光电池 Y 消耗的功率等于组件电流与电池 Y 两端形成的反向电压的乘积。对任意辐照度水平，当组件短路时，被遮光电池 Y 消耗的功率最大，此时加于电池 Y 的反向电压等于组件中其余 (s-1) 个电池产生的电压，在图 3-45 中对应于电池 Y 的反向 I-U 曲线与 (s-1) 个电池的正向 I-U 曲线的镜像的交点所确定的阴影矩形的面积，它代表的就是最大消耗功率。

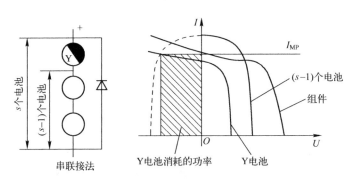

图 3-45　A 类电池的热斑效应

由于不同电池的反向特性差别很大，需要根据其反向特性曲线与图 3-46 所示的"试验界限"的交点，把电池分成电压限制型（A 类）和电流限制型（B 类）两类。B 类电池随电压升高其电流增加速度远大于 A 类电池。图 3-45 所示的一个损坏或遮光电池的最大功率消耗的情况属 A 类，这种情况发生在反向曲线和 (S-1) 个电池的正向 I-U 曲线的镜像在最大功率点相交处。作为对比，图 3-47 所示的是一个 B 类电池在完全遮光时的最大功率消耗，此时消耗的功率可能仅是组件总有效功率的一部分。热斑试验的基本思路是，在热斑效应最严重的情况下，即组件热斑消耗功率最大时，测试组件光照下耐受加热的能力。

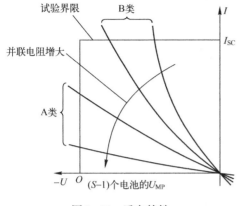

图 3-46　反向特性　　　　　图 3-47　B 类电池的热斑效应

光伏组件中的太阳电池可以下列方式之一进行连接。

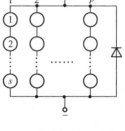

☺ 串联方式：s 个电池呈单串串联连接，如图 3-48 所示。

☺ 串联－并联连接方式：即将 p 个组并联，每组 s 个电池串联，如图 3-48 所示。

☺ 串联－并联－串联连接方式：即 b 个块串联，每个块有 p 个组并联，每组 s 个电池串联，如图 3-49 所示。

图 3-48　串联－并联连接方式

为了保护系统，不因热斑效应等因素导致性能衰退甚至损坏，组件需接旁路二极管，当光电流不能流过电池时，可通过旁路二极管导通，从而限制所连接电池的反向电压，因此旁路二极管也是被试验电路的一部分。

不同结构需要规定不同的热斑试验程序。组件短路时，其内部功率消耗最大。

所有试验应在环境温度为 $(25 \pm 5)℃$、风速小于 2m/s 的条件下进行。在组件试验前，应安装热斑保护装置。

（10）紫外预处理试验：在组件进行热循环/湿冻试验前，应进行紫外（UV）辐照预处理，以确定相关材料及黏连连接的紫外衰减。

在 $(60 \pm 5)℃$ 温度范围内，将紫外光线垂直辐照于组件正表面。将组件开路，经受波长在 $280 \sim 385$nm 范围的紫外辐射为 15kW·h/m^2，其中波长为 $280 \sim 320$nm 的紫外辐射至少为 5kW·h/m^2。

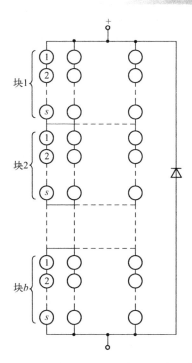

图 3-49　串联—并联—串联连接方式

（11）热循环试验：检验组件因温度重复变化而引起的热失配、疲劳和产生应力的能力。例如，当加速温度热循试验时，将使封装部件产生膨胀或收缩，可直接检测出系统中封装的电池、互连条及其他连接材料的缺陷。试验中，要求对组件通以等于标准测试条件下最大功率点的电流，这一正向偏置电流模拟了电流对焊接点的实际影响，可以暴露出不合格的焊点。

将组件装入气候室，按如图 3-50 所示的分布，使组件的温度在 （-40±2）℃和 （+85±2）℃之间循环。最高和最低温度间温度变化的速率不超过 100℃/h，在每个极端温度下，应保持稳定至少 10min。一次循环时间不超过 6h，循环的次数参照图 3-43 所示相应方框的规定执行。

（12）湿冷试验：检验组件经受高温、高湿试验后，再经受零度以下低温的能力。

将组件装入气候室，使组件完成如图 3-51 所示的 10 次循环。最高和最低温度应在所设定值的 ±2℃内；室温以上各温度下，相对湿度应保持在所设定值的 ±5% RH以内。

（13）湿热试验：检验组件抵抗长期湿气渗透的能力。组件在高温、高湿下很容易有水蒸气渗入，最常发生的是水蒸气渗入、脱层、绝缘失效以及湿漏电流。

在室温下将组件置于测试气候室中，在试验温度为 （85±2）℃，相对湿度为（85±5）% RH 的条件下进行试验，时间为 1000h。

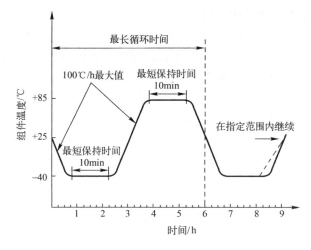

图 3-50　热循环试验

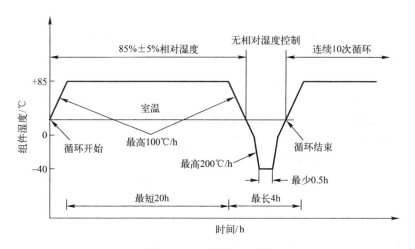

图 3-51　湿冷循环试验

（14）引线端强度试验：对所有引出线检验引线端与组件体的附着牢固性。

（15）湿漏电流试验：试验目的是评价组件在潮湿工作条件下的绝缘性能，验证雨、雾、露水或溶雪的湿气不能进入组件内部电路的工作部分，如果有湿气进入，可能会引起腐蚀、漏电或安全事故。

将组件及其边框放入盛有水或溶液的浅槽或容器中进行试验，引线入口处应用溶液彻底喷淋。

（16）机械载荷试验：检验组件经受风、雪或冰块等静态载荷的能力。将组件安装在刚性试验平台上，在均匀加重或加压下进行试验。

（17）冰雹试验：验证组件是否能经受住冰雹的撞击。采用直径为 25mm 的冰球，通过冰球发射器对组件进行撞击试验。

（18）旁路二极管热性能试验：用于评价旁路二极管的热设计和组件防热斑效应性能的长期可靠性。将组件电流增加到标准测试条件下短路电流的 1.25 倍，在 (75 ± 5)℃ 的情况下，保持组件通电 1h，验证二极管的工作性能。

（19）接地电阻连续性：检验选定的裸露导体和其他任意导体之间的电阻。通入 1.5 倍（$\pm 10\%$）组件最大过电流保护电流，时间至少 1s，测量电路电流和相应的电压降。要求电阻应小于 0.1Ω。

（20）盐雾试验：在近海环境中使用的太阳电池组件应进行盐雾试验。

组件在其表面与垂直方向的倾角为 15°～30°，温度为 (35 ± 2)℃，5% 氯化钠水溶液的雾气中贮存试验，时间为 96h。

（21）PID 检测：PID 测试和评估尚无统一的方法，目前常用的有以下两种加速测试方式。

☺ 在特定的温度、湿度条件下，在组件玻璃表面覆盖铝箔、铜箔或湿布，在组件的输出端和表面覆盖物之间施加电压，并保持一定的时间。

☺ 在温度 (60 ± 2)℃、(85 ± 5)% RH 的环境下将 -1000V 直流电施加在组件输出端和铝框上 96h。

测试前，组件应在开路状态下进行 5～5.5kW·h/m² 辐照，然后对组件进行功率、湿漏电测试并进行 EL 成像。当 PID 试验结束后，再次进行测试和 EL 成像，比较前、后测试结果，观察 PID 情况。当发生 PID 时，EL 成像显示部分电池片发黑。在第一种方式下，组件内发黑的电池片是随机分布的，而在第二种方式中，电池片发黑首先发生在靠近铝框处。

（22）贮存、振动和冲击：应进行贮存、振动和冲击等项试验。

4. 太阳电池组件的室外测试

在室外工作时，太阳电池会经历不同的辐照条件和不同的工作温度。

室外系统的性能评价方法之一是在接近于表 3-2 所列的性能测试条件（PTC）下，对系统在一段时间内（通常是 1 个月）的性能做评估。通过数据过滤和拟合得到一个线性方程，然后应用这个方程来测 PTC 条件下的电池性能。另一种系统评估方法是，先测量室外独立组件的一系列参数，然后把这些参数转换到标准测试条件下进行评估。

表 3-2 性能测试条件（PTC）

	辐照/（W/m²）	环境温度/℃	风速/（m/s）
平板，以固定角度倾斜	1000（总辐照度）	20	1
聚光	850（直射）	20	1

在评估组件时，主要关心的是组件的能量输出，而不是某特定条件下的功率输出。能量评估通常是在如下 5 种气候条件下进行的：①晴天，气温高；②晴天，气温低；③多云，气温高；④多云，气温低；⑤气温适宜。在 5 种气候条件下测定组件每小时的功率输出后，即可获得每种气候条件下组件的能量输出。

在室外阳光下进行太阳电池组件测试时，采用的是室外太阳能光伏测试系统。这类系统由室外电流电压特性测试系统、太阳辐照度计、风向风速计、温/湿度计等部件组成，如图 3-52 所示。可对太阳能光伏电站的环境进行监测，对太阳能电池组件在自然光照和不同天气条件下的性能进行评测[12]。测试数据及项目包括辐射量、温度、风速、组件背板温度、$I-U$ 曲线、STC、最大功率、温度系数、效率衰减、热斑耐久性等。

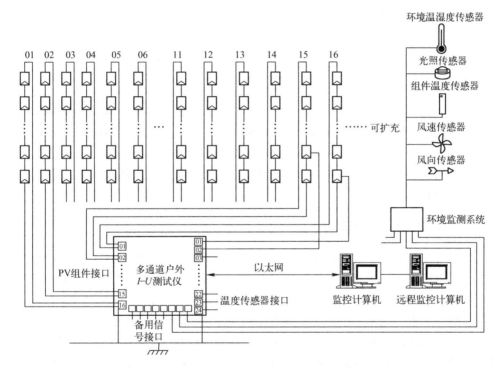

图 3-52　室外太阳能光伏测试系统

5. 太阳电池和组件诊断测试

在太阳电池和组件产品研究、开发和生产过程中，诊断测试很有价值。

太阳电池和组件的诊断测试方法有多种，例如：

☺ 无光照下的太阳电池暗 $I-U$ 曲线可表明电池作为 PN 结的工作特性，可用于测量串联电阻、并联电阻和二极管的品质因子。

☺ 太阳电池光谱响应可以反映太阳电池的反射等光学损失和载流子的复合损失信息。光谱响应是性能测量，是进行光谱不匹配校正的基础。

☺ 电致发光（EL）检测的方法：可以检测晶体硅太阳电池及组件中的隐性缺陷，包括硅材料缺陷、扩散缺陷、印刷缺陷、烧结缺陷及组件封装过程中的裂纹等。

☺ 光诱导电流（LBIC）检测是诊断电池和组件的有效方法，例如：LBIC通过扫描经过电池正表面的激光斑和测量合成电流，很容易区分输出衰减的位置，确定多晶硅电池的裂痕。

☺ 直接使用红外成像摄像机可以测量出组件和方阵表面的温度变化。当组件内的电池由于某种原因而工作在反偏置状态时，局部区域会发热。这些局部区域的温度会高出周围的电池的温度 $20 \sim 40℃$，产生热斑效应。通过红外成像技术可以很容易地探测到热斑位置。

☺ 超声波技术是一种非破坏性试验方法，能在不破坏组件的情况下，检测出封装材料中的气泡和脱层，可用于检查晶体硅组件的焊接性能等。

不同原理的检测设备有不同的性能特点、检测功能和用途。例如，LP和EL红外成像仪器使用的是激光光源激发或注电流激发，测量方式是整体成像，测量速度快，获得的是整幅红外图像；而光诱导电流检测使用多波长激光激发，采用多点扫描方式，测量速度慢，可测量光诱导电流、反射率、量子效率和载流子扩散长度等比较精确的数据。

6. 太阳电池和组件的认证

太阳电池组件运行寿命的长短直接关系到太阳能光发电成本的大小。有的太阳电池组件经历数十年的日晒雨淋、酷暑寒冬，仍维持其发电功能而没有安全问题，而有的组件仅使用数年后其性能就发生问题。要确保太阳电池组件的使用寿命，就必须有良好的太阳电池组件质量。IEC已制定了IEC61215等标准，这些标准可作为组件质量测试的依据。例如，德国TÜV、美国UL等机构根据这些IEC标准对组件做检测试验，组件制造商仅需要通过其中一家机构的检验，即可获得全球很多国家的认可，把产品销往各地。

产品认证的定义是，由第三方通过检验评定企业的质量管理体系和样品型式试验来确认企业的产品、过程或服务是否符合特定要求，是否具备持续稳定地生产符合标准要求产品的能力，并给予书面证明的程序。

现在世界上很多国家和地区设立了自己的产品认证机构，使用不同的认证标志，如中国CCC强制性产品认证和CCTP标志、CGC北京鉴衡认证中心认证、CQC中国质量认证中心认证、UL美国保险商实验室安全试验和鉴定认证、CE欧盟安全认证、TÜV 德国技术监督协会莱茵公司认证、VDE 德国电气工程师协会认证等。如果一个企业的产品通过了国家著名认证机构的产品认证，就可获得认证机构颁发的认证证书，并允许在认证的产品上加贴认证标志。

产品认证就是对产品的质量和安全性的认定过程，由可信的测试实验室和认证机构来实施，具有认证标志的产品表明该产品已经通过测试，其质量和安全性均符合标准要求，消费者可放心使用。

参 考 文 献

［1］ SANYO develops HIT solar cells with World's highest energy conversion efficiency of 23.0% ［EB/OL］. http://sanyo.com/news/2009/05/22 - 1. Html.

［2］ 屈盛，陈庭金，刘祖明等. 太阳电池选择性发射极结构的研究 ［J］. 云南师范大学学报，2005.

［3］ J. Zhao, et al. , High - efficiency PERL and PERT silicon solar cells on FZ and MCZ substrates. Solar Energy Materials &Solar Cells, 2001, 65：429 ～ 435.

［4］ P. J. Verlinden, W. W. Deng, X. L. Zhang, et al. , Strategy, development and mass production of high - efficiency crystalline silicon PV modules, the 6th WCPEC, Kyoto, Japan, 2014, to be printed

［5］ 宋登元. 双面发电高效率 N 型 Si 太阳电池及组件的研制 ［J］. 太阳能学报，2013, 34 （12）：2146 - 2150.

［6］ Hacke P, Terwilliger K, Smith R, et al. , System voltage potential - induced degradation mechanisms in PV modules and methods for test ［C］. Photovoltaic Specialists Conference （PVSC）, 2011 37th IEEE. IEEE, 2011：000814-000820.

［7］ WWW. talesun. com.

［8］ 徐建美 冯志强 Pierre Verlinden 等. 高质量高可靠的组件产品新技术——晶硅双玻组件. Pvtech Pro, 中文专业版，2014 年 5 月，WWW. pv - tech. cn, p. 57 - 60.

［9］ IEC 60904-9：2007, Photovoltaic devices Part 9：Solar simulator performance requirements.

［10］ IEC 60904-1：2006, Photovoltaic devices - Part 1：Measurement of photovoltaic current - voltage characteristics.

［11］ IEC 61215 - 2：2005 Crystalline silicon terrestrial photovoltaic （PV） modules - Design qualification and type approval.

［12］ www. dyesuntech. com.

第4章 硅基薄膜太阳电池

太阳电池种类很多，主要以晶体硅太阳电池为主。薄膜太阳电池由于其具有用料省、质轻、可大面积沉积在柔性衬底上、可弯曲折叠、制备工艺相对简单、成本低等优点，在光伏市场占据了一席之地。

产业化生产的薄膜太阳电池主要包括硅基薄膜太阳电池、CdTe太阳电池、CIGS太阳电池、GaAs太阳电池，其中硅基薄膜太阳电池因具有制备工艺简单、技术成熟、原料充足等优点而成为最早实现商业化生产的薄膜太阳电池。早期的硅基薄膜太阳电池主要采用单结结构，转换效率低，存在光致衰减效应而导致其性能不稳定。随着叠层技术和微晶硅技术的发展，硅基薄膜太阳电池的转换效率得到提高，稳定性也得到改善，虽然近年来受到晶体硅电池、CdTe太阳电池带来的冲击，但其工艺简单、原材料丰富无毒、易与建筑结合的特点以及随着技术进步而日渐提高的性能，使其依然有很大的发展潜力。

4.1 硅基薄膜太阳电池发展概况

硅基薄膜太阳电池在材料上经历了非晶硅—合金硅—微晶硅/纳米硅的发展过程，在结构上经历了单结—双结—多结的发展过程。目前，产业化生产中主要的结构为非晶、硅锗合金、微晶以及非晶硅、纳米硅的双结或三结结构。

早在20世纪50年代，人们就通过蒸发硅料得到了非晶硅，但当时这种材料由于存在过多的缺陷而无法用于器件制备；60年代，英国标准通讯实验室通过硅烷等离子放电制备出a-Si:H薄膜；70年代，人们发现可以在等离子体中对a-Si:H进行气相掺杂，随后美国RCA的Carlson等开始进行非晶硅电池的研制工作，并于1976年研制出转换效率为2.4% PIN结构非晶硅电池[1]；1980年，RCA公司的Carlson将非晶硅太阳电池转换效率提高到8%。随着转换效率的提高，80年代初期非晶硅太阳电池小组件开始商业化应用到非晶硅太阳电池计算器、手表等消费产品中。到80年代中期，非晶硅单结电池组件效率达到4%～5%，功率型产品初步产业化。在这一时期，还开展了对硅基合金（a-SiGe:H，a-SiC:H）叠层太阳电池的研究，实验室初始转换效率可以达到11%～12%。

20世纪90年代，研究重点集中在提高组件性能的稳定性上，通过采用多结叠层技术，包括a-Si/a-Si、a-Si/a-SiGe、a-Si/a-SiGe/a-SiGe等多结叠层电池技术的应用和发展，组件稳定效率提高到 5% ～ 7%。1994 年，A. Shah 等人提出了 μc - Si 电池的概念，由此开始了非晶/微晶硅叠层电池的研究。

进入 21 世纪，硅基薄膜电池研究重点集中在提高电池转换效率、降低成本、改善陷光结构、优化 TCO、提高沉积速率等领域。a - Si/μc - Si、a - Si/nc - Si/nc - Si 叠层电池技术得到快速发展，目前三结叠层 a - Si/nc - Si/nc - Si 电池转换效率已达到 13.4%（面积 1.006cm²、50℃、100mW/cm²，白光照射超过 1000h）[2]。

4.2　非晶硅薄膜性质

1. 非晶硅薄膜结构

晶体硅和非晶硅都是由元素硅构成的，但由于其组成结构不同，导致材料的性能也不相同。在晶体硅中，四价元素硅之间靠 4 个 sp³ 杂化共价键结合，4 个键具有四面体对称性，键长为 2.35Å，键角为 109°28′，原子结构为金刚石结构，形成周期性排列，如图 4-1[3]（a）所示。因此，晶体硅呈现一种长程有序性结构。

在非晶硅中，虽然每个硅原子周围仍然具有 4 个近邻原子排列在其四面体几何结构中，但与理想的金刚石结构相比，其键长、键角和键的极性略有畸变，键角偏移角度分布在 ±10° 范围内，键长变化范围在 1% 以内，因此形成一些稍被扭曲的单元，这些扭曲单元随机连接，在整个网络中短程有序，长程无序，如图 4-1[3]（b）所示。因此，在非晶硅中原子或分子的排列不具有周期性。X 射线衍射表明，非晶硅中短程有序范围大致保持在最近邻和次近邻原子间，更远距离的原子则呈现无序排列。由于非晶硅中存在键长和键角的变化，影响到靠近导带和价带边缘的电子态，非晶硅中 Si - Si 间的结合能会在晶体 Si - Si 键能（3.1eV）附近发生扰动，从而形成了非晶硅不同于晶体硅的性能。

如图 4-1（b）所示为非晶硅的理想连续无规则网络。实际的非晶硅结构会有缺陷存在，非晶硅中主要缺陷有悬键、弱键、空位和微孔，如图 4-2 所示。悬键是由于硅原子正常配位数未得到满足时的一种成键状态，硅原子最外层有 4 个价电子，按（8 - N）法则，其正常配位数为 4，当某个硅原子周围只有 3 个可与之进行正常结合的最近邻时，即产生一个悬键。悬键是非晶硅网络中最简单也是最重要的结构缺陷。

空位和微孔由多个悬键聚集而成，弱键则由同一空位或微孔中的两个相邻悬键配对而成，因此空位和微孔为弱键的产生以及弱键与悬键间的转化创造了条件。非晶硅材料中的这些缺陷在能隙中产生电导的定域态，并具有相当大的自旋共振信号（悬键密度约为 10²⁰/cm³），这种无氢非晶硅由于其缺陷浓度高，不会出现掺杂效应。而太阳电池使用的非晶硅薄膜中通常含有一定数量的氢，成为氢化非晶硅，氢化非晶硅中的氢原子可以中和硅的悬键，使能隙中的定域密度大大减小，可使悬键密度降到约 $10^{15}/cm^3$，并由此表现出很强的光电导特性，以及与阳光光谱匹配的光吸收特性。

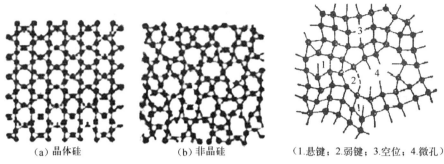

（a）晶体硅　　　　　（b）非晶硅　　　　（1.悬键；2.弱键；3.空位；4.微孔）

图 4-1　硅的结构模型　　　　　　图 4-2　非晶硅中的缺陷

2. 非晶硅的能带模型

人们对非晶硅的能带结构做了很多的研究，其中两种主要模型是建立在 Anderson 定域化模型基础上的 Mott - CFO 能带模型和 Mott - Davis 能带模型。

1) Anderson 定域化模型　对于晶态半导体，在单电子近似的情况下，其原子呈周期性排列，电子可以在晶体内自由运动，在各原子中出现的几率相同，此时的电子态为扩展态，如图 4-3（a）所示，电子的运动可用布洛赫函数来描述，波函数为

$$\psi_k(r) = U_k(r)\exp(i_k \cdot r) \tag{4-1}$$

式中，$U_k(r)$ 是具有晶格周期的函数；k 为电子共有化运动的波矢量。

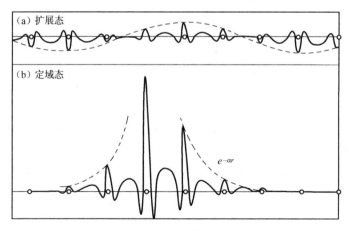

（a）扩展态

（b）定域态

$e^{-\alpha r}$

图 4-3　晶体和非晶体中的电子态

对于非晶态半导体，由于其结构呈长程无序性，对运动的电子势会产生强烈的散射作用，波函数不再具有布洛赫函数的形式，而是对某一给定的能量 E（此时波矢 k 无意义），所有的波函数 $\psi_E(r)$ 都是定域的，即每个波函数 $\psi_E(r)$ 都被限制在一个小区域内，随着距离 r 的增加，波函数呈指数衰减，如图 4-3（b）所示。波函数可描述为

$$\psi_E(r) \propto \exp(-\alpha \cdot r) \tag{4-2}$$

这种非晶态半导体的定域化被称为 Andersion 定域化，由 P. W. Andersion 于 1958 年在关于"扩散在一定无规网络中消失"的论文中提出[4]。Andersion 还指出：当一个无规势场（如图 4-4（b）所示）附加到一个周期性势场（如图 4-4（a）所示）时，如果平均的无规势场幅度 U_0 与理想周期势场的能带 B 的比值 p（$p = U_0/B$，p 称为定域化参数）大于某一临界值，将出现能带定域化。在定域化能带中，当温度 $T = 0K$ 时，电子不会扩散到具有相同势能起伏的其他区域（没有传导作用）；当 $T > 0K$ 时，电子只能通过热激发和隧道效应，从一个态跳到另一个态。显然，窄能带（如能隙中的杂质带和缺陷带）更容易满足定域化条件，更容易产生定域态。

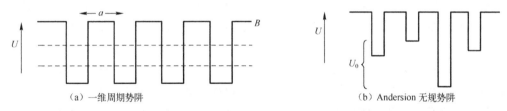

（a）一维周期势阱　　　　　　　　　　（b）Andersion 无规势阱

图 4-4　一维理想周期势阱和 Andersion 势阱

2）Mott-CFO 能带模型　在 Andersion 的定域化理论基础上，Mott 认为，在非晶态材料中，由于其结构的长程无序性而引起的无规势场导致能带中定域态形成，这些定域态并不占据能带中的各个能量，而是在正常能带的上面和下面形成一个尾巴，即形成带尾，并由此提出 Mott-CFO 能带模型[5]。

Mott-CFO 能带模型由 N. F. Mott、M. H. Cohen、H. Fritzsche 和 S. R. Ovshinsky 共同提出，如图 4-5 所示。该模型假设非晶材料尾部态为定域态，并一直延伸到能隙深处甚至相互交叠，价带带尾被电子占据时呈电中性，当它深入到导带带尾时，呈正电性，起施主中心作用；导带带尾未被电子占据时呈电中性，当深入到价带带尾时，呈负电性，起受主中心作用。因而使费米能级 E_F 被"钉扎"在交叠的带尾中央，此时处于 E_F 下面的导带带尾被电子占据，带负电荷；处于 E_F 上面的价带带尾空着，带正电荷，这些正、负电荷在非晶态材料中形成缺陷，起复合中心作用。

Mott 等人认为，在非晶材料的能带中存在有迁移率边 E_C 和 E_V，把扩展态和定

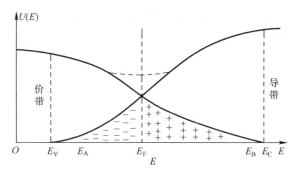

图 4-5　Mott－CFO 能带模型

域态分开来，$E_C - E_V$ 也不再有禁带宽度的含义，而称之为迁移率隙或能隙。在 $E > E_C$ 或 $E < E_V$ 的扩展态区域，电子和空穴仍像晶态半导体导带和价带中的自由载流子一样，有一定的迁移率值 $\mu(E)$，但是，由于非晶半导体中原子分布长程无序的结构对电子的移动造成干扰，使非晶态半导体中电子和空穴的迁移率比晶态半导体小得多。在非晶半导体中，扩展态的电子迁移率 $\mu_n = 1 \sim 10 \, \text{cm}^2 / (\text{s} \cdot \text{V})$，空穴迁移率 $\mu_p = 10^{-1} \sim 10^{-2} \, \text{cm}^2 / (\text{s} \cdot \text{V})$。在带尾定域态中，电子和空穴不能自由移动，而是依靠辅助跳跃式的隧穿运动，在定域化能级之间移动，特别是当 $T = 0K$ 时，$\sigma(E_C) = 0$，因而有 $\mu(E) \to 0$ 的陡变。在通常的半导体材料中，能隙中只存在少量的状态，因此费米能级对杂质的浓度和类型都非常敏感。Mott－CFO 模型认为，非晶材料能隙中有较高的态密度，费米能级 E_F 对掺入杂质不敏感，由掺杂而引起的电子浓度变化 Δn 只能使费米能级发生微小的变化，这样微小的变化不可能使其电导率发生明显的改变，其结果是使费米能级被"钉扎"，不随组分或缺陷浓度的变化而变化，即意味着在 Mott－CFO 模型中掺杂是无效的。

$$\Delta E_F = \frac{\Delta n}{N(E_F)} \tag{4-3}$$

3）Mott－Davis 能带模型[6]　Mott－CFO 模型是基于单电子近似的，没有考虑电子间的相互作用。然而，当电荷发生重新分布时，电子间的相互作用是非常重要的。为了克服 Mott－CFO 模型的局限性，Mott 和 Davis 又提出了 Mott－Davis 模型。Mott－Davis 模型认为，在非晶态半导体中，同样存在带尾定域态，但其能量范围较窄，并未深入到能隙中央，如图 4-6 所示。此外，非晶态半导体中还存在能隙深处的缺陷定域带，是由非晶材料中存在的大量缺陷所引起的，这些缺陷定域带如果是来自于无规网络中的缺陷、悬键、空位等的补偿能级，就会在能隙中央引起一个未填满的定域能带，费米能级 E_F 位于定域能带中，如图 4-6（a）所示；当不具补偿能级时，缺陷带将分裂为施主带和受主带，费米能级位于两个缺陷能带中央，如图 4-6（b）所示。

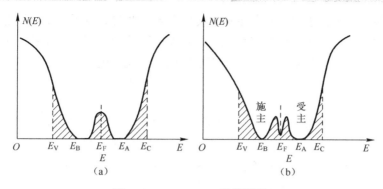

图 4-6　Mott – Davis 能带模型

在非晶定域态中，电子的传导首先是费米能级附近电子的热辅助跃迁，如果费米能级附近的缺陷态密度分布 $N(E_F)$ 较高，则轻微的掺杂或升高温度均不能引起 E_F 的变化，即当材料中缺陷比较多时，费米能级处于被 "钉扎" 的状态而不易受到人为的控制；只有当 $N(E_F)$ 处于低密度状态时，轻微的掺杂或温度变化才能使 E_F 明显移动。所以，费米能级所处的位置及费米能级附近的缺陷态密度分布 $N(E_F)$ 对非晶态半导体材料的性能有重要影响。

3. 非晶硅电学性质

根据 Mott – Davis 能带模型，在非晶硅半导体中，其能带结构包括扩展态、带尾定域态及能隙中的缺陷定域态，因此非晶硅半导体的电导运输过程有 3 种机制，即扩展态电导、带尾定域态传输电导及能隙中缺陷定域传输电导。在不同的温度区间，这 3 个传输电导机制贡献不同。图 4-7 所示为不同温度下的电导率与温度之间的关系，图中 a、b、c 三段分别对应扩展态电导、带尾定域态传输电导及能隙中缺陷定域传输电导，d 段则为极低温度时能隙中定域态的变程跳跃电导。

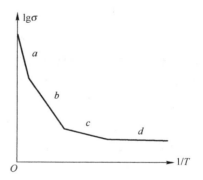

图 4-7　非晶硅半导体的
电导率与温度的变化关系

在高温区 a 段，非晶材料中的电导归结于载流子由迁移率边跃迁到扩展态的运动，其表现形式为[7]

$$\sigma = \sigma_0 \exp\left(-\frac{E_C - E_F}{kT}\right) \qquad (4-4)$$

式中，E_C 为导带迁移率边；E_F 为费米能级；k 为玻耳兹曼常数；$\sigma_0 = q\mu_0 N_C$，为指数前置因子，其中 q 为电子电荷，μ_0 为电子漂移迁移率，N_C 为导带的有效态密度。

在中温区 b 段，主要为带尾定域态传输电导，此时载流子处于定域态，电导只有通过热激发跳跃发生，因此又称之为热辅助跳跃传导。当载流子从一个定域态向另一个态跳跃时，会发射或吸收一个声子的能量，此时电导率可表示为[8]

$$\sigma = \sigma_1 \exp\left(-\frac{E_A - E_F + W_1}{kT}\right) \quad\quad (4-5)$$

式中，E_A 为带尾特征能量；W_1 为载流子从一个态到另一个态的跳跃激活能。

在低温区 c 段，主要为能隙间缺陷定域态传输电导。在这一区间，定域化作用很强，电子波函数被限制在很窄的范围内，跳跃只能在最近邻的状态之间进行，因此称之为近程跳跃。此时电导率可表示为

$$\sigma = \sigma_2 \exp\left(-\frac{W_2}{kT}\right) \quad\quad (4-6)$$

式中，W_2 为载流子在费米能级附近缺陷态上的跳跃激活能。

在更低温度 d 区，声子的数量和能量都非常小，此时能隙间缺陷定域态中载流子在能量较小声子的帮助下可能会跃迁到距离更远的地方去寻找能量更接近、所需激活能更低的态，因此称之为变程跳跃。此时电导率可表示为[9]

$$\sigma = \sigma_3 \exp\left(-\frac{A}{kT^{1/4}}\right) \quad\quad (4-7)$$

4. 非晶硅光学性质

非晶半导体的很多应用，都与材料的光学特性（如吸收特性、发光特性和光电导特性）有关。一种材料的光学特性从实质上来说是发生于其中的光子与电子相互作用的过程，在这个过程中，伴随有电子在不同能量状态间的跃迁。结晶半导体要求电子在发生跃迁时必须保持动量守恒，存在直接跃迁和间接跃迁的差别；而非晶半导体在电子跃迁时不需要遵守动量守恒定则，因此不存在直接跃迁和间接跃迁的区别，这也是非晶半导体明显区别于结晶半导体的一个特征[10]。但非晶硅的吸收光谱也与电子跃迁有着紧密关系，图 4-8 所示[3]为本征非晶硅的吸收光谱，图中可见非晶硅吸收光谱有明显的 3 段特征，分别为 A、B、C 区。A 区位于近红外区的低能吸收区，这个区域的吸收系数 α 较低，在 1 ~ 10/cm 以下，称为非本征吸收，其特点是 α 随能量的变化趋于平缓，对应电子在定域态间的跃迁，如从费米能级 E_F 附近的隙态向带尾态 E_A 的跃迁；在 B 区，光学吸收系数 α 随着光子的能量 $h\nu$ 的增加而呈指数型增加，虽然该吸收区的能量范围只有约 0.5eV，但吸收系数 α 的变换要跨 3 个数量级，约达 10^4/cm，这个区域的吸收对应电子从价带边扩展到导带尾定域态的跃迁，以及电子从价带定域态到导带边扩展态的跃迁，其指数型光谱特性来源于带尾定域态的指数型态密度的分布函数，即

$$g(E) = B\exp(-\beta E) \quad\quad (4-8)$$

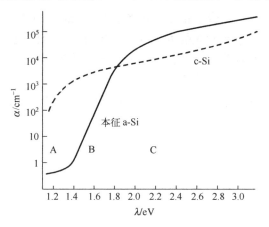

图 4-8 本征 a – Si:H（实线）薄膜与 c – Si（虚线）的光学吸收系数

C 区为高能光子吸收区，该吸收区的 α 较大，在 $10^4/\mathrm{cm}$ 以上，随光子能量的变化具幂函数的特征，见式（4-9）。这一区域对应电子的带 – 带跃迁，即从价带内部向导带内部的跃迁。

$$\alpha \propto (h\nu - E_0)^\gamma \tag{4-9}$$

在图 4-8 中还绘出了晶体硅（c – Si）的吸收曲线，其可见光范围的 α 值均比非晶硅要低，这个对比显示了非晶硅这个重要的非晶半导体在光电子领域器件应用方面的优越性。

电子吸收光子能量产生从低能态向高能态的跃迁，在这个过程中产生一对非平衡载流子，这一对非平衡载流子或者在电场的作用下沿相反方向运动形成光电流，或者立即复合。非平衡载流子的复合分为辐射复合和无辐射复合。在结晶半导体中，禁带中的深能级经常起无辐射复合中心的作用，使材料的性能下降，这些深能级在与之有关的杂质或缺陷密度不很高时也是定域态。虽然非晶硅具有高密度的定域化深隙态，但它依然具有较高的光电导率。当光电导主要由电子贡献，空穴基本上被深隙态俘获时，光电导可表示为

$$\Delta\sigma = q\mu_d \Delta n \tag{4-10}$$

式中，Δn 为光生电子的密度，其大小取决于于光生载流子的产生率 G（单位时间内在单位体积样品中产生的载流子对数）及具体的复合机构。当复合过程以深隙态的俘获为决定因素时，单位时间单位体积内因复合而减少的光生电子数为 $rN_t\Delta n$（N_t 为深隙态的密度，r 为一常数），于是复合速率方程为

$$\frac{\mathrm{d}n}{\mathrm{d}t} = G - r \cdot N_t \cdot \Delta n \tag{4-11}$$

稳态下 n 不随时间变化，因此得

$$\Delta n = \frac{G}{r \cdot N_t} \tag{4-12}$$

这种复合称为单分子复合。由于光电流正比于 Δn，而产生率 G 正比于激发光的强度，故光电流正比于激发光强度，这也是单分子复合的光电导特征。

对于电子与空穴的双分子复合，单位时间单位体积因复合而失去的电子数正比于电子密度 n 与空穴密度 p 的乘积，记为 $r'np$（r' 为比例常数）。以 n_0 和 p_0 代表载流子的热平衡密度，则 $r'n_0p_0$ 在大小上与载流子的热激发产生率相等，这时复合率方程为

$$\frac{\mathrm{d}n}{\mathrm{d}t} = G + r' \cdot n_0 \cdot p_0 - r' \cdot n \cdot p \tag{4-13}$$

对未掺杂的非晶硅，$n_0 = p_0$，$n = p = n_0 + \Delta n$，则：

$$\frac{\mathrm{d}n}{\mathrm{d}t} = G - r' \cdot \Delta n \cdot (\Delta n + 2n_0) \tag{4-14}$$

稳态下，当 $\Delta n \ll n_0$，即小注入条件时，得

$$\Delta n = \frac{G}{2r' \cdot n_0} \tag{4-15}$$

这时，尽管复合机构不同，光电流仍正比于激发光强度。

但在大注入条件下，由于 $\Delta n \gg n_0$，则有

$$\Delta n = \sqrt{\frac{G}{r_0}} \tag{4-16}$$

由式（4-16）可见，光电流的二次方正比于激发光强度，呈一种非线性关系，这是双分子复合的特征。式（4-15）和式（4-16）的结果也说明，对同一种双分子复合机构，在不同的激发光强度下，决定光生载流子密度大小的复合过程并不相同。

一对新产生的电子和空穴，受原子的热振动影响，会分开一定距离 R。当光生载流子密度为 Δn 时，在分布均匀的前提下，光生载流子对之间的距离 D 大致为 $\Delta n^{-1/3}$。当 $R \ll D$ 时，可认为产生的是一对对孤立的电子和空穴对，这时相复合的基本上是原产生的电子空穴对，称之为原生复合对。当 Δn 较大以致 $R > D$ 时，光生电子空穴对之间会发生交叠和混杂，并将造成波函数的重叠，一个电子将与两个以上的空穴有差不多大小的复合几率，这时的复合称为群复合，需用双分子模型来描述。

根据非平衡载流子寿命 τ 的定义，光生载流子密度 Δn 可用产生速率 G 表示为

$$\Delta n = \tau \cdot G \tag{4-17}$$

在单分子复合过程中，τ 只与材料参数有关，对于确定的测试材料为一常数。但双分子复合过程中，$1/\tau = \sqrt{r_0 G}$，为激发光强度的函数，故寿命 τ 也是产生速率 G 的函数。

4.3 非晶硅薄膜制备技术

4.3.1 非晶硅薄膜沉积技术

硅基薄膜制备技术，从大的方面来说，主要有物理气相沉积（Physical Vapor Deposition，PVD）技术和化学气相沉积（Chemical Vapor Deposition，CVD）技术。

PVD 技术是在真空条件下通过物理方法（如加热、轰击等），将原材料分解成气体原子、分子或离子，并运动至衬底表面，在表面形成薄膜。PVD 方法主要包括真空蒸发镀膜、溅射镀膜、离子镀膜等。

CVD 技术通过在反应室中将含硅气体进行加热分解成硅原子或硅基团，硅原子或硅基团沉积到衬底表面形成硅基薄膜。其过程主要包括以下 3 个阶段：

① 含硅气体被加热分解成硅基团；

② 硅基团扩散到衬底表面，在衬底表面进行化学反应、移动及成膜生长；

③ 反应产生的气相副产物脱离表面，向空间扩散或被抽气系统抽走。CVD 法制备的薄膜具有膜层均匀、纯度高、针孔少、结构致密、沉积速率高、组分可任意控制等优点，是制备硅基薄膜的主要方法。

CVD 技术的种类很多，根据反应激活方式的不同，可分为热分解 CVD、热丝 CVD、等离子 CVD、光诱导 CVD（激光和紫外光）等技术；根据反应温度的不同，可分为高温 CVD（1000 ～ 1300℃）、中温 CVD（500 ～ 1000℃）、低温 CVD（200 ～ 500℃）；根据反应室内压力不同，可分为常压 CVD、低压 CVD、超低压 CVD。

1. 等离子增强化学气相沉积（PECVD）

PECVD 是一种低温制备方法，是利用辉光放电过程中电子碰撞气体分子产生离子团并经过一系列化学反应将所需物质沉积在衬底表面的一种 CVD 技术，是制备非晶硅薄膜的一种主要技术。PECVD 由电子动能替代热能作为激发源，大大降低了沉积温度，一般沉积温度为 100 ～ 500℃。

根据产生辉光放电等离子的方式，PECVD 可分为直流等离子体化学气相沉积（DC – PECVD）、射频等离子体化学气相沉积（RF – PECVD，13.56MHz）、甚高频等离子体化学气相沉积（VHF – PECVD，30 ～ 150MHz）、微波等离子体化学气相沉积（MW – PECVD）。在这些技术中，目前较为成熟的主要是 RF – PECVD 法，用于沉积非晶硅薄膜电池，但在沉积微晶硅薄膜时，该种方法显得很慢，因此又发展了 VHF – PECVD 以加快沉积速度。20 世纪 90 年代，RF – PECVD 法在日本兴起过一段时间，但近年来未见其用于产业化生产。

1）辉光放电 辉光放电是一种低压气体放电现象，其工作原理是在通入稀薄气体的密闭容器中放置两个平行电极，当电极通电时，电子被加速，与容器中的气体分子或原子碰撞，使其激发或电离，形成大量离子团，并发出辉光。图 4-9（a）所示为辉光放电电路示意图。调节电源电压 E 或限流电阻 R，就会得到如图 4-9（b）所示的 $U-I$ 特性曲线。图中曲线包括汤森放电、前期放电、辉光放电区、过渡区和电弧放电等阶段。辉光放电区包括具有恒定电压的正常辉光放电和具有饱和电流的异常辉光放电阶段。在实际生产中，通常是利用异常辉光放电阶段。限流电阻 R 应比较大，以保证放电稳定在辉光放电区。如果限流电阻 R 很小，放电很容易进入弧光放电区。

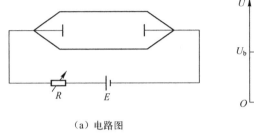
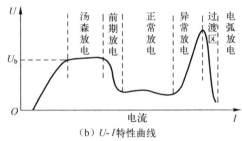

（a）电路图　　　　　　　　　（b）$U-I$特性曲线

图 4-9　辉光放电示意图

在发生辉光放电时，放电管内从阴极至阳极可分为 8 个不同的区域，即阿斯顿暗区、阴极辉光区、克鲁克斯暗区、负辉光区、法拉第暗区、正离子柱区、阳极暗区和阳极辉光区，如图 4-10 所示。

图 4-10　辉光放电时的辉光区示意图

阿斯顿暗区是靠近阴极的一层很薄的区域，在这一区域，电子从阴极出来，进入电场并开始加速，但此时电子速度很慢，能量很小，不能与气体分子产生碰撞激发，没有辐射光子产生，因此形成阿斯顿暗区。

从阴极发射出来的电子经过阿斯顿暗区后，速度逐渐加快，能量逐渐增加，其中部分电子的能量大到足以和气体分子或原子发生碰撞激发，产生辐射光子，形成阴极辉光区；未产生碰撞的部分电子穿过阴极辉光区，进入克鲁克斯暗区，在此区域，电子被继续加速，能量达到电离能的电子越来越多，产生大量离子团和电子，此时发生电离的几率增大，而碰撞激发几率降低，形成阴极暗区。

经过前 3 个区域的碰撞后，大部分电子的能量超过激发能而小于电离能，因此产生大量的碰撞激发光子，形成负辉光区，负辉光区是发光最强的区域；经过多次非弹性碰撞后，电子到达法拉第暗区，此时电子能量大大降低，不足以激发气体分子或原子，因此又形成一个暗区。

电子经过法拉第暗区加速后进入正离子柱区，此时电子的能量又足以使其激发，产生辐射光子，相对其他区域，正离子柱区中有着明显的发光，在低气压下，呈现均匀的光柱；当气压较高时，则出现明暗相间的层状光柱。在这一区域，电子和正离子密度相等，对外不呈电性，处于等离子状态，故辉光放电也称为等离子体放电。

从正离子柱区出来的电子被阳极吸引，在阳极暗区，电子运行能量比较低，不足以产生碰撞激发光子，呈暗区。经过暗区的加速后，到达阳极辉光区的电子能量增加，与气体分子碰撞，产生激发光子，形成阳极辉光区。

在辉光放电过程中，由于激发源为经过电场加速的电子，所以与热化学气相沉积相比，反应气体的温度可以较低，一般只需数百 K，这样的沉积温度非常有利于在沉积过程中形成氢化非晶硅。

2）直流等离子体化学气相沉积（DC‑PECVD）　DC‑PECVD 是在真空室中两个电极间通上 $-1 \sim -5kV$ 的高压直流负偏压，在电场的作用下，加速的电子撞击反应气体发生辉光放电，产生粒子基团，并迁移到衬底表面沉积成膜。DC‑PECVD 沉积设备的结构比较简单，衬底一般放置在阴极电位，受其形状、大小的影响，使电场分布不均匀，在阴极附近电压降最大，电场强度最高。正因为有这一特点，化学反应也集中在阴极衬底表面，加强了沉积效率，避免了反应物质在器壁上的消耗。DC‑PECVD 的缺点是电极表面上绝缘性薄膜的堆积会阻碍电流的流通，甚至导致放电的中止，采用射频电源来进行放电就能够维持这类气体放电中稳定的等离子体状态。

3）射频等离子体化学气相沉积（RF‑PECVD）　RF‑PECVD 系统主要由真空系统、加热系统、电源系统和供气系统组成，如图 4‑11 所示。真空室中平行放置两个电极，射频电源通过耦合器接到其中一个电极上，另一个电极接地，电子在电场的作用下加速运动与反应气体碰撞，产生等离子体，等离子体中的离子基团最后沉积在衬底上成膜。射频电源通常采用电容耦合或电感耦合的方式，频率为 13.56MHz。由于高频电场中带电粒子和气体非弹性碰撞几率

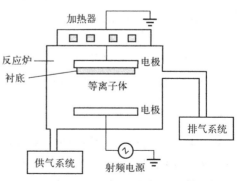

图 4‑11　RF‑PECVD 系统示意图

比直流辉光放电的大，故气体点燃的气压比较低，射频辉光放电气压为 $1.33 \times 10^{-1} \sim 1.33 \times 10^{-3} Pa$。

在辉光放电过程中，等离子体内部呈现动态平衡，总的平均电荷为 0。但是在具体放电过程中，电子和离子是在不断进行补充和消失的，正、负电荷浓度是不断变化、起伏的，导致等离子中电荷分布形成振荡，这个振荡的频率称为等离子频率，它远大于射频频率 13.56MHz，因此可将射频辉光放电近似看成直流辉光放电。在等离子体达到稳定后，电子和正离子会从等离子体中扩散出来，由于等离子体必须保持电中性，流出的电子数和正离子数量必须相等，而由于电子质量小，其扩散速度大于离子的扩散速度，从而使得此处等离子体的电势高于其他部位的电势。电子到达射频电极后，使射频电极产生负电压。这个负电压降低了电子的速度，增加了正离子的速度，经过短暂的瞬间，到达射频电极的正电荷和负电荷达到平衡，这时一个稳定的直流负偏压在射频电极上建立了，这就是等离子体自偏压。通常等离子体自偏压为负电压，因此射频电极也称为阴极。该自偏压的大小与射频功率、衬底温度、反应室内气压都有关系，自偏压如发生偏离，预示着反应过程可能失控，因此常通过监测自偏压来控制沉积过程。

4）甚高频等离子体化学气相沉积（VHF – PECVD） VHF – PECVD 技术是随着微晶硅太阳电池的发展而发展的。在硅基薄膜太阳电池发展历程中，采用微晶硅底电池是硅基薄膜电池的一个重大技术进步。但由于微晶硅对可见光部分吸收系数较低，因此需通过增加有源层厚度来提高其光吸收效率。在非晶/微晶叠层太阳电池中，非晶硅厚度一般为 $0.2 \sim 0.3 \mu m$，微晶硅厚度一般为 $1 \sim 2 \mu m$，远大于非晶硅层的厚度，如果还是采用 13.56MHz 的 RF – PECVD，微晶硅的沉积时间将大大增加，这对产业化生产是不利的。因此，为提高沉积速率，就需要进一步提高等离子体辉光的发光频率，这就是 VHF – PECVD。VHF – PECVD 的工作原理与 RF – PECVD 的基本相同，不同的是采用的射频电源频率更高，一般为 $40 \sim 130MHz$（在太阳电池生产中应用到的主要频率范围是 $40 \sim 80MHz$）。VHF – PECVD 的主要优点是沉积速率高，可用于非晶硅、微晶硅薄膜的高速沉积。但随着电源频率的提高，电极表面的驻波和趋肤效应使得电场不均匀性增加，因此，如何提高薄膜材料微结构的均匀性是获得高效电池的一个关键问题。

2. 热分解化学气相沉积

热分解化学气相沉积是一种常规的 CVD 方式，广泛应用在半导体工业中。热分解化学气相沉积通过电阻加热、高频感应加热、红外加热、激光加热等方式，将反应室内的气体和衬底加热到 $800 \sim 1200℃$，在高温下反应气体分解沉积在衬底表面。由于热分解化学气相沉积需要在高温下进行，在这么高的温度下，H 原子很难参与到 Si – Si 网络中的键合，因此该技术主要用于制备多晶硅薄膜。

3. 热丝化学气相沉积（HWCVD）

HWCVD 也是一种高温制备硅薄膜的方法，它是在真空反应室内放置金属丝（一般为钨丝和钽丝），通入大电流使金属丝加热升温到 1500 ～ 2000℃，在气体源流向衬底的途中，受到高温金属丝的催化作用发生热分解，产生粒子团沉积到衬底（衬底温度一般为 150 ～ 400℃）上生成多晶或多晶薄膜。图 4-12 所示为 HWCVD 系统工作示意图。

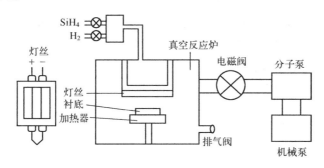

图 4-12　HWCVD 系统工作示意图

用这种方法制备硅基薄膜时，由于热丝分解温度高，薄膜的沉积速率快，效率高，最大沉积速率可达到 3 ～ 5nm/s。当硅烷气体通过高温热丝时，分解过程中会产生大量的高能量原子 H，可以夺走 SiH_3 基团中的 H，使 Si – Si 结合的几率增加，降低了薄膜中的 H 含量，促进薄膜晶化，因此这种技术既适合制备非晶硅薄膜，也适合制备多晶硅薄膜。

HWCVD 技术制备的薄膜均匀性受热丝几何结构的影响较大，当其面积较大时，材料的均匀性很难保证，大规模产业化生产比较困难。此外，高温金属在低压下有一定的挥发性，会导致材料中引入不需要的杂质，制备的薄膜性能比不上利用等离子体技术制备的薄膜性能，因此在产业化生产中应用得还很少。

4.3.2　非晶硅薄膜沉积机制

PECVD 法是制备非晶硅薄膜的一种主要方法，通常使用一定浓度氢气稀释的硅烷作为原料，一般经历如下三个过程[11]：①硅烷和氢气在高频等离子体中吸收能量后，分解成氢化硅 $[SiH_x]$（$x = 0$、1、2、3）和氢原子反应基；②反应基在气相中反应并输运到薄膜生长表面；③反应基在沉积薄膜表面反应生长。

在第一个过程中，当硅烷气体接受一定的电子能量后，就会分解成各种基团，包括中性基团 Si、H、SiH、SiH_2、SiH_3，离子基团 Si^+、H^+、SiH^+、SiH_2^+、SiH_3^+，以及激发态粒子 SiH^* 和 Si^{*}[12]。基团之间存在一定的平衡和浓度关系，这一步主要受功率的影响，当决定硅烷分解作用的电子能量改变时，硅烷的分解率发生变化，各基团间的浓度关系将趋于新的平衡。质谱分析表明[13]，在等离子体中，中性基要大于同种离子基的浓度，因此大多数人认为中性基团$[SiH_x]$在薄膜沉积中起主导作用。在 SiH、SiH_2、SiH_3 这 3 种中性基团中，C C Tsai 等人认为 SiH_3 为主要反应基[14]，因为 SiH_3 活性强，它同生成的膜表面易处于动力学平衡状态。此外，SiH_3 被吸附到生成膜表面后，其粘滞系数小，有利于生成均匀的、高质量的硅膜。2003 年，通过对等离子体发光光谱的研究，测出硅烷分解等离子体中的各种中性基团、离子基团和粒子浓度，见表 4-1[12]。从表中可见等离子体中的主要成分就是 SiH_3。

表 4-1 硅烷分解等离子体中各种基团和粒子浓度

基 团	浓度/cm⁻³
Si^+、H^+、SiH^+、SiH_2^+、SiH_3^+	$10^8 \sim 10^9$
SiH^* 和 Si^*	10^5
Si	$10^8 \sim 10^9$
SiH	$10^8 \sim 10^9$
SiH_2	10^9
SiH_3	10^{12}

在第二个过程中，反应室中的中性基团以一定的迁移速率传输到衬底表面，而那些质量较小的基团（如 Si、SiH）迁移速率较大，有利于参与薄膜的沉积过程。特别是在沉积的初始阶段，不论是从基团的动能还是浓度的分布上来说，都有利于 Si、SiH 基团的吸附。

第三个过程主要是反应基团到达薄膜表面后，在表面发生吸附与生长反应。由于 PECVD 制备非晶硅薄膜过程中使用的硅烷气体由高氢稀释，在沉积过程中，除产生大量$[SiH_x]$基团，还分解产生了大量 H 原子。这些 H 原子传输到薄膜表面，与表面硅悬键键合，钝化了生长表面。John Robertson 的研究认为[15]，在 400℃ 以下制备非晶硅薄膜时，其表面布满了氢原子。当反应基团到达薄膜表面后，可在表面徒动，与生长表面吸附结合，一方面$[SiH_x]$反应基团中的硅原子可直接与表面未被 H 饱和的硅悬键键合；另一方面，当$[SiH_x]$反应基团到达薄膜表面时，与表面的 H 原子键合形成 SiH_4 基团，从而在表面留下一个新的硅悬键，表面的 H 原子也可能因为热激发而丢失形成悬键，等待新的$[SiH_x]$反应基团来键合，如此不断循环最终形成了非晶硅的 Si–Si 网络结构。

4.3.3 氢化非晶硅薄膜

在实际制备的非晶硅薄膜中通常存在一些缺陷，如悬键、弱键等，这些缺陷会在非晶硅材料的能隙中引入高密度的深能级，影响非晶硅薄膜的性能。为此，人们通过在制备非晶硅薄膜过程中同时掺入氢来改善薄膜的性能，如在 PECVD 制备非晶硅薄膜过程使用经过氢稀释的硅烷，生成的硅薄膜中含有大量的氢。

氢在非晶硅薄膜中起着重要作用。氢原子对非晶硅网络中的缺陷有补偿作用，可有效地降低缺陷密度；氢原子还可对结构松散的部分进行刻蚀，去除能量不合适的位置上有应力的弱键；氢原子促进表面吸附原子的扩散，使其移动到能量更加稳定的位置，形成更强的键；氢原子扩散到网络中，重构并产生更加稳定的结构。由于非晶硅薄膜中含有大量的氢，且氢对非晶硅薄膜的性能和质量起着重要的作用，因此非晶硅一般也被称为氢化非晶硅（a–Si:H）。

氢在非晶硅中通常会与硅一起构成 Si–H 键，形成 SiH、SiH$_2$、SiH$_3$ 等基团。利用 a–Si:H 红外吸收光谱中的 630/cm、2000/cm、2090/cm 处 Si–H 吸收峰的积分可以计算出非晶硅中氢的浓度 N_H，即

$$N_H = K \frac{(1 + 2\varepsilon)^2 \sqrt{\varepsilon}}{9\varepsilon} \frac{N_A}{(\Gamma/\zeta)} \int \frac{\alpha(\omega)}{\omega} d\omega \qquad (4\text{–}18)$$

式中，K 为校正系数；ε 为非晶硅薄膜的相对介电常数，$\varepsilon = 12$；N_A 为阿伏伽德罗常数；ω 为波数；α 为吸收系数；Γ/ζ 为气态硅氢红外吸收谱的吸收峰积分强度。

氢在非晶硅中还有一个重要的作用，就是通过改变沉积条件，调整非晶硅中氢含量，使得 a–Si:H 的带隙宽度可以在 1.5 ～ 1.8eV 间变化；进一步改变沉积条件，形成非晶/微晶混合薄膜或微晶薄膜，材料的带隙宽度可在 1.1 ～ 1.5eV 间变化。带隙可调制是硅基薄膜材料的一个重要特征，这种可调制的带隙宽度对制备叠层太阳电池，提高电池的转换效率和稳定性有着重要意义。

4.3.4　非晶硅合金薄膜

除通过改变材料中的氢含量来调制不同的带隙宽度外，在非晶硅薄膜中加入其他元素（如 Ge、C 等）也可形成具有不同带隙宽度的硅基薄膜合金。研究表明，a–Si:H 与 C、N、O 组成的合金带隙宽度会变宽，与 Sn、Ge 组成的合金带隙宽度会变窄。对硅基薄膜太阳电池而言，宽带隙的 a–SiC:H 及窄带隙 a–SiGe:H 是两种很重要的合金薄膜，在 20 世纪 80 年代中期，通过对 a–SiGe:H 材料的研究和应用，大大提高了硅基薄膜太阳电池的转换效率。

a–SiC:H 是一种宽带隙材料，一般用做硅基薄膜太阳电池的 p 型窗口，主要原因就是由于其带隙宽度大，对太阳光的吸收少，因此透过窗口层进入到吸收层的太阳光比较多，吸收层可以吸收更多的光子并将其转化成载流子，有利于提高电池的转换效率。a–SiC:H 的制备方法与 a–Si 相类似，主要采用 PECVD 法，在制备过程中，通入硅烷（SiH$_4$）的同时，通入甲烷（CH$_4$），CH$_4$ 分解生成 C 原子与 SiH$_4$ 分解产生的 SiH 基团一起沉积形成 a–SiC:H。在 a–SiC:H 材料中，随着 C 含量的增加，材料的禁带宽度也随之增加，虽然 a–SiC:H 的最大禁带宽度可以达到 3.0eV，但由于随着 C 含量的增加，材料中的缺陷密度也会增加，因此并不是 C 含

量越多越好，Si 与 C 之间需要配置一个合理的比例来使得材料达到最佳的使用性能。研究发现，带隙宽度为 1.9eV 的 a－SiC:H 材料具有较低的带隙缺陷密度。

a－SiGe:H 是一种窄带隙材料，带隙宽度最低可以达到 1.1eV，可以提高对低能量光子的吸收，一般用做电池的吸收层，可以作为底电池或中间电池与 a－Si 顶电池一起构成叠层电池，改善电池性能，提高电池转换效率。a－SiGe:H 的制备方法也与 a－Si 相类似，主要采用 PECVD 法，在制备过程中，通入 SiH_4 的同时，通入锗烷（GeH_4），GeH_4 分解生成 Ge 原子与 SiH_4 分解产生的 SiH 基团一起沉积形成 a－SiGe:H。在 a－SiGe:H 材料中，随着 Ge 含量的增加，材料的禁带宽度随之减小。虽然 a－SiGe:H 的最低禁带宽度可以达到 1.1eV，但由于随着 Ge 含量的增加，材料中的缺陷密度也迅速增加，因此 Si 与 Ge 间需要配置一个合理的比例来使得材料达到最佳的性能。研究发现，带隙宽度为 1.4～1.5eV 时，a－SiGe:H 材料中的带隙缺陷密度可以小于 $10^{16}/cm^3$。

4.3.5　影响非晶硅薄膜沉积的因素

PECVD 沉积非晶硅薄膜是一个复杂的物理化学过程，在这个过程中，有诸多因素（如射频电流、衬底温度、反应气体压强、反应气体流量、硅烷中氢的含量等）都会影响到非晶硅薄膜的沉积速率和薄膜性质。

在辉光放电过程中，反应气体的压强会影响氢化非晶硅薄膜的性质。对等离子体辉光放电而言，起辉电压服从气体放电的帕森定律，如图 4-13[16] 所示。而反应气体的压强则直接影响着辉光放电的起辉电压。一般情况下，反应气体压强取在图 4-13 所示的放电曲线极小值的附近，在这一范围可选用较低的放电电压。但是，若反应气体压强过小，则电子或离子的平均自由程较大，在沉积过程中电子和反应物直接与衬底表面发生作用，使得沉积过程主要取决于反应物与衬底表面的相互作用。如压强过高，则电子或离子的平均自由程比较短，会发生大量离子间的碰撞，从而减弱了离子与衬底表面的作用。大量反应物离子间的碰撞，也有可能导致离子重新聚合，形成高硅烷聚合物 $(SiH_x)_n$ 沉积在器壁、衬底甚至薄膜中，从而降低非晶硅薄膜的质量。

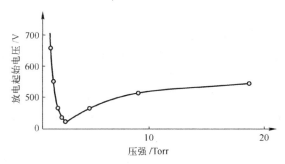

图 4-13　帕森放电曲线（1Torr = 133.322Pa）

衬底温度是硅薄膜沉积工艺中很重要的一个参数，温度的高低直接影响着膜的性能和结构。在硅薄膜沉积过程中，会产生很多$[SiH_x]$基团和大量氢原子，这些原子或原子基团并非是简单的在衬底表面的堆积，而要通过原子团的面扩散，在很大程度上与原子基的热激活表面扩散系数D_s有关，D_s可表示为

$$D_s = a^2 \exp\left(-\frac{E_s}{kT}\right)$$ （4-19）

式中，a为吸附位的间距；E_s为表面扩散跃迁激活能；T为衬底温度。

如果温度过低，原子基表面迁移率低，表面扩散系数小，原子或原子团在衬底表面扩散比较困难，衬底上原子团分布接近于原子撞击衬底时的无规分布，此时膜的结构不稳定，存在较多的缺陷；随着温度升高，原子基团表面扩散系数增大，原子基团在表面有足够的扩散距离，从而在表面找到能量最低位置进行吸附结合，薄膜的质量得到提升；若衬底温度T过高，由于薄膜中的氢含量强烈地依赖于T，随T增大而减小，故温度过高时，氢含量减小，对非晶硅薄膜的钝化和刻蚀作用减小，薄膜中的缺陷增加，薄膜质量下降。实验发现，在约250℃时沉积制备的非晶硅薄膜的带尾态和缺陷态密度最小。

随着温度进一步提高，生长表面 H 原子覆盖因子减少使表面更加活泼，表面活性增大，$[SiH_x]$基团在薄膜表面迁移率增大，容易扩散到有晶核形成的稳定位置上生长，从而使薄膜发生晶化，硅薄膜的性质发生改变。由晶粒成核理论可知，临界晶核半径为

$$r^* = \frac{2r_{sf} \cdot \Omega_s}{kT\ln\dfrac{p}{p_0}}$$ （4-20）

式中，r^*为临界晶核半径；r_{sf}为气固界面能；Ω_s为单个反应基体积；p为过饱和蒸气压；p_0为饱和蒸气压。

由式（4-20）可以看出，r^*随温度T的增大而减小，温度越高，临界晶核越小。由于只有半径大于r^*的晶粒才能长大，故温度越高，r^*越小，越有利于成核，晶态成分会越多。

此外，温度对沉积速率也有影响。实验发现，当沉积温度较低时，沉积速率随温度的增高而增大，在约300℃时达到最大，之后随沉积温度增高反而下降。采用辉光等离子体放电制备薄膜时，对反应物的激励方式主要靠电子碰撞，其电子能量约为 1～10eV，比气体普通情况下的平均能量高 10～100 倍，这些高能电子足以打开分子键，使硅烷分解成各种$[SiH_x]$基团。当沉积温度较低时，各原子基团能量相对较小，迁移速率慢，输运到衬底表面后，在表面上的面扩散较难，原子基团就在接近于撞击的地方无规则堆积起来。当温度增高时，原子基团的动能也增大，在向衬底输运的过程中速度也越快，故在一定时间内到达衬底无规则堆积的原子基团就越多，故沉积速度随温度增加而加快；当温度高于300℃时，此时薄膜中有晶

态成分产生，而晶态膜的形成则是由输运到衬底表面的原子基团经过面扩散重新排列而成的，晶态成分越多，原子基团扩散重排的数量就越多，所需时间也越长。由前面的讨论可知，衬底温度越高，薄膜中的晶态成分就越多，薄膜沉积的时间就越长。因此，随着衬底温度升高，沉积速率反而下降。

射频电流的大小会影响硅烷分解过程中产生的各种$[SiH_x]$基团浓度，其中分解为SiH_3基团所需的能量最小。随着射频电流的增大，产生分解能量较高的SiH、SiH_2基团的几率增大，由于这些基团的质量较轻，到达衬底表面时速度更快，有足够的时间在表面找到能量最低的位置吸附成膜，膜的质量得到提升。但是，如果射频电流过大，除分解产生的$[SiH_x]$基团外，还会分解产生SiH_x^+离子基团，这些离子基团会相互吸附，产生大颗粒，在达到衬底表面后，对表面产生轰击，有可能将原已稳定的基团击出，导致表面结构不完整，有缺陷，此时反而引起薄膜质量的下降。因此在射频电流较小时，薄膜的质量会随着电流的增加而得到改善，达到一个最佳值后，随着电流的增强，膜的质量反而会下降。

射频电流对沉积速率也有影响。当电流较小时，分解的硅氢基团数量少，浓度低，输运到衬底的速度很慢，且由于总量少，到达衬底表面的硅氢基团数量也少，所以沉积速率相对较慢。如果沉积电流过大，分解的原子基团速度快，能量高，到达衬底表面后，有可能将原已稳定的基团击出，从而引起表面结构不完整，有缺陷，此时需要其他的原子基团来重构、调整，从而导致沉积速率降低。

在沉积过程中，硅烷浓度对薄膜性质也有影响。如前所述，高氢稀释硅烷可以有效地降低非晶硅薄膜中的缺陷态密度，提高薄膜质量。此外，研究发现，在氢稀释达到一定程度时，非晶硅材料会发生晶化，产生结构上的改变。通过对不同氢稀释的硅烷等离子沉积硅薄膜的结构相图进行研究[17]，发现在较低 H 稀释度（$R < 10$）下沉积的薄膜是非晶，但超过一临界厚度就转变到"粗化"表面。当 H 稀释度增加时，"粗化"转变受到抑制。对于更高的稀释度，生长的薄膜首先是非晶结构。当薄膜增厚时，在非晶母体中开始有结晶形成（产生"混合相"），最终薄膜完全变成微晶硅。图4-14所示的是不同氢稀释浓度下沉积硅薄膜的结构相图。

通过 X 射线衍射研究也表明，当 H 稀释量增加到一定比例时，薄膜中开始出现晶态成分。Shah 等人的研究表明[18]，硅烷浓度低于 8.6% 时，材料的 X 射线衍射结果呈现非晶特征；当 H 含量增加，硅烷浓度下降到 7.5% 时，出

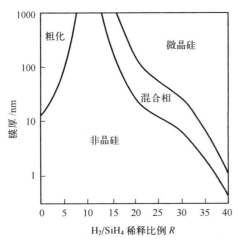

图4-14　不同氢稀释浓度
下沉积硅薄膜的结构相图

现晶化迹象；随着 H 含量进一步增加，硅烷浓度分别为 5%、2.5%、1.25% 时，出现了明显的衍射峰，且衍射峰强度随着硅烷浓度的下降而增强，说明材料中的晶相成分随着 H 含量的增加而增加。

4.3.6　非晶硅薄膜的光致衰减效应（Staebler – Wronski 效应）

非晶硅薄膜材料具备可大面积沉积制备、工艺简单等优势，但也存在一个缺点，这就是 D. Staebler 和 C. Wronski 发现的非晶硅薄膜材料中的光致衰减效应。1977 年，D. Staebler 和 C. Wronski[19] 在光电导实验中发现，用辉光放电制备的非晶硅薄膜在经过光强 200mW/cm²、波长 6000 ～ 9000Å 的光照后，其光、暗电导率都有所下降，且随光照时间的延长而逐渐减小，并趋于饱和，如图 4–15 所示。经 150℃以上温度退火处理 1 ～ 3h 后，光暗电导率又会恢复到光照前的状态。这种光致亚稳现象被称为光致变化效应，也称为非晶硅的 Staebler – Wronski 效应（S – W 效应）。对光照前、后非晶硅薄膜暗电导的测试表明，光照时材料的电

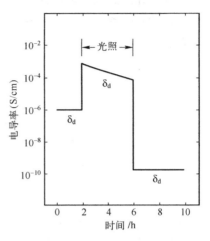

图 4–15　氢化非晶硅
光照后光、暗电导率的变化

导激活能会增加，这意味着费米能级从带边向带隙中间移动，说明在带隙中间产生了亚稳能态。对非晶硅薄膜的电子自旋和次带吸收谱测试也表明，光照导致在非晶硅薄膜中产生亚稳悬键缺陷态，这些缺陷能态靠近带隙中部，起着复合中心的作用，会降低光生载流子寿命，减少载流子收集效率，导致电池性能下降。

对于 S – W 效应中的亚稳缺陷，人们提出了多种模型，主要有 Si – Si 弱键模型、电荷转移模型、桥键模型、氢碰撞模型等，但至今尚未有定论，是国内外非晶硅材料研究的热门课题。Si – Si 弱键断裂模型认为，在非晶硅中存在弱 Si – Si 键，当非晶硅材料接收光照时，产生光生载流子，光生载流子的非辐射复合能量引起弱 Si – Si 键断裂，产生悬键，形成悬键亚稳缺陷态，使非晶硅的费米能级向带隙中间移动；电荷转移模型认为，在非晶硅材料中，由于非晶硅网络的长程无序性，在某些区域，带两个电子的悬键的能量比带一个电子的中性悬键能量低，因而在这些区域，处于稳定状态的是带正电的空悬键和带负电的双电子悬键，光照时，这些悬键与产生的光生载流子相互作用，捕获其中的电子或空穴，形成单电子占据的亚稳中性悬键；氢碰撞模型认为，在非晶硅材料中，存在有 Si – H 弱键，当非晶硅材料接收光照时，产生光生载流子，光生载流子的非辐射复合能量引起弱 Si – H 键断裂，产生一个 Si 悬键和一个可运动的氢，氢在运动过程中遇到材料中的 Si – Si 弱键时，会打断 Si – Si 弱键从而形成 Si – H 键和 Si 悬键；氢在运动过程中遇到 Si 悬键时，

会与之结合成稳定的 Si－H 键。非晶硅材料中，大部分运动的氢都以这种方式结合成稳定结构。如果氢在运动过程中，与另一个运动的氢相遇或发生碰撞，会形成一个亚稳的复合体 $M(Si-H)_2$，从而导致材料中产生亚稳缺陷。

在 1977 年发现 Staebler－Wronski 效应（S－W 效应）后，人们又相继报道了光照引起的非晶硅太阳电池性能变化。非晶硅太阳电池在经过最初数百小时的光照后，电池的转换效率会发生衰减，大约 1000h 后会维持比较稳定的转换效率，这种现象称为非晶硅太阳电池的光致衰减效应。这种效应在硅基薄膜电池中表现明显，一般而言，单结电池衰减约 24%，双结电池衰减约 15%，三结电池衰减约 13%。

非晶硅太阳电池的光致衰减现象具有以下 6 个特点。

（1）最初电池转换效率衰减速度很快，之后逐渐缓慢，趋于饱和；

（2）光致衰减是可逆的，电池经过 150～200℃ 退火可恢复其原有的性能；

（3）光致变化主要是本征 I 层（未掺杂层）性质改变的结果；

（4）光致衰减主要影响的是短路电流和填充因子，其变化较大，开路电压几乎不变；

（5）光致衰减程度与 I 层厚度有关，I 层薄的电池性能相对稳定；

（6）多结电池比单结电池稳定。

光致衰减导致非晶硅电池转换效率降低，削弱了它的成本优势，是非晶硅薄膜太阳电池的主要弱点之一，也影响到它的推广应用。对非晶硅太阳电池的光致衰减现象，目前认为主要是由于非晶硅薄膜材料中存在 S－W 效应而导致的，因此要改善电池性能，减少或消除非晶硅材料中的 S－W 效应尤为重要。根据前面所述的几种模型可知，S－W 效应主要是由于材料中存在的 Si－Si 弱键、Si－H 弱键与光生载流子作用形成亚稳悬键缺陷，导致材料性能下降。我们知道，氢在非晶硅薄膜中起着重要作用，H 原子能对弱键进行刻蚀和去除，能促进表面吸附原子的扩散，使其移动到能量更加稳定的位置，形成更强的键，能扩散到网络中重构并产生更加稳定的结构，因此在采用高氢稀释制备的薄膜材料中弱键较少，光致衰减效应可以得到改善。此外，对微晶硅的研究标明，微晶硅也有类似的光致衰减的效应（S－W效应），但微晶硅的光致衰减效应主要来源于其中的非晶硅相，晶化率越高，光致衰减效应越不明显。因此采用高氢稀释制备非晶硅薄膜以及提高非晶硅材料中的晶化比例都可以减少非晶硅材料的光致衰减效应。

4.3.7 微晶硅/纳米硅薄膜

在使用硅烷分解制备非晶硅薄膜过程中，人们发现，随着硅烷中氢含量及等离子体功率的增加，薄膜中会出现晶态成分，当硅烷中 H 含量较低时，只是在非晶硅中包含有孤立的小晶粒，随着 H 含量增加，薄膜中晶相比和晶粒的尺寸都会随之增加，成为微晶硅/纳米硅薄膜。

微晶硅（μc－Si）是一种混合相材料，由晶粒尺寸在数纳米至数十纳米的硅晶粒镶嵌在非晶相组织中，其电子衍射谱呈现结晶的环状特征。当晶粒尺寸在 10nm 以下时，称为纳米硅。近年来，国际上有将微晶硅统称为纳米硅的趋势。

在微晶硅中，硅原子的键合结构与单晶硅相似，在结构排列上比非晶硅更加有序，光稳定性更好，同时具有更高的电导率、掺杂效率及较低的电导激活能。因此微晶硅材料最初被用做非晶硅电池中的 N 型和 P 型掺杂层，主要是由于其电导率较高，可以与透明导电电极和金属电极形成良好的欧姆接触。微晶硅材料与 C–Si 具有相似的带隙宽度 (1.1eV)，具有良好的长波吸收特性，用做 PIN 结构电池的吸收层，可以明显扩展长波光谱响应范围，提高电池的短路电流。表 4–2 为面积基本相同的非晶硅和微晶硅单结太阳电池的性能参数，由表可见，相较于非晶硅，微晶硅的短路电流有所提高。此外，微晶硅电池代替成本较高的 a–SiGe:H 电池，作为底电池与非晶硅电池组成叠层电池，大大提高了硅基薄膜电池的转换效率，降低了生产成本。

表 4–2　非晶硅和微晶硅单结电池性能比较[2]

材料与结构	转换效率/%	面积/cm²	U_{oc}/V	J_{SC}/(mA/cm²)	FF/%	备　注
a–Si 单结	10.1±0.3	1.036	0.886	16.75	67.8	Oerlikon Solar Lab, Neuchated
μc–Si 单结	11.0±0.3	1.045	0.542	27.44	73.8	AIST

微晶硅薄膜的低温制备工艺与非晶硅的基本相同，在非晶硅沉积设备上通过改变沉积条件（如功率、氢含量、沉积速率、沉积温度等参数）就可以得到微晶硅/纳米硅。相比于非晶硅，微晶硅/纳米硅由于晶粒的引入，光稳定性较好，光致衰减效应也得到改善，通过调整工艺参数控制晶化率和晶粒的大小，可以调整其光电性质，因此微晶硅/纳米硅薄膜材料也是目前研究的一个热点。

4.3.8　非晶硅薄膜的掺杂

如前所述，纯净非晶硅薄膜中有大量的缺陷，这些缺陷会在非晶硅薄膜中引入高密度的深能级，造成费米能级的"钉扎"，此时在非晶硅中进行掺杂也无法改变费米能级。而在氢化非晶硅中，由于氢对薄膜表面和内部的缺陷（如悬键）进行了钝化，导致缺陷密度变小，掺杂引起的载流子运动会起作用，此时通过掺杂可以控制和改变材料的导电类型及电导率，进而改变材料的费米能级。和晶体硅相同，非晶硅薄膜同样可以通过掺入 V 族元素（如 P）得到 N 型非晶硅薄膜，通过掺入Ⅲ族元素（如 B）得到 P 型非晶硅薄膜；与晶体硅不同的是，非晶硅的掺杂不是通过扩散来实现的，而是在薄膜沉积过程中通过往硅烷反应气体中加入掺杂气体共同反应沉积来达到掺杂的目的，制备 N 型薄膜时，掺杂气体一般为磷烷（PH_3），PH_3/SiH_4 气体体积比为 0.1%～1%，非晶硅薄膜电导率达到 10^{-3}～10^{-2}S/cm，可能的反应方程为

$$2PH_3 \Rightarrow 2P + 3H_2 \uparrow \tag{4-21}$$

制备 P 型薄膜时，掺杂气体一般为硼烷（B_2H_6），由于 B 掺杂效率低，要达到同样的电导率，需要掺杂更多的 B 原子，因此 B_2H_6/SiH_4 气体体积比有所提高，一般为 $0.1\% \sim 2\%$，可能的反应方程为

$$B_2H_6 \Rightarrow 2B + 3H_2 \uparrow \tag{4-22}$$

在晶体硅中，B 或 P 一般是以替位式取代晶体中的硅原子，其外层电子与周围的硅原子外层电子形成 4 对共价键，处于 4 配位状态，多余的电子或空穴占据了略低于导带或略高于价带的能级，从而使费米能级升高或降低到接近这个能级的水平。但是在非晶硅薄膜中，大部分 B 或 P 一般只形成 3 个键，处于 3 配位状态，如 P 原子有 5 个价电子，一般只是"p"轨道上的 3 个价电子成键，剩下的 2 个电子在"s"轨道成对，不再参与成键。这主要是因为非晶硅薄膜中原子的分布缺乏有序性，且存在着大量悬键、空位等缺陷。当薄膜生长时，成键网络会自动调节，以使掺入的杂质原子接近理想的化学分布，而通常 3 配位状态的能量比 4 配位状态的能量低，因此在非晶硅中大部分 B 或 P 处于 3 配位态，在这种状态下，部分掺杂原子不能产生多余的空穴或电子，是无效掺杂，只能导致轻微的费米能级变化。但由于还有部分 B 或 P 处于 4 配位状态，能量位置处于非晶硅带尾的一定范围内，起浅施主或浅受主作用。随着掺杂浓度的提高，形成 4 配位的 B 或 P 增多，载流子浓度增加，费米能级的变化也会加大。当掺入 PH_3/SiH_4 浓度比达到极限值 1% 时，费米能级从能隙中部提高到距导带迁移率边约 $0.2eV$ 处，暗电导率约为 $10^{-2}S/cm$；掺入 B_2H_6/SiH_4 浓度比达到 1% 时，费米能级从带隙中部降到距价带迁移率边 $0.3 \sim 0.5eV$ 处，薄膜暗电导率约为 $10^{-3}S/cm$。

4.4　硅基薄膜太阳电池结构及性能

4.4.1　非晶硅单结太阳电池

1. 非晶硅单结太阳电池结构

非晶硅太阳电池的一个显著特点是具有可弯曲性，可以沉积在刚性衬底如玻璃上，也可以沉积在柔性衬底如不锈钢、有机聚合物等材料上。根据不同的衬底材料，太阳电池的结构也分别采取不同 PIN 或 NIP 结构，其中 PIN 结构又称为上衬底太阳电池，一般沉积在玻璃上，如图 4-16（a）所示；NIP 结构又称为下衬底太阳电池。一般沉积在柔性衬底上，如图 4-16（b）所示。

非晶硅太阳电池的基本结构包括衬底、带陷光结构的透明电极（TCO）、PIN 层、背反射电极。以玻璃为衬底的太阳电池，首先在玻璃上沉积一层透明电极 TCO，然后依次沉积 P、I、N 层，最后沉积一层背电极。玻璃衬底在顶层，是受光面，故称为上衬底结构；柔性衬底太阳电池则是先在衬底上沉积金属背电极，然后

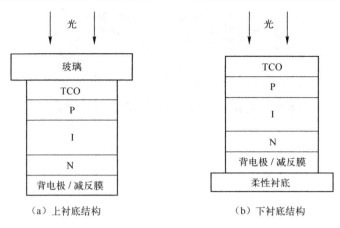

（a）上衬底结构　　　　　　　（b）下衬底结构

图4-16　单结非晶硅薄膜太阳电池结构图

依次沉积 N、I、P 层，最后在顶层再沉积透明导电膜，由于柔性衬底不透光，放置在最底层，光线通过顶层的透明导电膜进入 P 层，称为下衬底结构。

2. 透明导电膜

透明导电膜 TCO 在非晶硅太阳电池中有两个作用：一是让光透过导电膜进入 P 层；二是收集电流。因此，透明导电膜作为前电极，要求有高透光率和高电导率（$1 \times 10^3 \sim 1 \times 10^4 \mathrm{S/cm}$）。玻璃衬底太阳电池的透明导电膜通常采用 FTO（SnO_2：F）、AZO（ZnO：Al）、BZO（ZnO：B）。SnO_2 基膜具有极好的电学和光学特性，可通过常压化学气相沉积法制备，是最早获得应用的透明导电膜，并已获得大规模商业应用。但是，由于 SnO_2 基膜在 H 离子氛围环境下的光学特性会发生恶化，因此人们又寻找到了性能更好、工作更加可靠的 ZnO 基导电薄膜 AZO、BZO。ZnO 基薄膜不仅可以在 H 离子氛围中具有很高的稳定性，而且无毒、制备技术简单，易于实现掺杂，光电性能（高透光率、低电阻率）能满足当今商用 FTO 薄膜的一切指标，因而成为薄膜电池中极具竞争力的透明导电膜。如图4-17（a）和（c）所示为两种典型的 SnO_2 和 ZnO TCO 导电膜的扫描电镜照片。柔性衬底太阳电池表面透明导电膜通常采用氧化铟锡（ITO），由于 ITO 膜的电导率通常没有 FTO、AZO、BZO 等导电膜的电导率高，故需要在 ITO 面上添加栅线来增强光电流的收集率，其厚度也很薄，一般为 70mm。由于增加了栅线，电池的有效受光面积会减小。此外，ITO 导电膜沉积在 P 层上，溅射 ITO 膜时对 P 层会造成损伤，影响器件的质量。

与晶体硅太阳电池一样，为使更多的光线进入 I 层，从而提高电池的短路电流，非晶硅太阳电池前电极通常也制备成绒面结构。入射光线在 TCO 绒面经过多次反射，具有更长的光程，因此被吸收的几率更大。使用 LPCVD 技术可以得到有绒面的掺 B 的 ZnO（BZO）膜，但国际上的研究热点是采用磁控溅射技术制备掺

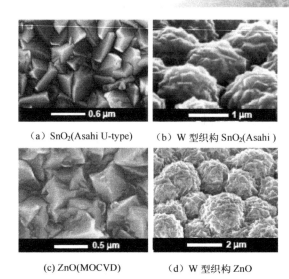

（a）SnO₂(Asahi U-type)　　　（b）W 型织构 SnO₂(Asahi)

（c）ZnO(MOCVD)　　　　（d）W 型织构 ZnO

图 4-17　采用不同沉积技术获得的 TCO 表面形貌图

Al 的 ZnO（AZO）膜。使用溅射技术沉积的 AZO 膜虽然表面光滑，但是通过稀 HCl 溶液腐蚀后可获得具有优异陷光能力的表面，具有较好的陷光效果，可以提高电池的短路电流。图 4-18 所示为光滑与织构的 ZnO 膜表面上沉积 a-Si 电池量子效率比较。由图可见，有织构的 ZnO TCO 太阳电池的短路电流密度明显比光滑表面太阳电池的短路电流密度高。ITO 膜由于膜层很薄，对表面的织构化也有影响，很难制备粗糙的绒面结构，因此这类电池对背电极反射膜的要求较高。

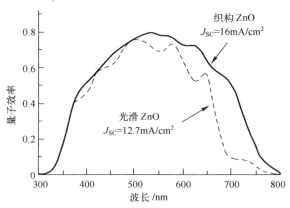

图 4-18　光滑与织构的表面上 a-Si 电池量子效率比较

　　对于 TCO 导电膜，其陷光结构的雾度决定了导电膜的性能，雾度越高，陷光性能越好。普通织构的 TCO 导电膜由于其内部结构是短程的，在短波段的雾度高，而在长波段的雾度很低。有一种新的双层织构 TCO 膜可以在长波段和短波段均获得高的雾度，图 4-17（b）、（d）所示为这种双层织构的 TCO 膜[20,21]。

3. PIN 层

晶体硅太阳电池中最基本的结构就是一个 PN 结。当 N 型半导体与 P 型半导体相接触时，由于半导体中电子和空穴浓度不同，它们会相互扩散，形成一个由 N 区指向 P 区的内建电场。当 PN 结受光照射时，产生光生载流子，在内建电场的作用下，光生电子和空穴会分别向 N 型半导体和 P 型半导体移动，从而形成电流。

对硅基薄膜太阳电池而言，由于硅薄膜材料内部缺陷态高，如果也采用 PN 结结构，当两边都用轻掺杂材料，或者一边用轻掺杂材料而另一边用重掺杂材料时，掺杂引起的费米能级移动较小，能带弯曲较小，电池的开路电压受到限制；如果电池的两边都采用重掺杂材料直接接触形成 P^+N^+ 结，则由于重掺杂材料中的缺陷密度较高，光生载流子在没有扩散到结区前就会被复合，导致少子寿命低，电池性能很差。因此非晶硅太阳电池通常采用 PIN 结构。在较薄的 P^+ 层、N^+ 层之间沉积一层 $0.5 \sim 1\mu m$ 的本征 I 层。重掺杂层的厚度通常为 $100 \sim 200\text{Å}$，以使入射光可以最大限度地进入本征层从而提高电池的开路电压。由于掺杂层很薄，大部分光子可以透过掺杂层进入本征层，光生载流子主要在本征层中产生，且在内建电场的作用下，光生电子流向 N 层，光生空穴流向 P 层。

P 型、N 型和本征非晶硅是具有不同费米能级的材料。当结合成 PIN 器件时，由于热平衡的作用，各层费米能级必须相同，电子从 N 层向 P 层扩散，产生内建电场，初始费米能级之间的差值就是内建电势 eV_{BI}。图 4-19 所示为模拟的非晶硅 PIN 太阳电池（假设 P 层电子带隙为 2.0eV，I 层和 N 层电子带隙为 1.8eV）在开压条件下的能级分布图[22]。

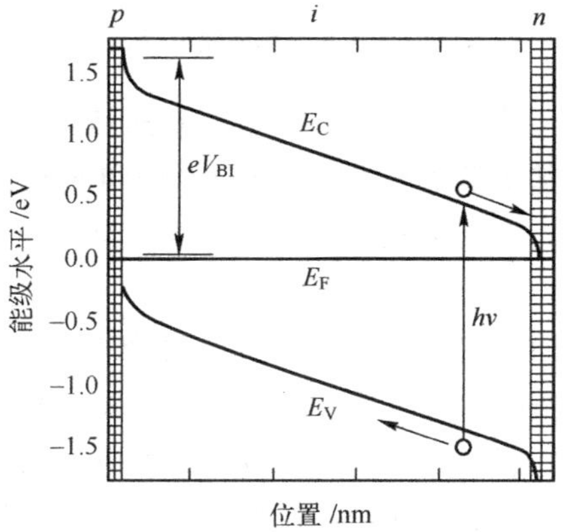

图 4-19　在开压条件下模拟的非晶硅 PIN 太阳电池能级分布图

4. 非晶硅太阳电池背电极

非晶硅太阳电池的背电极通常采用蒸发 Ag 或 Al 的方法制得。为提高非晶硅电池的背电极对光线的反射率，使更多的光线能反射回电池，增加 I 层的光吸收，提高电池的短路电流和转换效率，通常会在背电极和 N 层之间增加一层织构化的 ZnO 背反射膜，从而增加对光线的反射作用，提高电池对光的吸收能力。同时，ZnO 膜还可以作为阻挡层阻挡背电极的金属元素（如 Ag 或 Al）扩散到 N 层中，从而改善界面及电池性能，避免因金属离子扩散引起的电池短路。图 4-20 所示为背反膜对光线的反射作用示意图。在对沉积在不锈钢衬底及分别沉积在 Al/ZnO、Ag/ZnO 背反射层上的 nc–Si:H 电池进行的研究中发现，相较于直接沉积在不锈钢衬底上的电池，增加了 Al/ZnO 背反射层的电池电流密度 J_{sc} 提高了 30%～40%，增加了 Ag/ZnO 背反射层的电池电流密度 J_{sc} 提高了 50%～60%，如图 4-21[23] 所示。

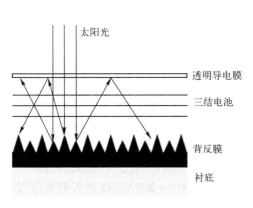

图 4-20　背反射膜对光线的散射作用示意图

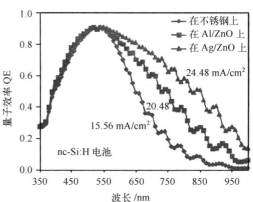

图 4-21　沉积在不锈钢衬底、Al/ZnO 及 Ag/ZnO 背反层上 nc–Si:H 电池的量子效率曲线

5. 非晶硅太阳电池窗口层

硅基薄膜太阳电池一般都是以 P 层作为迎光面的，故 P 层又称为窗口层。在硅基薄膜太阳能电池中，P 层和 N 层因为掺杂浓度高，所以光生载流子复合率高，对光生电流没有贡献，故被称为"死区"。为了提高电池的效率，应尽量降低掺杂层中光的吸收，因此对窗口层材料的要求是宽带隙、高电导、厚度尽可能薄。在一般的沉积条件下，掺杂比约为 10^{-2} 的气相掺 B 可以使 a–Si:H 的能隙宽度降到 1.7eV 以下。用这种材料作为窗口材料时，会有很大一部分入射光被窗口层吸收掉，削弱了电池对短波光的响应，从而限制了太阳电池短路电流的大小。

在 P 型 a–Si:H 中掺入适当比例的 C 原子，可以得到 P 型 a–SiC:H。P 型 a–SiC:H 具有优良的导电性能与透光率，光学带隙最大可以达到 3eV，已成为 a–Si 薄膜电池中使用最多的窗口层材料。通过掺入 C 浓度的不同，可以得到不同能隙宽度的材料。随着 C 浓度的增加，P 型 a–SiC:H 材料能隙变宽，进入本征层的入射光增多，电池的短路电流也相应增大。但随着 C 浓度的增加，薄膜中的缺陷密度也增加，材料的电导率会下降。在 P 型 a–SiC:H 光学能隙达到 2.0eV 时，暗电导率一般只有 10^{-6}S/cm，这样就限制了电池的内建电势，加大了串联电阻，从而影响了电池性能的进一步提高。因此 C 含量也并非越多越好，要根据电池性能的要求来添加合适比例的 C。a–SiC:H 材料主要用做窗口层材料，而不适合用做叠层电池中顶电池的 I 层材料。因为在经过光老化后，a－SiC 材料含有相当多的缺陷，因此只能用于非常薄的层，而 I 层如果厚度太薄就无法充分吸收太阳光，导致电池效率降低。

P 型 μc－Si:H、P 型 μc－SiC:H 也被研究用来作为非晶硅电池的窗口层。这两种材料相较于 P 型 a－SiC:H 材料而言具有较高的掺杂效率、较高的电导率和较小的光学吸收系数，可以显著改善电池的 TCO/P⁺ 界面性能，提高电池的填充因子和转换效率。此外，一些研究者提出采用 P 型 a－SiO:H 材料作为非晶硅薄膜的窗口层，认为 P 型 a－SiO:H 具有与 P 型 a－SiC:H 相同的电导率和光学带隙，且稳定性更好。

如前所述，非晶硅太阳电池中存在光致衰减效应导致其性能下降。由于非晶硅太阳电池中，P 层和 N 层作为掺杂层，它们的厚度很薄，I 层是光生载流子的主要产生地，电池的光致衰减效应主要发生在 I 层。多年来，人们一直在想方设法改进 I 层质量，提高电池性能，减小光致衰减效应。采取的主要措施有：H 稀释沉积 I 层，非晶硅沉积过程中采用高 H 稀释可以有效减少薄膜中的缺陷，改善薄膜质量，减小光致衰减效应；I 层采用微晶硅也可以有效地减少电池光致衰减效应；此外，采用多结电池结构也可以有效地改善电池的光致衰减效应。

4.4.2　硅基叠层薄膜太阳电池

非晶硅单结太阳电池虽然结构和制备工艺相对简单，但存在两个主要问题：一是光致衰减效应导致电池的转换效率明显下降；二是单结非晶硅太阳电池光学带隙较宽，对长波不响应，吸收长波波长约为 700nm，故可利用的太阳能光谱范围较窄，限制了电池效率的进一步提高。而叠层太阳电池通过在制备的 P、I、N 层单结太阳电池上再沉积一个或多个 PIN 子电池，把不同禁带宽度的材料组合在一起，实行多光谱吸收，提高了光谱响应范围，可以有效地改善单结电池的光吸收效率，从而提高电池的转换效率。此外，叠层太阳电池顶电池的 I 层通常较薄，光照产生的电场强度变化不大，保证了 I 层中的光生载流子的抽出，而底电池产生的载流子约为单电池的 50%，所以光致衰退效应减小，提高了电池的性能。目前，叠层太阳电池已成为硅基太阳电池研发和生产的主流，应用较多的是双结和三结太阳电池。在这些叠层太阳电池中，顶电池的本征层一般采用 a－Si；中间电池和底电池的本征层主要为 a－SiGe 或 μc－Si，由于这两种材料的带隙宽度最低可以达到 1.1ev，因此可以与非晶硅顶电池形成光谱匹配，从而增加整个电池的光吸收率。主要的硅基叠层薄膜太阳电池有 a－Si 与 a－SiGe 或 μc－Si/nc－Si 形成的双结太阳电池或三结电池，图 4-22 所示为 4 种主要的叠层硅基薄膜电池结构示意图[23]。

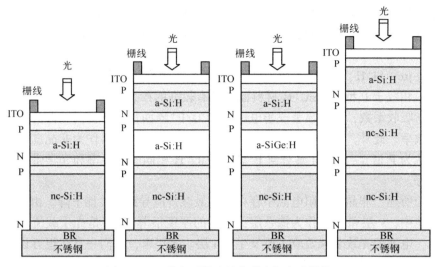

图 4-22　4 种主要的硅基薄膜太阳电池结构

1. a – Si/a – SiGe 双结太阳电池

a – SiGe 是一种窄带隙材料，可通过改变材料中硅锗的比例，调整材料的带隙宽度，带隙宽度变化范围在 1.1～1.7eV 之间。随着锗含量的增加，材料的禁带宽度相应降低，电池的长波响应得到提高，短路电流增加，但开路电压会降低。由于禁带宽度可根据 Ge 含量进行调整，因此 a – SiGe 特别适合于用做叠层电池中的底电池或中间电池。虽然 a – SiGe 的禁带宽度最低可以达到 1.1eV，但当 a – SiGe 的带隙宽度降低到 1.4eV 时，其光电性能会大大降低。

如图 4-23 所示为 a – Si/a – SiGe 双结太阳电池结构示意图及光谱吸收曲线。从图 4-23（b）中可以看到，顶电池和底电池的吸收光谱相互补充，从而提高了电池的吸收光谱范围，改善了电池的性能。

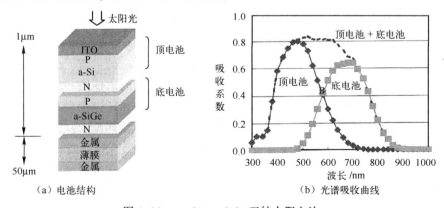

（a）电池结构　　　　　　　（b）光谱吸收曲线

图 4-23　a – Si/a – SiGe 双结太阳电池

在 a−SiGe 材料中，由于引入了与 Si 大小不一的 Ge 原子，二者成键的键能不一样，因此 a−SiGe 薄膜中拥有比 a−Si 薄膜更高的缺陷密度，并且随着锗含量的升高，材料中的缺陷密度也明显增高。对 a−Si/a−SiGe 双结太阳电池而言，底电池的最佳硅锗比为 15%～20%，相应的带隙宽度为 1.6eV。目前 a−SiGe 材料的带隙宽度可以达到 $1.4～1.5ev$，此时缺陷密度可以小于 $10^{16}/cm^3$。但是，由于带隙宽度低于 1.4eV 的 a−SiGe 材料的光电性能会大大降低，同时 GeH_4 的价格昂贵，研究人员开始选择其他材料代替 a−SiGe，这就是微晶硅/纳米硅。

2. a−Si/μc−Si 太阳电池

微晶硅/纳米硅薄膜材料由于具有窄带隙、长波光谱响应好、光稳定性好、制备工艺可以与非晶硅兼容等优点而倍受关注，是硅基薄膜太阳电池的研究热点。20世纪 90 年代，瑞士纳沙泰尔大学（University of Neuchayel）微电子研究所的科学家们开始对含氢微晶硅展开研究。1994 年，Meier 等人首次使用 VHF 技术沉积微晶硅薄膜太阳能电池，电池的转化效率超过 7%，证明了微晶硅薄膜可以用做电池的吸收层。多年来，通过对微晶硅制备工艺的不断改进和优化，微晶硅太阳电池性能得到不断提高。

微晶硅（μc−Si:H）薄膜制备方法和非晶硅有很多相似之处，但前者的电导率更高、稳定性更好。微晶硅和非晶硅的光学吸收特性可以互补，二者结合，可以更有效地利用太阳辐射的能量，提高电池的转换效率和稳定性。1996 年，A. Shah 等人报道了一种高效的 a−Si/μc−Si 双结太阳电池[24]。此后，对双结电池底电池材料的研究重点就从 a−SiGe 转向了 μc−Si。在 a−Si/μc−Si 太阳电池中，顶层的非晶硅电池的本征吸收层比单结非晶硅电池的吸收层薄，可以大幅度降低电池的 S−W 效应的影响，提高电池的稳定性；底层的微晶硅电池可以将电池的光谱吸收范围从 700nm 移动至 1100nm 附近，提高电池的长波响应。图 4−24 所示为 a−Si/μc−Si 双结太阳电池结构及量子效率曲线。

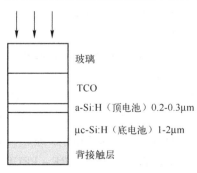

（a）a-Si/μc-Si 双结太阳电池结构

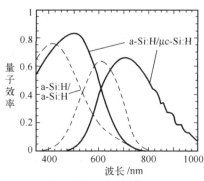

（b）量子效率曲线

图 4-24　非晶硅/微晶硅双结太阳电池结构及量子效率曲线

在叠层电池中，由于各子电池以串联的方式连接起来，子电池间的电流匹配会影响到电池整体效率。非晶硅/微晶硅叠层电池中，通常非晶硅顶电池的厚度约为 $200 \sim 300\,nm$，而微晶硅底电池厚度为 $1 \sim 2\,\mu m$，顶电池的电流会略低于底电池，从而影响到整个叠层电池的短路电流密度。因此，提高顶电池的电流密度是多结叠层电池的研究重点之一。提高顶电池电流密度的主要方法如下。

（1）增加顶电池本征层的厚度，但非晶硅本征层厚度的增加会导致顶电池填充因子下降，影响到电池的转换效率，同时本征层越厚，光致衰减效应越明显，导致电池性能越不稳定，而且顶电池厚度增加也会导致成本增加，因此这种方法的应用受到限制。

（2）增加顶电池对散射光的吸收和利用。采用的方法是，在非晶硅和微晶硅之间引入中间反射层，增加非晶硅本征层的吸收。中间反射层的基本原理是利用中间层与其两侧 Si 材料折射率的不同，对入射光进行选择性再分配，将适合顶电池利用的光反射回顶电池，同时保证适合底电池利用的光能够有效地透射。用于叠层电池中间层的材料，首先其折射率要小于 Si 薄膜的折射率，以形成折射率梯度来实现光在中间层界面处的选择性反射；其次必须具有足够高的电导率。最初用于 $a-Si/\mu c-Si$ 叠层电池中间反射层的材料为 ZnO。由于 ZnO 中间反射层制备工艺与沉积电池的 PECVD 工艺不兼容，前者需离线沉积。此外 ZnO 还会引起横向分流，制作单片集成组件时需要一道额外的激光划线工序，因此后来采用 N 型掺磷硅氧（$N-SiO_x:H$）取代 ZnO 作为叠层电池的中间反射层。中间反射层可以改善顶电池的电流密度，对转换效率有一定的提高作用，是目前研究机构和产业界的研究热点。图 4-25 所示为一面积为 $1.1m \times 1.4m$ 的 $a-Si/\mu-Si$ 双结太阳电池结构示意图，在增加上、下电池中间反射层并对顶电池 TCO 材料优化选择和处理后，转换效率由原来的 10% 增加到了 10.8%[25]。

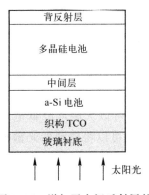

图 4-25　增加了中间反射层的叠层太阳电池结构示意图

由于微晶硅薄膜具有较小的扩散长度和吸收系数，因此微晶硅底电池同样采用 PIN 结构。微晶硅（$\mu c-Si:H$）薄膜太阳电池中，本征 I 层的厚度通常为微米量级[26]，远大于非晶硅的沉积厚度，为降低沉积时间从而节约生产成本，沉积速度成为了微晶硅太阳电池生产中的一个重要研究课题。为此而发展的高速沉积技术包括热丝 CVD、电子回旋共振 CVD、甚高频 CVD、脉冲调制射频 PECVD 等。目前在生产上应用较多的是甚高频 PECVD，在一般的非晶硅制备工艺中，RF-PECVD 的频率一般为 13.65MHz，而采取 VHF-PECVD 制备微晶硅薄膜使用的频率为 40MHz，有些甚至达到 80MHz。

3. a‑Si/a‑SiGe/a‑SiGe 三结太阳电池

三结太阳电池利用 3 个不同带隙宽度的子电池分别吸收不同波段的光，对可见光的利用更加充分，因此可以更进一步提高电池的转换效率。a‑Si/a‑SiGe/a‑SiGe 三结太阳电池是在 a‑Si/a‑SiGe 基础上为进一步提高电池对光的吸收，提高电池转换效率而开发的。图 4‑26 所示为一种不锈钢衬底 a‑Si/a‑SiGe/a‑SiGe 三结太阳电池结构示意图，电池基本参数见表 4‑3。该三结电池中顶电池吸收蓝光波段，中间电池吸收绿光波段，底电池吸收红光波段，增大了可见光的吸收利用范围。图 4‑27 所示的是一面积为 0.25cm² 的 a‑Si/a‑SiGe/a‑SiGe 三结太阳电池的 I‑U 曲线及量子效率曲线，其初始转换效率为 14.6%，稳定效率为 13%[23]。

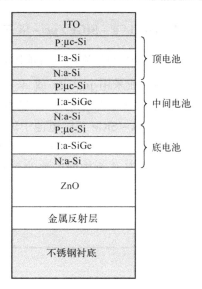

图 4‑26　a‑Si/a‑SiGe/a‑SiGe 三结太阳电池结构示意图

图中可见 3 个子电池结合后，对可见光的利用更加充分，光谱响应范围达到 300 ~ 950nm，电池的转换效率和稳定性都得到了提高。

表 4‑3　a‑Si/a‑SiGe/a‑SiGe 三结电池基本参数

	顶　电　池	中　间　电　池	底　电　池
光学带隙 E_g/eV	1.8	1.6	1.4
相应材料	a‑Si	a‑SiGe	a‑SiGe
厚度/nm	80 ~ 100	150 ~ 200	150 ~ 200

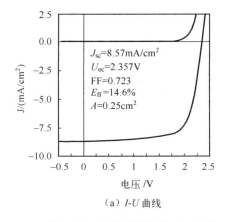

（a）I‑U 曲线

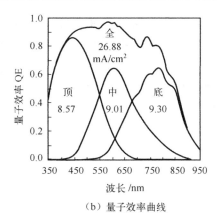

（b）量子效率曲线

图 4‑27　初始转换效率 14.6% 的 a‑Si/a‑SiGe/a‑SiGe 三结太阳电池

4. a – Si/ a – SiGe /μc – Si 三结太阳电池

由于 GeH_4 的价格高，且能隙宽度小于 1.4ev 的 a – SiGe 光电性能差，近年来越来越多的企业采用 μc – Si 或 nc – Si 来替代 a – SiGe。图 4-28 所示为 a – Si/a – SiGe/μc – Si 三结电池的 $I – U$ 特性曲线和量子效率曲线，该电池用 μc – Si 代替 a – Si/a – SiGe/a – SiGe 三结电池中的底电池本征层，扩展了电池对长波的吸收，长波的吸收范围为 950 ～ 1100nm，短路电流得以提高。此外，在该电池中，使用了 N 型 nc – SiO_x:H 作为中间电池的 N 层材料，共同作用使得电池的初始转换效率得以提高，达到 16.3%。

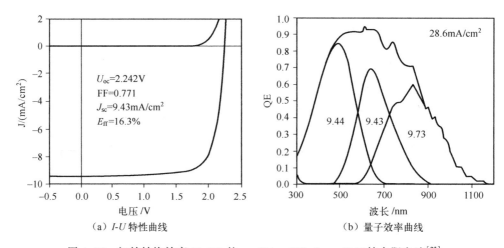

（a）$I-U$ 特性曲线　　　　　（b）量子效率曲线

图 4-28　初始转换效率 16.3% 的 a – Si/a – SiGe/μc – Si 三结太阳电池[23]

5. a – Si/nc – Si/nc – Si 三结太阳电池

用 μc – Si 或 nc – Si 取代 a – Si/a – SiGe/a – SiGe 三结电池中的中间电池和底电池的本征层也是很多企业正在开展的工作。表 4-4 为三结电池性能参数。

表 4-4　a – Si/nc – Si/nc – Si 三结电池性能参数[2]

器 件 类 型	a – Si/nc – Si/nc – Si 三结电池
面积/cm^2	1.006
U_{oc}/V	1.963
J_{sc}/mA/cm^2	9.52
FF/%	71.9
η/%	13.4 ± 0.4

4.5 硅基薄膜太阳电池产业化生产技术

1. 制备工艺

玻璃衬底硅基薄膜电池的常规工艺包括以下步骤：玻璃清洗、镀透明前电极、激光刻划前电极 P_1、清洗、吸收层沉积、激光刻划吸收层 P_2、镀背电极、激光刻划 P_3、退火、性能测试。透明前电极材料主要有 FTO（SnO_2∶F）、AZO（ZnO∶Al）、BZO（ZnO∶B）等透明导电膜，制备方法有 LPCVD、APVCD、磁控溅射等。前电极镀完后，需要进行第 1 次激光刻蚀，目的是将整个电极分割成若干个相互独立的部分；将激光刻划好的导电玻璃进行清洗后，就可以进入 PECVD 沉积设备制备 PIN 单结或多结吸收层；之后临近第一个划线进行第 2 次激光刻蚀，第 2 次刻蚀的功率较低，这样在吸收层被刻划时下面的 TCO 层不受影响。第 2 次刻蚀划线的目的是使下一步工序中沉积的背电极通过切割槽与前电极相连接，从而形成相邻电池的串联结构；最后是沉积背电极（背电极所用材料主要为 Al、Ag），并进行第 3 次激光切割，将整个电极划分成与小电池对应的背电极。通过 3 次激光刻划，将大面积的硅基薄膜电池划分成若干个小电池，并通过内联结构将小电池串联起来，从而提高电池的输出电压，如图 4-29 所示。

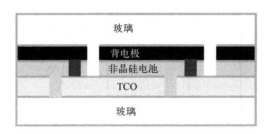

图 4-29 硅基薄膜电池的内联结构

吸收层沉积是制备太阳电池薄膜中最重要的工序，吸收层的质量和均匀性直接影响到电池的性能。由于硅基薄膜太阳电池吸收层是多层结构的，每一层沉积工艺和参数都不一样，根据沉积室结构，沉积技术大致可分为四种类型。

（1）单室多片型：沉积室中放置多片衬底，所有的吸收层沉积工艺均在这个沉积室中依次制备。该系统特点是设备结构简单、沉积效率高，一次可沉积 48 ～ 72 片衬底，缺点是由于所有沉积工艺在一个沉积室内进行，容易造成气氛污染。

（2）多室单片型：使用多个沉积室，每个沉积腔室放置 1 ～ 2 片衬底，镀完一层膜后就转移到另一个沉积室沉积下一层膜。该系统的特点是设备复杂、价格昂贵，优点是采用不同的沉积室沉积不同的气氛，因此沉积薄膜的质量比较稳定。

（3）单多室结合型：单室与多室技术都有各自的优缺点，单室技术的镀膜速度快、设备简单，主要问题是气流不均匀，电池容易出现色差。单多室结合技术将单室和多室两种技术加以改进并将两者结合起来，因而具有两种技术的优点而避免了其缺点。

（4）多室连续卷绕镀膜型：这种技术主要用于柔性衬底，如不锈钢或聚氨酯，衬底可以卷成很长的一卷，依次连续进入不同的沉积室来制备不同性质的薄膜。

2. 主流生产设备

硅基薄膜太阳电池经过数十年的发展，产业化生产技术已经非常成熟，虽然近年来晶体硅的成本不断下降，导致硅基薄膜的竞争力降低，一些硅基薄膜设备生产厂家也退出了这一领域，但他们的产品对当时的硅基薄膜成本的降低、转换效率的提高及大面积产业化生产还是起到了促进作用。

1）单室多片型生产设备 单室多片型生产设备采用单个沉积室来完成 PIN 层的沉积，沉积室内一次可放置多达 72 片玻璃衬底，每两片玻璃间夹一片铝板电极，通电后通过气体放电形成等离子体，电源频率为 13.56 ～ 40MHz。可沉积非晶硅单结、非晶硅双结、非晶硅/微晶硅、非晶硅/非晶硅锗双结薄膜，沉积温度 <180℃。图 4-30 所示为单室多片沉积设备示意图。

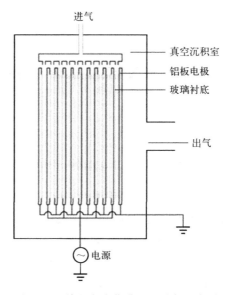

图 4-30　单室多片薄膜沉积设备示意图

2）多室生产设备 多室沉积设备针对不同工序采用不同的沉积室，因此避免了材料的相互污染，沉积薄膜质量比较好。图 4-31 所示为硅基薄膜太阳电池多室生产线，整个生产线由 PECVD 系统、溅射系统、激光划线系统及其他部件组成，从最初投入玻璃到电池完成为止均为在线连续制造。PECVD 系统用于沉积 a－Si PIN 及 μc－Si PIN 薄膜，是整个生产线的核心，沉积的薄膜质量直接决定了太阳电池的光电性能。为获得较高的光电性能，在沉积电池的 I 层时，速度必须足够慢，如果沉积速度过快，会导致薄膜中的悬键增多，电子的复合率增大，光致衰减效应明显，从而影响电池的性能。此外，为避免在沉积 P、N 层时掺杂的气体对 I 层造成污染，在沉积 a－Si PIN 薄膜时使用了多室结构的 CCV PECVD 沉积系统，该系统由玻璃基板载入室、加热室、P 层沉积室、5 个 I 层沉积室、N 层沉积室和基板载出室组成。为提高沉积速度，每个沉积室内放置两块玻璃基板；对于 a－Si/μc－Si 双结薄膜太阳电池，由于底电池 I 层 μc－Si 的光学吸收系数比 a－Si 低，沉积厚度需要增加 5～10 倍才能保证光子的吸收，因此需要更高的沉积速度才能保证生产效率。为提高沉积速率，常用的方法一是提高射频功率，二是在常用频率 13.56MHz 的基础上提高等离子频率。但前者会导致离子对薄膜的撞击过猛，影响薄膜的质量，后者会导致不规则的等离子体产生。为此对 PECVD 沉积系统进行了改进，采用平行基板及双电极结构的 PECVD 沉积系统，每个沉积室可放置 6 块玻璃基板，这样在低沉积速率的情况下依然保证了生产效率的提高。

图 4-31　硅基薄膜太阳电池多室沉积生产设备

3) 单多室结合型生产设备　单多室结合型生产设备集合了单室和多室生产设备的优势，其核心依然是 PECVD 沉积系统，如图 4-32 所示。生产线主要包括前/后透明导电（TCO）电极沉积系统、沉积吸收层的等离子增强化学气相沉积（PECVD）系统和形成电池串联结构的激光刻蚀系统 LSS。其工艺流程为：玻璃载入清洗—进入 TCO 系统沉积透明导电膜—激光划线—清洗—进入 KAI MT 系统沉积吸收层—第 2 次激光划线—沉积背电极—第 3 次激光划线—边缘刻蚀—自动电极连接—边缘密封—玻璃、封装胶膜展开铺叠—层压—安装接线盒—测试—封装。图 4-33 所示为使用该设备制备的 1.1m×1.4m 尺寸的 a－Si/μc－Si 组件及其性能。

图4-32 单多室结合型 PECVD 沉积系统

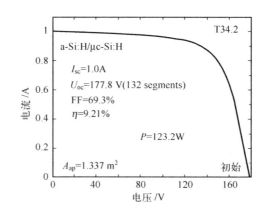

a-Si:H/μc-Si:H

图4-33 a–Si/μc–Si 组件及其性能

4）柔性衬底硅基薄膜电池生产设备 柔性衬底硅基薄膜太阳电池采用聚氨酯和不锈钢等柔性材料作为衬底，可广泛应用于光伏屋顶、太阳能飞机、太阳能旅行电源等领域。

柔性衬底硅基薄膜电池可以采取卷对卷的沉积工艺，以提高生产效率。将成卷不锈钢带（带磁性）装入专用清洗机中，采用卷对卷的方式进行传送，对钢带两个表面同时清洗、干燥；之后在不锈钢带上进行磁控溅射沉积金属和金属氧化层，以增强衬底的反射率；然后采用等离子体化学气相沉积法沉积 P、I、N 各层，如果是三结非晶硅太阳电池，需要连续沉积 9 层硅基薄膜，形成 3 个子电池结构，这是整个制造过程中最关键的工艺步骤。图4-34 所示为柔性衬底卷对卷 PECVD 沉积工艺示意图，图中可见共有 9 个分离的腔室分别用来沉积子电池各层，为防止气体交叉污染，相邻腔室间需要设计气氛隔离室；子电池各层薄膜沉积完后，在顶部沉积透明导电膜 ITO，之后布置栅线，并根据电池最后的尺寸和形状，进行切割和互联，制备成具有一定参数的电池组件。图4-35 所示为多芯卷对卷 PECVD 沉积工艺示意图，可在一次工序循环中同时沉积 6 卷长 2.5km 的不锈钢带。

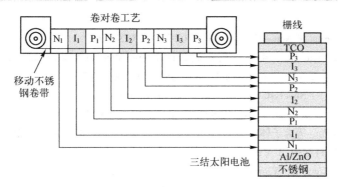

图 4-34 卷对卷 PECVD 沉积工艺示意图[23]

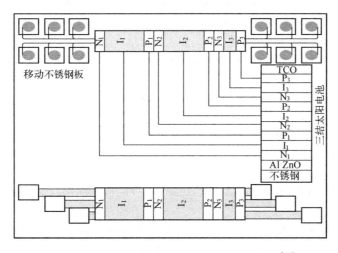

图 4-35 多芯卷对卷 PECVD 沉积工艺示意图[23]

参 考 资 料

[1] Carlson D, Wronski C. Appl. Phys. Lett. 1976, 28: 671.

[2] Martin A. Green1, Keith Emery etc. Solar cell efficiency tables (version 44), Prog. Photovolt: Res. Appl. 2014, 22: 701 −710.

[3] 陈治明. 非晶硅半导体材料与器件 [M].北京：科学出版社, 1991.

[4] P. W. Anderson, Phys. Rev., 109 (1985), 1492.

[5] N. F. Mott: Philos. Mag. 22 (1970) 7.

[6] E. A. Davis and N. F. Mott, Philos Mag, 22 (1970) 903.

[7] N. F. Mott: Philos. Mag. 19 (1969) 835.

[8] P. G. Lecomber etal., Phys. Rev. Lett, 26 (1970) 1123.

[9] J. Jany & C. Lee, Solid State Commun., 44 (1982) 1123.

[10] N. F. Mott and E. A. Davis, Electronic Proc. in Non − Cryst. Mater. Oxford Univ. Press Oxford

2nded. 1979.

[11] Perrin J, Journal of Non – Crystal Solids, 1993, 137&138: 639.

[12] Matsuda A, Takai M, Nishimoto T, etal, Solar Energy Material & solar Cells, 2003, 78: 3.

[13] Matsuda A. Journal of Non – Crystal Solids, 1983, 59&60: 767.

[14] Tsai C Cetal. , J Noncrystal Solids, 137&138, 673（199）.

[15] John Robertson. Journal of Non – Crystal Solids, 2000, 266: 79.

[16] 王澄，程如光. 等离子体压力对辉光放电沉积的 a – Si：H 膜的组成、结构及性能的影响
[J]. 无机材料学报. 1（1986）64.

[17] Ferlauto A, Koval R, Wronski C, Collins R, Appl. Phys. Lett. 80, 2666（2002）.

[18] Shah A V, Meier J, Vallat – Sauvain E, etal. Materials & Solar Cells, 2003, 78: 469.

[19] D. L. Staebler and C. R. Wronski: Appl. Phys. Lett. 31（1977）292.

[20] M. Kambe, N. Taneda, K. Masumo, etal. , 24th European Photovoltaic Solar Energy Conf. and Exhibition, Germany, 2009.

[21] A. Hongsingthong, T. Krajangsang, Ihsanul Afdi Yunaz, S. Miyajima, and M. Konagai, Applied Physics Express, 3（5）051102（2010）.

[22] Antonio Luque, Steven Hegedus, etal. , Handbook of Photovoltaic Science and Engineering, John Wiley and Sons Ltd. , 2003, 529.

[23] Yang J, Thin Film Silicon Technology for Building Integrated Photovoltaic, SNEC5 上海, 2012.

[24] D. Fischer, S. Dubail, etal. , Proc. 25th IEEE Photovoltaic Specialists Conf. , Washington, 1996, p. 1053.

[25] T. Kobayashi, etal, 26th European Photovoltaic Solar Energy Conference and Exhibition,（2011）, 2350.

[26] U. Graf, J. Meier, U. Kroll, etal. High rate growth of microcrystalline silicon by VHF – GD at high pressure［J］, Thin Solid Films, 2003, 427: 37 – 40.

第5章 化合物太阳电池及染料敏化太阳电池

化合物太阳电池主要包括碲化镉（CdTe）太阳电池、铜铟镓硒（CIGS）太阳电池和Ⅲ－Ⅴ族太阳电池。这三类电池的共同特点是光学吸收系数高、转换效率高、性能稳定，可通过物理方法或化学方法制备成薄膜电池，因此也具有硅基薄膜电池的可弯曲、可折叠、质轻易携带等优点。但与硅基薄膜电池相比而言，这三类电池转换效率更高，没有光致衰减效应，因此性能更加稳定。在这三类电池中，CdTe 太阳电池结构简单，制备工艺简单，制造成本低，易实现产业化生产；CIGS 太阳电池具有目前太阳电池材料中最高的光学吸收系数，只需 $1\mu m$ 厚的材料就可吸收 99% 的可见光，光谱响应范围宽，达到 $400\sim1200nm$；以 GaAs 为代表的Ⅲ－Ⅴ族化合物太阳电池光学带隙宽、耐高温、抗辐射，在各类太阳电池中转换效率最高，广泛应用于空间或地面聚光太阳电池中。目前，这三类电池都已实现产业化，有成熟的技术和生产设备，并在市场上得到广泛应用。

5.1 CdTe 太阳电池

CdTe 太阳电池具有光学吸收系数高、转换效率高、性能稳定、结构简单、制造成本低、易实现产业化生产等优点，是一种理想的太阳电池。CdTe 太阳电池通常由 CdS/CdTe 异质结构成。CdTe 是直接带隙材料，禁带宽度为 1.45eV，非常接近太阳电池的理想禁带宽度，在可见光部分光学吸收系数约为 $10^5/cm$，只需 $2\mu m$ 厚的薄膜就可吸收入射光中 99% 的能量高于禁带宽度的光子，在器件中通常用做 P 型吸收层，如图 5-1 所示。CdS 也是一种直接带隙材料，带隙宽度约为 2.4eV，光学吸收系数达到 $(10^4\sim10^5)/cm$，在器件中主要用做 N 型窗口层。由 CdTe/CdS

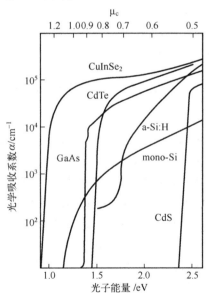

图 5-1　不同材料的光学吸收系数

组成的薄膜太阳电池，理论计算其极限转换效率可达到 $28\%\sim29\%$[1,2]。CdTe 太阳电池虽然工艺简单、成本低，但由于生产中使用到的两种原材料 Te 和 Cd 都是有毒物质。虽然目前加强了 CdTe 太阳电池生产过程中的污染控制并采取组件回收处理等措施，但其潜在的环境污染问题使其发展前景受到一定影响。

5.1.1　CdTe 太阳电池发展概况

CdTe 太阳电池的研究始于 20 世纪 50 年代。1956 年，RCA 的 Loferski 首先提出将 CdTe 应用于太阳能光伏转换[3]。1959 年，同样来自 RCA 的 Rappaport 通过在 P 型 CdTe 晶体中扩散 In，制备出转换效率约为 2% 的 CdTe 单晶电池[4]。20 世纪 60 年代，Muller 等首先在 P 型单晶 CdTe 上蒸镀 N 型 CdS 薄膜，得到的电池转换效率不到 5%[5,6]；Bonnet 等人制备的 CdS/CdTe 薄膜太阳能电池获得了 5% ～ 6% 的转换效率[7]；后来 Uda 等人利用化学沉积和真空蒸镀技术将 CdS/CdTe 电池转换效率进一步提高到 8.7%。1981 年，Kodak 发明了近空间升华沉积法 CSS；1982 年，Tyan 等人利用 CSS 方法在 ITO 玻璃上制备了 $0.1\mu m$ 厚的 CdS 薄膜和 $4\mu m$ 厚的 CdTe 薄膜，得到的 CdS/CdTe 异质结太阳能电池效率达到 10.5%[8]。1993 年，通过 $CdCl_2$ 后处理，CdS/CdTe 太阳电池转换效率超过了 15%[9]。2002 年，美国可再生能源实验室制备了当时最高转换效率 16.5% 的 CdTe 太阳电池[10]。目前 CdTe 太阳电池最高转换效率为 21%，由全球最大的生产企业 First Solar 研发制备[11]。在 CdTe 太阳电池的产业化生产中，目前具备规模生产 CdTe 薄膜组件能力的企业主要有美国 First Solar、德国 Calyxo 和中国龙焱能源科技有限公司。其中，First Solar 生产的 $0.72cm^2$ 组件平均效率为 14.1%，最高效率达到 17.5%，组件成本为 \$0.56/W。

5.1.2　CdTe 材料性质

CdTe 属于 Ⅱ - Ⅵ 化合物，在常压下其晶体结构为面心立方闪锌矿结构，如图 5-2 所示。其晶格常数为 6.481Å，键长为 2.806Å，电子迁移率为 500 ～ 1100cm²/V·s，空穴迁移率为 70 ～ 120cm²/V·s。其室温下的禁带宽度为 1.45eV，随着温度的变化，禁带宽度会发生变化，变化的温度系数为 (2.3 ～ 5.4)×10⁻⁴eV/K。CdTe 光学吸收系数高，制备的太阳电池转换效率高，理论上可达到 29%。CdTe 的熔点为 1092℃，在 400℃ 时会升华。图 5-3 所示为一个大气压时的 $Cd_{1-x}Te_x$ 二元相图。$Cd_{1-x}Te_x$ 相位简单，当温度低于 326℃ 时，单质 Cd 与 Te 相遇后，只形成化学计量比为 1:1 的固态 CdTe 和多余的单质，不会形成其他成分比的合金。因此制备的 CdTe 薄膜物理性能稳定，对制备工艺不敏感，产品的均匀性好，非常适合大规模工业化生产。

图 5-2 所示为理想的 CdTe 晶体结构及组成。同晶体硅和非晶硅一样，实际的 CdTe 材料中也存在缺陷，CdTe 材料中的缺陷主要有本征缺陷、杂质缺陷和复合缺陷。

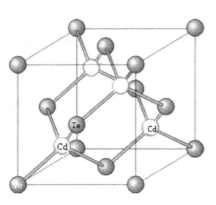

图 5-2　CdTe 材料晶体结构

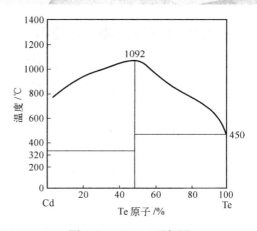

图 5-3　CdTe 二元相图

（1）本征缺陷包括空位性缺陷、替位性缺陷、间隙性缺陷三类。主要有 Cd 空位（V_{Cd}，浅受主）、Cd 替位（Cd_{Te}，浅施主）、间隙性 Cd（Cd_i，浅施主）、间隙性 Te（Te_i，深受主），用于光伏应用的 CdTe 材料中 V_{Cd} 浓度一般为 $10^{17} \sim 10^{18}/cm^3$。

（2）杂质缺陷主要有两类，一类为Ⅲ族元素和Ⅰ、ⅠA 族元素取代 Cd，形成的施主杂质和受主杂质缺陷；另一类为Ⅶ族元素和 V 族元素取代 Te，形成的施主杂质和受主杂质缺陷。当 CdTe 材料中掺入 Al、Ga、In 时，这些元素会替代部分 Cd 元素，形成施主杂质；掺入 Li、Na、Cu、Ag、Au 时，会替代部分 Cd 元素，形成受主杂质；掺入 F、Cl、Br、I 时，会替代部分 Te，形成施主杂质；掺入 N、P、As、Sb 时，会替代部分 Te，形成受主杂质。表 5-1 列出了 CdTe 材料中主要杂质缺陷。

表 5-1　CdTe 材料中的主要杂质缺陷

	掺 杂 元 素	替 位	分 类
施主	Al、Ga、In	Cd 位	Ⅲ族元素
	F、Cl、Br、I	Te 位	Ⅶ族元素
	V_{Te}、Cd_i		本征缺陷
受主	Li、Na、Cu、Ag、Au	Cd 位	Ⅰ和ⅠA 族元素
	N、P、As、Sb	Te 位	V 族元素
	V_{Cd}		本征缺陷

CdTe 材料中的复合缺陷主要由 Cd 空位（V_{Cd}^{2-}）和 Cl 替位 Te（Cl_{Te}^+）复合而成，Cl 在 CdTe 中通常会取代 Te 成为浅施主（Cl_{Te}）。带两个负电荷的 Cd 空位（V_{Cd}^{2-}）和带一个正电荷的 Cl 替位 Te（Cl_{Te}^+）通常会复合形成一个带负电的受主缺陷（$Cl_{Te}^+ - V_{Cd}^{2-}$）$^-$。

5.1.3　CdTe 薄膜制备技术

CdTe 化合物有一个很重要的物理性质，其饱和蒸气压低于单质元素的饱和蒸气压，当沉积设备中蒸气压达到一定程度时，更易形成 CdTe 化合物，其反应平衡式为

$$2Cd + Te_2 \Leftrightarrow 2CdTe \tag{5-1}$$

因此 CdTe 薄膜特别适合使用气相沉积法来制备，可以采用 Cd、Te 元素源共蒸发沉积或采用 CdTe 源直接升华沉积，也可以采用气相输运沉积（用载气携带来自 CdTe 或元素源的 Cd 和 Te_2 蒸气沉积）等多种方式。目前已有 10 种以上的技术可以制备效率超过 10% 的 CdTe 小面积电池，主要有物理气相沉积（PVD）、近空间升华法（CSS）、气相传输沉积法（VTD）、丝网印刷沉积法、金属有机化学气相沉积法（MOCVD）、喷雾沉积法、电解沉积法（ED）、真空磁控溅射（RF）沉积、分子束外延法等，图 5-4 所示为 8 种主要的 CdTe 薄膜制备技术示意图。在这些制备技术中，近空间升华法（CSS）和气相传输沉积法（VTD）具有沉积速率高、膜质量好、晶粒大、原材料利用率高（达 85%）等优点，非常适合产业化生产，也是目前产业化生产中主要采用的技术。

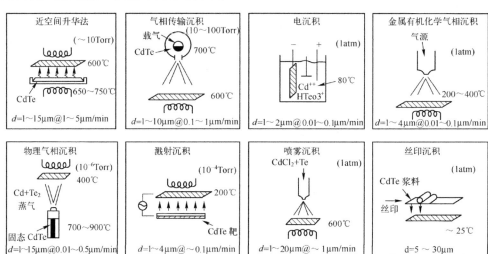

图 5-4　8 种主要的 CdTe 薄膜制备技术示意图[12]

1. 近空间升华法（CSS）

近空间升华法是生产高效 CdTe 薄膜电池的主要方法之一，其工作原理如图 5-5 所示。CdTe 蒸发源被放置在石墨坩埚中，通过对 CdTe 源进行辐射或感应加热使其升华沉积到加热的衬底上。通常，蒸发源的温度为 650～750℃，衬底的温度为 550～650℃，两者尽量靠近放置，使温差尽量小，薄膜的生长尽量接近理想平衡

状态。在沉积制备过程中，通常还会在反应室中通入 N_2、Ar 或 He 等惰性气体作为保护气体，升华后的活性原子 Cd、Te_2 经过与惰性气体分子多次碰撞后才沉积到衬底上，均匀性和致密度得以提高。此外，在保护气氛中通常还会掺入约 10% 的 O_2，以增加 CdTe 的受主浓度，防止形成深埋同质结，从而获得性能较好的薄膜。

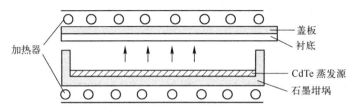

图5-5　近空间升华法工作原理示意图

近空间升华法的优点是沉积速率快（一般为 $1 \sim 5\mu m/min$），晶粒尺寸大，成膜质量好，电池转换效率高，生产成本低。其缺点是，在产业化生产中，CdTe 薄膜的厚度不易控制；衬底及蒸发源面积大，对蒸发源表面的平整度和蒸发源舟的大面积均匀加热有一定的工艺要求；由于使用近空间升华法需要频繁打开真空设备更换或添加原料，增加了维护时间和成本。

2. 气相传输沉积法（VTD）

气相传输沉积法也是目前生产高效率 CdTe 薄膜电池的主要方法之一，其工作原理示意图如图 5-6 所示。CdTe 粉末通过预热的惰性气体载入真空室，在滚筒式蒸发室中充分气化成含 Cd、Te_2 的饱和蒸气，然后通过蒸发室的开口喷涂到温度较低的衬底上，形成过饱和气体并凝结成 CdTe 薄膜。

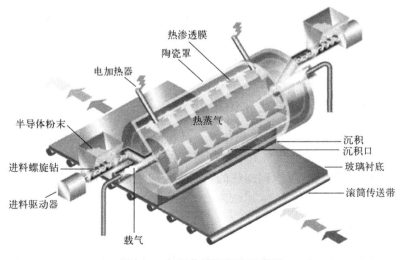

图 5-6　气相传输沉积法示意图

VTD 沉积技术具有沉积速率高、用料省、成品率高、维护成本低、易于大面积均匀生长等优点。其沉积速率达 $0.1 \sim 1\mu m/min$，原料利用率达 90%，原料通过载气送入真空沉积室，添加或更换原料时无须打开真空室，节约了维护时间和成本。其缺点是这种技术只适合饱和蒸气压随温度变化大、化学成分和结构随温度变化小的材料，此外 VTD 沉积方法的核心技术已被 First Solar 专利保护，其他企业在使用时会受到专利限制。

3. 磁控溅射法

磁控溅射法通过 Ar^+ 离子轰击 CdTe 靶产生 Cd、Te 原子并扩散到衬底生成 CdTe 薄膜，是 CdTe 薄膜电池产业化制备的生产技术之一，也是目前 CdTe 薄膜产业化生产中制备温度最低的一种技术（沉积温度低于 300℃），具有工艺简单、沉积温度低、颗粒小、设备易获得、沉积速度容易控制、薄膜均匀性好等优点。由于能很好地控制生长速率、晶粒尺寸和薄膜的应力，磁控溅射技术非常适于制备超薄 CdTe 薄膜（$<1\mu m$）。其缺点是沉积速度比较慢，不适合制备较厚的 CdTe 薄膜。

4. 电解沉积法（ED）

电解沉积法是一个阴极还原过程，通过对酸性电解质水溶液中 Cd^{2+} 和 $HTeO_2^+$ 离子的电化学还原反应生成 Cd^0 和 Te^0，并化合生成 CdTe 薄膜。其化学反应式为

$$HTeO_2^+ + 3H^+ + 4e^- \rightarrow Te + 2H_2O \qquad E_0 = +0.559V \qquad (5-2)$$

$$Cd^{2+} + 2e^- \rightarrow Cd^0 \qquad E_0 = 0.403V \qquad (5-3)$$

$$Cd^0 + Te^0 \rightarrow CdTe \qquad (5-4)$$

式（5-2）和式（5-3）中的反应同时在阴极表面进行。由于 Cd^{2+} 和 $HTeO_2^+$ 离子的还原电势不一样，故电离反应速度也不一样，薄膜的生长速度受到还原反应速度较慢的 Te 元素的限制。为维持 CdTe 中 Cd 与 Te 合适的化学计量比，在沉积过程中需要对电解质进行搅拌并补充 Te。利用电沉积法制备出来的 CdTe 薄膜表现出很强的 ［111］晶向，且为柱状晶，晶粒平均尺寸为 $100 \sim 200nm$。电解沉积法是一种低成本且适合产业化的技术。

5. 金属有机化学气相沉积法（MOCVD）

MOCVD 是一种中低温气相沉积技术，沉积温度为 $200 \sim 400℃$。使用二甲基镉和二异丙基碲为源气体，氢气为载气，将气体通入低压反应炉。加热源气体，使其分解为 Cd 和 Te 蒸气，沉积到加热的衬底上反应生成 CdTe 薄膜，沉积速率与反应炉温度有关。

6. 丝网印刷法

丝网印刷法通过印刷板将含有 Cd、Te、$CdCl_2$ 及有机结合剂的金属膏印制到衬

底上，然后进行干燥，去除有机溶剂，并加温到约 700℃烧结生长，最后得到 CdTe 薄膜。利用这种方法制备的薄膜厚度一般为 10 ~ 20μm，横向晶粒直径约为 5μm。该技术于 20 世纪 70 年代由 Matsushita 公司开发，是一种最简单的 CdTe 薄膜制备技术，但由于制备过程中需要消耗大量高纯原料而导致成本提高。

5.1.4　碲化镉薄膜太阳电池结构及制备工艺

1. 碲化镉薄膜太阳电池结构

CdTe 太阳电池通常由 P – CdTe 和 N – CdS 构成 PN 结。其中，CdS 是一种直接带隙材料，带隙较宽，室温下为 2.42eV，与 CdTe、CuInSe$_2$ 等材料组成低接触势垒的异质结结构，CdS 常作为窗口层和 N 型层与 CdTe、CuInSe$_2$ 结合组成太阳电池。

作为一种薄膜太阳电池，CdTe 太阳电池也可分为上衬底和下衬底两种结构。上衬底结构一般应用于透明衬底（如玻璃），其结构为"玻璃衬底/TCO/N – CdS 窗口层/P – CdTe 吸收层/背电极"，沉积顺序为在衬底上依次沉积透明氧化层（TCO）、CdS、CdTe 薄膜、背电极。太阳光由玻璃衬底上方进入，如图 5–7（a）所示。

下衬底结构一般应用于不透明柔性衬底，如不锈钢衬底。其结构为"柔性衬底/背电极/P – CdTe 吸收层/N – CdS 窗口层/TCO"，沉积顺序为在衬底上依次沉积背电极、CdTe 薄膜、CdS 及 TCO 膜，太阳光从 TCO 上方进入，如图 5–7（b）所示。

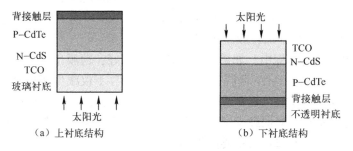

（a）上衬底结构　　　　　　　　（b）下衬底结构

图 5–7　CdTe 太阳电池的两种基本结构

目前商业化应用的 CdTe 太阳电池一般采用上衬底结构，主要是由于下衬底结构电池中的 CdTe 与背电极的欧姆接触差，背电极中的金属会向 CdTe 表面扩散，从而使下衬底电池的开路电压和填充因子都比较低，电池转换效率也远低于上衬底电池的转换效率。

2. CdTe 薄膜太阳电池制备工艺

对 CdTe 太阳电池而言，目前应用最多、技术最成熟的是上衬底结构的电池，其主流制备工艺为：沉积透明导电膜 TCO—激光刻蚀 TCO 薄膜—沉积窗口层 N –CdS—沉积吸收层 P – CdTe—CdCl$_2$ 处理—激光刻蚀半导体薄膜—沉积背电极—激光刻蚀背电极—封装测试。

1）在玻璃衬底上沉积透明导电膜 TCO 透明导电膜通常要求具有高的透光率和电导率。高透光率可保证更多的光子透过导电玻璃进入电池内部，从而产生光电流；高电导率可保证导电膜与 CdS 形成良好的电接触，以提高电池的短路电流。透明导电膜材料主要有 FTO、ATO、ITO、AZO、CTO、ZTO 等，较多采用的是 FTO或 ITO，虽然 AZO 比 ITO 便宜，但在经过后续的 CdCl$_2$ 处理过程中其性能会受到影响，导致其串联电阻比较高。

2）沉积窗口层 N – CdS 制备窗口层 CdS 的方法很多，主要有化学水浴沉积法（CBD）、磁控溅射、蒸发、近空间升华（CSS）等。

化学水浴沉积法是制备 N – CdS 的一种常用方法。这种方法将衬底表面进行活化处理后，浸在沉积溶液中，在常压、低温下通过控制反应物的络合，在衬底上沉积形成薄膜。其优点是工艺简单、成本低，制备的 CdS 薄膜光学透过率高，结晶性好，能与 TCO 形成良好的电接触；其缺点是容易出现结构上的不均匀性[13]。

在化学水浴沉积法制备 CdS 薄膜的过程中，有如下两种沉积机制。

（1）在衬底上直接吸附 CdS 颗粒，称为簇簇机制。这种方式生长的薄膜形貌粗糙、疏松；

（2）在衬底上先吸附 Cd^{2+} 的络合物，接着吸附硫源形成中间相，最后中间相分解得到 CdS，称为离子机制。这种方式生长的 CdS 薄膜致密、平整。

在沉积的初始阶段，溶液中离子的浓度较高，沉积以离子机制为主，随着反应时间的增加，CdS 颗粒增加，簇簇机制占主导。

在 CdS 薄膜制备过程中，如果沉积工艺控制不好，薄膜出现孔洞或厚薄不匀，会导致生长在 CdS 上的 CdTe 薄膜直接与 TCO 接触，不仅减少薄膜 PN 结结区的有效面积，从而减少光吸收，更严重的是会形成短路路径，降低电池的并联电阻，同时增大结区的表面态，增加载流子的复合，严重降低电池的效率。因此，CdS 窗口层的质量对电池的性能起着很重要的作用。

本征 CdS 薄膜的串联电阻很高，不适合作为窗口层，但当衬底温度在 300 ～350℃之间时，将 In 扩散入 CdS 中，形成 N – CdS，电导率可达 10^2 S/cm。在 CdTe太阳电池中，N – CdS 的掺杂浓度通常为约 10^{16}/cm^3。

N – CdS 作为窗口层，掺杂浓度高，缺陷密度高，在此区间光生载流子很容易被复合，要求其厚度足够薄，以使更多的光线通过窗口层进入到吸收层，从而产生有效的光生载流子；但如果 CdS 膜层太薄，又容易造成 CdTe 薄膜直接与 TCO 接触而形成短路，因此 CdS 薄膜的厚度需综合考虑这两方面的因素，一般在 60 ～200nm 之间。

3）沉积 P – CdTe 吸收层　CdTe 薄膜作为电池的 P 层，是吸收光子产生光生载流子的地方。CdTe 的光学吸收系数高，仅需 $2\mu m$ 厚就可吸收 99% 的有效光，但实际生产中通常采用更厚的薄膜，这是为了满足 CdTe 晶粒的生长，以期长成更大的晶粒，而且在后续的背电极制备过程中，需要对 CdTe 表面进行刻蚀处理，以去除表面氧化物或杂质。如果 CdTe 薄膜过薄会造成短路；但若 CdTe 薄膜过厚，电池的串联电阻会增大，这会导致光生载流子的传输路程增大，载流子的复合几率增加，从而导致电池填充因子下降。因此，CdTe 薄膜的厚度取值也需要综合考虑，一般为 $2 \sim 8\mu m$。

4）CdTe 吸收层的 $CdCl_2$ 处理　在 CdTe 太阳电池制备过程中，还需要对 CdTe 吸收层进行 $CdCl_2$ 后处理，以改善 CdTe 薄膜质量，提高 CdTe/CdS 异质结太阳电池的转换效率。

CdTe 吸收层的 $CdCl_2$ 后处理方法主要有水溶液涂覆法、蒸发沉积法、蒸气处理法。把 CdTe 层暴露于 $HCl^{[14]}$ 或 Cl_2 气氛中[15]也可实现后处理。

水溶液涂覆法是一种湿法工艺，可将 CdTe 浸入 $CdCl_2$：CH_3OH 或者 $CdCl_2$：H_2O 溶液中 20min，然后干燥沉淀出 $CdCl_2$ 层[16]；也可将 $CdCl_2$ 水溶液用超声喷雾方式涂覆在 CdS/CdTe 电池表面。水溶液涂覆法的优点是操作简单，溶液浓度易于调整；其缺点是涂覆量不易控制，电池的一致性较差，CdTe 表面易残留 $CdCl_2$，需增加后续工艺进行处理。水溶液涂覆法一般用于实验室小面积 CdTe 太阳电池的制备。

蒸发沉积法将涂覆法的湿法工艺改进为干法工艺，使用原料纯度为 99.99% 的 $CdCl_2$ 颗粒，在真空下进行加热，产生的 $CdCl_2$ 蒸气到达电池上部的表面，沉积在 CdTe 表面上形成 $CdCl_2$ 薄膜。之后，在 He/O_2 气氛下进行退火处理，在 $380 \sim 420℃$ 温度范围内处理 $15 \sim 30min$。$CdCl_2$ 薄膜越厚，需要处理的时间越长，以便 Cl 能充分扩散到薄膜中，促进 CdTe 晶粒的生长。

蒸气处理法将 $CdCl_2$ 蒸发源和 CdTe/CdS 电池分别放置在两个可独立控制的加热区，加热蒸发源，热蒸发产生 $CdCl_2$ 蒸气，通过 He/O_2 载气带动，进入 CdS/CdTe 电池区，沉积在加热的电池表面形成 $CdCl_2$ 薄膜，薄膜厚度达到要求后停止蒸发区的加热，在电池区对电池进行退火处理，其工作示意图如图 5-8 所示。

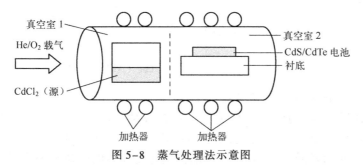

图 5-8　蒸气处理法示意图

CdS/CdTe 电池通过 CdCl$_2$ 后处理，可以起到如下作用，从而改善电池性能，提高转换效率。

（1）促进 CdTe 和 CdS 晶粒的再结晶和进一步长大。

CdTe 薄膜在经 CdCl$_2$ 处理时会发生以下反应：

$$CdTe(s) + CdCl_2(s) \rightarrow 2Cd(g) + Te(g) + Cl_2(g) \rightarrow CdTe(s) + CdCl_2(s) \quad (5-5)$$

经由这个反应过程，CdTe 再结晶，晶粒进一步长大，晶界缺陷减少，载流子寿命得以提高。对 CdTe 薄膜的表面电镜扫描发现，随着 CdCl$_2$ 浓度的增加，CdTe 晶粒尺寸也随之增加。当 CdCl$_2$ 浓度为 5% 时，晶粒尺寸从未经 CdCl$_2$ 处理的 0.1μm 增长到大于 1μm，如图 5-9 所示。

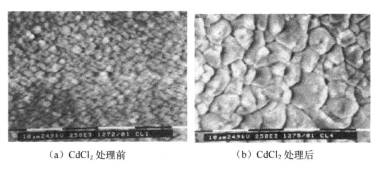

（a）CdCl$_2$ 处理前　　　　　　　　（b）CdCl$_2$ 处理后

图 5-9　CdTe 薄膜扫描电镜（SEM）照片

CdS 薄膜经过 CdCl$_2$ 处理后，同样也会促进晶粒的进一步长大，图 5-10 所示为经 CdCl$_2$ 处理前、后的 CdS 薄膜的原子力显微镜照片。由图可见，经处理后，晶粒尺寸也有明显增长。

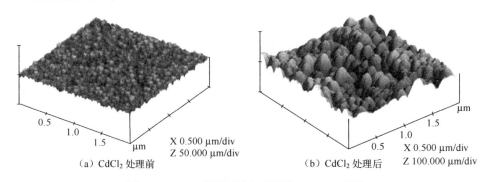

（a）CdCl$_2$ 处理前　　　　　　　　（b）CdCl$_2$ 处理后

图 5-10　CdS 薄膜原子力显微镜（AFM）照片

（2）改善 CdS/CdTe 异质结界面性能。

CdS/CdTe 异质结间由于晶格失配，存在各种缺陷，影响到结的性能。经过 CdCl$_2$ 后处理后，CdTe 和 CdS 间会发生互扩散，形成 CdS$_{1-x}$Te$_x$ 界面层，界面结构也更加有序，从而降低 CdTe/CdS 间的晶格失配度及界面的缺陷态浓度，减少载流子复合中心，电池的电流密度得到提高。

（3）形成受主缺陷，增加电池开路电压。

Cl 进入 CdTe 后，会替代 Te 形成氯替位碲 Cl_{Te}^{+} 缺陷，与材料中的镉空位 V_{Cd}^{2-} 缺陷复合形成带负电的受主缺陷 $(Cl_{Te}^{+} - V_{Cd}^{2-})^{-}$，该缺陷使 CdTe 呈现 P 型掺杂，从而增加电池的开路电压。

5）沉积金属背电极　制备 CdTe 太阳电池时，如果将金属电极直接沉积在 CdTe 薄膜上，由于 CdTe 具有比大部分金属高的功函数（4.28eV），会在背接触处形成肖特基势垒[18]，阻碍载流子的传输和收集。为解决这个问题，通常需要将背电极的制备过程分成如下两步。

（1）制备富 Te 过渡层。首先对 Te 表面进行选择性刻蚀处理，将表面层中的 Cd 原子选择性刻蚀，余下一层富 Te 层与 CdTe 层形成 CdTe/Te 界面，同时去除表面氧化物或杂质。由于富 Te 层中的 Cd 被腐蚀，形成 V_{Cd} 受主缺陷，材料呈 P+ 型掺杂，比 CdTe/金属界面更有利于空穴的迁移。刻蚀溶液通常采用 Br_2 的甲醇溶液（C_2H_5BrO，简称 BM）或磷酸硝酸的水溶液（$HNO_3:H_3PO_4$，简称 NP），使用 BM 溶液刻蚀制备的富 Te 层较薄，只有数纳米厚，但 Br 离子容易沿着晶粒边界扩散到结区，对电池性能产生影响；使用 NP 溶液进行的刻蚀倾向于沿晶粒边界进行，如果过渡层比较薄容易出现短路情况，因此使用 NP 溶液制备的富 Te 层通常比较厚，随刻蚀时间的不同，厚度可以从 100nm 到数百 nm 不等。

（2）沉积背电极。CdTe 薄膜经过刻蚀处理形成富 Te 层薄膜后，为避免氧化，必须马上沉积金属背电极。CdTe 太阳电池所使用的背电极材料可分为两类，一类是含 Cu 电极材料，包括 Cu/Au、Cu/石墨、ZnTe：Cu、Cu_xTe：HgTe/石墨、HgTe：Cu/石墨浆/银浆等；另一类是无 Cu 电极材料，包括 Ni－P、Ni/Al、Au/Ni、Sb/Mo、Sb_2Te_3/Mo、HgTe/石墨等。当使用含 Cu 电极在富 Te 层薄膜上沉积含 Cu 的金属背电极时，Cu 会与 Te 发生反应，在 CdTe 表面形成一层 Cu_xTe 缓冲层，Cu_xTe 缓冲层有助于在电池和背电极间形成一个高效的欧姆接触[19]，但由于 Cu 在 CdTe 中的体扩散系数高（$3 \times 10^{-12} cm^2/s$，300K），如果用量过高，Cu 很容易扩散至晶粒间界形成分流道，因此使用含 Cu 材料作为背电极时，需要对沉积工艺进行优化，以避免上述问题的产生。

为避免背电极中 Cu 扩散的影响，Nicola Romeo 等人研究了一种使用 As_2Te_3 作为阻挡层的工艺，制备出转换效率接近 16% 的 CdTe 太阳电池[20]。这种工艺不需要对 CdTe 进行化学刻蚀，而是直接在吸收层表面沉积 100 ～ 200nm 厚的 As_2Te_3 阻挡层，接着在 150 ～ 200℃ 的衬底温度下沉积一层 10 ～ 20nm 厚的 Cu，Cu 与 As_2Te_3 发生反应生成 Cu_xTe，从而改善了 CdTe 与 Cu 背电极间的欧姆接触。

3. CdTe 太阳电池转换效率的提高

在 CdTe 太阳电池中，影响其转换效率的因素有材料中的光损耗，CdTe、CdS

材料及界面中的缺陷，CdTe 与背电极间的欧姆接触。

在 CdTe 太阳电池中，主要的光损失来自玻璃的反射，以及玻璃衬底、前导电膜 TCO、CdS 窗口层对太阳光的吸收，如图 5-11 所示。理论上玻璃表面的反射会导致约 10% 的光损失，CdS 和 TCO 对 500nm 以下波长太阳光的吸收会产生 20% 的光损失。为了提高光的利用率，可采用多种太阳电池表面处理技术，包括表面绒面处理、减反层应用、采用高透过率及高电导率的 TCO、尽可能降低 CdS 窗口层厚度等方法，可有效减少光损失，提高电池的短路电流和转换效率。

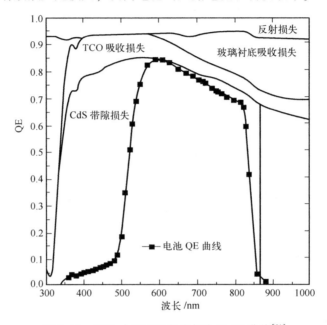

图 5-11　CdTe 太阳电池的光损失及 QE 曲线[21]

5.1.5　CdTe 薄膜太阳电池的产业化生产

由于 CdTe 材料本身的特性，非常适合于大规模生产高性能、低成本的太阳电池。目前产业化生产所使用的技术主要是气相传输沉积法 VTD 和近空间升华法 CSS。美国 Golden Photon 公司曾开发了喷涂热分解技术，但由于在喷涂与分解过程中容易产生污染，且连续生产的组件效率不高，最终该公司停止了对这项技术的研究。BP Solar 研发电沉积方法制备 CdTe 太阳电池并建立了生产线，但由于电沉积技术产生的 CdCl$_2$ 粉末会对环境造成污染，且生产工艺较复杂，最终该生产线停止了生产。

1）气相传输沉积 VTD　气相传输沉积法沉积速率高、成品率高、易维护，是最早实现产业化生产的技术之一。图 5-12 所示为采用气相传输法制备的 CdS/CdTe

太阳电池及电池结构示意图。其中，CdTe 吸收层和 CdS 窗口层的沉积采用化学气相传输沉积工艺，可大面积快速沉积，2.5h 就可制备一块 1.2m×0.6m 的组件。该电池为上衬底结构，衬底采用钠钙玻璃，为避免 TCO 对 CdS 层的影响，在 TCO 上还沉积了一层无掺杂的阻挡层。其组件制备工艺为：①SnO_2:F 导电玻璃清洗；②APCVD 沉积阻挡层；③激光划线；④化学气相传输沉积法生长 CdS 薄膜（厚度约 0.4μm）；⑤化学气相传输沉积法生长 CdTe 薄膜（厚度约 3μm），生长速率大于 1μm/s；⑥$CdCl_2$ 后处理；⑦激光划线；⑧磁控溅射沉积背电极；⑨激光划线形成多个串联子电池；⑩电池 $I-U$ 特性测试；⑪EVA 及玻璃背板封装；⑫组件性能测试及包装。

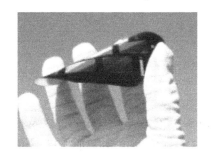

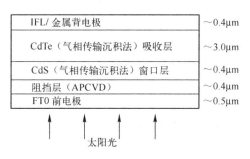

IFL/ 金属背电极	～0.4μm
CdTe（气相传输沉积法）吸收层	～3.0μm
CdS（气相传输沉积法）窗口层	～0.4μm
阻挡层（APCVD）	～0.4μm
FTO 前电极	～0.5μm

太阳光

图 5-12　气相传输沉积法制备的 CdS/CdTe 太阳电池及电池结构

2）近空间升华法　近空间升华法也是最常用的一种 CdTe 太阳电池制备技术。图 5-13 所示为 30MW 近空间升华法制备 CdTe 太阳电池的产业化生产线。图 5-14 所示为该生产线上制备的 CdTe 太阳电池组件 $I-U$ 曲线图，电池转换效率为 11.86%（由 TUV Nord 测试和认证）[22]。

图 5-13　近空间升华法 CdTe 太阳电池生产线

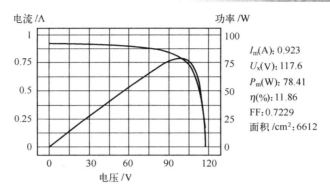

图 5-14 效率为 11.86% 的 0.72m² CdTe 组件 *I – U* 曲线图

5.2　CIGS 太阳电池

5.2.1　CIGS 太阳电池发展概况

CIGS 薄膜材料包括了三元化合物半导体 $CuInSe_2$、$CuGaSe_2$、$CuInS$ 以及相关的化合物 $Cu(In、Ga)(S、Se)_2$（简称为 CIS 或 CIGS），它们属于 Ⅰ-Ⅲ-Ⅵ₂族化合物，是直接带隙半导体，光学吸收系数高，达 $10^5/cm$，是目前所有太阳电池材料中光学吸收系数最高的（如图 5-1 所示），只需 $1\mu m$ 厚的材料就可吸收 99% 的可见光。CIGS 太阳电池的转换效率高，小面积电池实验室最高转换效率达 20.5%（玻璃衬底），小组件效率也可达到 18.7%（4 个串联电池）[11]，具有高转换效率及材料成本低的优点。此外，CIGS 太阳电池稳定性及抗辐射性能好，没有硅基太阳电池的光致衰减效应；光谱响应范围宽（为 400～1200nm），是各种类型电池中最宽的；弱光性能好，在阴雨天条件下输出功率高于其他类型太阳电池；衬底可用玻璃，也可用不锈钢或聚酰亚胺（PI）等柔性材料，轻便、可弯曲，适于移动便携式电池和空间电池，是很有发展前景的一种太阳电池。

1953 年，Hahn 等人首次合成 CIS 材料[23]。20 世纪 70 年代，美国 Bell 实验室开始 CIS 太阳电池的研究工作。1974 年，Bell 实验室的 Wagner 等人[24]首次制备出单晶 $CuInSe_2/CdS$ 异质结光电探测器，并报道了光电转换效率为 5% 的单晶 CIS 太阳电池。1975 年，通过对器件的优化，Wagner 等人将 $CuInSe_2/CdS$ 异质结太阳电池转换效率提升到 12%[25]。1976 年，美国 Maine 大学首次开发出 $CuInSe_2/CdS$ 异质结薄膜太阳电池，转换效率达到 4%～5%[26]。1981 年，美国波音公司采用多元共蒸发沉积法制备出效率达到 9.4% 的 CIS 薄膜太阳电池[27]；1982 年，波音公司又通过蒸发 $Zn_xCd_{1-x}S$ 代替 CdS 作为缓冲层将 CIS 薄膜电池转换效率提高到 10.6%[28]。1988 年，ARCO Solar 公司采用硒化法研制出光电转换效率为 14.1% 的

CIS 太阳电池[29]。20 世纪 80 年代末，人们在 CIS 材料中掺入 Ga 和 S 元素[30,31]，取代部分 In 和 Se 以提高材料的禁带宽度，使之与太阳光谱更匹配，以获得更高的光电转换效率。1989 年，波音公司在 CIS 中掺入 Ga，制备的 CuInGaSe/CdZnS 电池的转换效率达到 12.9%[32]。1993 年，Tarrent 等人通过在 CIS 中掺入 Ga 和 S，制备出具有梯度带隙结构的 Cu（In、Ga）（S、Se）$_2$ 薄膜吸收层[33]，电池转换效率达到 15.1%。1994 年，美国可再生能源实验室（NREL）采用三步共蒸法[34]，制备的 CIGS 薄膜太阳电池转换效率达到 16.4%[35]。此后十多年，NREL 一直保持着小面积 CIGS 太阳电池的效率纪录，到 2008 年它制备的电池转换效率达到 19.9%（0.419 cm^2）[36]。2010 年，ZSW. Stuttgart 将小面积 CIGS 薄膜电池的转换效率提高到 20.3%；2014 年，ZSW 采用真空共蒸法技术进一步将 CIGS 薄膜电池最高转换效率提高到 21.7%[37]。

近几年，我国 CIGS 太阳电池的研究及产业化都取得了一定进展。南开大学采用三步共蒸法制备的 CIGS 太阳电池转换效率达到 15.4%；香港中文大学在 PI 衬底上制备的 CIGS 太阳电池效率达到了 15.7%；深圳先进技术研究院采用共蒸法技术在玻璃衬底上制备了转换效率为 19.4% 的 CIGS 电池，并以此为基础，建成了一条年产能 2MW 的中试线。2012 ～ 2013 年，汉能公司通过收购 Solarbe、Miasole 和 Global Solar Energy 实现了 CIGS 太阳电池的产业化生产，跻身世界一流 CIGS 太阳电池生产企业行列。2014 年，Solibro 研制的 1cm^2 的 CIGS 太阳电池转换效率达到 20.95%，Miasole 研发的面积 9831cm^2 的 CIGS 太阳电池组件效率达到 16.3%。2015 年 4 月，在上海举办的 SNEC 展会上，汉能公司展出了量产效率最高达到 16.3% 的柔性衬底电池（由 Miasole 研发）。

5.2.2　CIGS 材料性质

1. Cu（In、Ga）Se$_2$ 材料结构及成分

CuInSe$_2$ 是 Ⅰ－Ⅲ－Ⅵ族三元化合物。图 5-15 所示为 Cu、In、Se 三元相图，CuInSe$_2$ 的位置接近于 Cu$_2$Se 和 In$_2$Se$_3$ 间的连接线。图 5-16 所示为处于 CuInSe$_2$ 成分附近的 Cu$_2$Se－In$_2$Se$_3$ 二元相图。CuInSe$_2$ 具有两种同素异形结构，一种是具有闪锌矿结构的 δ 相，另一种是具有黄铜矿结构的 γ 相。闪锌矿相是 CuInSe$_2$ 的高温相，在室温下不能稳定存在，在 570℃ 以上时才能稳定。黄铜矿相是 CuInSe$_2$ 的低温相，在 810℃ 下都很稳定，因此实际用于太阳电池的 CuInSe$_2$ 一般为黄铜矿结构。

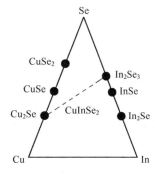

图 5-15　Cu、In、Se 三元相图

图 5-17 所示为 CuInSe$_2$ 材料的黄铜矿结构。这种结构由两个面心立方晶格套构

而成，一个为阳离子（Cu、In）对称分布的面心立方晶格；另一个为阴离子 Se 组成的面心立方晶格；每个（Cu、In）离子近邻有 4 个 Se 离子，Se 离子位于以（Cu、In）离子为中心的体心立方 4 个不相邻的角上；每个 Se 离子近邻有两个 Cu 离子和两个 In 离子，位于以 Se 离子为中心的四面体的 4 个角上。

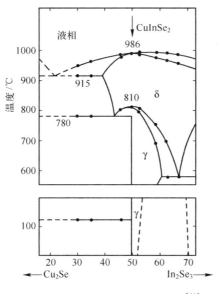

图 5-16　$Cu_2Se - In_2Se_3$ 二元相图[38]　　　图 5-17　$CuInSe_2$ 材料的黄铜矿结构[38]

$CuInSe_2$ 晶体可以任意比例与 $CuGaSe_2$ 形成 $CuIn_{1-x}Ga_xSe_2$，掺入的 Ga 会取代 $CuInSe_2$ 晶体中的部分 In，由于 Ga 原子半径小于 In 原子半径，CIGS 晶体的晶格常数也会变小，从而导致材料性能发生改变。

2. CIS/CIGS 薄膜光学性质

CIS 是直接带隙材料，光谱响应范围宽（为 400 ～ 1200nm），光学吸收系数高（1.4eV 以上光子的吸收系数大于 10^5/cm），禁带宽度在室温时是 1.02eV。通过在 CIS 中掺入适量的 Ga 替代部分 In，成为 $CuInGaSe_2$ 四元化合物（简称 CIGS）。CIGS 有一个很重要的特点，就是可以通过调节材料中 In 和 Ga 的比例来调整材料的禁带宽度（在 1.02 ～ 1.68eV 之间变化），利用这一特点，可以在电池中形成梯度带隙宽度，扩大光子吸收的范围，有利于提高电池的性能，是一种很好的太阳能光电材料。

CIGS 材料禁带宽度 E_g 与 Ga/(In + Ga) 比例的关系 x 可用下式表示。

$$E_g(x) = (1 - x)E_{gCIS} + xE_{gCGS} - bx(1 - x) \tag{5-6}$$

式中，x 为 Ga 与（In + Ga）原子百分比；$E_g(x)$ 为 CIGS 薄膜的带隙宽度；E_{gCIS} 为 $x = 0$ 时 $CuInSe_2$ 的带隙宽度（1.02eV）；E_{gCGS} 为 $x = 1$ 时 $CuGaSe_2$ 的带隙宽度（1.68eV）；b 为弯曲系数，大小为 0.15 ～ 0.24eV。

3. CIS/CIGS 薄膜电学性质

CIS/CIGS 薄膜为多元化合物，具有较大的化学组成区间，要得到精确化学计量比的材料很困难，一旦材料中各组分偏离化学计量比，就会产生缺陷，这些缺陷会在禁带中产生新的能级。适当调节 $CuInSe_2$ 化学组成，控制产生缺陷的类型，就可以得到 P 型（Cu 比例大）或 N 型（In 比例大）半导体。表 5-2 所列为 $CuInSe_2$ 材料中的 4 种主要缺陷。

表 5-2　$CuInSe_2$ 材料中的 4 种缺陷

缺 陷 类 型	能 级 位 置	类　　型
V_{Cu}	$E_v + 0.03eV$	浅受主
In_{Cu}	$E_c - 0.25eV$	补偿施主
V_{Se}		补偿施主
Cu_{In}	$E_v + 0.29eV$	复合中心

当薄膜中富 Cu（即 Cu/In 比大于化学计量比）时，薄膜的导电类型为 P 型，载流子浓度为 $10^{16} \sim 10^{20}/cm^3$。

当薄膜中贫 Cu（即 Cu/In 比小于化学计量比）时，薄膜导电类型为 N 型或 P 型。在这种情况下，若材料中 Se/(Cu + In) 比大于化学计量比，则得到的 P 型薄膜具有中等电阻率，得到的 N 型薄膜具有高电阻率。若材料中 Se/(Cu + In) 比小于化学计量比，则得到的 P 型薄膜具有高电阻率，得到的 N 型薄膜具有低电阻率。

在 CIS/CIGS 薄膜太阳电池中，吸收层一般采用 P 型 CIS/CIGS。在波音公司采用的"两步工艺"制备 CIS 薄膜过程中，就是先沉积一层具有小晶粒和低电阻率的富 Cu 的 P 型 CIS/CIGS 薄膜，然后再沉积一层具有大晶粒和高电阻率的贫 Cu 的 P 型 CIS/CIGS 薄膜。

5.2.3　CIGS 薄膜制备技术

CIGS 薄膜制备技术包括真空共蒸法、后硒化法、混合法、电沉积法、丝网印刷法等。其中，真空共蒸法和后硒化法是两种主流制备技术。共蒸法制备的 CIGS 薄膜质量较好，表面光滑，采用三步法工艺还易于实现 Ga 含量的梯度分布，从而实现带隙宽度的梯度分布，可有效改善电池的光谱吸收范围，提高电池效率。该方法制备的 CIGS 薄膜晶粒致密且尺寸大，电池转换效率高，适于制备高效率太阳电池。其缺点是该技术成本高，难度大，工艺复杂，对设备要求高，薄膜成分及均匀性较难控制。硒化法与共蒸法相比，前者工艺简单，对设备要求不高，投资和生产成本低，薄膜中各成分的比例易于控制，膜厚和成分分布均匀，可大面积制备，特别适合产业化生产；其缺点是转换效率低于共蒸法制备的薄膜转换效率。

真空共蒸法根据工艺流程分为一步法、二步法和三步法；后硒化法则根据 CIG 预置层的制备方式可分为溅射、蒸发、电沉积、喷射热解等方法。目前产业化生产中应用最多的是三步共蒸法和溅射预置层后硒化法。

1. 真空共蒸法

真空共蒸法制备是在高真空度下，把金属元素、合金或金属氧化物加热，使其分子蒸发并沉积到玻璃表面，形成薄膜，其沉积设备示意图如图 5-18 所示。

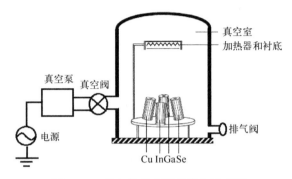

图 5-18　真空共蒸法沉积设备示意图

按照蒸发源数目的多少可分为单源蒸发、双源蒸发、三源蒸发和四源蒸发。单源蒸发就是加热单一蒸发源 CIS 合金，使之蒸发并沉积到衬底上，从而获得 CIS 薄膜；双源蒸发是加热 $CuSe_2$ 和 $InSe_3$，使其蒸发后沉积在基片上，从而获得单相薄膜；三源蒸发是将 Cu、In 和 Se 分别蒸发后共同沉积到基片上，从而得到 CIS 薄膜；四源蒸发是将 Cu、In、Ga 和 Se 分别蒸发后共同沉积到基片上，从而得到 CIGS 薄膜。在光伏领域，应用较多的是采用三源蒸发或四源蒸发等多元共蒸法来制备 CIS/CIGS 吸收层薄膜。在这 4 种蒸发源中，CuInGa 与基板结合系数高，因此利用各原子流量可控制薄膜中各成分比及沉积速率，从而获得较精确的成分比例，制备的电池转换效率高。Cu 在薄膜中的扩散速度快，在薄膜中基本呈均匀分布；In、Ga 扩散较慢，In、Ga 的流量和沉积速率对薄膜性能有影响；Ga/（Ga + In）比决定 CIGS 材料能隙大小。Se 附着系数低，因此在沉积过程中，Se 一般处于高蒸气压，以保证 Se 过量蒸发，从而避免薄膜缺 Se，过量的 Se 不会进入薄膜内部，而是在表面再次蒸发。

根据沉积过程中各蒸发源流量和衬底温度的变化，多元共蒸法又分为一步法、二步法和三步法[38]。一步法如图 5-19（a）所示，它是在沉积过程中，4 种蒸发源 Cu、In、Ga 和 Se 的流量保持不变，同时衬底温度也保持 550℃不变，形成的 CIGS 多晶薄膜中各元素成分固定，带隙宽度也固定。这种方法工艺简单，但晶粒尺寸较小，做成电池后转换效率较低。因此在它的基础上发展了二步法，如图 5-19（b）所示。

二步法将沉积过程分为两步，第一步是在 500℃ 的衬底温度下，以固定的流量沉积 Cu、In、Ga、Se 四种元素。从图 5-19（b）中可以看出，Cu 的流量相较于一步法有所增大，这样在衬底表面形成一层富 Cu（即 Cu/(Ga + In) 比大于化学计量比）的 CIGS 薄膜，多余的 Cu 往往以 Cu_xSe 的形式存在于薄膜的表面。第二步是将衬底温度升高到 550℃，增加 Cu、In、Ga 的流量，在富 Cu 的 CIGS 薄膜上再生长一层贫 Cu 的 CIGS 薄膜。在这一过程中，由于 Cu_xSe 在 550℃ 时以液相存在，沉积在其表面的 Cu、In、Ga、Se 原子在液相中迁移速度更快，因此容易获得大尺寸的晶粒。材料晶粒尺寸的提高，使得电池的转换效率得到提高。

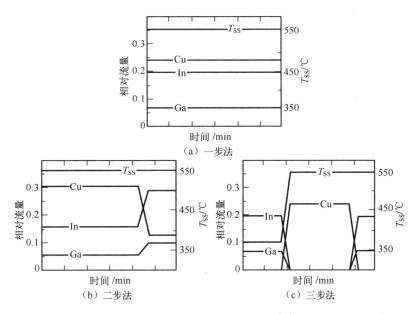

图 5-19 真空共蒸法制备工艺[38]

三步法由美国 NERL 发明，并用此工艺制备了一系列保持世界纪录的高效电池。三步法将沉积过程分为三个阶段，如图 5-19（c）所示。第一阶段，衬底温度约为 350℃，在 Se 气氛中（Se/(In + Ga) 流量比大于 3）共蒸发沉积 90% 的 In、Ga、Se 形成 $(InGa)_2Se_3$ 预置层。第二阶段，衬底温度为 550℃，蒸发 Cu、Se，Cu、Se 扩散进入 $(InGa)_2Se_3$ 预置层，反应生成 CIGS 薄膜，同时预置层里 In、Ga 也扩散至表面，与 Cu 、Se 反应形成新的晶核并生长。由于 Ga 的扩散速度比 In 慢，故在新生长层中 Ga 的含量低。第二阶段沉积过程结束后，形成富 Cu 的 CIGS 薄膜，多余的 Cu 在薄膜表面以 Cu_xSe 的形式存在，当温度大于 523℃ 时呈液相。

第三阶段，衬底温度保持在约 550℃，在 Se 气氛中沉积剩余的 10% 的 In、Ga、Se。此时，液相 Cu_xSe 中的 Cu 会扩散到表面与 In、Ga、Se 反应，在表面形成富 In、富 Ga 的 CIGS 薄膜。同时，In、Ga、Se 也会扩散进入液相 Cu_xSe 反应生成具有大晶粒的 CIGS 薄膜，同样由于 Ga 的扩散速度比 In 的慢，进入液相 Cu_xSe 反应层的 Ga 含量低，留在表面的 Ga 含量高，这样就形成了具有梯度 Ga 含量和梯度禁带宽度的 CIGS 薄膜，从而提高电池的开路电压和转换效率。三步法制备的 CIGS 薄膜质量好，晶粒大，带隙宽度呈梯度分布，转换效率高，是制备高效率太阳电池的主要工艺。但该工艺技术难度大，工艺复杂，对设备要求高，薄膜成分及均匀性较难控制。

2. 后硒化法

后硒化法工艺一般分为两步，第一步是在衬底上先预制含 Cu、In 和 Ga 元素的合金薄膜；第二步是将预制层在 H_2Se 或固态源的硒蒸气中硒化热处理形成 CIGS 薄膜。硒化法制备的 CIGS 薄膜性质主要依赖于 Cu/In/Ga 原子配比和硒化条件，而与沉积方式无关，Cu 与 (In+Ga) 的比例一般在 $0.85 \sim 0.9$ 之间，因此如何控制 Cu 与 (In+Ga) 的比例是硒化法的关键。与三步共蒸法相比，硒化法工艺简单，对设备要求不高，投资成本低，薄膜中各成分比例易于控制，膜厚和成分分布均匀，特别适合产业化生产，因此得到了迅速发展。

预置层的制备工艺主要包括磁控溅射、蒸发、电沉积、喷洒热解、化学涂层等方法，其中磁控溅射和蒸发需在真空下进行，而磁控溅射由于易于控制和实现产业化，是制备预置层常用的方法。溅射方法是在真空条件下利用高能惰性离子轰击 Cu、In、Ga 合金或化合物，Cu、In、Ga 原子由于受到撞击，溅射而出，沉积在衬底上，从而形成 Cu–In–Ga 预置层。由于溅射原子与撞击离子数量成正比，因此可以简单而精确地控制薄膜的沉积速度。根据对溅射速度和时间的控制，可以有效地调节各元素的化学配比；使用溅射工艺制备的薄膜致密性高，附着力强（是蒸发薄膜的数倍），薄膜均匀性好，适合制造大面积电池。

蒸发工艺是在高真空下通过加热 Cu、In、Ga 合金或化合物使其蒸发并沉积在衬底上形成 Cu–In–Ga 预置层。该技术的优点是制备的薄膜质量好，转换效率高；其缺点是大面积制备时薄膜成分及均匀性较差，膜的附着力也比较差。

喷涂热解是一种非真空、低成本的喷涂技术。该技术制备 CIS 预置层的基本过程是将含有所需元素的化合物的液态混合物喷射到约 600℃ 的衬底表面，使之热解反应沉积成 CIS 膜。该方法生产设备简单，易于操作，且不需要昂贵的真空装置和气体保护。其缺点是转换效率较低，膜的附着力差。

硒化法所用的 Se 源主要有气态硒化氢（H_2Se）和固态 Se 源。在 H_2Se 硒化过程中，一般还要用 90% 的惰性气体 Ar 或 N_2 将 H_2Se 稀释，稀释后的 H_2Se 气体通入硒化炉，分解产生原子态的 Se，与加热退火的 Cu – In – Ga 预置层反应，生成 CIGS 薄膜。在这个过程中，温度的控制特别重要，研究表明[39]在 575 ～ 600℃之间硒化的薄膜具有好的择优取向和黄铜矿结构。同时，载流气体 Ar 和 N_2 分别作为载流气不会影响晶体结构，但 Ar 气流量过大或 N_2 流量过小都会使薄膜疏松多孔。使用 H_2Se 气体硒化得到的 CIGS 薄膜样品质量较好，制备的 CIGS 太阳电池转换效率也较高，但 H_2Se 是剧毒气体，易挥发，且易燃、易爆。

固态 Se 源硒化是将颗粒 Se 进行热蒸发，产生 Se 蒸气与 Cu – In – Ga 预置层进行硒化反应生成 CIGS 薄膜。虽然采用固态 Se 硒化无毒、成本低、设备和工艺容易实现，但 Se 蒸气压难控制，薄膜中各元素成分比难控制，硒化过程中还易于造成 In、Ga 元素的损失，因此其应用受到限制。

虽然硒化法工艺成本较共蒸法低，但一般的硒化法很难实现 Ga 元素浓度的梯度分布，于是硫化工艺和叠层技术得到了发展，这两种方法都能实现 Ga 梯度分布。硫化工艺就是用 H_2S 替代部分 H_2Se，H_2S 与预置层反应在表面生成禁带宽度较大的 $Cu(InGa)S_2$ 薄膜，形成带隙梯度变化的 $Cu(InGa)(SeS)_2$ 薄膜，有助于电池开路电压和转换效率的提高。该工艺已成为生产中常用的一种方法，一些主要生产企业（如 Solar Frontier、Avancis 等公司）都在硒化法中加入了硫化工艺。

为提高电池的转换效率，在用硒化法制备吸收层时，可加入快速热处理工艺（RTP），对预置层进行退火处理，经过快速升/降温处理后，材料中的缺陷可以得到有效的改善，减少载流子复合，转换效率得以提高。

3. 混合法

混合法综合了共蒸法和硒化法的优点，并将二者结合起来。首先采用三步共蒸发法中的第一步，在衬底上蒸发沉积 In、Ga、Se，形成 $(InGa)_2Se_3$ 薄膜；但第二步蒸发 Cu、Se 时蒸发源需要 1200℃的高温，在大面积沉积时蒸发速率很难控制，因此将第二步改为溅射 Cu 后硒化法工艺，这样可以精确控制 Cu 的比例；第三步同共蒸法的第三步一样，继续蒸发剩余的 In、Ga、Se。这种方法将共蒸法和硒化法的优点结合起来，提高了薄膜质量和工艺稳定性。

4. 印刷法

印刷法是一种低成本的非真空制备技术。它首先制备出 Cu、In、Ga、Se 纳米颗粒墨水，颗粒尺寸约为 20nm，通过湿法涂层工艺将墨水印刷到沉积有 Mo 背电极的衬底上，然后经过快速热处理将纳米颗粒涂层转化为高质量的 CIGS 薄膜。其优点是工艺及设备简单，材料利用率高；其缺点是制备符合化学计量比的 CIGS 薄膜比较困难，且容易二元或一元杂相，导致电池转换效率较低。

5.2.4 CIGS 太阳电池结构及性能

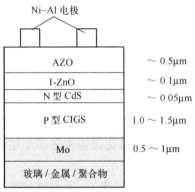

图 5-20 CuInGaSe$_2$太阳电池基本结构

CIGS 太阳电池基本结构包括衬底、阻挡层、背电极、P 型 CIGS 吸收层、N 型 CdS 缓冲层（或无镉缓冲层）、ZnO 窗口层、MgF$_2$减反射层及顶电极 Ni－Al，如图 5-20 所示。

1. 衬底材料

CIGS 太阳电池使用的衬底材料主要有玻璃、金属和塑料。其中，玻璃为刚性衬底，金属箔和塑料为柔性衬底。

玻璃衬底一般使用钠硅玻璃，钠硅玻璃离子浓度低、导热性好，热膨胀系数与 CIGS 匹配，特别是钠硅玻璃中所含有的钠扩散进薄膜，有助于产生较大晶粒及合适的晶向，提高和改善电池的性能。钠扩散到薄膜中，取代铟铜反位、Cu 空位缺陷，减少补偿施主密度，还可促进氧钝化硒表面空位。

金属衬底主要是指不锈钢、钼、钛、铝和铜等金属箔材料。使用金属箔衬底时，通常需要在衬底上沉积一个阻挡层，阻挡层的作用有两个，一个作用是在金属衬底和电池间形成绝缘，另一个作用是防止金属离子扩散到电池中。阻挡层使用的材料主要为氧化硅、氮化硅，一般采用射频溅射方式进行沉积。

塑料衬底一般采用聚酰亚胺，使用时要注意温度的限制。由于聚酰亚胺热膨胀系数过高，需要采用特殊工艺进行处理。

2. 背电极

金属 Mo 具有良好的导电特性，与衬底附着性好，欧姆接触良好，热膨胀系数接近于玻璃的热膨胀系数，符合 CIGS 太阳电池对背电极的要求，是 CIGS 薄膜太阳电池背接触层的最佳选择。Mo 层制备一般采用直流磁控溅射方法，制备的 Mo 膜具有稳定性高、反射率高、电阻低等优点。沉积过程中 Mo 膜的质量与溅射气压有关，低气压下沉积的薄膜附着力不好，但电阻率低；高气压下沉积的薄膜附着力好，但电阻率高。因此采用双层溅射的 Mo 背电极效果比较好，首先在高压强 Ar 气下溅射 0.1μm 的 Mo 膜，然后在低气压下再溅射 0.9μm 膜，这样制备的 Mo 膜既有良好的附着力，又有低的电阻率，这是目前 CIGS 电池背电极制备的主要工艺。CIGS 电池中可能替代 Mo 作为背电极的材料有钽和铌，对于双面电池，则用导电氧化物层来代替钼。

3. 吸收层

吸收层是 CIGS 太阳电池中最重要的部分，也是电池的核心，光生载流子主要产生于吸收层。由于 P - CIGS 薄膜为多晶结构，故要求薄膜中缺陷少，以减小载流子复合率；要求吸收层与金属要有良好的欧姆接触，以利于载流子的收集；表面平整性要好，以促进良好接面状态；要有足够的厚度，且厚度要小于载流子扩散长度，一般为 1.5 ~ 2μm。吸收层薄膜中的元素配比及元素 Ga 浓度的梯度分布直接影响薄膜的光电性能。

4. 缓冲层

在 CIGS 太阳电池中，常用的缓冲层是 N 型 CdS，与 P - CIGS 一起形成 PN 结。CdS 也是直接能隙半导体，带隙宽度为 2.4eV，与 CIGS 晶格匹配性好，但随着 CIGS 内 Ga 含量的增加，匹配性逐渐变差。

CdS 的制备方法很多，主要为化学水浴法（CBD）。此外还有真空蒸发、溅射、原子层化学气相沉积、电沉积等，但这些方法都会对吸收层造成破坏。

化学水浴法是将沉积在 Mo 背电极上的 CIGS 吸收层放入由镉盐（$CdCl_2$、$CdSO_4$ 等）、氨水（NH_3）、硫脲（$SC(NH_2)_2$）组成的碱性化学溶液中，溶液中的氨水会对 CIGS 表面进行腐蚀清洗以去除氧化层，促进 CdS 薄膜生长。将溶液升温到 60 ~ 80℃ 并进行均匀搅拌，在搅拌过程中，硫脲分解的 S^{2-} 和溶液中的 Cd^{2+} 沉积在 CIGS 吸收层上，生成 CdS 薄膜。

化学水浴法制备 CdS 缓冲层的工艺简单，沉积温度低，制备的薄膜结构致密无针孔，一致性好，厚度薄，器件串联电阻小，但由于其中的 Cd 为有毒物质，在制备过程中会对环境造成污染，因此人们一直在寻找无镉缓冲层来替代 CdS 缓冲层，无镉缓冲层一般为 Zn 和 In 的硫属元素化物如 ZnS、ZnSe、In_xSe_y、In_2S_3 等，制造方法和 CdS 相似。这些无镉缓冲层存在的主要问题是效率不够高，在光照下会产生亚稳态。

5. 窗口层

CIGS 太阳电池窗口层材料为 ZnO，ZnO 也是一种直接带隙半导体材料，禁带宽度为 3.2eV。窗口层由两种类型的 ZnO 组成，分别是本征层氧化锌（I - ZnO）和掺 Al 氧化锌（ZnO：Al），本征层氧化锌直接沉积在 CdS 缓冲层上，与 CdS 缓冲层一起组成异质结的 N 型区。图 5-21 所示为 N 型 ZnO、CdS 与 P 型 CIGS 组成异质结的能带示意图。由于 CIGS 太阳电池光生载流

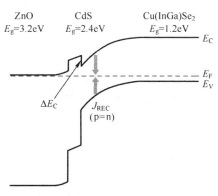

图 5-21　N 型区 ZnO、CdS 与 P 型 CIGS 异质结的能带示意图[38]

子主要在 CIGS 吸收层产生，作为窗口层的 ZnO 要求其厚度尽量薄（一般厚度为

50nm），以便让更多的光子进入 CdS 缓冲层和 CIGS 吸收层。

和 I – ZnO 不同，（ZnO∶Al）的作用主要是与顶电极一起收集和传输电流，因此要求有较高的电导率和光透过率，为达到高电阻率的要求，（ZnO∶Al）的厚度要尽可能厚，一般厚度为 300 ～ 500nm。

6. 减反射层和顶电极

和其他类型电池一样，当太阳光照射到电池表面时，会有约 10% 的光在表面反射损失掉，为减少这部分损失，需要在（ZnO∶Al）上沉积一层减反射膜。CIGS 太阳电池主要应用的减反射膜是 MgF_2，可通过蒸发和溅射沉积。

CIGS 太阳电池顶电极采用的是 Ni – Al 网状电极，要求接触面积尽可能小，从而降低接触电阻，电极的制备采用真空蒸发法，先在（ZnO∶Al）上镀数十 μm 宽的 Ni，然后在 Ni 材料上镀数 μm 宽的 Al，这样可改善顶电极与（ZnO∶Al）之间的欧姆接触，还可防止 Al 向 ZnO 中扩散，从而提高电池的长期稳定性。

5.2.5　CIGS 太阳电池制备技术

1. CIGS 太阳电池制备工艺

同其他薄膜电池一样，CIGS 电池也须切割成多个小电池后集成串联，在电池制备过程中可以通过激光划线来达到这个目的。图 5-22 所示为 CIGS 电池内部串联示意图。

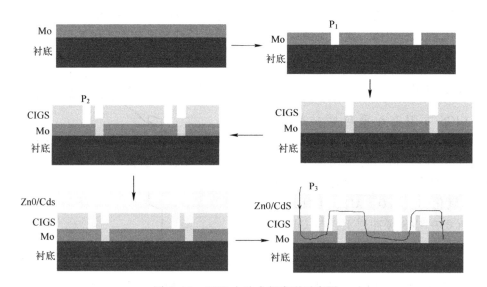

图 5-22　CIGS 电池内部串联示意图

CIGS 太阳电池一般工艺流程为：①衬底清洗、处理，若为金属衬底，需沉积一层阻挡层；②溅射 Mo 背电极，厚度为 0.5 ～ 1μm；③划线 P_1；④沉积吸收层 P – CIGS，厚度为 1 ～ 2.5μm；⑤沉积缓冲层 N – CdS 及窗口层 ZnO；⑥划线 P_2；⑦真空溅射沉积 ZnO：Al；⑧划线 P_3；⑨蒸发或溅射沉积减反射膜 MgF_2；⑩蒸发或溅射沉积 Ni – Al 顶电极。

在 CIGS 太阳电池制备过程中，可采用激光划线、光刻划线或机械划线等划线方法，第一步划线 P_1 是切割 Mo 背电极，由于钼层较硬，必须用激光划线。第二步划线 P_2 和第三步划线 P_3 可用机械划线。如果使用的是柔性衬底，为避免激光划线或机械划线损伤金属衬底表面阻挡层或破坏聚酰亚胺衬底表面，此时 P_1 一般用光刻划线。

由图 5-22 可见，被划线阻挡的部分不能产生有效光生载流子。如果划线宽度过宽，电流损失大；如果划线宽度过窄，则容易造成短路。因此需选择一个合适的宽度，一般为 0.5 ～ 1mm。图 5-22 中还可看见，划线 P_1 和 P_2、P_2 和 P_3 之间的部分也不能产生有效光生载流子，若划线间距过低，电流损失大；若划线间距过高，电阻损失大，故一般选择划线间距为 5 ～ 10mm。这两部分遮挡会造成电池约 10% 的损失。

2. 产业化生产工艺

1）真空共蒸法　图 5-23 所示为德国一个企业采用共蒸法制备 CIGS 太阳电池的生产线设备。其制备 CIGS 太阳电池的工艺流程为[40]：衬底玻璃清洗—Mo 电极沉积—P_1 划线—清洗—CIGS 沉积—CBD 前清洗—CBD 沉积 CdS—CBD 后清洗—i – ZnO 沉积—P_2 划线—AZO 沉积—P_3 划线—清除边结、绝缘—钻孔—清洗—沉积汇流条—组件合并—层压—安装接线盒—光照—测 I – U 特性—贴标签，制备的 120cm × 60cm CIGS 太阳电池组件转换效率可达 15%。

图 5-23　共蒸法制备 CIGS 太阳电池的生产线设备

2）硒化法　图5-24所示为硒化法制备的 CIGS 太阳电池组件。其制备工艺为：①背电极磁控溅射镀膜；②CIGS 预制层磁控溅射镀膜；③吸收层高温真空硒化；④缓冲层化学水浴法镀膜；⑤透明导电层磁控溅射镀膜；⑥电池片分条处理；⑦切片、测试筛选、布网格；⑧电池片串联，二极管及汇流条布置；⑨铺设背材、层压，连接线盒，并终测。

图5-24　硒化法制备的 CIGS 太阳电池组件

硒化法生产流程为：将 1m 宽不锈钢衬底通过装卷设备进入卷绕镀膜机中，卷绕镀膜机主要用于背电极磁控溅射、预制层磁控溅射、透明导电层磁控溅射镀膜，共 12 个靶位，产出率为 $1m^2/min$，相当于每条线 50MW 的产能。衬底进入卷绕镀膜机后，在这里沉积 Mo 背电极及 CuInGa 预置层；经过磁控溅射后的预置层进入高温硒化炉进行硒化，采用卷对卷的方式，以 1m/min 的速度快速且连续地完成硒化；经过硒化处理的 CIGS 吸收层进入化学沉积炉，在此采用卷对卷连续生产的化学水浴法，在镀好的吸收层上沉积一层 CdS 缓冲层；之后重新进入卷绕镀膜机沉积透明导电层，最后用出卷设备将镀好膜的电池形成电池卷。制备的组件平均转换效率达到 11% 以上，最高转换效率可达 14%。

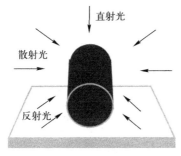

图5-25　一种圆管 CIGS 太阳电池示意图

3）圆管 CIGS 太阳电池　图5-25所示为一种圆管 CIGS 太阳电池示意图。它使用玻璃圆管作为衬底，其优势是不受光线方向的限制，可以接收所有方向来源的光线（包括直照光、反射光、漫反射光），因此一天中的发电量比较均匀。此外自然环境对管状结构影响较小，雨水、尘埃、积雪不会在管上沉积，安装方便，不需倾斜，不需特殊固件。其缺点是成本过高，前期投入成本大。

5.3　Ⅲ - Ⅴ族化合物太阳电池

　　Ⅲ - Ⅴ族化合物太阳电池具有光学带隙宽、转换效率高、稳定性好、耐高温、抗辐射等优点，其中 GaAs 太阳电池是目前转换效率最高的太阳电池，广泛应用于空间或地面聚光太阳电池中。由于Ⅲ - Ⅴ族化合物太阳电池生产成本高，因此将它应用于聚光光伏系统，采用比较便宜的光学系统来提高电池对光线的吸收，增加电池单位面积的输出功率，减少电池的使用量，可以有效降低Ⅲ - Ⅴ族化合物太阳电池的使用成本。

5.3.1　Ⅲ - Ⅴ族化合物材料特性

　　Ⅲ - Ⅴ族化合物由元素周期表中Ⅲ族和Ⅴ族元素按一定比例组合而成。主要的Ⅲ族元素有 Al、Ga、In 等，Ⅴ族元素有 P、As、Sb 等。由Ⅲ - Ⅴ族元素组成的化合物通常具有闪锌矿结构，这种结构与 Si 的金刚石结构类似，每个原子最近邻有 4 个原子，如果该原子处于正四面体中心，则 4 个最近邻原子处在四面体的顶角。图 5-26 所示为 GaAs 的原子结构，可以看做是由 Ga 原子组成的面心立方结构和由 As 原子组成的面心立方结构沿对角线方向移动 1/4 距离套构而成的。

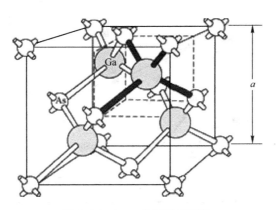

图 5-26　GaAs 的闪锌矿结构

　　Ⅲ - Ⅴ族化合物中的化学键主要为共价键，同时还有部分离子键。由于Ⅲ族元素原子外层有 3 个价电子，Ⅴ族元素原子外层有 5 个价电子，结合时，Ⅴ族元素原子的 5 个外层电子电离 1 个到Ⅴ族元素原子外层。此时，Ⅲ、Ⅴ族元素原子外层都有 4 个外层电子形成 4 个共价键。同时，Ⅴ族元素原子失去 1 个外层电子成为带正电离子，Ⅲ族元素原子得到 1 个外层电子成为带负电离子。由于正、负离子的存在，Ⅲ - Ⅴ族化合物中存在有离子键作用的化学键。

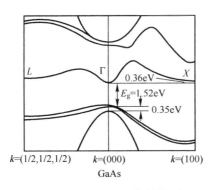

图 5-27　GaAs 的能带结构图

大部分Ⅲ–Ⅴ族化合物的能带结构是直接跃迁型的，即它们的导带底和价带顶基本都位于 $k=0$ 的 Γ 处。图 5-27 所示为 GaAs 的能带结构图。图中可见，GaAs 导带极小值位于布里渊区中心 $k=0$ 的 Γ 处，价带极大值近似位于 $k=0$ 处，因此电子从导带转换到价带时，不需要动量转换。Si 则属于间接跃迁型材料，其价带顶和导带底处的 k 值不同，需要进行动量转换。因此Ⅲ–Ⅴ族化合物相较于 Si 材料有着更好的光吸收性能。

　　Ⅲ–Ⅴ族化合物的带隙宽度 E_g 比Ⅳ族元素 Si、Ge 高，但比处于同一周期中的Ⅱ–Ⅵ族化合物低。图 5-28 所示为常见的Ⅳ族元素、Ⅲ–Ⅴ族及Ⅱ–Ⅵ族二元化合物的晶格常数和带隙宽度图。Ⅲ–Ⅴ族化合物还有一个特点，即当两种以上化合物组成三元或多元化合物时，其晶格常数一般随组分做近似线性变化，因此可以通过调整各元素的成分来调整化合物的晶格常数，这样有利于在制备化合物异质结时结间的晶格匹配。此外，多元化合物的带隙宽度也会随着各元素组分的变化而变化。

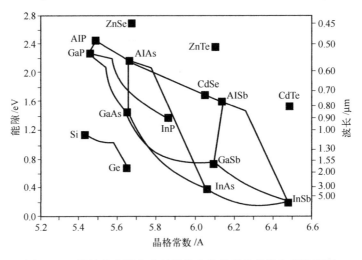

图 5-28　常见的太阳电池材料化合物的晶格常数和带隙宽度

5.3.2　GaAs 材料

1. GaAs 材料性能

GaAs 是Ⅲ–Ⅴ族化合物中最主要的太阳电池材料，其带隙宽度为 1.43eV，正好处在太阳光电转换的最佳带宽 1.4～1.5eV 之间，因此相比其他太阳电池光伏材料具有较高的光电转换理论效率，如图 5-29 所示。GaAs 的光吸收性好，对 0.85μm 以下波长的光吸收系数达到 10^4/cm 以上，只需要 3μm 的厚度就可吸收 95% 的太阳光谱能量，因此在制备太阳电池时可以大大节省材料的用量，也可以制作成高效率的薄膜太阳电池。此外，GaAs 还具有电子迁移率高、电子饱和速度高、工作温度高等优点，不仅在光电领域表现优异，在高速、高频、微波等通信领域也得到广泛应用。其物理性能见表 5-3。

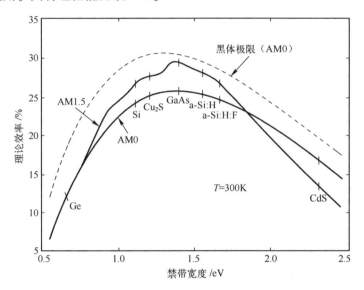

图 5-29　不同材料禁带宽度与太阳电池的理论转换效率关系[41]

表 5-3　GaAs 材料的物理性能　($T = 300K$)

密度 /(g/cm³)	晶格常数 /Å	熔点 /℃	E_g /eV	本征载流子 浓度/cm⁻³	电子迁移率 /[cm²/(V·s)]	空穴迁移率 /[cm²/(V·s)]	光学吸收系数 /cm⁻¹
5.32	5.653	1238	1.43	1.3×10^6	8800	450	1×10^4

2. GaAs 晶体中的杂质和缺陷

GaAs 晶体中的杂质主要以替位式杂质和间隙式杂质的形式存在，当杂质进入 GaAs 晶体后处在晶格原子间隙中时，称为间隙式杂质；当杂质进入晶体后取代 Ga 原子或 As 原子时，称为替位式杂质。

当 GaAs 中掺入杂质后，就在禁带中引入了杂质能级，不同的杂质在 GaAs 中形成的导电类型和能级位置不同，见表 5-4。Ⅰ族元素（如 Au、Ag、Cu）在 GaAs 材料中通常会形成受主能级，表现为 P 型掺杂剂；Ⅱ族元素（如 Be、Mg、Zn、Cd、

表5-4　GaAs晶体中的杂质类型和能级位置[42]

族	杂质	类型	能级/eV	族	杂质	类型	能级/eV	族	杂质	类型	能级/eV
I	H	N		III	Al	N			O	D	-0.17
			+0.023		In	N			O	D	-0.4
	Li	A	+0.044	IV	C	A	+0.026				+0.63
			+0.143		C	D	-0.0059	VI	S	D	-0.00589
			+0.23		Ge	D	-0.00591		Se	D	-0.00587
			+0.51		Ge	A	+0.0404		Se	A	+0.53
	Na	A					+0.08		Te	D	-0.00589
	Cu	A	+0.145		Sn	D	-0.00582		Cr	A	+0.03
			+0.44		Sn	A	+0.170				+0.57
			+0.463		Pb	D	-0.00577				+0.81
	Ag	A	+0.238	V	N	N		VII	Cl	N	
	Au	A	+0.31		P	N			Mn	A	+0.012
II	Be	A	+0.028		Sb	N					0.109
	Ca	A/D			V	A	+0.737	VIII	Fe	A	+0.370
	Mg	A	+0.028								+.0520
			+0.125								+0.540
	Mg	D	-0.03								+0.840
	Zn	A	-0.0307						Co	A	+0.530
	Cd	A	+0.0347								+0.420
			+0.4								
	Hg	A									

Ga空位—施主杂质						As空位—受主杂质			
Si	Ge	Sn	S	Se	Te	Zn	Cd	Si	Ge
+0.332	+0.312	+0.315	+0.314	+0.287	+0.295	-0.143	-0.148	-0.94	-0.57

（表中D—施主；A—受主；N—中性。正号为离价带顶的数值，负号为离导带底的数值）

Hg）在GaAs材料中通常会取代Ga元素形成替位式杂质。由于II族元素原子最外层比Ga元素少一个价电子，因此更容易获得一个电子，形成浅受主能级，表现为P型掺杂剂。但有时II族元素也会与晶格缺陷结合生成复合体而呈现深受主能级；IV族元素（如Si、Ge、Sn）掺入GaAs材料中时，材料的掺杂特性呈现两面性，若IV族元素替代Ga元素，由于IV族元素原子最外层比Ga元素多一个价电子，因此更容易失去一个价电子形成施主能级，表现为N型掺杂剂。若IV族元素替代As元素，则由于IV族元素原子最外层比As元素少一个价电子，因此更容易获得一个电子形成受主能级，表现为 P 型掺杂剂；Ⅵ族元素（如 S、Se、Te）掺入 GaAs 材料中时，由于其原子和结构与 As 比较接近，在 GaAs 中通常取代 As 形成浅施主杂质，表现为 N 型掺杂剂；过渡元素（如 Cr、Mn、Co、Ni、Fe、V）掺入 GaAs 材料中时，除 V 为施主杂质外，其余杂质均为深受主杂质；Ⅲ族元素（如 B、Al、In）和 V 族元素（P、Sb）掺入 GaAs 中时，Ⅲ族元素会取代 Ga 元素的位置，V 族元素会取代 As 元素的位置，但这些杂质既不是施主杂质，也不是受主杂质，而是呈现电中性，在禁带中不引入杂质能级，对材料的电性能也没有影响。

GaAs 晶体常用的 P 型掺杂剂有 Zn、Cd、Mg，常用的 N 型掺杂剂有 Te、Sn、Si、Se、S；用于太阳电池的 P 型掺杂一般为 Zn，N 型掺杂一般用 Si。

GaAs 材料中的缺陷主要有点缺陷、位错、杂质沉淀等。在制备 GaAs 晶体时，由于实际制备过程中很难得到严格意义上化学比为 1:1 的化合物，因此容易形成 Ga 空位和 As 空位等缺陷；GaAs 晶体生长过程中，如籽晶中有位错，就可能会延伸到 GaAs 晶体中，从而在晶体中形成位错。此外，在生长过程中，如果产生应力，如 HB 法生长单晶发生粘舟，也会在晶体中产生大量位错。晶体中的位错会导致材料性能下降，从而影响到器件的性能，因此要尽量减少位错的产生，如通过选择合适的籽晶、防止粘舟、调整单晶炉热场、稳定生长条件、采取缩颈等措施，减少 GaAs 单晶中的位错；在 GaAs 单晶中，当掺入杂质的浓度足够高时，就会发现有沉淀生成，如自重掺 Te 的 GaAs 中，当掺入的 Te 浓度比 GaAs 中载流子浓度大时，有一部分 Te 形成电学非活性的沉淀。GaAs 中的这类杂质沉淀对器件的性能有很大的影响，如 Te 沉淀物使单异质结激光器内量子效率降低，吸收系数增大，发光不均匀，使器件性能退化，因此要尽量控制好掺杂浓度。

5.3.3　GaAs 材料制备技术

最早的太阳电池是利用 GaAs 体单晶制备的，但由于从熔体中生长的 GaAs 体单晶纯度不高、缺陷多，表面复合率高，制备的电池转换效率低；此外，制备 GaAs 体单晶的成本高，而 GaAs 的光学吸收性能好，只需要 $2\mu m$ 厚度就可以吸收 95% 的太阳光，因此发展到后来主要应用成本低、性能好的 GaAs 薄膜来制备太阳电池。

1. GaAs 单晶的制备

GaAs 单晶制备方法主要有布里曼法（Bridgman）和液封直拉法。布里曼法按设备的放置方式可分为水平布里曼法（简称 HB）和垂直布里曼法（简称 VB）。通常 HB 法用于制备锑化物和砷化物单晶，GaAs 单晶就是采用这种水平布里曼法制备的；VB 法常用于制备 Ⅱ–Ⅵ族化合物，单晶硅的区熔制备也是采用垂直布里曼法进行的。

1）水平布里曼法　水平布里曼法又称横拉法。图 5-30 所示为其设备示意图及温度分布图[42]。图中可见，这套设备具有两个加热炉，分别是低温炉 A 和高温炉 B，反应室为一根圆柱形石英管，中间由石英隔窗将其隔离成两个反应室。低温 A 区放置高纯 As，高温 B 区放一个喷砂打毛的石英舟，舟内放置高纯 Ga。在将 As 和 Ga 装入石英管中时，为保持反应及晶体生长过程中石英管内 $9 \times 10^4 Pa$ 的平衡 As 压，装入 As 的量要比按化学计量比（1:1）计算的量多一些。

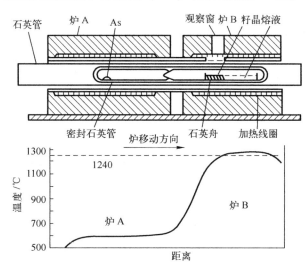

图 5-30　水平布里曼法设备示意图及温度分布图

As 和 Ga 在装料时，由于与空气接触在表面会形成一层氧化膜，需要在高真空中去除这层氧化膜。在真空压力 $(1.3 \sim 6.6) \times 10^{-2} Pa$、温度 700℃ 的条件下处理 2h 即可去除 Ga 表面的氧化膜；在同样的真空压力、温度 280 ～ 300℃ 的条件下处理 2h 即可去除 As 表面的氧化膜。之后，在真空状态下用氢氧焰封闭石英管两端，再用石英撞针或固体砷打通石英隔窗。将封闭好的石英管放入双温区炉中（Ga 处于高温区炉，As 处于低温区炉），开始加热升温，高低温区同时升温至 610℃，之后低温区保持这个温度，高温区继续升温到 1250℃。在这个过程中，As 的蒸气进入高温区并与 Ga 反应生成 GaAs 多晶。GaAs 多晶合成后，即可采用区熔法进行 GaAs 单晶的生长。如果装料时石英舟首部放置有籽晶，则调整熔区的位置使其与籽晶熔接，然后慢慢移动加热线圈或石英管，使熔区由首部逐渐移至尾部，移动速度通常为 10 ～ 15mm/h。如果装料时石英舟内没有放置籽晶，则通过降温或慢速移动熔区的方法使石英舟首部熔体过冷，从而产生一个或数个晶核，通过择优生长，使其中某个晶核长大成为单晶，之后熔区由首部移到尾部，完成单晶生长过程。

采用 HB 法制备 GaAs 单晶可以获得高纯 GaAs，但在高温区 Ga 会与石英舟发生反应，形成 Si 沾污，从而导致制备的 GaAs 单晶中存在大量 Si 缺陷。其反应为

$$4Ga(l) + SiO_2(s) \Leftrightarrow Si(s) + 2Ga_2O(g) \tag{5-7}$$

$$2Ga(1) + SiO_2(s) \Leftrightarrow SiO(g) + Ga_2O(g) \tag{5-8}$$

$$Si(s) + SiO_2(s) \Leftrightarrow 2SiO(g) \tag{5-9}$$

$$3Ga_2O(g) + As_4(g) \Leftrightarrow Ga_2O_3(s) + 4GaAs(s) \tag{5-10}$$

$$SiO(g) \Leftrightarrow SiO(s) \tag{5-11}$$

反应式（5-7）生成 Si 进入 GaAs 中，反应式（5-9）使得部分 Si 变成 SiO 逸出，反应式（5-10）中 Ga_2O 与 As 反应消耗掉反应式（5-7）中产生的 Ga_2O，使反应式（5-7）向正方向进行因而产生更多的 Si，形成更多的 Si 沾污。通过对石英舟进行预处理或控制反应区的温度等方法，可以减少 Si 沾污，主要方法有如下 3 个。

（1）对石英舟进行喷砂打毛，装入 Ga 源后，在 1000 ~ 1100℃高温下热处理 10h，生成一层高熔点的球状石英；

（2）降低高温区的温度，抑制反应式（5-7）的正向进行；

（3）去除 As、Ga 表面氧化膜，也有助于减少 Si 沾污。

2）液封直拉法　液封直拉法（Liquid Encapsulation Czochralski Method，LEC）是制备大直径Ⅲ - Ⅴ族化合物晶体的最主要方法，可拉制 GaAs、GaP、InP 等大直径单晶。

LEC 技术是在 CZ 技术的基础上发展起来的，与普通直拉法相似，首先在高压炉内利用石英坩埚将原料熔化成熔体，然后进行籽晶下种，通过缩颈、放肩、等径和收尾，制备成 GaAs 单晶。LEC 法使用的原料可以是在炉外预先合成的 GaAs 多晶材料，也可以是将 Ga 和 As 在炉内合成后再进行拉晶形成的多晶材料。在装料过程中，由于 Ga 和 As 易与空气中的氧反应，产生氧化膜，因此在装料完成后，需要在真空条件下、约 700℃进行热处理 2h，去除水分及氧化膜。此外，在拉制过程中，整个系统须密封，因为在拉制 GaAs 晶体的过程中，当温度超过 637℃时，As 蒸气压将大于 Ga 蒸气压，GaAs 晶体和熔体易发生分解而导致 As 空位产生，为避免在拉晶过程中 GaAs 熔体的分解及挥发，需要在 GaAs 熔体表面覆盖一层透明而粘滞的惰性液体，把 GaAs 熔体密封起来，并在惰性液体层上再填充 He 气或 Ar 气以保持炉内 1atm 的气压（1atm = 101.325kPa），从而避免 GaAs 熔体的分解。所使用的惰性液体通常使用 B_2O_3，其熔点为 450℃，比 GaAs 熔点低，故在 GaAs 熔化前已经熔化，从而保证了在 GaAs 分解挥发前将其密封。图 5-31 所示为拉制 GaAs 单晶的液封直拉设备示意图[43]。

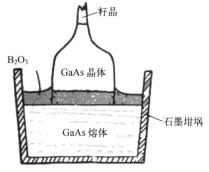

图 5-31　液封直拉法制备 GaAs 单晶设备示意图

采用 LEC 法制备 GaAs 单晶时，其拉晶速度一般约为 $10\mu m/s$，生长的 GaAs 单晶位错密度约为 $10^4 ~ 10^5/cm^2$。

2. GaAs 薄膜的制备

1）液相外延生长法（LPE） 液相外延（LPE）是通过降低饱和或过饱和溶液温度，使溶质从溶剂中析出并结晶在单晶衬底上生长成单晶薄膜的一种外延技术，具有生产设备简单、操作安全、外延层掺杂剂选择广泛、生产成本低、生长晶体纯度高等优点。LPE 技术于 1963 年首次由 Nelson 提出[44]并应用于 GaAs 半导体薄膜材料的制备中，GaAs 薄膜通常在以 Ga 为溶剂、GaAs 为溶质的饱和溶液中生长。

液相外延生长 GaAs 薄膜的主要方法有倾斜法、浸渍法、旋转法、滑动法[42]。

（1）倾斜法工作原理如图 5-32 所示，倾斜的石墨舟一端放置单晶 GaAs 衬底，另一端放置高纯 Ga 和多晶 GaAs（图 5-32a），加热至预定温度使多晶 GaAs 恰好全部溶解，形成以 Ga 为溶剂、GaAs 为溶质的饱和溶液。之后将石墨舟反方向倾斜，溶液与单晶 GaAs 衬底接触（图 5-32b），缓慢降温，GaAs 在衬底上析出并生长成 GaAs 单晶薄膜，待薄膜生长到预定厚度后，将石墨舟回复到原来的倾斜位置。这种方法的缺点是溶液和外延层晶体分离不完全，外延层厚度和均匀性难控制，因此主要应用于 LPE 技术发展的早期。

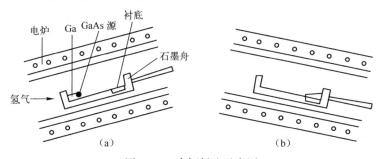

图 5-32　舟倾斜法示意图

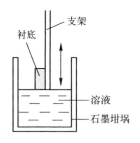

图 5-33　坩埚浸渍法

（2）浸渍法工作原理如图 5-33 所示。将溶质和溶剂置于坩埚中，加热到预定温度后形成饱和溶液，将夹在支架上的衬底插入溶液，慢慢降低温度，开始外延生长，直至外延生长结束后抽出。

（3）旋转法工作原理如图 5-34 所示。将衬底放置在反应管的上部，溶质和溶剂放置在反应管的下部，加热到预定温度后形成饱和溶液，旋转反应管，溶液仍然处在下部，衬底移动到下部与溶液接触，慢慢降低温度，开始外延生长，直至外延生长结束后转到反应管至最初的位置。

（4）滑动法工作原理如图 5-35 所示。衬底放置在可移动石墨滑板的下面，溶质和溶剂放置在石墨滑板上面的贮液槽中，加热到预定温度后形成饱和溶液，移动石墨滑板，使衬底与溶液接触，慢慢降低溶液温度，溶质析出在衬底上。使用这种方法可以生长多层异质外延层，外延层均匀性好，厚度可准确控制，是应用很广泛的一种 LPE 方法。

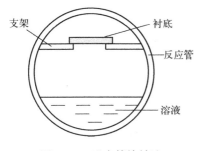

图 5-34　反应管旋转法

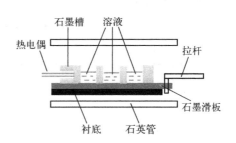

图 5-35　滑动舟法

LPE 技术于 20 世纪 70 年代初开始应用于研制单结 GaAs 太阳电池，早期通过在 GaAs 单晶衬底上外延生长 N-GaAs、P-GaAs 制备 GaAs 太阳电池，转换效率得到明显提高。随着 GaAs 电池技术的飞速发展，LPE 技术存在的一些不足（如无法进行异质界面生长、不适合大面积制备、外延层参数不易控制、不易实现多层复杂结构的生长等问题），使 GaAs 太阳电池性能无法得到进一步提高，因此到 20 世纪 90 年代初，国外就基本停止使用 LPE 技术。

2）气相外延生长法（VPE）　在各种 Ⅲ-Ⅴ 族外延技术中，GaAs 气相外延技术是最早开发的，早期主要有卤化物法（Ga/AsCl$_3$/H$_2$）和氢化物法（Ga/HCl/AsH$_3$）。由于这两种方法以金属 Ga 为源，稳定性较难控制，此外反应使用的双温区也较难控制，因此 1968 年 MANASEVIT 提出了金属有机化学气相沉积法（MOCVD），使用 Ga 的甲基或乙基化合物和 As 的氢化物在衬底上外延生长 GaAs 单晶薄膜。该方法能精确控制外延层厚度、浓度和组分，可生长多层薄膜，制备多结太阳电池，重复性好，可靠性高，是目前占主导地位的 GaAs 单晶薄膜制备方法。

（1）卤化物法。卤化物法使用的原料有金属 Ga、AsCl$_3$ 和 H$_2$，反应管内按温度分为高温区和低温区，金属 Ga 源放置在高温区，衬底放置在低温区，AsCl$_3$ 在高纯 H$_2$ 的携带下进入反应管，在 300～500℃ 的低温时发生如下还原反应：

$$4AsCl_3 + 6H_2 \Leftrightarrow As_4 + 12HCl \tag{5-12}$$

被 AsCl$_3$ 还原生成的 As$_4$ 和 HCl 被 H$_2$ 带至高温区 Ga 源处（850℃），As$_4$ 被 Ga 吸收形成 GaAs 的 Ga 溶液，当吸收的 As 达到该温度下的饱和浓度时，就会有 GaAs 析出：

$$4Ga + As_4 \Leftrightarrow 4GaAs \tag{5-13}$$

同时被 H$_2$ 带至 Ga 源处的 HCl 与 Ga、GaAs 在高温下反应生成 GaCl：

$$2Ga + 2HCl \Leftrightarrow 2GaCl + H_2 \tag{5-14}$$

$$4GaAs + 4HCl \Leftrightarrow 4GaCl + As_4 + 2H_2 \tag{5-15}$$

GaCl 和 As_4 在反应管内被输运到低温淀积区，扩散到衬底表面，在衬底表面发生反应生成 GaAs 薄膜。反应产生的 $GaCl_3$ 以无色针状物的形态从反应管末端析出，未反应的 As_4 以黄褐色产物的形态析出：

$$6GaCl + As_4 \Leftrightarrow 4GaAs + 2GaCl_3 \tag{5-16}$$

$$4GaCl + As_4 + 2H_2 \Leftrightarrow 4GaAs + 4HCl \tag{5-17}$$

（2）氢化物法。氢化物法使用的原料有金属 Ga、HCl、AsH_3 和 H_2。首先，HCl 在高纯 H_2 的携带下进入反应管，流过 Ga 源，与 Ga 反应生成 GaCl 蒸气：

$$2Ga + 2HCl \Leftrightarrow 2GaCl + H_2 \tag{5-18}$$

之后，与 AsH_3 混合，在混合区 AsH_3 发生分解，分解成 As_4 和 H_2：

$$4AsH_3 \Leftrightarrow As_4 + 6H_2 \tag{5-19}$$

上述两个反应产生的气相组分输运到低温淀积区，扩散到衬底表面，在衬底表面发生反应生成 GaAs 单晶薄膜：

$$4GaCl + As_4 + 2H_2 \Leftrightarrow 4GaAs + 4HCl \tag{5-20}$$

（3）金属化学气相沉积法（MOCVD）。金属化学气相沉积是目前研究和制备 Ⅲ、Ⅴ族化合物太阳电池材料的主要方法。在这种技术中，Ⅲ族元素原材料一般采用其甲基或乙基化合物，如三甲基镓（TMGa）、三甲基铝（TMAl）、三甲基铟（TMIn）；Ⅴ族元素原材料则多采用氢化物，如 AsH_3、PH_3 等。这些气体通过高纯氢气载入反应室，在加热的衬底上发生不可逆的热分解反应，然后在衬底上制备出外延薄膜。对 GaAs 薄膜的沉积而言，衬底温度一般为 $500 \sim 800℃$，其反应式如下。

$$Ga(CH_3)_3 + AsH_3 \rightarrow GaAs + 3CH_4 \tag{5-21}$$

研究发现，GaAs 的外延生长速度与温度和 AsH_3 的流量无关，而正比于 TMGa 的流量。进一步用红外分光分析后认为，TMGa 和 AsH_3 在反应过程中先发生热分解反应，TMGa 分解速度较快，在气相中完全分解；AsH_3 在气相中分解速度慢，主要是在衬底表面通过表面催化发生分解。两种源材料分解产生的 Ga 和 As 在衬底表面沉积并生长成 GaAs 单晶薄膜，反应过程如下。

$$2Ga(CH_3)_3(g) + 3H_2(g) \rightarrow 2Ga(g) + 6CH_4(g) \tag{5-22}$$

$$4AsH_3(g) \rightarrow As_4(g) + 6H_2(g) \tag{5-23}$$

$$4Ga(g) + As_4(g) \rightarrow 4GaAs \tag{5-24}$$

使用 MOCVD 技术可以很方便地制备多元Ⅲ–Ⅴ族化合物，如要制备 $Al_xGa_{1-x}As$ 外延层，只需要在 GaAs 制备系统中再增加一路气体 $Al(CH_3)_3$ 即可实现，其反应式如下。

$$xAl(CH_3)_3 + (1-x)Ga(CH_3)_3 + AsH_3 \rightarrow Al_xGa_{1-x}As + 3CH_4 \tag{5-25}$$

同样，MOCVD 技术可以很方便地实现掺杂，用做 GaAs 材料的 N 型掺杂剂有

硅烷 SiH_4、H_2Se，P 型掺杂剂有二乙基锌（DEZn）或 CCl_4，这些气体都可以通过 MOCVD 设备上预留的气体管路通入反应室，参与反应，实现掺杂。

相比于 LPE 生长设备，MOCVD 生长设备要复杂得多。图 5-36 所示为 GaAs 薄膜 MOCVD 生长设备示意图，包括气体处理系统、反应室、尾气处理系统、控制系统。在 MOCVD 制备 GaAs 膜技术中，由于使用的一些气源（如各种金属有机化合物，以及 AsH_3、PH_3、SiH_4 等）都是剧毒或易燃易爆气体，具有一定的危险性，因此对设备的气密性要求很严格，通常会采用低压（约 10^4 Pa）生长，以防止剧毒危险气体的泄漏。

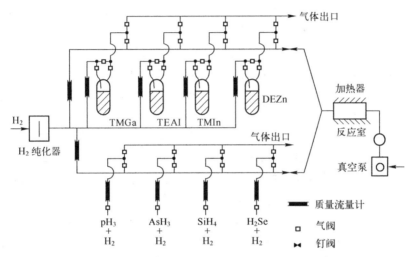

图 5-36　GaAs 薄膜 MOCVD 生长设备示意图[45]

5.3.4　GaAs 太阳电池

GaAs 太阳电池具有转换效率高、空间抗辐射性能好等优点，是空间电源应用的主角。近年来，由于其转换效率高、抗高温性能好，在地面高倍聚光太阳电池中也得到了广泛的应用。20 世纪 50 年代，人们首次发现 GaAs 材料具有光伏效应，并于 1956 年，通过在 N 型 GaAs 衬底上扩散 Cd，首次制备出转换效率达到 6.5% 的 GaAs 太阳电池；1973 年，采用液相外延（LPE）技术[46]，在 GaAs 表面生长一层宽禁带 $Al_xGa_{1-x}As$ 窗口层制备的电池转换效率达到 16%。此后，GaAs 基太阳电池技术经历了从 LPE 到 MOCVD，从同质外延到异质外延，从单结到多结叠层结构，从 1 个太阳常数到多倍聚光的多个发展阶段，转换效率得到快速提高。目前，在 AM1.5、1 个太阳辐照下的 GaAs 单结太阳电池的最高转换效率达到 28.8%，InGaP/GaAs/InGaAs 多结太阳电池最高转换效率达到 37.7%，是所有类型太阳电池中转换效率最高的；在高倍聚光条件下，InGaP/GaAs/InGaAs 和 GaInP/GaAs/

GaInNAs 三结太阳电池最高转换效率达到了 43.5%（AM1.5、306 个太阳常数）和 44%（AM1.5、942 个太阳常数)[47]。

1. GaAs 单结太阳电池

由于 GaAs 体单晶杂质浓度高，制备的太阳电池转换效率较低，因此应用更多的是 GaAs 薄膜太阳电池。GaAs 薄膜通过液相外延或气相外延技术沉积在衬底上，使用的衬底材料主要有 GaAs 单晶和 Ge 单晶。

20 世纪七八十年代，单结 GaAs 太阳电池主要以 GaAs 单晶为衬底，外延层基本采用液相外延生长技术，最高转换效率达到 21%，并实现了小面积 GaAs 太阳电池的产业化生产。随着 MOCVD 技术的发展，该技术开始应用到 GaAs 单结电池的制备中，采用 MOCVD 技术沉积制备的 GaAs 薄膜太阳电池转换效率达到 17.3%（AM0、28℃条件下)[48]。该电池采用 500μm 厚的 GaAs 单晶为衬底，在衬底上沉积好外延层后，通过选择性腐蚀法将 GaAs 单晶衬底去除，以减轻电池的质量，方便应用于空间电源。

由于 GaAs 单晶衬底成本高，机械强度低，Ge 单晶逐渐替代 GaAs 作为衬底。对于 GaAs/Ge 太阳电池，由于 GaAs 和 Ge 为异质界面，界面上存在缺陷（主要有反向畴和位错[49]），对电池性能会产生影响。此外，在 GaAs 和 Ge 界面处还存在互扩散的问题，这也是影响电池性能的一个主要因素，Ge 会扩散到 GaAs 外延层中，扩散距离可达到数 μm，成为 GaAs 的 N 型掺杂剂，浓度达 $10^{17} \sim 10^{18}/cm^3$。Ga 和 As 也会向 Ge 衬底扩散，As 在 Ge 衬底中扩散距离可以达到 6μm，成为 Ge 的 N 型掺杂剂，浓度可达 $10^{19}/cm^3$。Ga 在 Ge 中扩散浓度更高，但距离短一些。Ga 和 As 在 Ge 中的扩散导致寄生 Ge PN 结产生，如果寄生 PN 结的极性与 GaAs PN 结的极性相反，则会降低电池的开路电压；如果极性相同，由于寄生 PN 结的短路电流与 GaAs PN 结的短路电流不同，会降低电池的短路电流。由于这些问题的存在，早期制备的 Ge 衬底 GaAs 太阳电池转换效率不太高。随着 MOCVD 技术的发展，GaAs 和 Ge 异质材料界面匹配问题得到改善，Ge 衬底太阳电池转换效率逐步提高。2008 年，面积为 $0.25cm^2$ 的 GaAs/Ge 单结太阳电池转换效率已达到 24.7%。目前，在 AM1.5、1 个太阳辐照下的 GaAs 单结太阳电池最高转换效率已达到 28.8%。

正面电极	减反射膜
P-GaAs	
P-Al$_x$Ga$_{1-x}$As 窗口层	
P-GaAs 发射层	
N-GaAS 基底层	
N-AlGaAs 背场	
N-GaAs 缓冲层	
N-GaAs(Ge) 衬底	
背电极	

图 5-37 单结 GaAs 太阳电池的
典型结构示意图

单结 GaAs 太阳电池的典型结构如图 5-37 所示。为减少衬底和电池之间的互扩散，在制备 PN 结前，在衬底上先制备一层 N - GaAs 缓冲层，之后制备 N - AlGaAs 背场，以减少光生载流子在接触界面的复合。在电池的表面，通常还需制备一层 P - Al$_x$Ga$_{1-x}$As 窗口层，以减少光生载流子在电池表面的复合。如果直接以 P - GaAs 作为表面层，由于 GaAs 是直接带隙材料，光学吸收系数高，表面层会吸收大量光子产生光生载流子，而表面层缺陷浓度高，光生载流子的复合率很高，不能形成电流，从而造成效率的降低。增加了一层 Al$_x$Ga$_{1-x}$As 窗口层后，当 $x = 0.8$ 时，Al$_x$Ga$_{1-x}$As 为间接带隙材料，禁带宽度约为 2.1eV，对可见光的吸收很少，因此大部分可见光会透过窗口层进入 GaAs 层，在内部产生光生载流子，减少了表面的复合。此外，P - Al$_x$Ga$_{1-x}$As 与 P - GaAs 接触后，由于两者的能带带阶主要发生在导带边，即 $\Delta E_C \gg \Delta E_V$，在界面处会形成一个少子的扩散势垒，阻止光生载流子向表面扩散，同样也降低了表面复合率。

2. GaAs 双结太阳电池

太阳光的光谱能量 $h\nu$ 范围为 0.4 ～ 4eV，GaAs 的禁带宽度 E_g 为 1.43eV，对单结 GaAs 太阳电池而言，光子能量 $h\nu$ 只要达到 1.43eV 就可以被吸收并转换成电能，但如果光子能量 $h\nu$ 大于 1.43eV，过剩的能量（$h\nu - 1.43$）就会以热能的形式释放掉，造成光子能量的浪费。解决的方法是采用多结叠层结构，每一层电池所用材料的禁带宽度不同，对应不同能量范围的光谱吸收，这样可以有效地减少光子能量的浪费，提高电池的转换效率。理论上多结太阳电池中子电池的数量越多，电池的潜在转换效率越高。但在实际应用中，从单结增加到双结、三结结构时，电池的转换效率增加很明显，随着子电池数量的增多，转换效率的增加逐渐变小，因此大于四结、五结的电池实用性还是不确定的。

1）GaInP/GaAs 双结太阳电池　Ga$_x$In$_{1-x}$P 是一种宽带隙三元化合物，随 x 的不同，材料的禁带宽度及晶格常数也会发生变化，当 $x \approx 0.5$ 时，其禁带宽度为 1.82 ～ 1.89eV。研究发现，Ga$_{0.5}$In$_{0.5}$P/GaAs 的界面复合率只有 1.5cm/s[50]，适合形成优良的级联结构。图 5-38 所示为一种 GaInP/GaAs 双结太阳电池结构。其中，顶电池为带隙宽度 1.85eV 的 GaInP 电池，吸收能量较高的光子；底电池为带隙宽度 1.43eV 的 GaInP 电池，吸收能量较低的光子。顶、底电池之间通过 p/n 隧道结相互连接。早期制备的 GaInP/GaAs 电池转换效率比较低，主要有 MOCVD 生长 GaInP 产生的材料问题及反常的带隙红移问题，

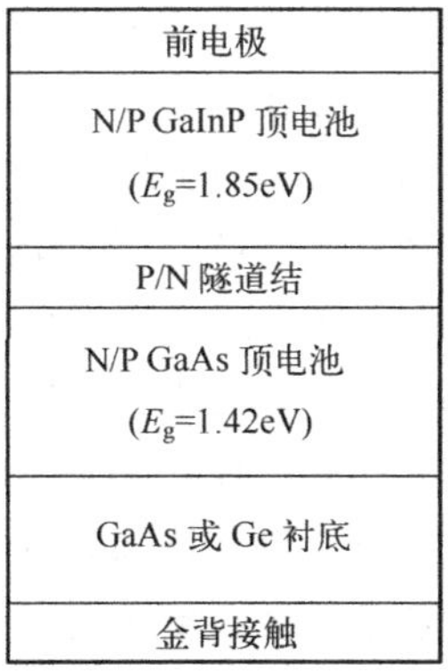

| 前电极 |
| N/P GaInP 顶电池（E_g=1.85eV） |
| P/N 隧道结 |
| N/P GaAs 顶电池（E_g=1.42eV） |
| GaAs 或 Ge 衬底 |
| 金背接触 |

图 5-38　一种 GaInP/GaAs 双结太阳电池结构图

此外顶、底电池电流不匹配也影响电池的转换效率。

为改善电池性能，提高电池转换效率，采取了很多的措施和方法，主要有：通过改变顶电池的厚度来改善顶、底电池之间的电流匹配；在 GaInP 电池基区下增加背场 BSF；改进栅线设计；改进顶电池窗口层工艺；改进隧穿结工艺、用 GaInP 隧道结取代 GaAs 隧道结等。通过这些改进措施，GaInP/GaAs 双结太阳电池的转换效率得以提高，可以达到 30.8%[51]。

2) AlGaAs/GaAs 双结太阳电池　$Al_xGa_{1-x}As$ 也是一种可作为 GaAs 双结电池顶电池的材料，随 x 值的不同，$Al_xGa_{1-x}As$ 的带隙宽度也不同。当 $x = 0.37$ 时，$Al_xGa_{1-x}As$ 带隙宽度为 1.93eV，可与带隙宽度 1.43eV 的 GaAs 底电池组成双结电池。为进一步提高电池的短路电流密度，改善电池的性能，人们做了很多技术改进，如顶电池 AlGaAs 采用 PP^-N^-N 结构，顶、底电池之间采用 $N^+ - Al_{0.15}Ga_{0.85}As/p^+ - GaAs$ 隧道结连接，将 $Al_{0.36}Ga_{0.64}As$ 顶电池中 N 型掺杂剂 Si 更换为 Se，用 C 代替 Zn 作为隧道结的 P 型掺杂剂，以减少隧道结内部 P 型杂质的扩散，提高隧道结的峰值电流密度。

虽然 AlGaAs/GaAs 双结太阳电池具有较好的光电性能，理论上其转换效率可以达到 36%。但与 GaInP/GaAs 双结太阳电池相比较，其界面复合速率要高得多，限制了短路电流密度。此外，研究发现，生长 AlGaAs 材料时，由于 Al 容易被氧化，它对气源和系统中的残留氧非常敏感，材料中容易引入氧杂质，少子寿命明显缩短，因而短路电流密度比较小。以上原因影响了 AlGaAs/GaAs 双结太阳电池转换效率的进一步提高，也限制了 AlGaAs 在 GaAs 基多结太阳电池的发展。

3. GaAs 三结太阳电池

在 Ge 衬底 GaInP/GaAs(Ge) 双结电池的基础上，人们很自然地开始研究 GaInP/GaAs/Ge 三结太阳电池。典型的 GaInP/GaAs/Ge 三结太阳电池结构如图 5-39 所示。GaInP 顶电池带隙宽度为 1.84eV，GaAs 中间电池带隙宽度为 1.40eV，Ge 底电池带隙宽度为 0.65eV。顶电池和中间电池通过宽带隙的异质 $P - AlGaAs/N - InGaP$ 隧道结连接，使入射光通过顶电池后能顺利到达中间电池，同时提供高的结间势垒，防止顶层和中间电池中产生少子扩散。

在 GaInP/GaAs/Ge 三结太阳电池中，底电池所收集的光电流约为其他两个电池的两倍。如果降低 GaAs 中间电池的带隙宽度，增加 Ge 电池带隙宽度，理论上可以增加电池的转换效率。要降低 GaAs 中间电池的带隙宽度，可以在 GaAs 电池中添加少量的 In，以改善中间电池与底电池之间的匹配性，提高中间电池的短路电流。2002 年，通过在 GaAs 中间电池中添加 1% 比例的 In 制备的 GaInP/$In_{0.01}Ga_{0.99}As$/Ge 三结太阳电池转换效率达到 29.7%[52]。

将 GaInP/GaAs/Ge 三结太阳电池的中间子电池 GaAs 用 InGaAs 代替，得到另一

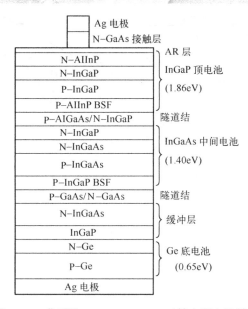

图 5-39　典型的 GaInP/GaAs/Ge 三结太阳电池结构

种结构的三结太阳电池 InGaP/InGaAs/Ge，通过调整顶电池 InGaP 中 In、Ga 的成分比例，可以得到不同带隙宽度的 InGaP 电池，当 In、Ga 比例为 49:51 时，$In_{0.49}Ga_{0.51}P$ 顶电池带隙宽度为 1.8eV，与带隙宽度为 1.42eV 的 InGaAs 中间电池及带隙宽度为 0.67eV 的 Ge 底电池组成三结太阳电池，转换效率为 28%（26.5cm²，AM0）[53]。

通过对 InGaAs 中间电池的改进研究，如调整中间子电池的 P - InGaAs 基底，增加少子的有效扩散距离，在中间电池和底电池之间引入布拉格反射层，可以增强中间电池（在尽可能薄的情况下）对光的吸收，进一步将 InGaP/InGaAs/Ge 电池的转换效率提高到了 30%[54]。

因成本比较高，GaAs 基太阳电池主要用于空间应用及地面的聚光系统中，目前应用在聚光系统的 GaInP/GaInAs/Ge 三结太阳电池的转换效率超过了 40%。图 5-40 所示为聚光条件下转换效率达到 40.7%（AM1.5，240 个太阳常数）的 $Ga_{0.44}In_{0.56}P/Ga_{0.92}In_{0.08}As/Ge$ 三结异质结太阳电池结构及 $I-U$ 曲线[55]。图中，（a）为晶格匹配结构，转换效率 40.1%；（b）为晶格不匹配异质结结构，转换效率 40.7%；（c）为异质结结构电池的 $I-U$ 曲线。

为改善中间电池和底电池之间的晶格匹配和电流匹配，在中间电池和底电池之间增加一层渐变的 InGaAs，其中 In 的含量从 1.5% 逐步递增到 23.1%，使得中间电池和底电池之间晶格畸变得到缓冲，这样制备的 GaInP/GaAs/Ge 三结太阳电池在聚光条件下转换效率达到 41.1%（聚光倍数为 454），电池结构及 $I-U$ 曲线如图 5-41 所示[56]。

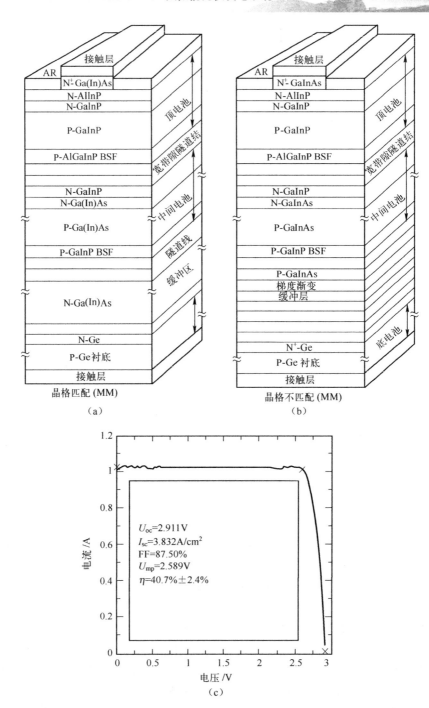

图 5-40 $Ga_{0.44}In_{0.56}P/Ga_{0.92}In_{0.08}As/Ge$ 三结异质结太阳电池结构及 $I-U$ 曲线

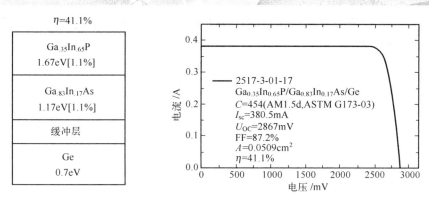

图 5-41　转换效率达的 41.1% 的 InGaP/InGaAs/Ge 三结太阳电池结构及 I – U 曲线图

在 GaAs 基三结太阳电池中，除 GaInP/GaAs/Ge 电池外，研究得比较多的还有 InGaP/GaAs/InGaAs 电池。一种转换效率为 33.8% 的 InGaP/GaAs/InGaAs 三结电池组成为 $Ga_{0.5}In_{0.5}P(1.8eV)/GaAs(1.4eV)/In_{0.3}Ga_{0.7}As(1.0eV)$。该电池中，底电池采用带隙宽度 1.0eV 的 $In_{0.3}Ga_{0.7}As$，电池的开路电压得到提高，超过 2.95eV；此外在电池中，$In_{0.3}Ga_{0.7}As$ 底电池和 GaAs 中间电池之间还存在一定的晶格失配，为最大限度降低 $In_{0.3}Ga_{0.7}As$ 底电池和 GaAs 中间电池之间的晶格失配率，提高电池短路电流跟转换效率，底电池和中间电池之间增加了一个带隙渐变的 $Ga_xIn_{1-x}P$ 缓冲层。图 5-42 所示为另一种组成的 $InGaP(1.88eV)/GaAs/InGaAs(0.97eV)$ 三结太阳电池，该电池转换效率为 35.8%（AM1.5，$0.88cm^2$）[57]。采用 MOCVD 技术、GaAs 作为衬底、倒装工艺制备，即在 GaAs 衬底上首先生长 InGaP 顶电池，然后再依次生长 GaAs 中间电池、缓冲层，最后生长 InGaAs 底电池。待电池制备完成后，通过选择性腐蚀将 GaAs 衬底剥离，衬底上的外延有源层转移到金属膜上，就可得到柔性薄膜电池。图 5-43 所示为 GaAs 基电池倒装结构示意图。由于 GaAs 基多结太阳电池一般以 Ge 或 GaAs 为衬底，质量大，成本高，采用倒装剥离衬底的方法

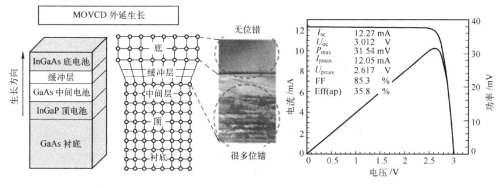

图 5-42　转换效率 35.8% 的 $InGaP(1.88eV)/GaAs/InGaAs(0.97eV)$ 三结太阳电池

可以制备 GaAs 基薄膜电池，在空间应用上更具优势，剥离下的衬底也可重复利用，降低了生产成本。

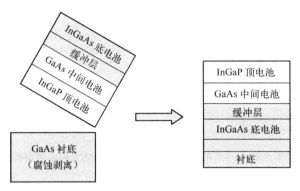

图 5-43　GaAs 基电池倒装结构示意图

4. GaAs 基四结及以上太阳电池

随着 GaAs 基三结太阳电池技术日趋成熟，具有更高理论效率的 GaAs 基四结及以上电池受到关注。理论上，GaAs 基四结太阳电池的地面聚光转换效率可超过 59%，GaAs 基五结、六结太阳电池的地面聚光转换效率可超过 60%[58,59]。

在 $Ga_{0.5}In_{0.5}P/GaAs/Ge$ 组成的电池中，三个子电池带隙宽度分别为 1.85eV、1.43eV、0.67eV，中间电池和底电池带隙宽度相差过大，如果中间加入一个带隙宽度约为 1eV 的子电池，则各子电池的带隙宽度分布较为合理。由于 GaInNAs 带隙宽度为 1eV 且晶格常数与 GaAs、Ge 适配，因此受到多家研究机构的重视。图 5-44 所示为（Al）GaInP/GaAs/GaInNAs/Ge 四结电池的 AM0 光谱分布示意图。图 5-45 所示为 GaInP/GaInAs/GaInNAs/Ge 四结太阳电池的内量子效率示意图[60]。图中可见，GaInNAs 子电池的内量子效率低于其他子电池，经模拟太阳光测试，电流密度为 $9.3mA/cm^2$（AM0），大约为目标值的 1/2。虽然 GaInNAs 材料与

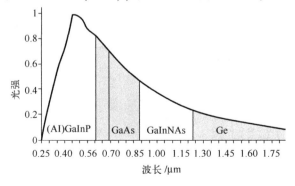

图 5-44　（Al）GaInP/GaAs/GaInNAs/Ge 四结电池的 AM0 光谱分布示意图

GaAs、Ge 材料具有很好的适配性，但少子扩散距离短，产生光生载流子少，内量子效率及短路电流密度相对其他子电池要低，因此人们又开展了其他材料和结构四结电池的研究，而将 GaInNAs 材料主要应用在基于 AlGaInP/GaInP/AlGaInAs/GaIn-As/Ge 五结电池的六结 AlGaInP/GaInP/AlGaInAs/GaInAs/GaInNAs/Ge 电池的研究中。

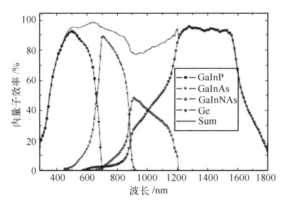

图 5-45　GaInP/GaInAs/GaInNAs/Ge 四结太阳电池的内量子效率示意图

其中一种结构为（Al）GaInP/AlGa（In）As/Ga（In）As/Ge 的四结太阳电池，各子电池带隙宽度分别为 1.9eV、1.6eV、1.4eV、0.67eV，如图 5-46 所示[61]。该电池各子电池之间的晶格常数相互匹配，但第 3 个子电池和第 4 个子电池的带隙宽度相差还很大，因此并不能合理地实现各子电池之间的光谱匹配。另一种由倒装生长技术制备的 GaInP/GaAs/GaInAs/GaInAs 四结空间应用电池，各子电池带隙宽度分别为 1.9eV、1.4eV、1.0eV、0.7eV，各子电池间的带隙宽度分配均匀，较好地实现了光谱匹配，AM0 转换效率达到了 34.24%（电池尺寸为 2cm×2cm）[62]。

其他处于研究中的、可能获得高转换效率的两种异质结结构四结太阳电池分别是 AlGaInP（1.79eV）/AlGaInAs（1.48eV）/GaInAs（1.12eV）/Ge（0.67eV）和倒装结构的 AlGaInP（1.95eV）/AlGaInAs（1.48eV）/

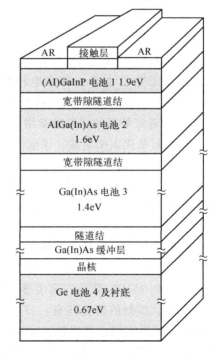

图 5-46　结构为（Al）GaInP/AlGa（In）As/Ga（In）As/VGe 的四结太阳电池结构示意图

GaInAs(1.12eV)/GaInAs(0.67eV)四结太阳电池。虽然这两种结构的四结电池的晶格常数不匹配，但各子电池的带隙分布合理，模拟计算其转换效率分别可以达到44.44%和47.87%。此外，对研究中的五结 AlGaInP(2eV)/AlGaInAs(1.73eV)/GaAs(1.42eV)/GaInPAs(1.14eV)/GaInAs(0.75eV)和六结 AlGaInP(2eV)/AlGaAs(1.77eV)/AlGaAs(1.465eV)/GaInAs(1.2eV)/(GaInAs)0.97eV/GaInAs(0.7eV)太阳电池进行模拟计算，其转换效率分别可以达到47.64%和50.91%[63]。

5.4 染料敏化太阳电池及有机太阳电池

5.4.1 染料敏化太阳电池

染料敏化太阳电池主要使用原料为 TiO_2 及人工合成染料，采用丝网印刷、烧结等工艺，具有材料丰富、工艺简单、成本低廉、柔软易携带、颜色丰富等优点，是国内外太阳电池研究领域的热点，被称为第三代太阳电池。

1. 染料敏化太阳电池发展概况

染料敏化太阳电池经历了一个研究探索过程，早期的研究主要基于平板氧化物电极，由于平板电极表面只能吸附单分子层染料，转换效率一直低于1%。虽然也曾试图通过吸附多层分子染料来提高转换效率，但一直都没有成功。直到1991年 O'Regan 和 Grätzel 教授在《Nature》上报道了以过渡金属 Ru 的配合物作为染料的纳米 TiO_2 太阳能电池[64]，在光电转换效率达到 7.1% ~ 7.9%，光电流密度大于 $12mA/cm^2$ 后，染料敏化太阳电池开始得到重视。后来他们还开发出一种吸收范围达 900nm 的近红外区的三联吡啶络合物光敏剂，获得了 AM1.5 条件下转换效率达 10.4% 的染料敏化太阳电池，该电池的短路电流密度 $J_{SC}=20.5mA/cm^2$，开路电压 $U_{OC}=0.72V$，填充因子 FF = 0.70。

1992—1999 年间，德国光伏研究所（INAP）和澳大利亚 STI 公司对染料敏化太阳电池进行了产业化前期的探索性研究；2001 年，STI 公司建立了世界上首条染料敏化太阳电池中试线；2003 年，Dyesol – STI 公司建成 200 m^2 染料敏化太阳电池示范屋顶，展示了染料敏化太阳电池未来工业化的前景。

2007 年 10 月，英国 G24i 利用辊对辊印刷技术开始规模化生产柔性衬底电池，年产量可达到 25MW/年，产品主要应用于便携式和移动式充电系统，如手机、笔记本电脑等。类似的研究还有：日本的 Peccell Technologies 公司于 2009 年春季建立 1MW/年的生产线；美国的 Konarka 公司等在 2008 年年底开始利用喷墨打印技术在近 100 μm 的塑料衬底上进行"塑料电源"的批量生产，主要用于户用电源系统、手机充电系统、传感器、标牌，甚至在雨伞上应用。

一些企业和研究机构则侧重于生产屋顶建筑用染料敏化太阳电池。2008 年 3 月，

Dyesol 公司在威尔士联合政府（WAG）"SMARTCymru"项目的支持下（500 万澳元），与 Corus 公司合资，生产屋顶用不锈钢衬底电池；塔塔钢铁公司（Tata Steel）和 Dyesol 公司合作研究钢衬底染料太阳能电池，其项目耗资约 1100 万英镑（约合 1.16 亿人民币），并于 2010 年合作制备出当时世界上最大的染料敏化太阳电池组件，如图 5-47 所示；2011 年 3 月，德国 Fraunhofer ISE 推出当时最大面积的 DSC 丝印组件，如图 5-48 所示；同年，美国 DyeTec Solar 公司投资 100 万美元推进 DSC 的研究。

图 5-47　Dyesol 公司和塔塔钢铁公司
合作研制的世界最大 DSC 组件

图 5-48　Fraunhofer ISE
大面积 DSC 组件

日本在柔性电池和电池各类材料的研究上实力较强，如东京大学 Satoshi Uchida 博士和 S. Ito 合作，采用吲哚啉类有机染料 D205 作为敏化剂，使得电池光电转换效率达到 9.5%。日本岐阜大学和 TDK 的 ZnO 基太阳电池效率都很突出。日本先进工业科学技术研究所（AIST）、SHARP 公司、Fujikura 公司等众多单位都在开展染料敏化太阳电池的研究，其主要目标是希望通过一系列基础和关键科学问题的研究，使电池的效率达到 15% 以上。SHARP 公司曾在大于 1cm 的面积上制备出转换效率达到（10.4±0.3）% 的染料敏化太阳电池[65]。Chiba. Y 等人使用黑染料制备了转换效率达 11.1% 的染料敏化太阳电池。目前，染料敏化太阳电池转换效率的最高纪录是由 SHARP 公司创造的（11.9±0.4）%[67]，电池的面积为 1.007cm^2，U_{OC} 为 0.744V，J_{SC} 为 22.47mA/cm^2；染料敏化太阳电池小组件转换效率的最高纪录则是 Sony 创造的（9.9±0.4）%[68]，该小组件由 8 块电池并联组成，面积为 17.1cm^2，U_{OC} 为 0.719V，J_{SC} 为 19.4mA/cm^2。

我国也有多家研究机构从事染料敏化 TiO$_2$ 电池的研究。2005 年，中国科学院等离子体物理研究所研制了面积为 0.21cm^2、转换效率达 8.95%（1 个太阳常数）和 9.18%（0.58 个太阳常数）的染料敏化太阳电池，以及面积达 1497.6cm^2、转换效率达 5.7% 的中试电池，并建立了 500 W 染料敏化太阳电池示范系统。中国科学院长春应用化学研究所在新型染料和离子液态电解质研究上取得突破，采用其自主研发的染料 C106 制备的电池转换效率可达 11.26%。

2. 染料敏化太阳电池组成结构

窄带隙半导体太阳电池可以直接吸收光子产生载流子，并通过内建电场来传输载流子从而形成电流。与之不同的是，染料敏化太阳电池使用的核心材料是宽带隙半导体薄膜，由于宽带隙半导体材料捕获太阳光的能力很差，因此需要配合适当的染料，通过染料吸收光子并产生电子传输给宽带隙半导体薄膜，从而形成电流。

典型的染料敏化太阳电池由光阳极、染料敏化剂、电解质、对电极部分组成，如图 5-49 所示。

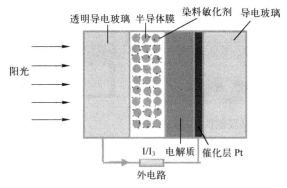

图 5-49　典型的染料敏化太阳电池结构示意图

光阳极由导电衬底和宽禁带半导体薄膜组成。导电衬底主要包括透明导电玻璃（FTO、ITO）或聚合物导电材料。宽禁带半导体薄膜是染料敏化太阳电池的核心，由一层多孔纳米氧化物半导体组成，沉积在导电衬底上，其作用是吸附染料敏化剂，并将染料传递过来的电子传输给导电衬底。目前最常用的宽禁带半导体薄膜是纳米 TiO_2，TiO_2 膜收集并传输电子，厚度为 $5 \sim 20nm$，孔隙率为 $50\% \sim 60\%$，平均孔径为约 $15nm$，颗粒直径为 $10 \sim 30nm$，这样染料的有效吸收面积相当于膜自身面积的 $100 \sim 1000$ 倍，可以吸附更多的染料。同时，由纳米 TiO_2 粒子形成的网格结构有助于对太阳光的吸收（太阳光在纳米晶多孔网格间的多次反射会提高染料对太阳光的吸收率），这对于提高染料电池的光电转换效率有很大的帮助。

其他可用于染料敏化太阳电池的宽禁带半导体还有 ZnO、SnO_2、Nb_2O_5、W_2O_3、SnO_2 等，但目前使用 TiO_2 光阳极材料制备的染料电池转换效率最高，因此 TiO_2 是目前最主要的光阳极材料。制备纳米 TiO_2 膜的主要方法有溶胶凝胶法、化学气相沉积法、电沉积法、磁控溅射法、等离子体喷涂法等，各制备方法及其优缺点见表 5-5。

表 5-5　制备纳米 TiO_2 膜的主要方法及其优缺点

制 备 方 法	优 点	缺 点
溶胶凝胶法	粒径小，纯度高，热稳定性好	成本高
水热合成法	粒径小，分布均匀，对原料要求不高，成本较低	需高温、高压，对设备材质要求高
化学气相沉积法	粒径小，分散性好，化学活性高，能够连续生产	工艺复杂，技术要求高，投资大
微乳液法	TiO_2 颗粒尺寸可控	容易团聚

染料敏化剂也是染料电池中很重要的一个组成部分，它吸附在多孔纳米 TiO_2 薄膜上。它吸收光子能量后，部分染料分子由基态变到激发态，产生电子且迅速传输到 TiO_2 导带，并由导电衬底收集形成电流，这是染料敏化剂的主要作用。因此，要求染料敏化剂具有较宽的光谱响应范围和较高的光学吸收系数，能牢固地结合在半导体氧化物表面，并以高的量子效率将电子注入到导带中，氧化还原电势比电解质电子给体的高。

染料敏化电池所用染料的类型很多，主要有无机染料（如含有钌、锇、铁的多吡啶配合物）及其他类别的有机金属化合物（如酞菁和卟啉等）。目前，最常用的染料是含 Ru 的多吡啶钌配合物，因为使用这种染料得到的电池转换效率最高。图 5-50 所示为 9 种主要的无机染料结构[69]。

此外，不含金属的有机染料由于种类多、成本低、光吸收系数高等优点而得到快速发展，其转换效率也很高，如 Ito S 等人使用吲哚啉染料制备的染料电池转换效率已接近 10%[70][71]，而 Yum J H 等研究小组的研究结果显示有机染料在稳定性方面更好[72]～[75]。

电解质的作用主要是将失去电子的处于氧化态的染料还原再生，从而使染料能持续吸收可见光，从而激发产生电子。电解质根据其状态可分为液态电解质（包括有机溶剂电解质和离子液体电解质）、准固态电解质和固态电解质。有机溶剂电解质由于扩散速率快、转换效率高、成分易控制调节等优点而成为染料敏化太阳电池中最常用的电解质。有机溶剂电解质主要由有机溶剂、氧化还原电对和添加剂组成，其中最普遍应用的氧化还原电对是 I^-/I_3^-，也可使用 Br_2/Br^-、$SCN^-/(SCN)^{3-}$、$SeCN^-/(SeCN)^{3-}$ 和联吡啶钴（III/II）的配合物作为氧化还原电对，但从目前的研究来看还是 I^-/I_3^- 氧化还原电对的使用效果最好。I^-/I_3^- 氧化还原电对具有电对的电极电势与纳米半导体的能级和氧化态及还原态染料的能级都能够相互匹配的优点。液态电解质具有染料易脱附、溶剂易挥发、密封程序复杂、离子迁移不可逆等缺点，所以用固态电解质替代液态电解质将是染料敏化太阳电池发展的趋势。然而，目前全固态染料敏化太阳电池的转换效率仍然不高，因此对准固态电解质的研究引起了研究者们的极大兴趣，这是染料敏化太阳电池未来发展的一个重要方向。

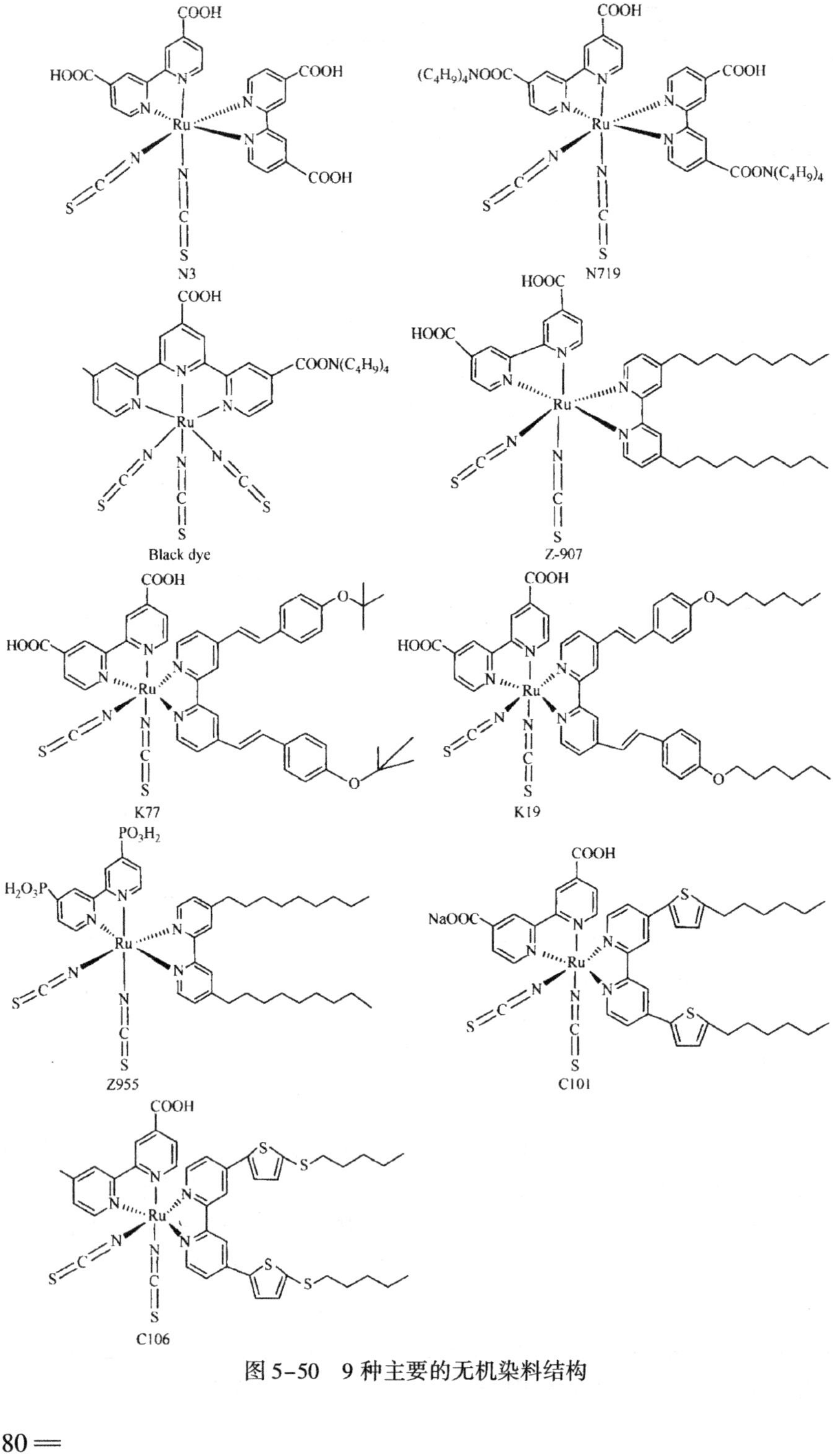

图 5-50　9 种主要的无机染料结构

对电极由导电玻璃和催化层组成，催化层所用材料一般为金属铂或碳，沉积在导电玻璃上，催化层的主要作用是将外回路传输来的电子传递给电解质，并加速电解质中氧化还原电对与电子的交换速度。

3. 染料敏化太阳电池工作原理

染料敏化太阳电池的工作原理如图 5-51 所示[76]。工作原理主要包括以下 7 个阶段。

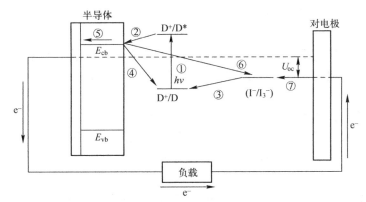

图 5-51　染料敏化太阳电池的工作原理示意图

① 染料（D）接受光子能量由基态跃迁到激发态（D^*）：

$$D + h\nu \rightarrow D^*$$ (5-26)

② 激发态染料将电子注入到半导体的导带上：

$$D^* \rightarrow D^+ + e^-(CB)$$ (5-27)

③ 氧化态染料 D^+ 被电解质 I^-/I_3^- 氧化还原对还原，染料再生：

$$3I^- + 2D^+ \rightarrow I_3^- + D$$ (5-28)

④ 半导体导带中电子与氧化态染料复合：

$$D^+ + e^-(CB) \rightarrow D$$ (5-29)

⑤ 导带（CB）中的电子被背电极（BC）收集，流入到外电路中并到达对电极（CE）：

$$e^-(CB) \rightarrow e^-(BC)$$ (5-30)

⑥ 半导体导带中的电子与进入半导体薄膜中的还原态 I_3^- 离子复合：

$$I_3^- + 2e^-(CB) \rightarrow 3I^-$$ (5-31)

⑦ I_3^- 离子扩散到对电极（CE）上得到电子再生

$$I_3^- + 2e^-(CE) \rightarrow 3I^-$$ (5-32)

在上述 7 个过程中，①、②、③、⑤和⑦阶段对染料电池电流的产生有贡献作用，而④、⑥阶段则对电流的产生有阻碍作用。

在第①阶段，染料的光谱吸收范围越宽，光学吸收系数越高，被激发的染料分子就越多。染料激发态的寿命越长，越有利于电子的注入，激发态的寿命越短，激发态分子有可能来不及将电子注入到半导体的导带中，就已经通过非辐射衰减而跃迁到基态。

在第②阶段，激发态染料分子将电子注入到半导体导带，注入导带的电子并不是全部被导电衬底收集进入外电路，而是一部分发生逆反应与氧化态染料复合（即第④阶段），还有一部分与进入半导体薄膜中的还原态电解质 I_3^- 离子复合（即第⑥阶段），剩余的染料注入导带电子才会被背电极收集而形成有效电流。因此染料注入导带电子有一个效率问题，这个电子注入效率主要与第②阶段的电子注入速率常数（k_{inj}）和第④阶段逆反应速率常数（k_b）有关，电子注入速率常数与逆反应速率常数之比越大（一般大于 3 个数量级），电子复合的机会越小，电子注入的效率就越高。反之，电子复合机会越大，电子注入效率越低。

在第③阶段，I^- 离子还原氧化态染料使其重新回到基态，接受光照后再次激发，从而使染料不断地将电子注入到半导体的导带中。I^- 离子还原氧化态染料的速率常数越大，电子回传被抑制的程度就越大（相当于 I^- 离子对电子回传进行了拦截）。

在第⑤阶段，影响电流的是电子在半导体薄膜中的传输速度，传输速度越快，越不容易复合。

在第⑥阶段，导带中部分电子与 I_3^- 离子复合，因而造成电流损失。因此电子在半导体薄膜中的传输速度越大，并且电子与 I_3^- 离子复合的速率常数 k_{et} 越小，电流损失就越小，光生电流越大。

在第⑦阶段，I_3^- 离子扩散到对电极上得到电子变成 I^- 离子，从而使 I^- 离子再生并完成电流循环。

4. 染料敏化太阳电池研究现状

染料敏化太阳电池经过近 20 年的发展，最高转换效率已超过 12%，并成功实现了产业化生产，在多个领域得到应用。目前，对染料敏化太阳电池研究主要集中在提高转换效率上，对染料电池的光阳极、染料、电解质和电极都开展了多方面的研究工作。

1) 光阳极

（1）$TiCl_4$ 水溶液后处理。由前述介绍可知，如果电子在纳米 TiO_2 薄膜中与氧化态染料分子复合或电解质中 I_3^- 离子复合，就会造成电流的损失，而如果电子在光阳极中传输速度足够快，这种复合现象就会减少，为此可以进行 $TiCl_4$ 水溶液后处理，以改善 TiO_2 颗粒之间及 TiO_2 与 TCO 的接触性能，加快电子的传输速度。

（2）散射层。入射光在染料中经过的时间越长，越有利于染料对其吸收，为此在吸附有染料的 TiO_2 膜层中引入一个散射层，以加强入射光的路径长度，提高染料对入射光的吸收。图 5-52 所示为 TiO_2 颗粒间无散射层和有散射层的示意图。

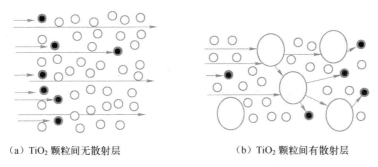

（a）TiO_2 颗粒间无散射层　　　　　　（b）TiO_2 颗粒间有散射层

图 5-52　光线在染料中的路径示意图

2）染料

（1）拓宽染料的吸收光谱。虽然通常使用的钌配合物染料可以获得较高的量子效率，但其吸收带边约为 700nm，对太阳光谱中近红外区光谱无法利用，而有机染料对长波长有较好的响应，其种类多、成本低、结构易于设计，正好可以弥补钌配合物染料的不足，是染料敏化太阳电池未来的一个重要研究方向。

（2）多种染料协同敏化。由于单一染料的吸收光谱不可能与太阳光谱完全匹配，因此将光谱响应范围可以互补的多种染料配合使用，进行协同敏化，以达到对太阳光的全光谱吸收，提高染料对太阳光的吸收，进而提高电池的转换效率。

（3）量子点敏化材料。量子点是一种尺寸达到 10nm 以下的窄禁带半导体材料，可以用来代替传统的染料作为 TiO_2 光阳极的敏化材料。量子点具有以下特点：一是能带分裂为不连续的能级，通过调节量子点的直径可以改变其带隙宽度，以最大限度地实现对太阳光的吸收；二是量子点具有激子效应。通过量子点内部的相互碰撞，一个光子可以产生多个电子。量子点种类丰富，常用的有 CdS、PbSe、PbS、PbTe、InAs、GaSb、Si 等，此外其带隙宽度可调节、合成简单及多激子效应等诸多优势，使得量子点敏化电池已经成为目前研究的热点之一。

北京大学物理电子学研究所彭练矛制备了一种由 CdS 量子点和 TiO_2 纳米管阵列膜组成的复合结构的敏化电池，在 TiO_2 纤维表面沉积的 CdS 量子点如图 5-53 所示。该电池的开路电压为 1.27V，短路电流为 7.82mA/cm^2，填充因子为 0.578，光电转换效率为 4.15%。

中国科学院等离子体物理研究所太阳能材料与工程研究室采用金属硫族络合

图 5-53　在 TiO₂ 纤维表面沉积的 CdS 量子点

物（MCC）作为敏化剂，MCC 吸附到二氧化钛（TiO₂）纳米颗粒表面后，进行热处理，MCC 分解为量子点并吸附在 TiO₂ 纳米颗粒上形成量子点敏化光阳极。中国科学院物理研究所清洁能源实验室太阳能材料与器件研究组则通过系统优化 TiO₂ 多孔膜结构，研制出光电转化效率 4.92% 的量子点敏化太阳能电池。

3）电解质　染料敏化太阳电池使用液态电解质虽然容易获得高的转换效率，但由于液态溶剂封装困难，易于挥发和泄漏，导致电池的稳定性降低，使用寿命缩短。而固态电解质虽然稳定性好，但电导率低、界面亲和性差、转换效率也比较低，因此研究高稳定性、高电导率、界面亲和的准固态电解质是染料敏化太阳电池未来的一个重要发展方向。

4）对电极　目前，Pt 是染料敏化太阳电池中最常用的、性能最佳的对电极材料，由于 Pt 是一种贵金属材料，价格高，与染料电池的低成本初衷相违背，不利于产业化，且 Pt 容易被腐蚀，导致电池性能下降。因此对非 Pt 电极的研究也是当前的一个热点，其中以碳材料为催化层构成的碳对电极具有很大的发展潜力。碳材料价格低廉、耐热、耐腐蚀、电导率高，但相对于非 Pt 电极，其催化活性偏低，使用碳对电极的染料敏化太阳电池的光电转换效率比使用 Pt 对电极电池的转换效率低约 20%。

5. 染料敏化太阳电池的产业化研究

目前，大面积染料敏化电池 DSC 主要有 4 种结构类型，即大面积并联 DSC、串联 Z 型 DSC，串联 W 型 DSC 和一体结构 DSC[77]。不同结构各有优势和特点，但无论何种结构，电池封装和电池间相互连接都是实现 DSC 产业化生产必须解决的问题。

我国国内一家研究所一直在进行大面积 DSC 的产业化研究工作，他们通过研究大面积 DSC 的结构对电池性能的影响，建立了 DSC 的串联内阻损耗模型，对不同条件下并联大面积 DSC 组件的最优化结构进行了模拟，得到最优化的电池结构参数[78]。在此基础上，在解决了电池的电极、密封以及连接等技术难题后，研发了效率稳定、制备工艺简单的大面积并联 DSC[79]。该并联 DSC 结构如图 5-54 所示。光阳极产生的电子被 TCO 上的银栅极搜集，经外电路回到 DSC 对电极，再经过氧化还原电对的复合反应将电子传递给光阳极上失去电子的染料，从而构成了完整的回路。

在研发大面积 DSC 电池的基础上，该研究所还研发了一系列 DSC 组件生产设备，建立了大面积 DSC 中试生产线，如图 5-55 所示，批量生产的单片 15cm × 20cm DSC 组件效率最高超过了 7%，如图 5-56 所示。并于 2012 年建成 5kW 示范电站，如图 5-57 所示。

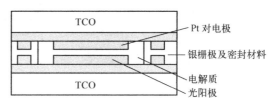

图 5-54　并联 DSC 结构示意图

图 5-55　大面积 DSC 0.5 MW 中试生产线

图 5-56　大面积并联 DSC（15cm × 20cm）

图 5-57　DSC 5kW 示范电站

英国一家公司于 2007 年就开始了染料敏化太阳电池的产业化生产，利用辊对辊印刷技术，规模化生产卷到卷染料敏化柔性衬底电池。图 5-58 和图 5-59 所示为该公司制造工艺示意图及部分生产设备。

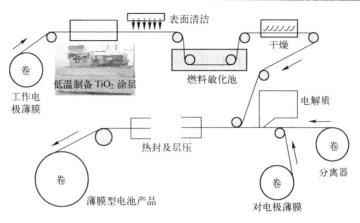

图 5-58　卷到卷柔性衬底染料敏化电池制造工艺示意图

图 5-59　卷到卷柔性衬底染料敏化电池部分生产设备

5.4.2　有机太阳电池

有机太阳电池主要以有机小分子或有机高聚物作为光电转换材料。这些有机物吸收太阳光后，将光能转换成电能，供外电路负载使用。相比于使用无机材料的太阳电池，有机太阳电池具有材料易合成、生产成本低、结构可调制、可大面积制造、环境友好、轻便易携等优点，是目前太阳能光伏发电领域的一个研究热点。

1. 有机太阳电池发展概况

1958 年，Kearns 和 Calvin 制备了第一个有机光电转化器件，其主要材料为镁酞菁（MgPc）染料，染料夹在两个功函数不同的电极之间，器件的开路电压为200mV，光电转化效率极低；1986 年，柯达公司的邓青云博士引入电子给体（P型）/电子受体（N 型）有机双层异质结概念，制备了铜酞菁（CuPc）作为电子给体、苝的一种衍生物（PV）作为电子受体的双层有机太阳能电池，光电转化效率约达 1%[80]；1992 年，Sariciftci 等人发现共轭聚合物 2 - 甲氧基 - 5 - （2 - 乙基 - 乙氧基） - 1，4 - 苯乙炔（MEH - PPV）与 C_{60} 之间存在快速光诱导电子转移现象[81]；1993 年，Sariciftci 在此发现的基础上制成共轭聚合物/C_{60} 双层膜异质结太阳能电池。此后，共轭聚合物为电子给体、C_{60} 为电子受体的双层膜异质结型太阳能电池得到广泛研究。1994 年，Yu 等人制作了第一个 MEH - PPV：C_{60} 有机太阳电池[82]，电流密度达到 5.5mA/cm^2。1995 年，Yu 等人又发明了共轭聚合物/可溶性 C_{60} 衍生物共混型的"体异质结"聚合物太阳电池[83]，这种结构由于其简化的制备工艺而成为后来有机太阳电池研究的主要结构。2004 年，Brabec 等人使用聚 P3HT（3 - 己基噻吩）为给体与可溶性 C_{60} 衍生物 PCBM 受体共混制备的有机电池转换效率达到 3.85%[84]。2007 年，Heeger 等人采用新的聚合物 PCDTBT 制备 PCPTBT/PCBM 与 P3HT/PC_{70}BM 的叠层体异质结太阳电池，转换效率达到了 6.5%，成为当时最高纪录的有机太阳电池[85]。2009 年，Sung H. P. 等人采用 PCDTBT 制备的单结体异质结太阳电池转换效率达到了 6.1%[86]。同年，Chen 等人报道了有机太阳能电池 6.77% 的实验室转换效率[87]。2010 年 11 月 10 日，德国 Heliatek 公司宣布在 1.1cm^2 的面积上制备的有机太阳电池转换效率达到 8.3%；2012 年 6 月，又将该电池的转换效率提升到 10.7%，为目前转换效率最高的有机电池[88]。2010 年 11 月 29 日，美国 Konarka 公司宣布制备的有机太阳电池经美国可再生能源实验室检测，其转换效率达 8.3%，2012 年 2 月又宣布将这一转换效率提升到 9%。2011 年 3 月，日本三菱化学公司宣布研制了转换效率达 8.5% 的有机太阳能电池。

2. 有机太阳电池结构及工作原理

1）有机太阳电池结构及使用材料 有机太阳电池按照结构和机理大致分为 3 种类型，即有机肖特基、有机异质结和有机体异质结太阳电池。

肖特基太阳电池是最早开始研究的有机电池，其结构为玻璃/电极/有机层/金属电极，如图 5-60（a）所示。电极一般为透明氧化铟锡（ITO）或半透明金属电极，金属电极为功函数低的金属 Al、Ca、Ag、Mg 等。这种结构的太阳电池在光照下，有机层中产生激子，激子中被束缚的空穴和电子在内建电场的作用下，分别向电池的正、负两极漂移。内建电场来自两个电极之间的功函数之差。由于电子和空穴在同一材料中传输，容易发生复合，因此效率很低。

有机异质结太阳电池将肖特基电池中的单层有机层改变为有机给体/有机受体双层异质结结构，如图 5-60（b）所示。所使用的典型材料为 ITO/CuPc/PV/Ag，在 ITO 电极上，通常还需旋涂一层透明导电聚合物 PEDOT:PSS 修饰层，以改善 ITO 电极和有机给体之间的接触性能。这种结构的电池由于有 PN 异质结的存在，激子产生后移动到给/受体界面，电子和空穴在 PN 结的作用下分离，因此复合概

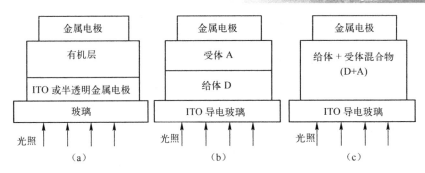

图 5-60　三种有机太阳电池结构示意图

率减少，转换效率相对于肖特基电池有所提高。但由于电荷的分离只发生在给体/受体界面处，发生电荷分离的区域较小，因此转换效率仍然较低。

　　有机体异质结太阳电池将给体和受体混合，以扩大给受体接触面积，获得更多的光生载流子，转换效率得以提高。其结构为玻璃/电极/给受体混合材料/金属电极，如图 5-61（c）所示。这种结构的有机电池使用的有机给体材料有聚合物 MEH-PPV、MDMO-PPV、P3HT，使用的受体材料有 C_{60} 及其衍生物 PCBM、PC70BM，混合时给体和受体的比例对太阳电池的光电转换效率会有影响。

　　2）有机太阳电池工作原理　与硅基太阳电池吸收光子能量后产生自由载流子不同，当有机异质结太阳电池中的有机层分子吸收光子能量后，电子虽然被激发，由基态跃迁到激发态，但电子仍然被限制在其分子之内，成为以静电力结合的空穴-电子对，这样的空穴-电子对被称为激子。激子中电子和空穴之间的距离小于 1nm，结合能约为 0.4eV。激子产生后向给/受体界面移动，到达界面处后，激子在给体和受体形成的内建电场的作用下解离分解为自由电子和自由空穴，自由电子转移到受体的 LUMO 能级，并通过有机受体传输到负极，自由空穴转移到给体的 HUMO 能级上，并通过有机给体传输到正极。空穴和电子被正、负电极收集后，传输到外电路形成电流，有机异质结太阳电池工作原理图如图 5-61 所示。

　　有机体异质结太阳电池工作原理也与此类似，光照后有机给体产生激子，激子传输到给/受体界面，在内建电场作用下，电子-空穴分离并分别为负、正电极收集产生电流，不同的是由于体异质结电池中给体和受体混合为一体，给/受体接触界面多，在每个接触界面都可以发生激子的解离，因此分解的自由电子和空穴较多，相比于有机异质结太阳电池转换效率可以更高，其工作原理如图 5-62 所示。

　　有机太阳电池工作过程主要包括以下 5 个步骤，这 5 个步骤中的每个步骤都会对有机电池的短路电流产生影响，进而影响到电池的转换效率。

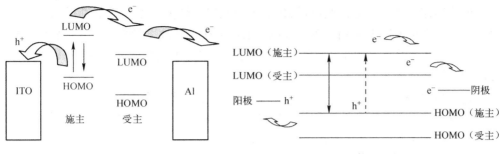

图 5-61 有机异质结太阳电池
工作原理图

图 5-62 有机体异质结太阳电池
工作原理图

（1）光子吸收：有机太阳电池通过吸收太阳光产生激子，激子再分解为载流子形成电流，因此有机材料对太阳光的吸收效率对激子的产生起着重要作用，对电池的性能也有很大的影响。要提高太阳电池的吸收效率，提高有机材料的吸收光谱与太阳光谱的匹配性是一个有效途径；此外，由于材料对太阳光的吸收与其禁带宽度有关，禁带宽度越窄，对太阳光的有效吸收效率就越高，因此在有机太阳电池中应尽量使用窄禁带宽度的有机材料；再次，使用叠层太阳电池，利用顶、底电池对太阳光不同的吸收特性也可以增加电池对太阳光的吸收。

（2）激子产生和扩散：有机分子吸收到能量大于其带隙宽度的光子后，产生激子，激子需扩散到给/受体界面处才会分解为自由电子和空穴，因此激子的扩散长度应该至少等于给、受体层的厚度，否则激子到达不了给/受体界面，就会发生复合，造成吸收光子的浪费。有机材料中激子的扩散长度一般都小于 20nm，因此有机层的厚度不能太厚。

（3）激子分离：激子到达给/受体界面后，在给受/体形成的内建电场作用下分离，由于有机半导体电子和空穴被束缚在激子中，且结合紧密（结合能约为 0.2 ~ 0.4eV），因此要求给/受体形成的 PN 结内建电场的电势能要大于电子 - 空穴的结合能，到达界面的激子才能有效分离。

（4）载流子传输：激子在界面分离后，生成的电子与空穴必须在不复合的情况下向电极移动，载流子在受体和给体中的迁移率对提高电池的效率至关重要。在有机材料中，载流子的传输是定域态间的跳跃，而不是能带内的传输，因此有机材料中载流子的迁移率通常都比无机半导体材料的低。

（5）载流子收集：电极对载流子的收集效率也是影响太阳电池转换效率的一个重要因素。电极的收集效率与电极材料的性质有关，有机电池的阳极通常选择功函数大的材料，阴极通常选择功函数小的材料。

3. 有机太阳电池研究现状

有机太阳电池具有材料成本低、工艺简单、易加工成大面积柔性器件、易通过分子剪裁调控性能等优势，经过近 20 多年的发展，转换效率和性能都得到了很大提高。但与无机太阳电池相比较，有机电池还存在转换效率较低、稳定性较差、寿命较短等缺点。目前，有机太阳电池的研究重点是提高其转换效率，主要有以下 3 个方面的工作。

1）有机层材料的选择和设计　在有机太阳电池中，有机层是电池的核心部分，有机层所使用的材料对电池的转换效率起着至关重要的作用。作为太阳电池中光吸收、载流子产生并输运的关键部件，理想的有机层材料需满足以下要求。

（1）带隙窄。当太阳光照射时，只有能量 $hv > E_g$（E_g 为有机材料的带隙宽度）的光子才会被有机材料吸收产生激子，因此有机材料的带隙越窄，材料的吸收范围越宽，可以有效提高对太阳光子吸收的效率。为得到窄带隙有机材料，可以将有机给体和有机受体交替共聚，使它们之间的单键发生电子偏移，电子进行重新分配，形成新的能级结构——相对高的 HOMO 能级和相对低的 LUMO 能级，达到降低带隙的目的。

（2）给/受体能级匹配。由于有机太阳电池的开路电压 U_{OC} 与受体的 LUMO 能级和给体的 HOMO 能级之差成正比关系，理论上等于受体的 LUMO 能级和给体的 HOMO 能级之差除以电子电荷 e，因此较低的给体 HOMO 能级可以提高电池的开路电压 U_{OC}。由于激子分离的驱动力主要来自于给/受体形成的 PN 结的内建电场，而内建电场的大小又与给体的 LUMO 能级与受体的 LUMO 能级之差有关，合适的给、受体 LUMO 能级可以为激子分离提供足够的驱动力。为寻找合适的给、受体组合，改善电池的开路电压和短路电流，科学家们一直都在探索新的有机材料。从早期的有机单分子 CuPc/PV 到共轭聚合物 MEH－PPV/C₆₀，共轭聚合物 MEH－PPV/C₆₀ 衍生物 PCBM，进而又开发出了新的聚合物 PCDTBT/PC₇₀BM。每一次新材料的应用都带来电池效率的提高。2009 年，Sung H. P. 等人采用 PCDTBT 制备的单结体异质结太阳电池转换效率达到了 6.1%[86]，如图 5-63 所示。

（3）材料中的载流子迁移速率高。迁移率高，可减少载流子传输过程中的复合几率。通过在有机材料中掺入无机材料，可以有效地提高有机层中载流子的迁移率。Berson S[91] 等人在 P3HT 中引入碳纳米管 CNT 制备的电池 P3HT/CNT/PVBM，光生电流有了较大的提高。引入的碳纳米管 CNT 一方面提高了载流子的迁移率，另一方面抑制了载流子的复合。Kim K[92] 等人在基于 P3OT：C₆₀ 的体异质结器件中掺杂纳米金或纳米银粒子，由于引入无机材料，提高了电导率，电池的转换效率也提高了 50%～70%；此外，加入缓冲层或对有机材料进行热处理使其晶化，也可以提高载流子的迁移率。

2）电极修饰　金属与有机半导体接触时，会产生一个阻挡层，阻碍载流子顺利到达电极。对电极进行修饰，可以降低金属与有机层之间的接触势垒，有利于电子注于金属电极，从而改善电极对载流子的收集效率。可用做电极装饰的材料有

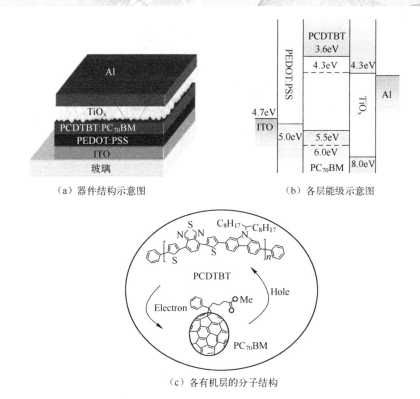

（a）器件结构示意图　　　　　（b）各层能级示意图

（c）各有机层的分子结构

图 5-63　转换效率达 6.1% 的 PCDTBT/PC$_{70}$BM 单结体异质结太阳电池

TiO$_2$、LiF、Cs$_2$Co$_3$、CsF 等。Yang L[93] 等人用 Cs$_2$Co$_3$ 作为缓冲层修饰阴极，发现用 Cs$_2$Co$_3$ 作为缓冲层时，电池的 U_{oc} 和转换效率都比用 LiF 作为缓冲层有所提高。Jiang[94] 等人研究了电极修饰层 CsF 的引入对 Al/MEH - PPV - PCBM/PEDOT PSS/ITO 有机电池性能的影响，发现其开路电压、短路电流相比于无修饰层的电池均有所提高，如图 5-64 所示，其中（a）为该电池的结构，（b）为无修饰层以及增加 LiF、CsF 电极修饰层后电池的 $I - U$ 特性曲线。主要原因是 Al 和 CsF 接触后反应生成 AlF$_3$ 和 Cs，即

$$Al + 3CsF \rightarrow AlF_3 + 3Cs \tag{5-33}$$

Cs 的功函数低，与有机半导体形成欧姆接触，有利于电子的收集，因而提高了电池的性能。

3）双结叠层有机太阳电池　有机材料的光学吸收系数不高，单结太阳电池只在一定的波段范围内呈现对太阳光子的吸收峰值，叠层太阳电池可以通过整合不同子电池对太阳光子不同波段范围内的吸收峰值来改善和提高电池对太阳光的吸收效率，图 5-65 所示为 PCPDTBT∶PCBM/P3HT∶PC$_{70}$BM 双层电池及

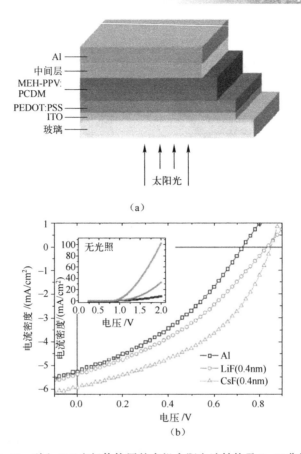

图 5-64　引入 CsF 电极修饰层的有机太阳电池结构及 $I-U$ 曲线图

各子电池的光学吸收曲线，可以看到，双结叠层电池的吸收曲线相较于单层电池的吸收曲线明显有所改善。叠层太阳电池的一大特点是高电压小电流，即其总的开路电压近似等于各个单层电池的开路电压之和，而短路电流则受到各子电池短路电流的牵制，所以在叠层太阳能电池设计时顶层电池和底层电池的电流匹配是关键因素。

2007 年，Heeger 等人在《Science》上发表了当时全球转换效率最高的 PCPDTBT:PCBM/P3HT:PC$_{70}$BM 有机叠层体异质结太阳电池[95]，如图 5-66 所示，其中（a）为器件结构示意图，（b）为各层能级示意图，（c）为各子电池及双结电池的 $I-U$ 特性曲线，（d）为各有机层的分子结构。该电池采用双层级联结构，顶电池采用 PCPTBT、PCBM 作为给体和受体，底电池采用 P3HT、PC$_{70}$BM 作为给体和受体，顶、底电池之间夹了一层 TiO$_x$（钛氧化物材料），ITO 电极上旋涂了一层 PEDOT:PSS 薄膜，用以改善 ITO 电极与有机层之间的接触性能，Al 电极和底电池之

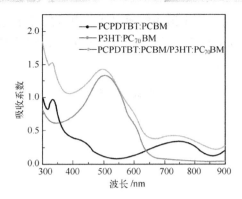

图 5-65 PCPDTBT:PCBM/P3HT:PC$_{70}$BM 双层电池及各子电池的光学吸收曲线

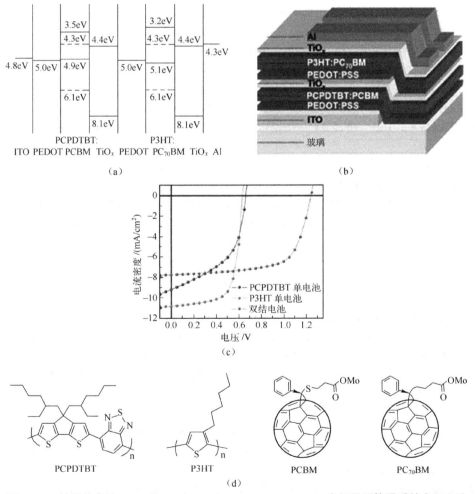

图 5-66 转换效率达 6.5% 的 PCPDTBT:PCBM/P3HT:PC$_{70}$BM 有机叠层体异质结太阳电池

间引入了 TiO_2 电极修饰层。由于顶底电池串联，电池的开路电压 U_{oc} 达到了 1. 24 V，短路电流密度 J_{sc} 为 7. 8 mA/cm2，填充因子 FF 为 0. 67，转换效率为 6. 5%（是当时有机电池的最高转换效率）。

参 考 文 献

[1] S. M. Sze, Physics of semiconductor devices (2nd edition), Wiley, Amsterdam, 1981, Microelectronics Journal, vol. 13, no. 4, p. 44, 1982.

[2] A. Bosio, N. Romeo, S. Mazzamuto, and V. Canevari, Polycrystalline CdTe thin films for photovoltaic applications, Progress in Crystal Growth and Characterization of Materials, vol. 52, no. 4, pp. 247–279, 2006.

[3] Loferski J, J. Appl. Phys. 27, 777–784（1956）.

[4] Rappaport P, RCA Rev. 20, 373–397（1959）.

[5] Muller R, Zuleeg R, J. Appl. Phys. 35, 1550–1556（1964）.

[6] Dutton R, Phys. Rev. 112, 785–792（1958）.

[7] Bonnet D, Rabenhorst H, Conf. Rec. 9th IEEE Photovoltaic Specialist Conf., 129–132（1972）.

[8] Tyan Y, Perez–Albuerne E, Proc. 16th IEEE Photovoltaic Specialist Conf., 794–800（1982）.

[9] BrittJ, Ferekides C. Appl. Phys. Lett. 62, 2851–2852（1993）.

[10] Xuanzhi Wu. High–efficiency polycrystalline CdTe thin–film solar cells. Solar Energy 77 (2004) 803–814.

[11] Martin A. Green1, Keith Emery etc. Solar cell efficiency tables (version 45), Prog. Photovolt: Res. Appl. 2015, 23：1–9.

[12] 王文静、李海玲等. 光伏技术与工程手册 [M]. 北京：机械工业出版社，2011，459.

[13] C. S. Ferekides, U. Balasubramanian, CdTe thin film solar cells：device and technology issues. Solar Energy 77 (2004) 823–830.

[14] Zhou T, etal., Conf Rec. 1st WCPVSEC, 103–106（1994）.

[15] Qu Y, Meyers P, McCandless B, Conf. Rec. 25th IEEE Photovoltaic Specialist Conf., 1013–1016（1996）.

[16] Meyers P, Leng C, Frev T, U. S. Patent 4, 710, 589（1987）.

[17] Paulson, P. D., Dutta, V., Study of in Situ. $CdCl_2$ Treatment on CSS deposited CdTe films and CdS/CdTe solar cells, Thin Solid Films, vol. 370, pp. 299–306,（2000）.

[18] D. L. BaEtzner, R. Wendt, A. Romeo, 2000 Thin Solid Films. 361—362：463—467.

[19] A. L. Oliva, R. Castro–Rodriguez, O. Solis—Canto, 2003, Applied Surface Science. 205：56–64.

[20] Nicola Romeo, Alessio Bosio etc., High efficiency CdTe/CdS thin film solar cells with a novel back–contact, 22nd European Photovoltaic Solar Energy Conference, 2007, Milan, 1919–1921.

[21] Stollwerek G, MS Thesis, Colorado State University（1995）.

[22] 吴选之. 碲化镉薄膜太阳电池的产业化. 第十二届中国光伏会议，北京，2012.

[23] Hahn H, Frank G, Klingler W, etal. Ubereinige ternare Chalkogenide mit Chalkopyritstruktur [J].

Z Anorg u. Allg Chemie, 1953, 271: 153.

[24] Wagner S, Shay J L, Migliorato P, etal. CuInSe$_2$/CdS heterojunction photovoltaic detectors [J]. Appl Phys Lett, 1974, 25: 434 – 435.

[25] Shay J, Wagner S, Kasper H, App. Phys. Lett. 27, 1975, 89: 90.

[26] Kazmerski L L, White F R, Morgan G K. Thin – film CuInSe$_2$/CdS heterojunction solar cells [J]. Appl Phys Lett, 1976, 29: 268 – 270.

[27] Mickelsen R A, Chen W S, Development of a 9.4% efficient thin – film CuInSe$_2$/CdS Solar Cell [C], Proceedings of the 15th IEEE Photovoltaic Specialists Conference. Orlando: IEEE, 1981: 800 – 904.

[28] Mickelsen R A, Chen W S. Polycrystalline Thin – film CuInSe$_2$ solar cells, Proceedings of the 16th IEEE Photovoltaic Specialists Conference. San Diego: IEEE, 1982: 781 – 785.

[29] Mitchell R A, Eberspacher C, Ermer J. Single and tandem junction CuInSe$_2$ cell and module technology, Proceedings of the 20th IEEE Photovoltaic Specialists Conference. LasVegas: IEEE, 1988: 1384 – 1389.

[30] Chen W S, Stewar J M, etal., Development of thin film polycrystalline CuIn$_{1-x}$Ga$_x$Se$_2$ solar cells [C]. Proceedings of the 19th IEEE Photovoltaic Specialists Conference, New Orleans: IEEE, 1987: 1445 – 1447.

[31] Walter T, Content A, Velthaus K O, Solar cells based on CuIn (Se, S)$_2$ [J]. Solar Energy Materials and Solar Cells, 1992, 26: 357 – 368.

[32] Rockett A, Birkmire R W. CuInSe$_2$ for photovoltaic application. J. Appl. Phys., 1991, 70: R81 – R89.

[33] Tarrant E, Ermer J, I – III – VI$_2$ multinary solar cells based on CuInSe$_2$. Proc. of 23th IEEE PVSC, 1993, 372 – 378.

[34] Gabor A M, Tuttle J R, Albin D S, etal., High – efficiency CuIn$_x$Ga$_{1-x}$Se$_2$ solar cells made from (In$_x$Ga$_{1-x}$)$_2$Se$_3$ precursor film [J]. Appl Phys Lett, 1994, 62: 198 – 200.

[35] Contreas M A, Gabor A M, Tennant A, et al. Accelerated publication 16.4% total – area conversion efficiency thin – film polycrystalline MgF$_2$/ZnO/CdS/Cu (In, Ga) Se$_2$/Mo Solar cell [J]. Progress in Photovoltaics: Research and Applications, 1994, 2: 287 – 292.

[36] Ingrid R, Miguel A C, Brian E, etal., 19.9% – efficient ZnO/CdS/CuInGaSe2 solar cell with 81.2% fill factor [J]. Progress in Photovoltaics: Research and Applications, 2008, 16: 235 – 239.

[37] Philip Jackson, Dimitrios Hariskos, etc., Properties of Cu (In, Ga) Se$_2$ solar cells with new record efficiencies up to 21.7%. Physica status solidi (RRL) – Rapid Research Letters, 2015, 9 (1): 28 – 31.

[38] Robert W Birkmire, Erten Eser. Annu Rev Mater Sci, 1997, 27: 625.

[39] 韩东麟, 张弓等. 硒源温度对 CIGS 薄膜结构和形貌的影响 [J]. 真空, 2007, 44 (6): 30 – 33.

[40] Jonathan Li, Total Equipment Solutions for TF PV Manufacturing. SNEC 6th International Photovol-

taic Power Generation Conference, 2012, Shanghai.

[41] Adolf Goetzberger, Christopher Hebling, Hans – Werner Schock. Materials Science and Engineering R, 203, 40: 1.

[42] 王季陶, 刘明登. 半导体材料 [M]. 北京: 高等教育出版社, 1990.

[43] 谢孟贤, 刘诺. 化合物半导体材料与器件 [M]. 成都: 电子科技大学出版社, 2000, 153.

[44] H. Nelson. RCA Rev., 24, (1963) 603.

[45] 邓志杰, 郑安生. 半导体材料 [M]. 北京: 化学工业出版社, 2004.

[46] Hoel H J, Woodall J M, $Ga_{1-x}Al_xAs$ – GaAs P – P – N heterojunction solar cells, Journal of the Electrochemical Society, Solid State Science and Technology, 1973, 120 (9): 1246 – 1252.

[47] Martin A Green. Keith Emery, etal., Solar cell efficiency tables (version 41), Prog. Photovolt: Res. Appl. 2013, 21: 1 – 11.

[48] Wojtczuk S, Reinhardt K, 1996 IEEE, High – power Density (1040W/kg) GaAs Cells for Ultralight Aircraft. Proceedings of the 25th IEEE Photovoltaic Specialists Conference, 1996: 49 – 52.

[49] Ringel S A, sieg T M, Carlin J A, Fitzgerald E A, etal., Toward achieving efficiency III – V space cells on Ge/GeSi/Si wafers, 2nd World Conference and Exhibit on Photovoltaic Solar Energy Conversion. 6 – 10 JULY 1998 VIENNE, AUSTRIA, 3594 – 3599.

[50] Olson J M, Ahrenkiel R K, etal., Ultralow recombination velocity at $Ga_{0.5}In_{0.5}P/GaAs$ heterointerface [J]. Appl. Phys. Lett., 1989, 55 (12): 1208 – 1210.

[51] http://www.altadevices.com/press.php.

[52] King. R. R., Fetzer C M, etal., High efficiency space and terrestrial multijunction solar cells through bandgap control in cell structure. Proc. 29th IEEE Phtovoltaic Specialists Conf., 2002, 776 – 781.

[53] M. Casale, etal., Triple junction solar cells and solar panels for the new generation of Russian spacecraft, Proc. 24th European PV Solar Energy Conference, Hamburg, 21 – 25 Sept. 2009.

[54] R Campesato, M Casale, etal., Proc. 26th European Photovoltaic Solar Energy Conference and Exhibition, Hamburg, 5 – 9 Sept., 2011.

[55] R R King, D C Law, K M Edmondson, etal., 40% efficient metamorphic GaInP/GaInAs/Ge multijunction solar cells, Applied Physics Letters, vol. 90, no. 18, Article ID 183516, 3 pages, 2007.

[56] Andreas W. Bett, Frank Dimroth, Wolfgang Guter, etal., Highest efficiency multi – junction solar cell cell and space applications, 24th European Photovoltaic Solar Energy Conference and Exhibition, 21 – 25 September 2009, Hamburg, Germany.

[57] Takamoto, T Agui, T Yoshida, A Nakaido, etal., World's highest efficiency triple – junction solar cells fabricated by inverted layers transfer process, Photovoltaic Specialists Conference (PVSC), 2010 35th IEEE, Honolulu (2010), 412 – 417.

[58] King R R, Law DC, Edmondson KM, Fetzer CM, etc. Multijunction Solar Cells with Over 40% Efficiency and Future Directions in Concentrator PV. 22nd European Photovoltaic Solar Energy Conf., Milan, Italy 2007, pp. 11 – 15.

[59] King R R, Bhusari D, Boca A, Larrabee D, etal., Band Gap – Voltage Offset and Energy Produc-

tion in Next – Generation Multijunction Solar Cells. Prog. Photovolt: Res. Appl. 2010, doi: 10. 1002/pip. 1044, and 5th World Conf. on Photovoltaic Energy Conversion and 25th European Photovoltaic Solar Energy Conf. , Valencia, Spain 2010.

[60] M. Meusel, W. Bensch, D. Fuhrmann, etal. , Ⅲ – Ⅴ Multijunction solar cells – from current space and terrestrial products to modern cell architectures, 25th European Photovoltaic Solar Energy Conference and Exhibition, 2010.

[61] R. R. King, R. A. Sherif, D. C. Law, etal. , New horizons in Ⅲ – Ⅴ multijunction terrestrial concentrator cell research, Proceedings of the 21st European Photovoltaic Solar Energy Conference and Exhibition (EU PVSEC – 21), Germany, 2006, 124.

[62] Patel P, Aiken D, Boca A, etal. , Proc. 37th IEEE PVSC, Seattle, Washington, 2011.

[63] R. R. King, D. Bhusari, etal. , Solar cell generations over 40% efficiency, 26th European Photovoltaic Solar Energy Conference and Exhibition, 2011.

[64] O' Regan B, Grätzel M, A low – cost, high – efficiency solar – cell based on dye – sensitized colloidal TiO_2 films, Nature, 1991, 353 (6346): 737 – 740.

[65] M A Green, K Emery, Y Hishikawa, W Warta, Prog. Photovoltaics 2008, 16, 435.

[66] Y Chiba, A Islam, Y Watanabe, R Komiya, N Koide, L Y Han, Jpn. J. Appl. Phys. , Part 2 2006, 45, L638.

[67] Komiya R, etal. , Improvement of the conversion efficiency of a monolithic type dye – sensitized solar cell module. Technical Digest 21st International Photovoltaic Science and Engineering Conference, Fukuoka, Nov. 2011: 2C – 5O – 08.

[68] Morooka M, etal. , Development of dye – sensitized solar cells for practical application. Electrochemistry 2009: 77: 960 – 965.

[69] 戴松元. 薄膜太阳电池关键科学和技术 [M]. 上海: 上海科学技术出版社, 2013, 255.

[70] Ito S, Miura H, Uchida S, Takata M, Sumioka K, Liska P, Comte P, Pechy P, Gra¨tzel M, Chem. Commun. 2008, 5194.

[71] Zhang G L, Bala H, Cheng Y M, Shi D, etal. , Chem. Commun. 2009, 2198.

[72] Yum J H, Hagberg D P, Moon S J, etal. , Chem. Int. Ed. 2009, 48, 1576.

[73] Xu M F, Li R Z, Pootrakulchote N, etal. , Phys. Chem. C 2008, 112, 19770.

[74] Xu M F, Wenger S, Bala H, etal. , Phys. Chem. C 2009, 113, 2966.

[75] Choi H, Baik C, Kang S O, etal. , Chem. Int. Ed. 2008, 47, 327.

[76] Hagfeldt, M. Gr　tzel, Chem. Rev. , 1995, 95, 49.

[77] Hashmi G, Miettunen K, Peltola T, etal. , 2011 Renewable and sustainable Energy Reviews 15 3717.

[78] Huang Y, Dai S Y, Chen S H, et al. , Appl. Phys. Lett. , 2009, 95.

[79] Dai S Y, Wang K J, Weng J, et al. , Sol. Energ. Mat. Sol. C, 2005, 85 447.

[80] Tang C W, Appl. Phys. Lett. 1986, 48, 183 – 185.

[81] Sariciftci N S, Smilowitz L, Heeger A L, etal. , Science, 1992, 258: 1474 – 1476.

[82] Yu G, Zhang C, Heeger A G. Appl. Phys. Lett. , 1994, 64: 1540.

[83] Yu G, Gao J, Hummelen J C, etal. , Science, 1995, 270: 1789 – 1791.

[84] Brabec C J, Organic photovoltaic: technology and market. Solar Energy Materials & Solar cells, 2004, 83: 273 –292.

[85] Jin Young Kim, Alan J Heeger etal. , Efficient Tandem Polymer Solar Cells Fabricated by All – Solution Processing, Science 2007, 317, 222 –225 .

[86] Sung H P, Anshuman R S B, etal. , Nature Photonics, 2009, 3: 297 –302.

[87] Chen H Y, Hou J H, Zhang S Q, etal. , Nat. Photonics. 2009, 3, 649.

[88] Http://www. heliatek. com/

[89] Http://www. konarka. com/

[90] http://www. mitsubishichem – hd. co. jp/

[91] Berson S, Debettignies, etal. Elaboration of P3HT/CNT/PCBM Composites for organic photovoltaic cells. Advance Function material [J] 2007, 17: 3363~3370.

[92] Kim K, Carroll D L. Roles of Au and Ag nanoparticles in efficiency enhancement of poly (3 – Octylthiophene) /C_{60} bulk heterojunction photovoltaic devices [J]. Applied Physics Letter, 2005, 87.

[93] Liying Yang, Hua Xu, etal. , Effect of cathode buffer layer on the stability of polymer bulk heterojunction solar cells [J]. Solar energy materials and solar cells, 2010, 94 (10): 1831~1834.

[94] X X Jiang, etal. , Solar Energy Materials & Solar Cells, 2009, 93, 650.

[95] Jin Young Kim, Alan J Heeger etal. , Efficient Tandem Polymer Solar Cells Fabricated by All – Solution Processing, Science 2007, 317, 222 –225 .

第6章 太阳能光伏系统电能变换电路

太阳电池组件所发出的电能为直流电能，由于该直流电能会随着天气、环境和负载等的变化而变化，所以一般不将其直接供给负载使用。太阳能光伏系统在不同的应用场合有不同的构成形式，可以分为独立光伏系统和并网光伏系统两大类。对于独立光伏发电系统，往往需要配置蓄电池作为储能装置，但由于蓄电池的输出电压都有其标称值，不一定能直接满足直流负载的电压匹配要求，因此需要进行直流—直流变换（DC/DC 变换）。目前对于大多数的负载要求是交流供电，这就需要进行直流—交流变换（DC/AC 变换）。对于并网光伏系统而言，也需要将太阳电池方阵产生的直流电转换成符合市电电网要求的交流电后，直接并入公共电网。所以，在光伏发电系统中必须设计电能变换电路，将蓄电池或太阳电池阵列输出的直流电能进行变换，变换成适合负载使用的电能。电能变换电路的任务就是将直流电能进行电压升/降变换，以满足直流负载或太阳电池方阵最大功率点跟踪的要求，或者进行逆变变换，将直流电能转变为交流电能，以满足交流负载的要求。本章介绍光伏发电系统对变换器的技术要求和主要的技术参数，重点介绍各种类型的 DC/DC 和 DC/AC 变换电路的工作原理和特点，以及一些复杂（新型）的逆变电路，为读者自行设计电能变换电路以及为光伏系统配置变换器打下一定的基础。

6.1 变换电路结构及分类

6.1.1 电路结构

变换电路主要由半导体功率器件、变换控制和驱动等部分组成。变换电路主电路的基本结构如图 6-1 所示。

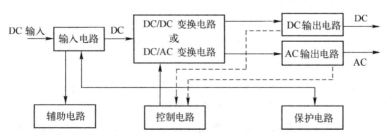

图 6-1 变换电路主电路的基本结构

输入电路的直流电压来自于蓄电池或太阳电池组件；控制电路为变换电路提供一系列脉冲宽度可调的控制脉冲，用于控制变换电路开关器件的导通与关断，以实现稳定的直流或交流输出；DC/DC 或 DC/AC 变换电路通过功率开关器件的导通和关断，实现直流电压的变换或逆变功能；DC 输出电路对 DC/DC 变换电路输出进行滤波、整流等，满足直流负载的需求；AC 输出电路对逆变电路的输出进行交流频率、波形、幅值和相位等的修正和补偿，以满足交流负载的需要；辅助电路提供适合控制电路工作的直流电压和各种检测电路；保护电路实现欠电压、过电压和过电流等保护功能。

变换电路中的功率器件多采用易于控制的 MOSFET、IGBT、GTO、IGCT 和MCT 等器件；控制电路多采用的单片机或数字信号处理器（DSP）控制方式。目前，各种现代控制理论（如自适应控制、自学习控制、模糊逻辑控制和神经网络控制和算法等）也开始大量应用在变换电路中。

6.1.2 变换电路分类

变换电路按其完成的功能进行分类，可分为直流—直流（DC/DC）变换和直流—交流（DC/AC）变换。

1）DC/DC 变换　DC/DC 变换是指利用电容、电感的储能的特性，通过可控开关（MOSFET 等）进行高频开/关的动作，将输入的直流电能储存在电容（感）里，当开关断开时，再将电能释放给负载，提供能量。其输出的功率或电压的能力与占空比（开关导通时间与整个开关的周期的比值）有关。DC/DC 变换主要用于直流电压幅值及极性变换。

DC/DC 变换器可分为三类，即升压型 DC/DC 转换器、降压型 DC/DC 转换器和升/降压型 DC/DC 转换器。

2）DC/AC 变换　DC/AC 变换通过可控开关的开通和关断作用，将光伏阵列发出的直流电能转变成恒压恒频的交流电能，以满足交流负载供电的要求；在独立光伏系统中，可根据负载的需要，配置 DC/AC 变换电路，而在光伏并网系统中，必须采用 DC/AC 变换电路将直流能量变换为交流能量供给电网。

DC/AC 变换按输出波形、主回路拓扑结构等又可以分成以下类型。

☺ **按输出电压波形可分为方波、阶梯波和正弦波变换；**

☺ **按主回路拓扑结构可分为半桥结构、全桥结构和推挽结构；**

☺ **按输出交流电相数可分为单相输出和三相输出；**

☺ **按直流侧储能元件性质可分为电压型变换和电流型变换；**

☺ **按变换器输出电压的不同可分为两电压输出和多电压输出；**

☺ **按负载类型可分为无源变换（即输出直接用于负载）和有源变换（即输出电能直接送入公共交流电网）。**

6.1.3　技术要求和主要技术指标

1. 技术要求

光伏发电系统对变换器的技术要求如下所述。

1) 变换效率　为了尽可能地利用太阳能并降低整个系统的成本，要求变换器必须有较高的变换效率，如功率较大的变换器在满载时效率一般要求在90%以上（500kW以上现在可达到98%）；中小功率的变换器在满载时也要求在85%以上。效率的提高主要取决于电路的设计、元器件的选择和负载的匹配。不同的元器件和不同的满载率会对变换器的效率产生影响。

2) 输入电压范围　由于光伏电池的端电压与负载和光照强度的变化密切相关，即使在独立光伏发电系统中配置有储能部件，但由于目前所用的储能部件主要为蓄电池（蓄电池的端电压也要随着蓄电池剩余容量和内阻的变化波动），因此必须要求变换器在较大的直流输入电压范围内都能保证正常工作。

3) 可靠性　由于光伏发电系统在很多场合都是处于自动工作状态，无须管理，因此要求变换器具有较高的可靠性，即具有较好的抗干扰能力、环境适应能力、过载能力和各种保护功能。这可通过设计合理的电路结构，严格的元器件筛选及设计各种保护功能（如输入直流极性接反保护，交流输出短路保护，过热、过载保护等）来实现。

2. 主要技术指标

变换器有一些主要的技术指标，如额定容量、额定功率、变换效率、额定输入电压和电流、额定输出电压和电流、电压调整率及可靠性等。具体的指标要求如下所述。

1) 变换器应具有足够的额定输出容量和过载能力　额定输出容量表征变换器向负载供电的能力。变换器的选用，首先要考虑是否具有足够的额定容量，以满足最大负荷下设备对电功率的需求。额定输出容量值高的变换器可带更多的用电负载。但当变换器的负载不是纯阻性（即输出功率因数小于1）时，变换器的负载能力将小于所给出的额定输出容量值。

2) 输出电压稳定度　在独立光伏发电系统中，一般都以蓄电池为储能设备。当标称电压为12V的蓄电池处于浮充电状态时，端电压可达13.5V，短时间过充状态可达15V。蓄电池带负荷放电时，端电压可降至10.5V。蓄电池端电压的波动可达标称电压值的约30%。因此，要求变换器具有较好的调压性能，这样才能保证光伏发电系统在输入电压变化时仍能以稳定的交流电压供电。

输出电压稳定度表征变换器输出电压的稳压能力。多数变换器产品给出的是电压调整率，即输入直流电压在允许波动范围内变化时，该变换器输出电压的偏差百分数。高性能的变换器应同时给出当负载由 0% 到 100% 变化时，该变换器输出电压的偏差百分数，即负载调整率。性能良好的变换器的电压调整率应不超过 ±3%，负载调整率应不超过 ±6%。

3）输出电压的波形失真度 当变换器输出电压为正弦波时，要规定允许的最大波形失真度（或谐波含量）。通常以输出电压的总波形失真度表示，其值不应超过 5%。

4）额定输出频率 DC/AC 变换器输出交流电压的频率应是一个相对稳定的值，通常为工频（50Hz）。正常工作条件下，其偏差应在 ±1% 以内。

5）负载功率因数 负载功率因数表征 DC/AC 变换器带感性负载或容性负载的能力。在正弦波条件下，负载功率因数为 0.7 ～ 0.9（滞后），额定值为 0.9。

6）额定输出电流（或额定输出容量） 它表示在规定的负载功率因数范围内，变换器的额定输出电流。有些变换器产品给出的是额定输出容量，其单位以 V・A 或 kV・A 表示。变换器的额定容量是当输出功率因数为 1（即纯阻性负载）时，额定输出电压与额定输出电流的乘积。

7）额定逆变输出效率 光伏发电系统专用的 DC/AC 变换器，在设计时应特别注意减少自身功率损耗，提高整机效率，这是提高光伏发电系统技术经济指标的一项重要措施。在整机效率方面，对光伏发电专用变换器的要求是，kW 级以下的变换器额定负荷效率不小于 85%，低负荷效率不小于 75%；10kW 级变换器额定负荷效率不小于 90%，低负荷效率不小于 80%。

8）保护功能 变换器对外部电路的过电流及短路现象最为敏感，是光伏发电系统中的薄弱环节。因此，在选用变换器时，必须要求具有良好的对过电流及短路保护功能。

☺ *过电压保护：对于没有电压稳定措施的逆变器，应有输出过电压的防护措施，以使负载免受输出过电压的损害。*

☺ *过电流保护：变换器的过电流保护，应能保证在负载发生短路或电流超过允许值时及时动作，使其免受浪涌电流的损伤。*

9）起动特性 它表征变换器带负载起动的能力和动态工作时的性能。变换器应保证在额定负载下可靠起动。高性能的变换器可做到连续多次满负荷起动而不损坏功率器件。小型变换器为了自身安全，有时采用软起动或限流起动。

10）噪声 电力电子设备中的变压器、滤波电感、电磁开关及风扇等部件均会产生噪声。变换器正常运行时，其噪声应不超过 65dB。

6.2　DC/DC 变换电路

实现 DC/DC 变换的电路结构有多种，如果以输入和输出之间是否隔离进行区分，可分为非隔离型 DC/DC 变换电路和隔离型 DC/DC 变换电路。非隔离型 DC/DC 变换电路不采用中间变压器作为隔离，直接进行直流电压变换；隔离型 DC/DC 变换电路则采用中间变压器，以实现输入与输出的电隔离。

6.2.1　非隔离型 DC/DC 变换电路

非隔离型 DC/DC 变换电路采用半导体开关器件，以较高的开关频率对直流电压进行斩波，以达到控制直流输出电压平均值的目的。典型的非隔离型 DC/DC 变换电路有降压型变换电路（Buck 电路），升压型变换电路（Boost 电路），升—降压型变换电路（Buck – Boost 电路和 Cúk 电路）等。

非隔离型 DC/DC 变换电路能输出稳定直流电压的关键是在输入电压和输出电压之间串/并联上一个可控的开关，通过周期性地控制开关的导通，就可控制输出直流电压的平均值。输出电压平均值的大小由控制开关的开通时间 t_{on} 决定。开关的控制波形如图 6-2 所示。

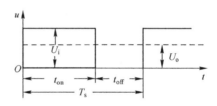

图 6-2　开关的控制波形

假设控制信号的开关周期为 T_s，定义开关的导通时间 t_{on} 与周期 T_s 之比为开关的导通占空比 D，即 $D = \dfrac{t_{on}}{T_S}$。

当输入直流电压为 U_i 时，则输出的平均电压 U_o 为：

$$U_o = DU_i = \frac{t_{on}}{T_s}U_i \tag{6-1}$$

当因输入电压或负载发生变化而引起输出电压发生变化时，控制电路只需改变控制信号的占空比就能实现输出电压的稳定。这种通过改变控制信号脉冲占空比的方法就是"时间比率控制法"（Time Ratio Control，TRC）。

在太阳能光伏发电系统中，较为常用的是脉冲宽度调制（PWM）法，即开关的周期一定，通过改变脉冲的宽度来改变占空比，从而达到稳定输出电压的目的。该控制方法的特点是由于开关控制周期固定，所以滤除高次谐波的滤波器设计比较容易。

1. Buck 变换电路

Buck 电路属于串联型开关变换器，其输出电压低于输入电压，是降压型变换电路。Buck 电路原理图如图 6-3 所示，它由直流电压源（光伏阵列输出）、半导体开关管 VT、电感 L、电容 C 和二极管 VD 构成。控制电路（另行介绍）输出脉冲宽度可调的脉冲波，控制半导体开关管 VT 的导通和关断，以实现稳压输出。

1）**工作原理** Buck 电路的工作模式可分为 CCM 模式和 DCM 模式两种，这主要取决于流过电感的电流是否连续，当电感电流连续时，则开关转换器工作于 CCM（Current Continuous Mode）模式；当电感电流不连续时，则开关转换器工作于 DCM（Current Discontinuous Mode）模式。

本小节所介绍的 Buck 电路工作在 CCM 模式下，即电感中的电流是连续流动的模式。

当开关管 VT 导通时，二极管 VD 处于反偏状态，等效于开路，此时 Buck 电路的等效图如图 6-4 所示。输入电源通过电感向负载提供能量，同时向电容充电。

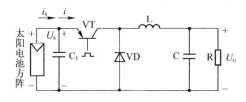

图 6-3 Buck 电路原理图

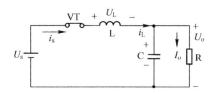

图 6-4 开关管导通时 Buck
电路的等效电路图

电感两端的电压为：$u_L = U_s - U_o$

电流 i_L 为：
$$i_L = \frac{1}{L}\int u_L \mathrm{d}t = \frac{u_L}{L}\Delta t \qquad (6-2)$$

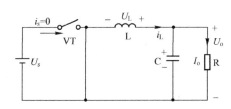

图 6-5 开关管关断时 Buck 电路的
等效电路图

电流成线性增加，负载电阻上也流过逐渐增加的电流，从而得到逐渐增加的电压，电压的极性为上正下负。

当开关管 VT 关断时，由于电感上的电流不能突变，继续维持原来电流的方向，此时二极管 VD 承受正向偏置，等效于短路，电感电流流经负载和二极管，此时 Buck 电路的等效图如图 6-5 所示。此时电感电压为 $u_L = -U_o$，电流线性下降，负载两端的电压极性仍为上正下负。Buck 电路的 u_L 和 i_L 的波形如图 6-6 所示。

当开关管 VT 关断时，电容器处于放电状态，有利于维持放电电流和输出电压保持不变。只要合理选择电感 L 和电容 C 的参数，使 LC 构成的低通滤波器的截止频率远大于控制开关的工作频率，就可以将输出电压的纹波降至最小。

在稳态运行时，一个周期内电感电压对时间的积分为零，即

$$(U_s - U_o)t_{on} = U_o t_{off}，\text{而 } t_{off} = T_s - t_{on}$$

所以，Buck 电路的输出电压为

$$U_o = \frac{t_{on}}{T_s}U_s = DU_s \qquad (6-3)$$

Buck 电路的优点是电路的结构较为简单，便于实现控制且变换效率较高等，其缺点是只能用于降压输出。

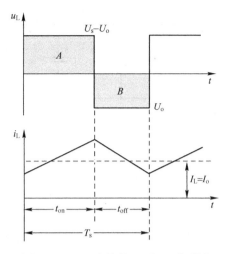

图 6-6　Buck 电路的 u_L 和 i_L 波形图

2）电路应用　Buck 电路在光伏发电系统中可用于光伏阵列的最大功率点跟踪控制和蓄电池的充电控制等。有关最大功率点跟踪控制和蓄电池的充电控制等内容将在第 7 章中具体介绍。

通过控制 Buck 电路的导通占空比来改变输出电压，使光伏阵列输出最大功率，从而达到最大功率点跟踪的目的。需要注意的是，由太阳电池输出特性是非线性的，所以并不是占空比越大，输出功率就越大。

同样，也可以通过检测蓄电池的端电压来控制 Buck 电路的导通占空比，从而控制蓄电池的充电电流，占空比越大，则充电电流越大；当占空比为零时，停止对蓄电池充电，以实现蓄电池充电控制和过充电保护。

2. Boost 变换电路

Boost 变换电路属于并联型开关变换器，其输出电压高于输入电压，是升压型变换电路，其电路原理图如图 6-7 所示。

1）工作原理　Boost 电路是利用电感电流源向负载放电的方式，从而实现升压的目的。

与 Buck 电路的工作模式类似，Boost 电路也可分为 CCM 模式和 DCM 模式两种，本小节也是仅考虑连续导电即 CCM 模式。当开关管 VT 导通时，二极管因受反向偏置而截止，输入与输出隔离，其等效电路图如图 6-8 所示。电源向电感供电，电流线性增加，电感储藏能量。输出由电容供电，输出电流为 I_o，电压的极性为上正下负。

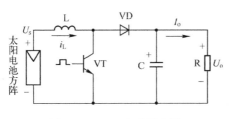

图 6-7　Boost 电路原理图

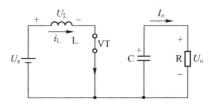

图 6-8　开关管导通时 Boost
电路的等效电路图

当开关管 VT 关断时，二极管处于正向偏置（导通），其等效电路图如图 6-9 所示。由于电感上的电流不能突变，继续维持原来电流的方向，所产生的感应电动势 U_L 与电源电压 U_s 方向相同，两者串联以高于电源电压的电压向负载供电，同时向电容充电，电容 C 有保持输出电压稳定的作用。在电路工作时，无论开关管导通或关断，电源供电的输入电流均是连续的，但流过二极管的电流却是断续的。由于在负载上有并联电容 C，所以负载电阻 R 上得到的电流仍是连续的。Boost 电路的 u_L 和 i_L 的波形如图 6-10 所示。

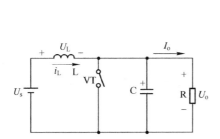

图 6-9　开关管关断时 Boost 电路的
等效电路图

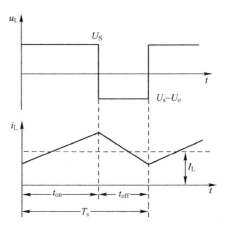

图 6-10　Boost 电路的 u_L 和 i_L 波形图

同样，稳态时电感电压在一个周期 T_s 内对时间的积分为零，即

$$U_s t_{on} + (U_s - U_o) t_{off} = 0$$

所以，可得到 Boost 电路的输出电压为

$$U_o = \frac{T_s}{t_{off}} U_s = \frac{1}{1-D} U_s \tag{6-4}$$

因为 t_{off} 小于 T_s，所以输出电压将大于输入电压，因此 Boost 电路是升压型变换电路。

2）电路应用　与 Buck 电路的应用类似，在光伏系统的充电控制中，可通过应用 Boost 电路将光伏阵列的输出电压升高，以满足蓄电池或负载的供电电压要求，并可实现最大功率点跟踪；也可用于蓄电池的放电控制，以满足负载的供电要求。

Boost 电路的优点是效率较高，电路的控制也较简单；其缺点是只能进行升压变换，不能进行降压变换，如果占空比控制不当，t_{off} 调整得太小，则会出现将输出电压升高到损坏负载的危险情况，这在实际使用中必须要加以注意。

3. Buck – Boost 变换电路

Buck – Boost 变换电路是在 Buck 变换电路后再串联 Boost 变换电路，从而构成降压—升压型变换电路，它可根据需要改变占空比，灵活实现降压输出或升压输出，解决了前述的 Buck 变换电路和 Boost 变换电路只能降压或升压的问题。其电路原理图如图 6–11 所示。

1）工作原理　由于 Buck – Boost 变换电路的输出电压 U_o 的极性与输入电压 U_s 的极性相反，所以该变换电路属于反相输出型变换电路。

和前面讨论 Buck 和 Boost 电路类似，本小节也仅考虑连续导电的模式。当开关管 VT 导通时，二极管因受反向偏置而截止，输入与输出隔离，其等效电路图如图 6–12 所示。此时电源向电感供电，电流线性增加，电感储藏能量。输出由电容供电，输出电流为 I_o，电压的极性为上负下正。

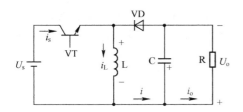
图 6–11　Buck – Boost 电路原理图

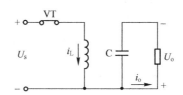
图 6–12　开关管导通时 Buck – Boost 电路的等效电路

当开关管 VT 关断时，二极管处于正向偏置（导通），其等效电路图如图 6–13 所示。由于电感上的电流不能突变，继续维持原来电流的方向，所产生的感应电动势 U_L 与电源电压 U_s 方向相反，向负载供电，同时向电容充电，因此在负载上得到的输出电压 U_o 与输入电压 U_s 的极性相反，电容 C 有保持输出电压稳定的作用。在电路工作时，电源供电的输入电流 i_s 和线路电流 i 都是断续的，但由于在负载上有并联电容 C，所以负载电阻 R 上得到的电流仍是连续的。Buck – Boost 电路的 u_L 和 i_L 的波形如图 6–14 所示。

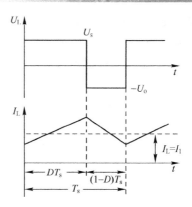

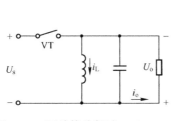

图 6-13　开关管关断时 Buck – Boost
电路的等效电路

图 6-14　Buck – Boost 电路的 u_L
和 i_L 波形图

同样，稳态时电感电压在一个周期 T_s 内对时间的积分为零，即

$$U_s D T_s + (-U_o)(1-D) T_s = 0$$

因此可得到 Buck – Boost 电路的输出电压为

$$U_o = \frac{D}{1-D} U_s \tag{6-5}$$

通过改变占空比 D，就可以得到不同的输出电压。当 $D > 0.5$ 时，输出电压 U_o 大于输入电压 U_s，变换电路为升压电路；当 $D < 0.5$ 时，输出电压 U_o 小于输入电压 U_s，变换电路为降压电路。

2）电路应用　Buck – Boost 电路的输出电压范围很宽，可以高于或低于输入电压，所以当输出电压要求一定时，其允许的输入电压的变化范围也非常大。它可应用在光伏系统的充电控制和最大功率点跟踪，以及各种 DC/DC 变换系统中。

4. Cúk 变换电路

Cúk 变换电路类似于 Buck – Boost 电路，它是在 Boost 变换电路后再串联 Buck 变换电路，从而构成降压—升压型变换电路。它可根据需要改变占空比，灵活实现降压输出或升压输出。其电路原理图如图 6-15 所示。

1）工作原理　与 Buck – Boost 变换电路类似，Cúk 电路的输出电压 U_o 的极性与输入电压 U_s 的极性也是相反的，因此也属于反相输出型变换电路。

在稳定状态下，由于电感的平均电压为零，从图 6-15 中可知，$U_{C1} = U_s + U_o$，电容上的电压既大于输入电压也大于输出电压，所以电容 C_1 起到了存储输入电源的能量和向输出端传送能量的作用。

当输入脉冲为高电平时，开关管 VT 导通，二极管因受反向偏置而截止，输入与输出自成闭合回路，其等效电路图如图 6-16 所示。电路能量的存储和传递分别在两个环路中进行。输入电流 i_1 为电感 L_1 提供能量，使 i_{L1} 上升；储存在 C_1 上的能量通过开关管释放，放电电流 i_2 为电感 L_2 和电容 C_2 提供能量，电感电流 i_{L2} 上升，同时对负载 R 供电，电压的极性为上负下正。开关管要承受输入和输出电流之和，即

$$i = i_1 + i_2$$

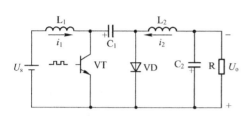

图 6-15　Cúk 电路原理图

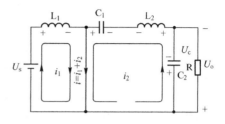

图 6-16　开关管导通时 Cúk 变换
电路等效电路

当输入脉冲为低电平时，开关管 VT 截止，二极管因受正向偏置而导通，输入与输出还是自成闭合回路，但与开关管导通时的闭合回路不同，其等效电路图如图 6-17 所示。电源和开关管导通时，存储在 L_1 中的电能向电容 C_1 充电，充电电流为 i_1，电感 L_1 上的电流 i_{L1} 下降；存储在 L_2 中的能量通过二极管 VD 释放，放电电流为 i_2，电感电流 i_{L2} 下降，同时对负载 R 供电，保持输出电压的极性为上负下正。二极管 VD 也要承受输入和输出电流之和，即

$$i = i_1 + i_2$$

Cúk 电路要求电感 L_1、L_2 和电容 C_1 的容量足够大，这样就可保证电感电流（i_{L1} 和 i_{L2}）及回路电流（i_1 和 i_2）的连续和基本恒定，并具有较小的纹波分量，因此降低了对外部滤波器的要求。其电感电流（i_{L1} 和 i_{L2}）及回路电流（i_1 和 i_2）的波形图如图 6-18 所示。

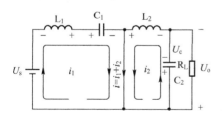

图 6-17　开关管关断时 Cúk 变换
电路等效电路

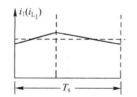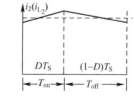

图 6-18　Cúk 变换电路电流 i_1
（i_{L1}）和 i_2（i_{L2}）波形图

由于 C_1 容量较大，其平均电压 U_{C_1} 保持不变，同样依据稳态时电感电压在一个周期 T_s 内对时间的积分为零，因此对于电感 L_1 有

$$U_s D T_s + (U_s - U_{C_1})(1 - D) T_s = 0 \qquad (6-6)$$

对于电感 L_2 有

$$(U_{C_1} - U_o) T_s + (-U_o)(1 - D) T_s = 0 \qquad (6-7)$$

联立两式求解，可得

$$U_o = \frac{D}{1 - D} U_s \qquad (6-8)$$

Cúk 电路类同于 Buck－Boost 电路，通过改变占空比 D，即可得到不同的输出电压，得到的输出电压可高于输入电压，也可低于输入电压。

2）电路应用 Cúk 电路的输出电压范围很宽，所以当输出电压要求一定时，其允许的输入电压的变化范围也非常大。Cúk 电路的纹波电压较小，可广泛应用于光伏系统的充电控制和最大功率点跟踪，以及各种 DC/DC 变换系统中。

6.2.2 隔离型 DC/DC 变换电路

对于要求实现输入与输出电隔离的变换电路，需要接入中间变压器来构成隔离型 DC/DC 变换电路，其电路拓扑结构一般为直—交—直型。通过半导体开关元件的反复开关将直流电变为交流电，经变压器变压，再经整流滤波后变为所需的直流电。目前，控制开关管的频率采用高开关频率，可以使中间变压器及滤波用的电感、电容小型化，减小了变换器的体积和质量。隔离型变换电路的形式很多，这里介绍常用的 7 种电路。

1. 单端正激变换电路

1）工作原理 单端正激变换电路是由 Boost 电路插入变压器演变而来的，其原理图如图 6-19 所示。开关管 VT 按控制电路输出的 PWM 控制方式进行导通或截止，VD_1 是输出整流二极管，VD_2 是续流二极管，L 和 C 构成滤波电路。变压器由 3 个绕组构成，其中 N_1 和 N_2 分别为一次绕组和二次绕组，N_3 为磁通复位绕组。

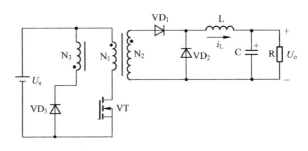

图 6-19 单端正激变换电路原理图

当开关管 VT 导通时，电源电压 U_s 加在一次绕组上，极性为上正下负。根据图 6-19 所示的绕组同名端，VD_1 导通，VD_2 和 VD_3 截止，变压器二次侧感应电压为

$$u_{N_2} = \frac{N_2}{N_1} U_s \tag{6-9}$$

该电压向 L 和 C 存储能量，同时经 L 和 C 滤波后，向负载供电。

当开关管 VT 截止时，变压器中的 3 个绕组的感应电压方向与开关管导通时相反，因此 VD_1 截止，VD_2 和 VD_3 导通，L 和 C 存储的能量通过 VD_2 继续向负载供电。而变压器的一次侧和二次侧都没有电流流过，变压器通过磁通复位绕组进行磁复位，励磁电流从复位绕组 N_3 经过二极管 VD_3 回馈到输入电源中。复位绕组上的电压为

$$u_{N_3} = -U_s \tag{6-10}$$

电源反向加在复位绕组上，励磁电流从一次绕组转移到复位绕组，并开始线性减小，直至为零，变压器完成了磁复位，铁心被去磁。

要求在开关管 VT 截止期完成磁复位，因此有

$$\frac{U_s}{N_1} t_{on} = \frac{U_s}{N_3} (T_s - t_{on})$$

即

$$t_{on} = \frac{N_1}{N_3} (T_s - t_{on}) \tag{6-11}$$

式中，$T_s - t_{on}$ 是去磁时间，即脉冲的截止期 t_{off}。

当开关管处于截止状态时，加在开关管 VT 上的电压为

$$U_T = U_s \left(1 + \frac{N_1}{N_3} \right) \tag{6-12}$$

如果 $N_1 > N_3$，则去磁时间小于导通时间，开关管工作脉冲占空比 $D > 0.5$，此时开关管 VT 要承受大于 2 倍的电源电压。

如果 $N_1 < N_3$，则去磁时间大于导通时间，开关管工作脉冲占空比 $D < 0.5$，此时开关管 VT 承受的电压小于 2 倍的电源电压。

为了充分提高占空比和减小开关管的耐压，必须折中考虑 N_1 和 N_3 的匝数比。一般情况下，取 $N_1 = N_3$，占空比为 0.5，此时开关管承受 2 倍的电源电压。

2）输出电压 U_o　在开关管导通期间，电感上的电压为

$$u_L = u_{N_2} - U_o = \frac{N_2}{N_1} U_s - U_o \tag{6-13}$$

当开关管截止时，变压器二次侧没有电流流过，电感电流经二极管 VD_2 续流，在此期间，电感电压为负，电流线性下降，电感电压为

$$U_L = -U_o$$

在稳定时，电感电压在一个周期内的积分为零，因此有

$$\left(\frac{N_2}{N_1}U_s - U_o\right) \times DT_S = U_o \times (1-D) \times T_S \tag{6-14}$$

由式（6-14）可得单端正激变换电路输出电压 U_o 为

$$U_o = D\frac{N_2}{N_1}U_s \tag{6-15}$$

3）电路特点 单端正激变换电路具有以下特点。

☺可以通过改变二次绕组和一次绕组的线圈匝数比来改变输出电压，增大了电压的输出范围。

☺可以方便地实现多路输出。

☺可以非常方便地改变输出电压极性，只要将二次绕组的两端对调，再将二次侧整流二极管和滤波电容的方向对调就能实现。

☺输出与输入隔离，加大了电路抗干扰的能力。

☺由于有变压器漏感的存在，当开关管截止时，其两端将承受较高的电压应力，易损坏开关管。

☺磁心利用率不高，单位周期内只有一个功率脉冲。

☺需要一定的复位时间，否则容易造成变压器磁心的磁饱和。

鉴于此，该类变换器多用于小功率的降压电路。

2. 双端正激变换电路

采用双端正激变换电路可以克服单端正激变换电路的缺点。具有两路输出的双端正激变换电路原理图如图 6-20 所示。其变压器二次侧电路与单管正激变换电路一样，一次绕组与 VT_1 和 VT_2 开关管串联，VT_1 和 VT_2 在 PWM 脉冲作用下同时导通或关断，在每个开关管和一次绕组间，各并联一个续流二极管 VD_1、VD_2。

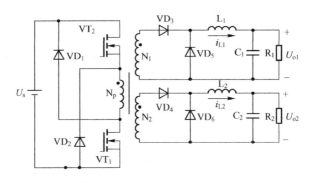

图 6-20 具有两路输出的双端正激变换电路原理图

当 VT_1 和 VT_2 同时导通时，二极管 VD_1 和 VD_2 反偏截止，输入电压 U_s 通过变压器向二次侧传输能量，二极管 VD_3 和 VD_4 导通，电感 L_1 和 L_2 上的电压线性上升，电感开始储能，其工作原理与单端正激变换电路的类似。

当开关管 VT_1 和 VT_2 关断时，变压器励磁电流有一个释放回路，经过 VD_1 和 VD_2 后回馈到输入电源，进行磁复位，因此双管正激变换电路无须另加磁复位措施。VD_1 和 VD_2 还起到钳位作用，将 VT_1 和 VT_2 关断时所承受的电压钳位于输入电压 U_s。

与单端正激变换电路相比，双管正激变换电路关断时每个开关管仅承受一倍的直流输入电压，所承受的电压应力降低了 50%，因此可应用于较高电压输入、较大功率输出场合；采用二极管 VD_1、VD_2 可以实现自复位，不需要额外的变压器磁复位绕组；关断时不会出现漏感尖峰；双管正激变换电路的每个桥臂均由一个开关管和一个二极管串联组成，不会出现桥臂直通现象，可靠性高。

3. 单端反激变换电路

1）工作原理　单端反激变换电路是由 Buck – Boost 电路插入变压器演变而来的，其原理图如图 6-21 所示。其电路结构与单端正激变换电路非常相似，区别是变压器二次侧的同名端接法不同。该电路在开关管 VT 关断期间，变压器向输出电容 C 和负载提供能量，因此不需要去磁绕组。变压器同时起着电感和变压器的双重作用，因此不需要滤波电感。

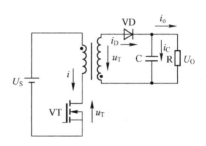

当开关管 VT 导通时，电源电压 U_s 加在一次绕组上，极性为上正下负。根据图 6-21 所示的绕组同名端，VD 截止，电容 C 所存储的能量向负载供电；变压器一次侧电流线性上升，变压器存储能量。

图 6-21　单端反激变换电路原理图

当开关管 VT 截止时，一次侧电流为零，电压极性为上负下正，VD 导通，变压器所存储的能量由二次侧向电容 C 充电，并向负载供电。

根据变压器磁通的连续性，可将单端反激变换电路分成电流连续模式（CCM）、电流临界连续模式和电流断续模式（DCM）三种工作模式，对应各工作模式下的一次电流和二次电流波形图如图 6-22 所示。图中，i_{L1}、i_{L2} 分别为反激变换器中变压器的一次电流和二次电流，D 为开关占空比，T_s 为变换器开关周期。

2）输出电压 U_o　考虑电流连续模式，在开关管 VT 导通期（DT_s），变压器一次电压为

$$U_{L1} = U_s \qquad (6-16)$$

在开关管 VT 截止期 $[(1 - D)T_s]$，变压器一次电压为

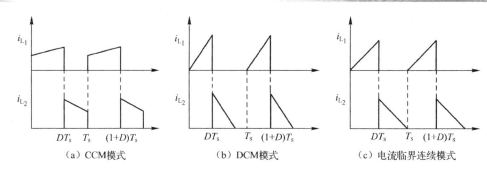

图 6-22 单端反激变换电路三种模式一次电流和二次电流波形图

$$U_{L1} = -\frac{U_o}{n} \tag{6-17}$$

式中，n 为二次绕组和一次绕组的匝数比。

在理想条件下，根据磁通平衡原则可得

$$U_s D T_s = \frac{U_o}{n}(1-D)T_s \tag{6-18}$$

整理后可得

$$U_o = \frac{D}{1-D} n U_s \tag{6-19}$$

式（6-19）表明，输出电压的大小与负载无关，改变占空比即可实现电压的变换，当占空比大于 0.5 时，可实现升压变换。

考虑电流断续模式，则可得到输出电压与输入电压的关系式为

$$U_o = \frac{D^2 U_s^2 T}{2L_1 I_o} \tag{6-20}$$

式（6-20）表明，变换器工作于电流断续模式时，输出电压与负载相关，当负载减轻时，输出电压升高。

3) 电路特点 单端反激变换电路除具有单端正激变换器的一些特点外，还具有以下一些特点。

☺ 相对于正激变换电路，反激变换电路不需要输出滤波电感，结构简单。

☺ 单端反激式变换电路通常采用加气隙来增大可工作的磁场强度 H，减少剩余磁感应强度；当反激式变换电路处于连续工作模式时，气隙可有效防止磁心饱和，因而可增大电源的输出功率，减少变压器磁心损耗，进一步提高开关频率。但变压器气隙的增加，要产生较大漏感，电感值相对较低。

☺ 当功率开关关断时，由漏感储能引起的电流突变将产生很高的关断电压尖峰；当功率管导通时，电感电流变化率大，电流峰值大，在 CCM 模式中，整流二极管反向恢复将引起功率开关管开通时产生高的电流尖峰。因此，

必须用钳位电路来限制反激变换电路的功率开关电压、电流应力。

☺ 单端反激式变换电路开关管 VT 所承受的反向电压为

$$U_\text{T} = \frac{U_s}{1 - D} \tag{6-21}$$

当占空比 D 为 0.5 时，将承受 2 倍的电源电压。

反激变换电路具有高可靠性，电路结构简洁，输入与输出电气隔离，升/降压范围宽，易于多路输出等优点。因此，反激变换电路是中小功率开关电源理想的电路。

4. 双管反激变换电路

由于单端反激变换电路中开关管要承受 2 倍的输入电压，因此在高输入电压的场合下，将对开关管的选择和系统的可靠性提出较高的要求。为了克服单端反激变换电路的这个缺点，可采用双管反激变换电路，其电路原理图如图 6-23 所示。图中，VT$_1$ 和 VT$_2$ 为主开关管，

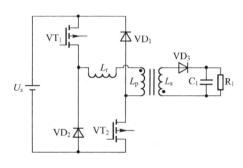

图 6-23 双管反激变换电路原理图

VD$_1$ 和 VD$_2$ 为钳位二极管，VD$_3$ 为输出整流二极管，C$_1$ 为输出滤波电容，R$_1$ 为负载；L_P 为变压器一次绕组等效电感，L_r 为变压器漏感，L_s 为变压器二次绕组等效电感。

其工作原理与单管反激变换电路的类似，VT$_1$ 和 VT$_2$ 管同时导通，同时截止。导通时，电流流过变压器一次侧，变压器储能，此时二次侧感应电压使 VD$_3$ 截止；当 VT$_1$ 和 VT$_2$ 同时关断时，在反激作用下二极管 VD$_3$ 导通，变压器释放能量，一次侧的 VD$_1$ 和 VD$_2$ 将一次侧漏感产生的电流和过剩的反激能量反馈回电源。

双管反激变换电路具有下列优点。

☺ 由于两个功率开关管同时开通或关断，每个功率管只承受 50% 的关断电压，适合输入电压较高的场合。

☺ 续流二极管 VD$_1$ 和 VD$_2$ 将变压器漏感能量回馈到电源，有效地抑制了漏感引起的关断电压尖峰，并使得开关管承受的电压仅为输入电压 U。

5. 推挽变换电路

1）工作原理　推挽变换电路相当于两个单端正激变换电路通过变压器并联形成，其原理图如图 6-24 所示。图中，VT$_1$ 和 VT$_2$ 为主开关管，VD$_1$ 和 VD$_2$ 为整流二极管（构成全波整流），C 为输出滤波电容，R 为负载，L 为滤波电感。

采用 PWM 脉冲驱动控制开关管 VT$_1$ 和 VT$_2$ 交替导通，相位相差 180°，栅极驱动电压波形如图 6-25（a）所示，漏极电压波形如图 6-25（b）所示。

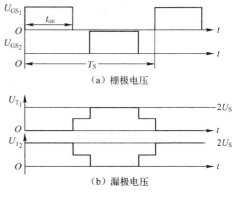

（a）栅极电压

（b）漏极电压

图 6-25　开关管电压波形

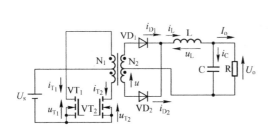

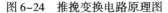

图 6-24　推挽变换电路原理图

当开关管 VT_1 导通时，N_1 绕组上半组的电压为输入电压 U_s，流过 VT_1 管的电流线性增加，按图 6-24 所示的同名端，变压器二次侧感应电压使 VD_1 截止，VD_2 导通，流经电感 L 的电流也线性上升，向负载供电，电压 U_o 上升。

当 VT_1 截止时（此时 VT_2 尚未导通，死区时间），N_2 绕组相当于短路，绕组电压为零，VD_1 和 VD_2 均导通，为电感 L 续流。在此期间，由电感 L 和电容 C 中所存储的能量向负载供电，电感电流和负载电压 U_o 下降。

当开关管 VT_2 导通时，N_1 绕组下半组的电压为输入电压 U_s，流过 VT_2 管的电流线性增加，按图 6-24 所示的同名端，变压器二次侧感应电压使 VD_2 截止、VD_1 导通，流经电感 L 的电流线性上升，向负载供电，电压 U_o 上升。

当 VT_2 截止时（此时 VT_1 尚未导通，死区时间），VD_1 和 VD_2 均导通，为电感 L 续流。在此期间，由电感 L 和电容 C 中所存储的能量向负载供电，电感电流和负载电压 U_o 均下降。

这样就完成了一个周期的工作。

2）输出电压 U_o　推挽变换电路相当于两个单端正激变换电路通过变压器并联，类似于单端正激变换电路的分析，其输出电压将是单端正激变换电路输出电压的 2 倍，即

$$U_o = 2D \frac{N_2}{N_1} U_s \tag{6-22}$$

3）电路特点　推挽变换电路具有以下特点。

☺ 与单端正激变换电路类似，开关管在截止期要承受 2 倍的输入电压；在相同功率输出的情况下，开关管工作电流只有单管正激变换电路的 50%。

☺ 两个功率开关管是共地连接，驱动时不需隔离，驱动电路结构简单。

☺ 推挽式变换电路通常用桥式整流或全波整流，其输出电压脉动系数和电流

脉动系数都很小，而且二次侧的频率是一次侧的 2 倍，因此，可以使输出滤波电路小型化。

☺ 推挽式变换电路的变压器属于双极性磁化极，变压器铁心不需要气隙，其变压器的一次绕组和二次绕组的匝数可比单端正激/反激变压器的少 50% 以上。

☺ 推挽式变换电路是两个正激变换电路的组合，在一个开关周期内，这两个正激变换电路交替工作，当两个正激变换电路不完全对称或不平衡时，就会出现直流偏磁的现象，经过数周期累计的偏磁，会使磁心进入饱和状态，并导致高频变压器的励磁电流过大，甚至损坏开关管。

☺ 开关管关断时，因为一次侧电感能量要释放，此时将产生尖峰浪涌，在设计电路时，开关管两端应加由 R、C 组成的吸收电路。

☺ 由于推挽变换电路必须要设置死区时间，其占空比 D 要小于 0.5，因此其输出电压的调整范围比反激式变换电路输出电压的调整范围小很多，因此推挽变换电路不宜用于负载电压变化范围太大的场合，特别是负载很轻或经常开路的场合。

推挽变换电路多应用在输入电压不高的中小型直流变换器中。

6. 全桥式变换电路

1）工作原理　桥式变换电路可分为全桥式和半桥式两种变换电路，其中全桥式变换电路由 4 个开关管构成 "H" 形的开关拓扑形式，其电路原理图如图 6-26 所示。该电路由 4 个功率开关管 $VT_1 \sim VT_4$、高频变压器 T、整流二极管 VD_1 和 VD_2、滤波电感 L 和滤波电容 C 组成。VT_1 和 VT_4、VT_2 和 VT_3 分别由两个相位相差 180°的 PWM 脉冲驱动进行控制，交替导通。

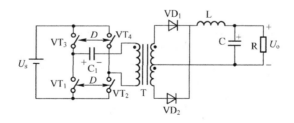

图 6-26　全桥式变换电路原理图

其工作原理类似于推挽变换电路，这里不再重复论述。

输出电压与输入电压的关系也与推挽变换电路相同，即

$$U_o = 2D \frac{N_2}{N_1} U_s \qquad\qquad (6-23)$$

输出电压取决于控制脉冲的占空比和变压器一次侧、二次侧的匝数比。

2）电路特点　全桥式变换电路有以下特点。

☺ 全桥式变换电路的 4 个开关管截止时所承受的电压为输入电压，因此对开关管的耐压要求比推挽式变换电路对开关管的耐压要求可降低 50%。

☺ 全桥式变换电路的电源利用率要低于推挽变换电路的电源利用率，因为有 2 个开关管互相串联，开关管导通时总的电压降要比单个开关管导通时的电压降大 1 倍；但比半桥式变压器开关电源的电源利用率高很多。

☺ 全桥式变换电路的变压器一次侧只需要一个绕组，要比绕制推挽变换电路变压器简单。

☺ 全桥式变换电路中的 4 个开关管连接没有公共地，因此需要 4 组彼此绝缘的驱动电路，使控制驱动电路成本增大并复杂化。

☺ 在全桥式变换电路中的 4 个开关管旁可并接钳位二极管，将开关管截止时产生的尖峰电压钳位于电源电压，并将变压器漏感能量反馈给输入电源，提高了效率。

全桥式变换电路可应用在输入电压较高的大功率直流变换器中。

7. 半桥式变换电路

1）工作原理　半桥电路的结构与全桥电路相似，仅将全桥电路的一个桥臂上的两个开关管换成两个容量相等的电容器 C_1 和 C_2，其电路原理图如图 6-27 所示。C_1 和 C_2 的作用是实现直流分压及提供电流流通的路径，C_1 和 C_2 中点的电压等于输入电压的 50%，即 $U_s/2$。

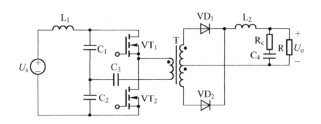

图 6-27　半桥式变换电路原理图

开关管 VT_1 和 VT_2 交替导通与截止。当 VT_1 导通时，VT_2 截止，C_1 上的 $U_s/2$ 电压加在变压器一次绕组上，开关管 VT_1、一次绕组和电容 C_2 构成回路，为 C_2 充电，一次绕组电压的极性为上正下负，二次侧回路中 VD_1 导通，整流滤波后向负载供电。经过设定的占空比后，VT_1 截止，等待一定时间后，VT_2 导通，VT_1 仍截止，开

关管 VT_2、一次绕组和电容 C_1 构成回路，为 C_1 充电。一次电压的极性为下正上负，二次侧回路中 VD_2 导通，整流滤波后向负载供电。

由于变压器一次绕组上所加的电压只有 $U_s/2$，所以半桥变换电路的输出电压与输入电压的关系为

$$U_o = D \frac{N_2}{N_1} U_s \qquad (6-24)$$

电容 C_3 的作用是防止由于开关管 VT_1 和 VT_2 导通存在的差异而引起变压器的偏磁。

2) 电路特点　半桥式变换电路有以下特点。

☺ 与全桥变换电路相比，少用了 2 个功率开关管。

☺ 开关管上所承受的电压与全桥变换电路开关管上所承受的电压相同，为输入电压；但因为变压器一次电压只有电源电压的 1/2，所以半桥电路要获得与全桥电路或推挽电路相同的功率，其开关管就需流过 2 倍的电流。

☺ 半桥式变换电路的电源利用率比较低，而且半桥式变换电路中的两个开关管也没有公共地，与驱动信号连接比较麻烦。

☺ 控制开关管交替导通和截止时，中间一定要有一段死区时间，这是因为开关管在开始导通时，相当于对电容充电，它从截止状态到完全导通状态需要一个过渡过程；反之，开关管从导通状态转换到截止状态时，相当于对电容放电，它从导通状态到完全截止状态也需要一个过渡过程。这时就有可能出现两个开关器件同时导通区域，会使电源产生短路，两个开关管将会产生很大的功率损耗。

半桥式变换电路多应用在中等容量的直流变换器中。

6.2.3　控制与驱动

6.2.2 节所介绍的各种 DC/DC 变换电路中的开关管都需要控制电路发出信号，以控制其导通与截止。通过调整控制信号的频率或占空比，可以达到稳定输出电压的目的。常用的控制方式有脉宽调制（PWM）和脉频调制（PFM）两种形式。

1. 控制电路功能

控制电路需具有的基本功能如下所述。

☺ 在额定的输入电压和负载电流变化范围内，控制器应能控制变换器的输出电压稳定在额定电压值上，并满足规定的精度要求。

☺ 若有需要，设计输出电压具有一定范围的可调节性。

☺ 为防止冲击电流的产生，可实现输出电压和输入电压的软启动。

☺ 应具有输入端、输出端的过电压保护、负载过电流保护等功能，以保护负载和变换器。

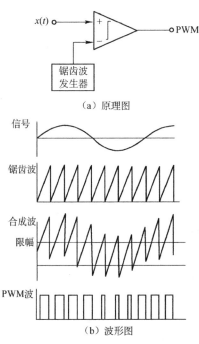

（a）原理图

（b）波形图

图 6-28　PWM 控制系统原理图和波形图

2. 控制电路结构

1）脉冲宽度调制（PWM）　脉冲宽度调制（PWM）就是在电路输出频率不变的情况下，用电压反馈信号电平改变脉冲的宽度，使已调脉冲的宽度随反馈信号电平的变化而变化，即通过调节占空比 D 来达到稳定输出电压的目的。脉冲宽度调制系统的原理框图和波形图如图 6-28 所示。调制系统可由一个比较器和一个周期为 T_s 的锯齿波发生器组成。电压信号 $x(t)$ 加在比较器的同相输入端，当信号电压 $x(t)$ 高于锯齿波电压值时，比较器输出高电平；当信号电压 $x(t)$ 低于锯齿波电压值时，比较器输出低电平，这样就达到了控制输出信号脉冲宽度变化的目的。

采用 PWM 控制方式，其控制电路又可分为两种，即电压控制模式（Voltage Mode）和电流控制模式（Current Mode）。电压控制模式仅利用输出电压作为反馈控制信号，系统中只存在一个电压反馈环路；电流控制模式同时采用电流和负载电压作为控制信号，其中电感电流或负载电流反馈构成内环控制，而负载电压反馈构成外环控制，实现双闭环控制。

（1）电压控制模式：典型的电压控制模式 PWM 降压 DC/DC 变换电路如图 6-29 所示。控制回路包括由 R_1 和 R_B 组成的电阻分压器、电压误差放大器、PWM 调制器及功率管驱动电路等模块。图中，U_{ref} 是由带隙基准源提供的基准电

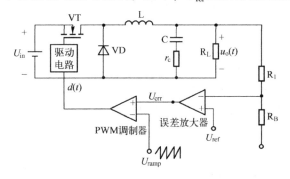

图 6-29　电压控制模式 PWM 降压 DC/DC 电路原理图

压，锯齿波振荡器提供锯齿波输入信号 U_{ramp}，它的频率为 f_s。

电压反馈的控制原理比较简单，误差放大器对基准电压 U_{ref} 与输出电压分量 U_o $\dfrac{R_B}{R_B + R_1}$ 之间的差值进行比较、放大，得到误差信号 U_{err}；再由 PWM 调制器对 U_{err} 和 U_{ramp} 进行比较后，得到的脉冲信号经驱动电路加到功率管的栅极；再根据输出电压的变化情况自动控制脉冲的宽度，以达到维持输出电压 U_o 基本不变的目的。

由于仅采用了输出电压反馈，电压模式控制只响应输出电压的变化。当负载电流扰动或输入电压扰动产生相应的输出电压变化时，系统必须"等待"负载电压产生相应变化，引起控制信号 U_{err} 的变化后，才能实现对占空比 D 的调节。通常情况下，将会产生一个或多个开关周期的延迟，这种延迟会影响系统的稳压特性。

电压控制模式的优点如下所述。

☺ 单环反馈的设计和分析较易进行。

☺ 锯齿波振幅较大，对稳定的调制过程可提供较好的噪声余裕，噪声余裕是指在现有噪声冲击与能产生失误的噪声值间的差值。

☺ 低阻抗功率输出：对于多输出电源而言，可以减少输出负载发生变化时不同输出回路相互间的影响。

（2）电流控制模式：电流控制模式可在单个开关周期内响应负载电流的变化，进行 PWM 控制，可消除电压控制模式的延迟问题，有效地改善了电压控制模式中较差的负载调整特性。电流 PWM 控制技术又分为峰值电流控制技术和平均电流控制技术两种，它们分别检测并反馈一个导通周期内电流变化的峰值和平均值。峰值电流控制技术的特点是方便和快速，但需要稳定性补偿；平均电流控制技术的特点是稳定可靠，但是响应速度慢，控制起来也比较复杂。在实际应用中，峰值电流控制模式比平均电流控制模式应用更为普遍。本节主要介绍峰值电流控制模式。

电流控制模式利用负载电压反馈为外环，而电感电流瞬时值反馈作为内部控制环，引入锯齿波补偿技术改善系统的稳定性，实现在逐个开关周期内对电感电流峰值的控制。

峰值电流控制模式 PWM 电路原理图如图 6-30 所示。主电路为 Buck 拓扑结构。与电压控制模式不同，电路中的振荡器除产生频率为 f_s 的线性锯齿波信号外，还以相同频率 f_s 同步产生脉冲宽度很窄的脉冲信号 U_{pulse}；在电路中还增设了检测电感电流信号的电流检测电阻 R_s、电流检测放大器和 R–S 触发器。R_s 和电流检测放大器产生正比于电感电流瞬时值的电压，即

$$U_{sens} = R_s \cdot i_L(t) \cdot A \tag{6-25}$$

式中，A 为电流检测放大器的电压放大倍数。

R–S 触发器用于实现依据电感电流瞬时值的大小控制功率管截止的时刻。由

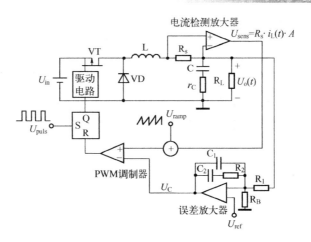

图 6-30　峰值电流模式 PWM 电路原理图

误差放大器对基准电压 U_{ref} 和输出电压分量 $U_o \dfrac{R_B}{R_B + R_1}$ 之间的差值进行放大，得到控制信号 U_c。由于在一个开关周期时间内，负载电压的变化量很小，可近似认为在同一个开关周期时间内 U_c 值不变。U_c 被输入到 PWM 调制器的反相输入端，输入到 PWM 调制器同相输入端的是由 U_{sens} 和锯齿波信号 U_{ramp} 相加后得到的合成信号（$U_{sens} + U_{ramp}$）。系统的开关频率是由振荡器控制的（图 6-30 中未画出）。当每个开关周期开始时，振荡器开始同步发送窄脉冲信号 U_{pulse} 和锯齿波信号 U_{ramp}。此时 $S = 1$，$R = 0$，触发器输出 $Q = 1$，功率管 VT 开始导通。当脉冲信号 U_{pulse} 为零时，触发器的输入信号为 $S = 0$，$R = 0$，触发器处于保持状态，功率管仍维持在导通状态。此时，锯齿波信号 U_{ramp} 从 0V 开始线性增大，由于功率管仍处于导通状态，电感电流开始线性增大，U_{sens} 也随着电感电流的增大而增大。在本周期结束前，两个信号叠加满足 $U_{sens} + U_{ramp} > U_c$，此时 PWM 调制器翻转，于是 $R = 1$，$S = 0$，触发器输出 $Q = 0$，功率管被关断，直至振荡器送出新的脉冲，开始下一个开关周期。

峰值电流控制模式的控制规律为，当电感电流上升到满足条件 $U_{sens} \geqslant U_c - U_{ramp}$ 时，功率管被关断，电感电流线性下降，直到下一个周期开始功率管重新导通后电感电流才会增加。在每个周期内，功率管断开时刻的电流瞬时值即为电感电流的峰值。考虑到式（6-25），可以得出在每个周期，由电压控制外环输出的控制电压 U_c 决定了一个周期内的电感电流的最大值，即

$$i_{L_{max}} = \frac{U_C - U_{ramp}}{R_s \cdot A} \tag{6-26}$$

从峰值电流控制模式控制机理可知：电压控制外环根据负载和输入电源电压状态设定本周期的电感电流峰值；电流控制内环将设定的电感电流峰值与实际的电感

电流瞬时值作比较，系统根据比较结果调整开关管关断的时刻，从而实现对电感中峰值电流的控制。由于输出负载电流正比于电感电流，所以电流控制模式技术实现了在逐个开关周期内控制输出电流，从而具有比电压控制模式更优越的负载调整特性和抗输入电源扰动能力。

但是，电感电流峰值控制模式的实质是由电压 U_c 控制电感电流峰值，由于负载电流是与电感电流的平均值成正比的，而电感电流平均值和电感电流峰值之间还是存在差值，因此电感电流峰值控制技术对负载电流的控制精度不高；此外，电感电流上升时段内的上升斜率 $(U_{in} - U_o)/L$ 比较小，所以这种控制方法易受噪声干扰，耦合到控制电路的一个小电压就能使开关管迅速关断。因此，该模式不适用于半桥变换电路。

2）脉冲频率调制（PFM）　脉冲频率调制（PFM）就是在电路输出脉冲宽度不变的情况下，用电压反馈信号电平改变脉冲的频率，使已调脉冲的频率随反馈信号电平的变化而变化，从而达到稳定输出电压的目的。

与 PWM 调制方式一样，PFM 调制同样可以分为电压模式和电流模式两种。电压模式只对输出电压采样，电流模式除对输出电压采样外，还增加了电流负反馈环节，是一个双环控制系统，可以进一步提高电源的性能。

电压模式 PFM 控制方式的调制电路原理图和调制波形图如图 6-31 所示。反馈电压信号 U_s 加在比较器的反相输入端，当输出电压 U_o 低于预设值时，参考电压 U_{ref} 将大于 U_s，比较器输出高电平。该高电平允许振荡器输出的方波经触发器驱动开关管；若输出电压 U_o 高于预设值时，参考电压 U_{ref} 将小于 U_s，比较器输出低电平，该低电平使触发器闭锁，从而使振荡器输出的方波不能通过触发器，开关管关断。这样达到了输出信号脉冲宽度不变而开关周期变长的目的，从而起到稳压的作用。

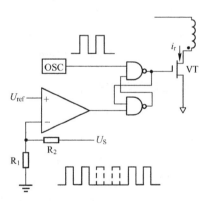

图 6-31　电压模式 PFM 电路
原理图和波形图

电流模式 PFM 控制方式由两个反馈环路构成，一个是通过采样电压监控输出电压，与电压模式原理相同，根据输出采样电压与参考电压的误差放大，输出控制 PFM 逻辑电路；另一个环路具有电流控制功能，将电流信号转化成电压信号与参考电压进行比较，以控制电流。当电流高时，内部环路进行电流限制，缩短开关管的导通时间。

3）脉冲宽度调制（PWM）和脉冲频率调制（PFM）的特点　PFM 控制时，当输出电压达到或超过预设定电压时，DC/DC 变换控制电路的输出频率为零；当输出电压下降到预设定电压以下时，DC/DC 变换电路会再次启动，根据输出电压偏离设定电压的程度，改变输出频率，使输出电压达到设定电压。虽然 PWM 控制也是与频率同步进行开关，但是它会在达到设定值时，尽量减少流入线圈的电流，调整升压使其与设定电压保持一致。因为 PFM 控制的 DC/DC 变换电路在输出电压达到设定电压以上时会停止动作，所以消耗的电流就会变得很小，因此提高了低负荷时的效率。

PFM 控制相较 PWM 控制而言，其主要优点如下所述。

☺ 如果两种控制方式的外围电路都一样，那么两种电路的峰值效率相等，在负载较轻或者空载的情况下，PFM 控制的效率远高于 PWM 控制的效率。

☺ PWM 控制由于受误差放大器的影响，其回路增益及响应速度受到限制，而 PFM 控制具有较快的响应速度。

PFM 控制的主要缺点如下所述。

☺ 由于其谐波频谱太宽，因此造成滤波困难。

☺ 在轻载的情况下，PFM 控制的开关频率较低，会造成输出纹波比 PWM 控制输出的纹波大，滤波器设计也比较复杂。

☺ PFM 控制相比 PWM 控制，IC 价格要贵，控制方法实现起来不太容易。

所以，PWM 控制方式由于其具有噪声低、满载时效率高，且能工作在连续导电模式等特点，是目前应用于 DC/DC 变换中最为广泛的一种控制方式。

也可选择 PWM/PFM 切换控制方式，即在重负荷时进行 PWM 控制，低负荷时自动切换到 PFM 控制，这样使得控制电路同时具备 PWM 的优点与 PFM 的优点。

3. 控制用集成芯片

国际上有很多著名的集成电路生产厂家，如德州仪器公司、摩托罗拉公司、Unitrode 公司、Micro Linear 公司、硅通用半导体公司、德国西门子公司、意法半导体公司、英飞凌技术公司和飞利浦半导体公司等推出了 PWM 控制芯片。

目前市场上有多款性能好、价格低的 PWM 集成芯片，如 UC1825、UCl842/2842/3842、TDAl6846、TL494、SGl525/2525/3525 等；具有 PFM 功能的集成芯片有 UC1864、MAX641、TL497 等。

由于电流模式 PWM 控制比电压模式 PWM 控制优越，因此电流模式 PWM 控制电路成为 PWM 控制电路的主流，全球各大集成电路生产厂商竞相推出电流模式 PWM 控制芯片，比较具有代表性的电流模式 PWM 控制芯片有 L5991、UC3824、UC3846/47、UC3875、UC3823X、UC3825X 和 MC44603 等。

4. 控制集成芯片应用实例

1）SG3525　SG3525 是美国硅通用半导体公司推出的单片集成 PWM 控制芯片，用于驱动 N 沟道功率 MOSFET。SG3525 性能优良，功能齐全，通用性较强，简单可靠，使用方便灵活；输出驱动为推拉输出形式，增加了驱动能力；内部含有欠电压锁定电路、软启动控制电路、PWM 锁存器，有过电流保护功能，频率可调，同时能限制最大占空比。

（1）性能特点：

☺ 工作电压范围宽：8 ～ 35V。

☺ 内置 5.1 V ± 1.0% 的基准电压源。

☺ 芯片内振荡器工作频率宽：100Hz ～ 400kHz。

☺ 具有振荡器外部同步功能。

☺ 死区时间可调：为了适应驱动快速场效应管的需要，末级采用推拉式工作电路，使开关速度更快，末级输出或吸入电流最大值可达 400mA。

☺ 内设欠电压锁定电路：当输入电压小于 8V 时，芯片内部锁定，停止工作（基准源及必要电路除外），使消耗电流降至小于 2mA。

☺ 有软启动电路：比较器的反相输入端（即软启动控制端芯片的引脚 8），可外接软启动电容。该电容器内部的基准电压 U_{ref} 由恒流源供电，达到 2.5V 的时间为 $t = (2.5V/50\mu A)$，占空比由小到大（0 ～ 50%）变化。

☺ 内置 PWM（脉宽调制）：锁存器将比较器送来的所有的跳动和振荡信号消除。只有在下一个时钟周期才能重新置位，系统的可靠性高。

（2）SG3525 的引脚功能：SG3525 的内部原理框图如图 6-32 所示。

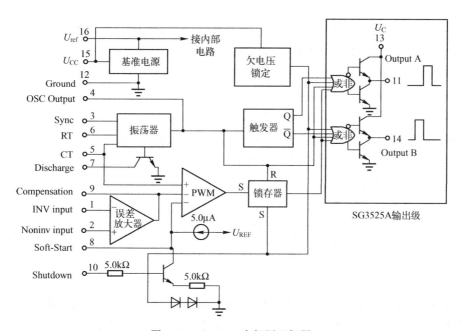

图 6-32　SG3525 内部原理框图

各引脚的功能说明如下。

☺ 引脚1（Inv. input）：误差放大器反相输入端。在闭环系统中，该引脚接反馈信号。在开环系统中，该引脚与补偿信号输入端（引脚9）相连，可构成跟随器。

☺ 引脚2（Noninv. input）：误差放大器同相输入端。在闭环系统和开环系统中，该引脚接给定信号。根据需要，在该引脚与补偿信号输入端（引脚9）之间接入不同类型的反馈网络，可以构成比例、比例积分和积分等类型的调节器。

☺ 引脚3（Sync）：振荡器外接同步信号输入端。该引脚接外部同步脉冲信号可实现与外电路同步。

☺ 引脚4（OSC. Output）：振荡器输出端。

☺ 引脚5（CT）：振荡器定时电容接入端。

☺ 引脚6（RT）：振荡器定时电阻接入端。

☺ 引脚7（Discharge）：振荡器放电端。该引脚与引脚5之间外接一个放电电阻，构成放电回路。

☺ 引脚8（Soft-Start）：软启动电容接入端。该引脚通常接一个软启动电容。

☺ 引脚9（Compensation）：PWM比较器补偿信号输入端。在该引脚与引脚2之间接入不同类型的反馈网络，可以构成比例、比例积分和积分等类型调节器。

☺ 引脚10（Shutdown）：外部关断信号输入端。该引脚接高电平时，控制器输出被禁止。该引脚可与保护电路相连，以实现故障保护。

☺ 引脚11（Output A）：输出端A。引脚11和引脚14是两个互补输出端。

☺ 引脚12（Ground）：信号地。

☺ 引脚13（V_c）：输出级偏置电压接入端。

☺ 引脚14（Output B）：输出端B。引脚14和引脚11是两个互补输出端。

☺ 引脚15（V_{cc}）：偏置电源接入端。

☺ 引脚16（V_{ref}）：基准电源输出端。该引脚可输出一个温度稳定性极好的基准电压。

（3）驱动电路：SG3525推挽输出的驱动电路如图6-33所示。由于其低阻抗输出驱动电路能够对功率MOS管输入电容进行快速充电，因此输出端A和输出端B与VT_1和VT_2栅极之间无须串接限流电阻和加速电容，就可以直接推动功率MOSFET。

SG3525直接驱动半桥变换器的电路如图6-34所示。如果变压器一次绕组的两端分别接到SG3525的两个输出端上，则在死区时间内可以实现变压器的自动复位。

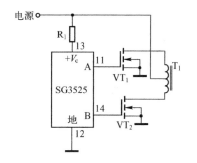 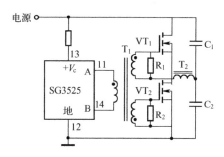

图 6-33　SG3525 推挽输出的驱动电路　　图 6-34　SG3525 直接驱动半桥变换器的电路图

（4）采用推挽输出的 DC/DC 变换电路：基于 SG3525 的推挽输出 DC/DC 变换电路如图 6-35 所示。该电路采用光耦 PC817 和可调式精密并联稳压器 TL431 组成隔离式反馈电路。当输出电压升高时，经电阻 R_{27} 和 R_{28} 分压后得到的取样电压，与 TL431 中的基准电压进行比较，并在阴极上形成误差电压，使 LED 的工作电流发生变化，使 PC817 输出的反馈电压 FD 发生变化，从而使 SG3525 引脚 1 上的电压也相应发生变化，改变了引脚 11 和引脚 14 输出的脉冲占空比，使输出电压维持不变。

改变变压器的匝数比就可以得到所需要的直流电压。

2）UC3846　UC3846 是美国 Unitrode 公司推出的性能优良、功能齐全的 PWM 控制芯片，它采用峰值电路控制模式，具有双端互补输出，主要应用于桥式和推挽电路中。UC3846/47 内置精密带隙可调准电压、高频振荡器、误差放大器、差动电流检测放大器、欠电压锁定电路及软启动电路，具有推挽变化自动对称校正、并联运行、外部关断、双脉冲抑制及死区时间调节等功能。采用大电流图腾式双端输出，输出峰值电流可达 500mA，能直接驱动 MOS 管。

（1）性能特点：

☺ 具有自动前馈补偿。

☺ 可编程控制的逐个脉冲限流功能。

☺ 推挽输出结构下自动对称校正。

☺ 负载响应特性好。

☺ 可并联运行，适用于模块系统。

☺ 内置差动电流检测放大器，共模输入范围宽。

☺ 双脉冲抑制功能。

☺ 大电流图腾柱式输出，输出峰值电流为 500mA。

☺ 精密带隙基准电源，精度为 ±1%。

☺ 内置欠电压锁定电路。

☺ 内置软启动电路。

☺ 具有外部关断功能。

☺ 工作频率高达 500kHz。

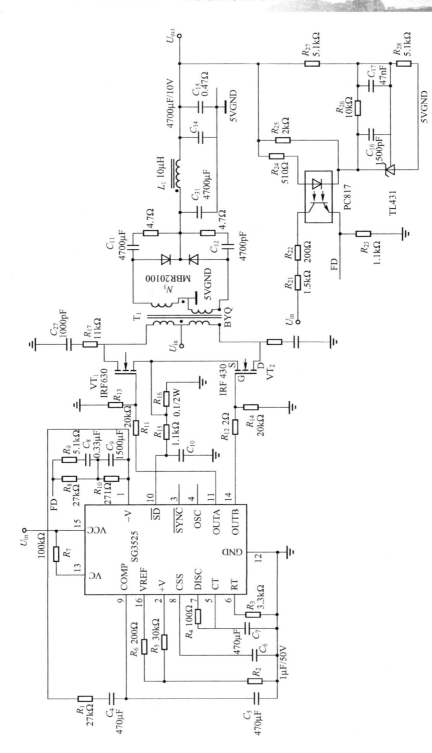

图6-35 基于SG3525的推挽输出DC/DC变换电路

（2）UC3846 的引脚功能：UC3846 的内部原理框图如图 6-36 所示。各引脚的功能说明如下所述。

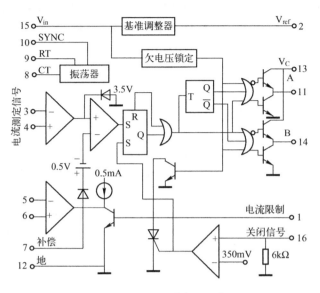

图 6-36　UC3846 内部原理框图

☺ 引脚 1（C/S SS）：限流信号/软启动输入端，通过改变分压电阻的比值可以设置限流信号的大小。

☺ 引脚 2（V_{ref}）：基准电源输出端，输出一个温度特性极佳的基准电压（典型值为 5.1V）。

☺ 引脚 3（C/S−）：电流检测比较器反相输入端，该引脚通常接地。

☺ 引脚 4（C/S+）：电流检测比较器正相输入端，接电流反馈信号。

☺ 引脚 5（E/A+）：误差放大器同相输入端。在闭环或开环系统中，该引脚都接基准电压分压电路的给定信号。

☺ 引脚 6（E/A−）：误差放大器反相输入端。在闭环系统中，该引脚接输出反馈信号。根据需要，可在该引脚与引脚 7 之间接入不同功能的反馈网络，构成比例、积分、比例积分等类型的闭环调节器。在开环系统中，该引脚直接与引脚 7 相连，构成跟随器。

☺ 引脚 7（COMP）：误差放大器输出端。在闭环系统中，根据需要，可在该引脚与引脚 6 之间接入不同功能的反馈网络，构成比例、积分、比例积分等类型的闭环调节器。在开环系统中，该引脚可直接与引脚 6 相连，构成跟随器。

☺ 引脚 8（CT）：振荡定时电容接入端。

☺ 引脚 9（CR）：振荡定时电阻接入端。

☺ 引脚10（Sync）：同步信号输入端。在该引脚输入一个方波信号即可实现控制器的外同步。该引脚也可作为同步脉冲信号输出端，向外电路输出同步脉冲信号。当多组芯片并联工作时，通过该引脚可实现多组芯片的同步。

☺ 引脚11（OUT A）：PWM 脉冲的 A 输出端。引脚11和引脚14是两个互补输出端。

☺ 引脚12（GND）：信号地。

☺ 引脚13（V_c）：输出级偏置电压输入端。

☺ 引脚14（OUT B）：PWM 脉冲的 B 输出端。引脚14和引脚11是两个互补输出端。

☺ 引脚15（V_{in}）：偏置电源输入端。

☺ 引脚16（Shutdown）：外部关断信号输入端，保护电路使用该引脚对电路进行保护。

（3）DC/DC 变换电路实例：基于 UC3846 的全桥 DC/DC 变换电路的电流型控制电路如图6-37所示。功率输出采用全桥结构，主功率开关和整流滤波电路如图6-38所示。

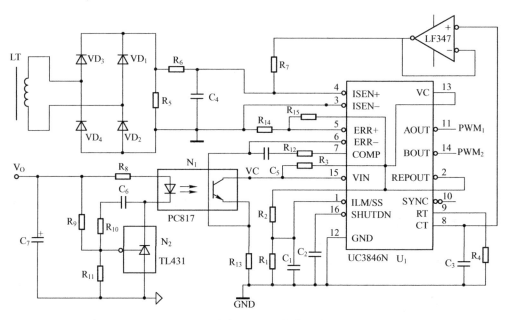

图6-37　基于 UC3846 的全桥 DC/DC 变换电路的电流型控制电路

R_1、R_2 和 C_1 构成软启动电路，当引脚1的电压低于0.5V 时，UC3846 将没有输出。电容值的大小决定了启动时间的长短。

电流采样是通过电流互感器 LT 检测电流的，不仅效率高，而且可以实现电气隔离。电流信号整流后送入引脚3和引脚4。

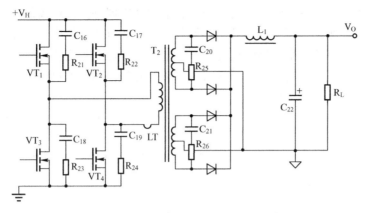

图 6-38　主功率开关和整流滤波电路

DC/DC 变换电路是依靠电压反馈控制环路保证在输入电压和负载变化的情况下稳定输出电压的。电压反馈是采用光耦合器 PC817 和可调式精密并联稳压器 TL431 组成隔离式反馈电路，其工作原理与基于 SG3525 的 DC/DC 变换电路的类似。

驱动电路是采用 IR 公司生产的 IR2110 光电隔离驱动器，其电源采用自举升压电路，可以实现控制电路主电路的相互隔离。由于是采用全桥结构，因此需要两个 IR2110，驱动电路原理图如图 6-39 所示。图中 C_{g_1}、C_{g_2} 为自举升压电容，VD_8、VD_9 为自举二极管，V_d 经 VD_8、C_{g_2} 和 VT_4，C_{g_2} 充电，实现当 VT_4 关闭、VT_2 导通时，VT_2 的栅极上有足够的储能来驱动。

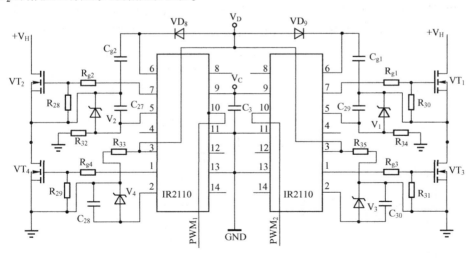

图 6-39　驱动电路原理图

5. 驱动电路

驱动电路的主要功能是将控制电路输出的可变宽度或频率的脉冲信号进行功率

放大后，作为功率开关器件的驱动信号。目前的功率器件多选用场效应管，场效应管为场控器件，所需的驱动功率较小。但其栅源极间有电容效应，因此对驱动电路要求较高。为了降低功率器件的功耗，驱动电路要保证场效应管有较小的导通和关断时间，同时为了保证场效应管可靠关断，关断时应在栅极加负电压。此外，驱动电路往往还需要具有隔离作用。

目前，很多 PWM 集成芯片都设计有各种开关驱动电路（如 SG3525、TL494 等），可直接驱动 MOS 功率器件。

还有专用的驱动电路（如 SCALE 集成驱动器（2SD315A）和 IR2110 等），在 DC/DC 变换器中广泛使用。

SCALE 集成驱动器是专为 IGBT 和 MOSFET 提供驱动的电路，可根据实际应用中对驱动性能、驱动输出通道数和隔离等的不同要求，选择相应的不同型号。该驱动器的驱动电流可达 18A，输出驱动信号的导通电平为 +15V，关断电平为 −15V；开关频率可达 100kHz；具有 500 ～ 1000V 的电气隔离特性；占空比范围为 0 ～ 100%；内部还带有短路和过电流保护电路、隔离的状态识别电路等。

美国 IR 公司推出的高压浮动驱动集成模块 IR2110 也是一个针对 IGBT 和 MOSFET 等电压型功率开关管的驱动模块，允许驱动信号的电压上升率达 ±50V/μs，极大地减小了功率开关器件的开关损失，也兼有光耦隔离和电磁隔离的作用。IR2110 可采用自举法实现高压浮动栅极双通道驱动，可以驱动 500V 以内的同相桥臂的上、下两个开关管。此外，IR2110 还具有不需要对供电电源进行隔离的特点，如需要驱动 4 功率管构成的全桥电路，只需采用一路电源 2 片 IR2110 就可同时驱动 2 个桥臂。IR2110 的内部功能框图如图 6−40 所示。典型的半桥驱动电路图如图 6−41 所示。

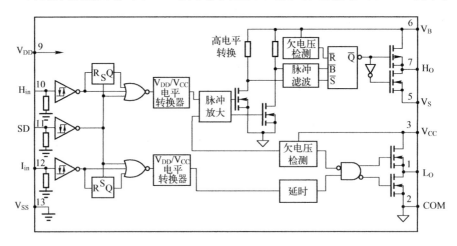

图 6−40　IR2110 的内部功能框图

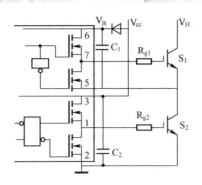

图 6-41　典型的半桥驱动电路图

6.3　DC/AC 变换电路

　　太阳电池组件和蓄电池均输出直流电能。但有相当多的负载，以及光伏发电系统与电网相连时需要交流供电，因此需要 DC/AC 变换电路进行直流－交流变换，因此 DC/AC 变换电路也是光伏发电系统中非常重要的电能变换形式。

　　DC/AC 变换电路按其输出电压波形的不同可以进行分类，本节所讨论的方波、阶梯波和正弦波逆变电路均为独立光伏系统中应用并且是单相输出的变换电路。

　　DC/AC 变换电路主电路的拓扑结构根据输入直流电压和输出交流电压的情况来确定，可以采用单级（DC－AC）、两级（DC－DC－AC）或三级（DC－AC－DC－AC）结构。对于中小功率的光伏发电系统，由于太阳电池阵列输出的直流电压不是很高，而且大电流的功率开关管的额定电压也都比较低，因此在输出级一般都是加升压变压器，其拓扑结构多采用单级和两级结构。但由于输出级的升压变压器工作在工频状态，所以体积大，效率低，随着技术的发展，目前采用高频开关技术和软开关技术来实现逆变，可实现高功率密度逆变。这些逆变电路通常采用三级结构，首先将太阳电池阵列输出的直流低电压采用高频逆变的方法得到高频（频率可达数十千赫兹）的方波电压，该升压变压器可采用高频磁心材料；再经整流滤波后变为直流高电压（110V 以上）；然后经第三级 DC－AC 逆变得到 220V 或 380V 的工频交流电压，这样系统的逆变效率可达 90% 以上[1]。

6.3.1　方波逆变电路

　　方波逆变电路输出的电压波形为方波，是一种低成本、极为简单的变换方式，其电路框图如图 6-42 所示。

　　与 DC/DC 变换电路类似，方波

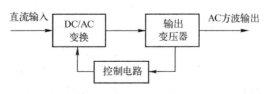

图 6-42　方波变换电路框图

逆变的基本电路有推挽式、全桥式和半桥式电路，开关管后接输出变压器，改变变压器的匝数比就可得到所需的方波电压。

由 SG3525 作为控制芯片所构成的推挽输出的方波逆变电路原理图如图 6-43 所示。该电路可将 12V 蓄电池输出的直流电变换成 220V 方波交流输出。其输出波形如图 6-44 所示。

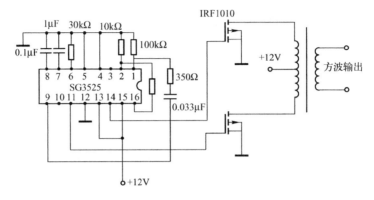

图 6-43　方波逆变电路原理图

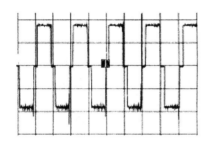

图 6-44　交流方波输出波形图

由于方波电压输出包含大量的高次谐波成分，在带有铁心电感或变压器的负载用电器中将产生附加损耗，对收音机和某些通信设备会产生干扰。方波逆变电路还有调压范围不够宽，保护功能不够完善，噪声比较大等缺点，多应用在功率范围较小的场合。

6.3.2　阶梯波逆变电路

阶梯波合成逆变电路的输出波形为阶梯波，其阶高按正弦变化。阶梯波合成的方法很多，对于大功率逆变器常用的合成方法是将 n 个依次移相 π/n 的方波（或准矩形波）叠加。阶梯波合成逆变电路原理图如图 6-45 所示。各功率开关管的驱动波形和输出波形如图 6-46 所示。

阶梯波合成逆变器电路输出波形比方波逆变电路输出波形有明显改善，谐波含量较低，并且阶梯数越多，谐波含量越低，故输出波形质量越好。逆变电路由多个逆变桥构成，每个逆变桥可以均分功率，这就降低了对单个逆变桥的功率要求，易于实现较大的功率容量。逆变电路功率管开关频率低，变换器的效率较高，可靠性较高。其缺点是阶梯波叠加线路使用的功率开关较多，其中还有些线路形式要求有多组直流电源输入，这给太阳能电池方阵的分组与接线和蓄电池的均衡充电均带来麻烦。此外，阶梯波电压对收音机和某些通信设备仍有一些高频干扰。

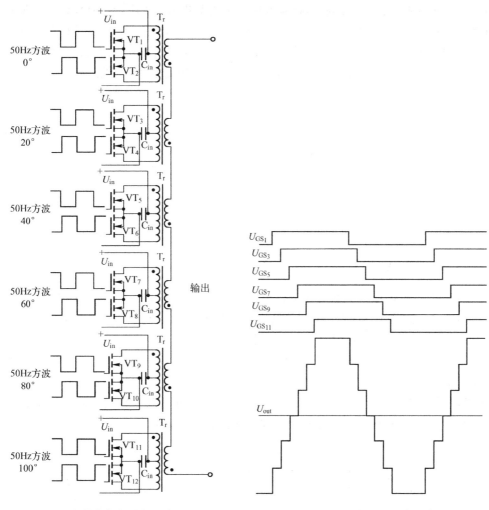

图 6-45　阶梯波合成逆变电路原理图　　　　图 6-46　驱动波形图和输出波形图

6.3.3　正弦波逆变电路

由于正弦交流电压是典型的模拟量，而功率半导体器件在模拟状态工作时产生的动态损耗非常大，因此在逆变电路中就用开关量来取代模拟量，在 DC/DC 变换电路中的控制方式就是采用 PWM 方式。在正弦波逆变电路中，为了提高逆变效率，采用的是正弦波脉宽调制（Sinusoidal PWM，SPWM）。SPWM 控制方式就是在 PWM 的基础上改变了调制脉冲方式，使脉冲系列的占空比按正弦规律变化：当正弦值为最大值时，脉冲的宽度也最大，而脉冲间的间隔则最小；反之，当正弦值较小时，脉冲的宽度也小，而脉冲间的间隔则较大。输出波形经过适当的滤波后，就可以实现正弦输出，经过调制后得到的脉冲波形如图 6-47 所示。SPWM 调制原理框图如图 6-48 所示。其中，三角波发生器负责产生三角波 SPWM 载波信号，正弦波发生器产生所需频率的正弦波信号，电压比较器在三角波和正弦波的自然交点时刻实现翻转，得到所需要的 SPWM 波形，控制功率开关器件的通断。

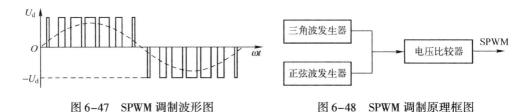

图 6-47　SPWM 调制波形图　　　　　图 6-48　SPWM 调制原理框图

实现 SPWM 有两种方式，即单极性 SPWM 方式和双极性 SPWM 方式。

1. 单极性 SPWM 方式

单极性 SPWM 逆变电路的主电路原理图如图 6-49 所示。图中，功率输出采用全桥电路。一组桥臂（VT_3，VT_4）以高频开关工作频率工作，称为高频臂；另一组桥臂（VT_1 和 VT_2）以输出的正弦波频率进行切换，称为低频臂。单极性 SPWM 调制电路原理图如图 6-50 所示。图中，单相桥式电路中 4 个开关器件 $VT_1 \sim VT_4$ 的驱动信号为 U_{G_1}、U_{G_2}、U_{G_3}、U_{G_4}，A、B 为比较器，"-1"表示反相器。VT_1、VT_2 的驱动信号 U_{G_1}、U_{G_2} 由正弦波和三角波的瞬时值相比较来确定；VT_3、VT_4 的驱动信号 U_{G_3}、U_{G_4} 由瞬时值 u_r 与 u_c 之比和 $u_r + u_c$ 的值来确定。

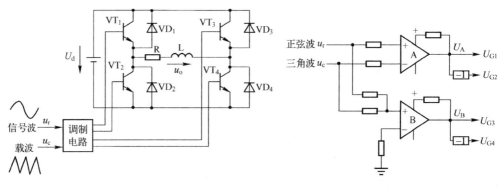

图 6-49　单极性 SPWM 逆变电路的　　　　图 6-50　单极性 SPWM 调制
　　　　　　主电路原理图　　　　　　　　　　　　　　电路原理图

单极性 SPWM 调制波形图如图 6-51 所示。图中，u_c 为三角载波，u_r 为正弦调制波，u_o 为逆变电路输出电压。在 u_r 正半周期，VT_1 导通，此时 VT_2 关断，VT_3 和

VT$_4$高频互补工作，当 $u_r > u_c$ 时，VT$_4$导通，VT$_3$关断；当 $u_r < u_c$ 时，VT$_4$关断，VT$_3$导通；在 u_r 的负半周期，VT$_1$关断，VT$_2$导通，VT$_3$和 VT$_4$高频互补动作，当 $u_r > u_c$，VT$_3$导通，VT$_4$关断；当 $u_r < u_c$ 时，VT$_3$关断，VT$_4$导通，实现了逆变电路的正弦波输出。

单极性调制的特点就是三角波载波在信号波正半周期或负半周期内只有单一的极性，所得的 PWM 波形在半个周期内也只在单极性范围内变化，如图 6-52 所示。在每半个周期内，逆变桥同一桥臂的两个开关器件中，只有一个器件按脉冲系列的规律时通时断地工作，另一个完全截止；而在另半个周期内，两个器件的工况正好相反，从而在很大程度上减小了开关损耗。但它又不是固定其中一个桥臂始终为低频（输出基频），另一个桥臂始终为高频（载波频率），而是每半个输出电压周期切换工作，即同一个桥臂在前半个周期工作在低频，而在后半个周期则工作在高频，这样可以使两个桥臂的功率管工作状态均衡，对于选用同样的功率管时，使其使用寿命均衡，对增加可靠性有利。

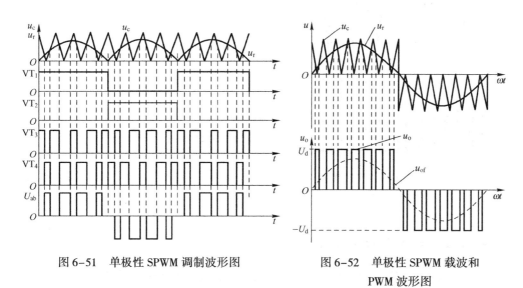

图 6-51 单极性 SPWM 调制波形图

图 6-52 单极性 SPWM 载波和 PWM 波形图

2. 双极性 SPWM 方式

双极性 SPWM 逆变电路的电路原理图与单极性 SPWM 的相同，但三角波载波始终是有正有负为双极性的，因此所得的 PWM 波形在半个周期中也是有正、有负，其载波和 PWM 波形图如图 6-53 所示。

双极性调制的控制方式与单极性的不同，其桥臂上的 4 个功率管都工作在较高频率（载波频率），同一桥臂的两个开关器件总是按相电压脉冲系列的规律交替地导通和关断，其调制电路如图 6-54 所示。无论在 u_c 的正半周期或负半周期，当瞬时值 $u_r > u_c$ 时，比较器输出电压 U_A 为正，以此作为 VT_1、VT_4 驱动信号 U_{G_1}、U_{G_4}，其中 $U_{G_1} > 0$、$U_{G_4} > 0$，VT_1、VT_4 同时处于通态。同时，U_A 经反相后为负的驱动信号 U_{G_2}、U_{G_3}，则 VT_2、VT_3 截止，逆变器输出电压 $u_o = +U_d$。当瞬时值 $u_r < u_c$ 时，比较器输出电压 U_A 为负值，使 VT_1、VT_4 截止，U_A 反相后输出正的驱动信号 U_{G_2}、U_{G_3} 给 VT_2、VT_3 管，VT_2、VT_3 同时导通，于是逆变器输出电压 $u_o = -U_d$。故双极性 SPWM 输出电压在正、负半周期中有多个正、负脉冲电压。由于双极性调制的开关管均工作在高频状态，所以与单极性调制相比，双极性调制存在着较大的开关损耗。

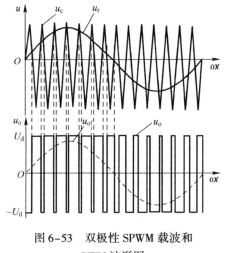

图 6-53　双极性 SPWM 载波和　　　　　　PWM 波形图

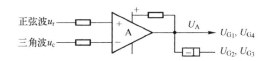

图 6-54　双极性 SPWM 调制电路原理图

6.3.4　其他类型逆变电路

由于太阳电池阵列可以进行非常灵活的组合，构成所需的级联和多电平结构，因此还有一些其他类型的逆变电路也在光伏发电系统中逐步得到应用。

传统的逆变器由于输出的 PWM 脉冲波电平数很少，因此存在很高的电压变化率和共模电压，而且波形谐波含量较大，使得输出滤波器的设计更加复杂。为了解决这些问题，发展了各种多电平逆变电路。所谓多电平逆变电路，就是采用多个直流电源和电力电子器件经过特定的拓扑变换，控制不同的直流电源输出，将其组合成不同幅值的多电平交流输出的功率变换装置。自 1980 年日本学者 A. Nabae 提出三电平中点钳位式逆变电路以来[2]，经过多年的发展，至今已形成了二极管钳位型、飞跨电容型、级联型三类基本的电路拓扑结构。

1. 二极管钳位多电平逆变电路

二极管钳位多电平逆变电路起源于三电平中性点钳位电路，其基本原理是采用多个二极管对相应的开关器件进行钳位，同时利用不同的开关组合输出不同的电平，通过多个直流电平来合成逼近正弦输出的阶梯波电压。二极管钳位型多电平逆变电路是通过串联的电容将直流侧的高电压分成一系列较低的直流电压，并通过二极管的钳位作用使开关器件承受的反向电压限制在每个电容的电压上，从而在不提高器件电压等级的前提下相对提高逆变器输出电压。

单相半桥结构二极管钳位型三电平逆变电路如图 6-55 所示。电路中每一相由 4 个功率器件串联构成，对 4 个功率管按一定的开关逻辑进行驱动输出所需要的电平数，合成相应的正弦波形。电容 C_1、C_2 为电路提供两个相同的直流电压（$U_{dc}/2$），VD_1、VD_2 是两个钳位二极管。当 VT_{a_1}、VT_{a_2} 同时导通，而 VT_{a_3}、VT_{a_4} 同时关断时，逆变电路输出 $+U_{dc}/2$；当 VT_{a_2}、VT_{a_3} 同时导通，而 VT_{a_1}、VT_{a_4} 同时关断时，输出 0 电压；当 VT_{a_3}、VT_{a_4} 同时导通，而 VT_{a_1}、VT_{a_2} 同时关断时，输出 $-U_{dc}/2$。按照一定逻辑控制 $VT_{a_1} \sim VT_{a_4}$

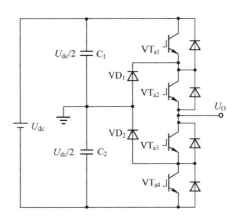

图 6-55 单相半桥结构二极管钳位型三电平逆变电路图

四个开关器件的通与断，就可以在输出端合成三电平波形。钳位二极管所起的作用是当 VT_{a_2} 和 VT_{a_3} 两个开关管导通时把电平钳位在零电位，同时把每个功率器件承受的关断电压钳位在直流母线电压的 50%。

单相二极管钳位型三电平全桥逆变器主电路结构图如图 6-56 所示。每一桥臂按照表 6-1 所列的调制策略进行控制，三电平逆变器输出 A 相对直流侧中点 O 的电压 U_{AO} 可以用 A 相开关变量 S_a 与直流电压 U_{dc} 表示。

$$U_{AO} = \frac{1}{2} S_a U_{dc} \tag{6-27}$$

式中，$S_a = -1$、0 或 $+1$。

同理，逆变器输出 B 相对直流侧中点电位 O 的电压为

$$U_{Bo} = \frac{1}{2} S_b U_{dc}$$

式中，$S_b = -1$、0 或 $+1$。

输出线电压可表示为

$$U_{AB} = U_{AO} - U_{BO} = \frac{1}{2}(S_a - S_b)U_{dc} \tag{6-28}$$

所得到的输出三电平波形如图 6-57 所示。

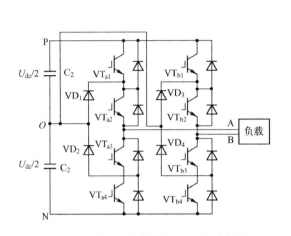

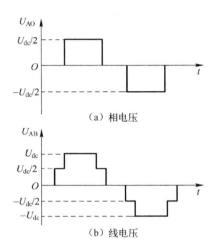

（a）相电压

（b）线电压

图 6-56 单相二极管钳位型三电平全桥
逆变主电路结构图

图 6-57 单相二极管钳位型三电平
全桥逆变器主电路输出波形图

表 6-1 单相二极管钳位型三电平全桥逆变器开关状态表

U_{AO}	S_{a1}	S_{a2}	S_{a3}	S_{a4}
$U_{dc}/2$	1	1	0	0
0	0	1	1	0
$-U_{dc}/2$	0	0	1	1

将三电平电路扩展到多电平电路只需增加分压电容和钳位二极管的数量。对于 m 级电平二极管钳位电路，直流侧需要（$m-1$）个稳压电容，每一相桥路需要 2（$m-1$）个开关管和（$m-1$）×（$m-2$）个钳位二极管，能输出 m 电平的相电压，（$2m-1$）电平的线电压。图 6-58 所示为单相全桥二极管钳位型五电平变换电路原理图。当直流侧电压为 U_{dc} 时，每个电容两端的电压为 $U_{dc}/4$，由于有钳位二极管，每个开关管的承受电压也被限制在 $U_{dc}/4$。五电平电压变换电路的输出线电压波形如图 6-59 所示[3]。

二极管钳位型多电平逆变电路的优点是利用二极管进行钳位，解决了功率器件串联的均压问题；而且在每相桥臂中，由于中间开关管的导通时间远大于两侧开关管的导通时间，因此可以根据需要选择不同额定电流的功率器件，进一步降低成本，提高功率器件的利用率；主电路和控制电路比较简单，控制方法也比较简单，

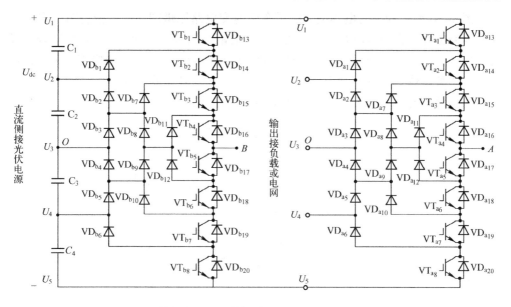

图6-58　单相全桥二极管钳位型五电平变换电路原理图

便于双向功率流动的控制。其缺点是所需器件较多，需要大量的钳位二极管；虽然开关器件被钳位在$U_{dc}/(m-1)$电压上，但是二极管却需要承受不同倍数的$U_{dc}/(m-1)$反向耐压，如果所选的二极管耐压与开关器件相同，则要采取多管串联的方法，所需数目为$(m-1)\times(m-2)/2$。当m很大时，系统的实现难度增加了；当逆变电路仅传送无功功率时，电容器在半个周期内由相等的充电和放电来平衡电容电压，但是当传送有功功率时，由于各个电容的充电时间不同，直流侧电容电压可能出现不平衡的现象，所发生的电位变化不仅影响输出效果，也使开关器件所承受的电压发生变化，因此需采取措施保证电容电位的平衡。

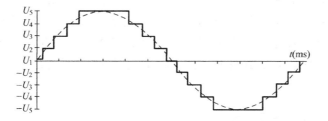

图6-59　单相全桥二极管钳位型五电平电压变换电路的输出线电压波形图

2. 飞跨电容型多电平逆变电路

飞跨电容型多电平逆变电路是用飞跨电容取代二极管来对功率开关管进行钳

位。图6-60所示为飞跨电容型五电平全桥逆变电路原理图。与二极管钳位多电平逆变电路相比，直流侧电容不变，用飞跨电容取代钳位二极管，其工作原理与二极管钳位电路的相似。与钳位型拓扑结构相比较可以看出，该拓扑结构需要大量的辅助电容代替钳位二极管，对于 m 电平逆变器，直流侧需要（$m-1$）个稳压电容，每一相桥臂需要 $(m-1)\times(m-2)/2$ 个辅助电容器。

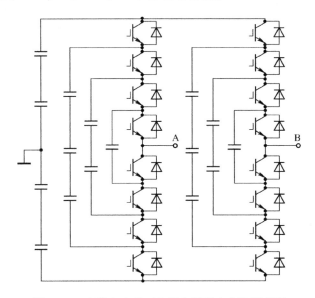

图6-60　飞跨电容型五电平全桥逆变电路原理图

在电压合成方面，开关状态的选择具有更大的灵活性，m 电平逆变电路可输出 m 电平的相电压，并输出（$2m-1$）电平的线电压。

飞跨电容式多电平逆变电路的优点是，当电源断电时，大容量电容器存储的能量可以作为电源，提供额外控制；在电压合成上有多种开关组合来合成某一输出电平。其缺点是需要使用大量电容器，m 电平的逆变电路中每个桥臂就需要 $(m-1)\times(m-2)/2$ 个电容，使得系统的成本高、体积较大；存在电容充/放电电压不平衡问题，功率变换电路控制困难，有功功率流量转换的开关频率和开关损耗均较高。

3. 级联型多电平逆变电路

级联型多电平逆变电路是将各个带独立电源的进行了相对相移的全桥逆变电路串联起来，通过合成输出多电平电压波形。图6-61所示为4个全桥逆变单元串联得到的级联型多电平逆变电路原理图。图6-62所示为该逆变电路级联得到的输出9电平单相电压波形图。每个单相全桥变换电路能输出3个电平，即 $+U_{dc}$、0、

$-U_{dc}$；输出相电压由 4 个变换电路输出合成，即 $U_{out} = U_1 + U_2 + U_3 + U_4$，控制各个逆变桥单元输出电平的导通角就可实现最低谐波的合成波。可根据系统对输出电压、电平数的要求来决定串联的单元数。如每相的串联单元数为 m，则可输出 $(2m+1)$ 电平的相电压，并输出 $(4m+1)$ 电平的线电压。

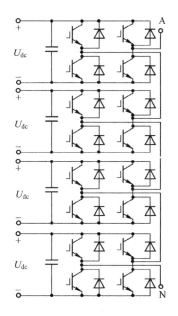

图 6-61　4 单元级联型多电平逆变
电路原理图

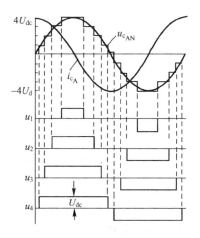

图 6-62　4 单元级联型 9 电平单相
电压波形图

级联型多电平逆变电路的优点是每个逆变单元都采用相互独立的直流电源，不存在电容电压不平衡的问题，控制简单，可分别对每一级逆变电路进行 PWM 控制；单元电路采用全桥功率变换结构，容易实现模块化设计和装配；系统可靠性高，如某一功率单元发生故障，则只需将其旁路，其他单元仍可正常工作；易于拓展，可以输出更多电平数，在提高输出电压的同时，谐波分量更小。其缺点是每个单元都需要一个独立的直流电源，如果需要增加电平数，则所需的直流电源数也将大量增加。

6.4　并网型逆变电路

光伏并网系统是将光伏系统逆变得到的交流电与公共电网系统相连，与独立运行的光伏系统相比，并入大电网可以给太阳能光伏系统带来很多好处。光伏系统实现并网运行对于逆变器而言必须满足两个基本要求：输出电压要与电网电压同频率、同相位、同幅值；功率因数要求为1，即输出电流必须与电网电压同频率、同相位。

并网型逆变电路的分类方法有多种，按照直流侧输入电源性质的不同，可分为电压型逆变电路和电流型逆变电路两种；按照主电路结构的不同，光伏并网逆变器可以分为工频和高频两种；高频逆变器又可分为隔离型和非隔离型两种。

6.4.1　电压型逆变电路

单相电压型逆变电路主电路原理图如图6-63所示。功率开关管必须反并联一个续流二极管，用于缓冲PWM控制过程中的无功电能。在直流侧通常接有一个大

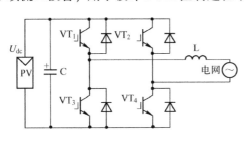

图6-63　单相电压型逆变电路主电路原理图

电容，用于滤除光伏电池阵列输出端谐波及稳定直流侧电压，从而使直流侧呈现低阻抗的电压源特性。通过对全桥逆变电路进行SPWM控制，在交流输出侧得到相应的PWM载波电压，通过电感滤波，就能获得正弦基波电压，然后将其并入电网。

电压型逆变电路的特点是，由于该电路是由Buck电路拓展而来，所以输出的交流电压低于输入的直流电压，如果需要提高输出电压，则需增加前级升压电路，这将增加系统成本，并降低系统的效率；由于电容的低阻特性，要避免出现一个桥臂上的上、下两个开关管直通的现象，否则电容将被短路，并引起开关管过电流损坏，因此开关模式中必须考虑死区时间；当交流侧为阻感负载时，需要提供无功功率，直流侧电容起缓冲无功能量的作用，因此为了给交流侧向直流侧反馈的无功能量提供通道，逆变桥各个桥臂都并联了反馈二极管。

6.4.2　电流型逆变电路

1. 电路结构

单相电流型逆变电路主电路原理图如图6-64所示。单相电流型逆变器一般用于小功率场合，其交流侧由L、C组成二阶低通滤波器，滤除交流侧电流中的开关谐波；直流侧接大电感，使直流侧电流近似为直流，从而使直流侧呈现高阻的电流源特性；开关器件由可控器件

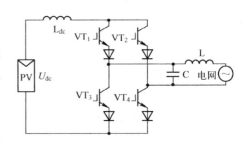

图6-64　单相电流型逆变电路主电路原理图

与二极管串联组成，在可控器件关断时，二极管起到承受反压的作用。通过对全桥逆变电路进行 SPWM 控制，在交流输出侧得到相应的 PWM 载波电流，通过滤波电路，就能获得正弦基波电流，然后将其并入电网。

电流型逆变电路的特点是，由于该电路是由 Boost 电路拓展而来，所以输出的交流电压高于输入的直流电压；由于电感存在高阻特性，要避免出现功率管桥路上出现上桥臂两个开关管全部关断或下桥臂两个开关管全部关断的现象，否则电感将被开路，并引起开关管过电压损坏，因此，也必须要加入死区时间，使得桥臂开关管先导通，后关断；当交流侧为阻感负载时，需要提供无功功率，直流侧电感起缓冲无功能量的作用，因为反馈无功能量时，直流电流并不反向，因此不必像电压型逆变电路那样要给开关器件反并联一个二极管；与可控器件串联的二极管将增加电流型逆变器的开通损耗。

对于电压型逆变电路而言，其负载短路时的过电流危害严重，应给予重点保护，而过电流保护相对容易实现；对于电流型逆变电路而言，由于电源阻抗很大，所以负载短路时的过电流危害并不严重，而过电压的危害较严重，但过电压的保护相对较困难。

2. 电压型逆变电路和电流型逆变电路的比较

电流型逆变电路和电压型逆变电路是互为对偶的两种逆变电路，各具特点。对于电压型逆变电路而言，因常用的电力能源（如发电机、电网、电池等）均属于电压源，而且电压型逆变电路中的储能元件电容器与电流型逆变电路中的储能元件电感器相比，其储能效率和储能器件的体积、价格都具有明显的优势。目前主流的功率器件多适用于电压型逆变电路。但是，由于太阳电池具有电流型特性，所以光伏并网系统更适用于采用电流型逆变电路。电流型 PWM 逆变电路光伏并网系统与电压型 PWM 逆变电路光伏并网系统相比具有如下特点。

☺ 电流型 PWM 逆变电路光伏并网系统适合太阳能光强变化的实际情况，能实现弱太阳光能至强太阳光能的利用。因为电压型 PWM 逆变电路要求工作的直流侧电压必须高于电网电压峰值且保持恒值不变，而在光伏并网系统中，太阳电池输出电压的幅值随光强的变化而变化，阳光不够充足时光电池输出电能的电压，系统勉强工作则会使电网获得的电能含有大量的谐波；如果采用中间升压斩波器的方案，则会增加系统成本，并降低系统的效率。而电流型逆变电路则从直流侧至交流侧具有升压特性，通过控制逆变电路同一桥臂上的两个开关管的重叠导通时间，来控制逆变电路的直流侧电流，可实现不同光强的光能利用。

☺ 电流型 PWM 逆变电路是对输出电流的直接控制，实现能量回馈最大功率点跟踪控制更方便、可靠；而电压型 PWM 逆变电路实现最大功率点跟踪控制时，容易引起直流母线电压崩溃，降低可靠性。

☺ 由于过电流保护相对容易，因此当电流型 PWM 逆变电路发生过电流时，容易得到及时保护，系统可靠性较高。随着适用于电流型逆变电路的新型器件不断出现（如可双向关断 IGBT），因此电流型逆变电路中桥臂上已不再需要串联二极管，这就解决了串联二极管的损耗问题。通过合理设计电流型 PWM 逆变电路直流侧的电感，也能有效解决电流型逆变电路储能电感的效率问题。

6.4.3　Z 源型逆变电路

电压型逆变电路和电流型逆变电路都存在着一些缺陷，如电压型逆变电路要求在交流电源中串联电感，而电流型逆变电路要求并联电容；输出交流电压要受到输入直流电压的限制；开关管的开关状态要加入死区控制等。为了克服这些常规逆变电路的不足，发展了 Z 源型逆变电路，将电感、电容同时引入直流侧并组成对称的交叉型网络，就构成了 Z 源型逆变电路。Z 源型逆变电路原理图如图 6-65 所示。

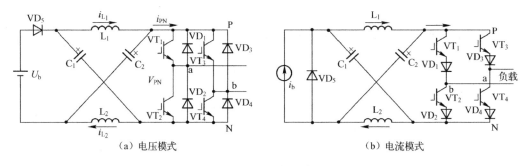

（a）电压模式　　　　　　　　　　　　　（b）电流模式

图 6-65　Z 源型逆变电路原理图

Z 源型逆变电路的 PWM 控制模式与常规的电压源和电流源相同，但其 Z 阻抗源的特性允许桥臂直通和全关断的开关状态发生。

Z 源型逆变电路通过控制直通占空比很容易实现升压的功能，适合在电源电压波动很大的场合（如燃料电池、光伏电池）应用；Z 源网络的引入使得直通成为其特殊的工作状态，从而提高了逆变电路的安全性；消除了开关死区带来的交流输出电压的波形畸变。

6.4.4　隔离型并网逆变电路

在光伏并网系统中，通常用变压器将电网与逆变电路隔离，构成隔离型并网逆变电路，按照变压器的种类又可分为工频隔离型并网逆变电路和高频隔离型并网逆变电路两类。

1. 工频隔离型并网逆变电路

单相工频隔离型并网全桥逆变电路原理图如图 6-66 所示。太阳电池直流电能经全桥逆变电路逆变后，得到工频交流电，通过变压器升压和隔离后并入电网。单相结构一般用于中小型功率的光伏并网系统。

三相工频隔离型并网全桥逆变电路原理图如图 6-67 所示。它一般用于中大型功率的光伏并网系统。

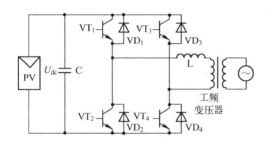

图 6-66　单相工频隔离型并网全桥
逆变电路原理图

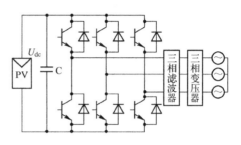

图 6-67　三相工频隔离型并网
全桥逆变电路原理图

使用工频变压器进行电压变换和电气隔离除具有结构简单、可靠性高的特点外，还有两个突出的优点：最后一级用工频变压器，保证光伏并网系统不会向电网馈入直流分量；安全性能好，电网中的电不会通过桥臂形成回路造成伤害。但存在的问题是，由于采用工频变压器，所以体积大、质量大、噪声高、效率较低等。

2. 高频隔离型并网逆变电路

高频隔离型逆变电路用高频变压器取代笨重的工频变压器来实现电气隔离，按电路拓扑结构可分为 DC/DC 变换型和周波变换型两大类。

1）DC/DC 变换型　DC/DC 变换型并网逆变器的控制原理框图如图 6-68 所示。在输入侧、输出侧分别设计 DC/AC 变换。光伏阵列输出的直流电能先通过 DC/AC 变换成高频方波，经高频变压器变压和隔离，再经高频整流滤波后，转变成所需电压等级的直流电，在输出侧再经 DC/AC 变换成工频正弦交流电并入电网。

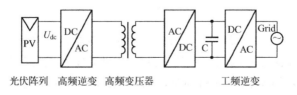

图 6-68　DC/DC 变换型并网逆变器的控制原理框图

DC/DC 变换型并网逆变器主要有如下两种工作模式[4]。

☺ 工作模式1：将光伏阵列输出的直流电经高频逆变变换成占空比为50%的高频方波，经高频变压器隔离和整流滤波，再经工频逆变后并入电网，其电路组成框图和波形变换图如图 6-69 所示。图中，k 为变压器的变压比。

☺ 工作模式2：将光伏阵列输出的直流电经高频逆变变换成高频正弦脉宽脉位调制（Sinusoidal Pulse Width Position Modulation，SPWPM）波，经高频变压器隔离和整流滤波成半正弦波，再经工频逆变后并入电网，其电路组成框图和波形变换图如图 6-70 所示。图中，k 为变压器的变压比。

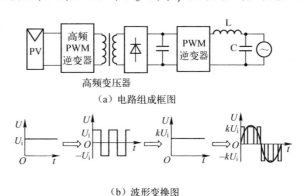

图 6-69　DC/DC 变换型工作模式 1 电路组成框图和波形变换图

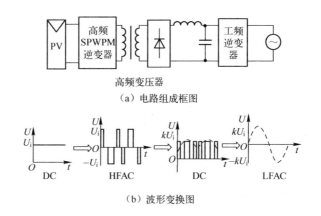

图 6-70　DC/DC 变换型工作模式 2 电路组成框图和波形变换图

SPWPM 调制与 SPWM 调制相类似，但其除了对脉冲宽度按正弦规律进行调制外，对脉冲的位置也进行调制。如对单极性的 SPWM 波进行脉位调制，只需将相邻的脉冲极性互为相反就可得到 SPWPM 波。图 6-71 所示为单极性 SPWM 波和 SPWPM 波的波形图。SPWM 波形中含有低频正弦波成分，而 SPWPM 波不含低频

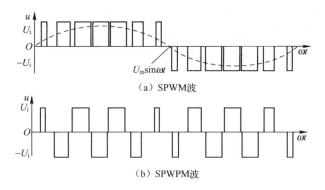

（a）SPWM波

（b）SPWPM波

图 6-71　单极性 SPWM 波和 SPWPM 波的波形图

正弦波成分，其基波频率等于开关频率，因此可用高频变压器传输能量。

DC/DC 变换型并网逆变器具有电气隔离和质量小等特点，系统效率可达93%以上。但由于隔离用 DC/AC/DC 的功率等级一般较小，所以这种拓扑结构的单机容量在数 kW 以内；由于高频 DC/AC/DC 的工作频率较高，一般都在数十 kHz 以上，系统的 EMC 比较难设计；系统的抗冲击性能较差[5]。

2）周波变换型　在 DC/DC 变换型中，采用了三级能量变换的模式，即 DC→HFAC→DC→LFAC，变换环节较多，影响了系统效率。为了进一步提高并网逆变电路的效率，采用基于周波变换的逆变技术，直接利用高频变压器同时完成变压、隔离和 SPWM 逆变的功能。周波变换型并网逆变器的控制原理框图如图 6-72 所示。它由高频逆变电路、高频变压器和周波变换电路三部分组成，构成 DC/HFAC/LFAC 两级电路拓扑结构。

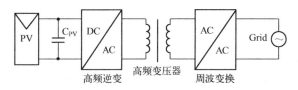

图 6-72　周波变换型并网逆变器的控制原理框图

与 DC/DC 变换型并网逆变器类似，周波变换型并网逆变器主要也有如下两种工作模式[4]。

☺ 工作模式1：将光伏阵列输出的直流电经高频逆变变换成占空比为 50% 的高频方波，经高频变压器隔离，再经周波变换电路直接逆变成工频交流后并入电网，其电路组成框图和波形变换图如图 6-73 所示。

☺ 工作模式2：将光伏阵列输出的直流电经高频逆变变换成 SPWPM 波，经高频变压器隔离，再经周波变换电路直接逆变成工频交流后并入电网，其电路组成框图和波形变换图如图 6-74 所示。

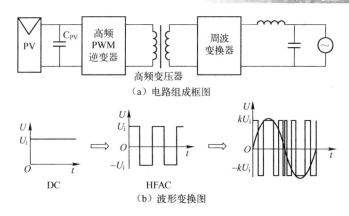

（a）电路组成框图

（b）波形变换图

图6-73　周波变换型工作模式1电路组成框图和波形变换图

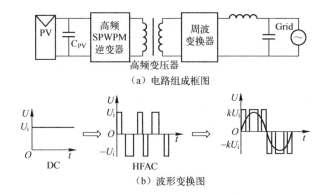

（a）电路组成框图

（b）波形变换图

图6-74　周波变换型工作模式2电路组成框图和波形变换图

6.4.5　非隔离型并网逆变系统

在不需要强制进行电气隔离的情况下，可以采用无变压器的非隔离型并网逆变系统。非隔离型并网逆变系统按结构可以分为单级式和两级式两种。

1. 单级式逆变系统

单级式非隔离型并网逆变系统框图如图6-75所示。DC/AC逆变电路可以采用全桥、半桥和三电平式等拓扑结构。单级式逆变系统只用一级能量变换即可完成逆变并网功能，具有电路简单、效率高等特点。但对直流侧的电压要求高，通常要求太阳电池MPPT电压大于350V，这对于太阳电池系统中的绝缘有较高要求。

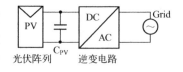

图6-75　单级式非隔离型
并网逆变系统框图

2. 两级式逆变系统

单级式逆变系统采用一级能量变换来完成逆变
并网，但往往难以同时实现最大功率点跟踪和并网逆变功能，采用两级式逆变系统
可以较好地解决这一问题。两级式
并网逆变系统框图如图 6-76 所示。
其中，DC/DC 变换电路通常采用升
压型的 Boost 电路，这样可以使光伏
阵列工作在一个电压较宽的范围，
使阵列的配置灵活；DC/AC 逆变电
路可以采用全桥、半桥和三电平式等拓扑结构。

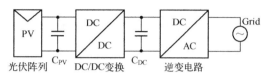

图 6-76　两级式并网逆变系统框图

前级为 Boost 型 DC – DC 变换器、后级为 H 桥的两级式并网逆变系统框图如
图 6-77 所示[6]。该单相非隔离型光伏并网逆变系统由主电路、信号检测电路、
控制器电路、驱动电路和保护电路组成。控制器是选用 TI 公司的 TMS320F2812
DSP 作为主控芯片的，DC/DC 环节同时实现最大功率跟踪控制，DC/AC 环节采
用控制直流母线电压稳定，并控制产生与电网电压同频同相的正弦电流，实现并
网功能。

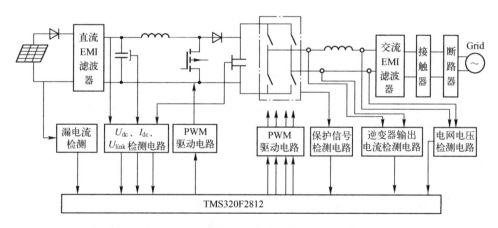

图 6-77　前级为 Boost 型 DC – DC 变换器、后级为 H 桥的两级式并网逆变系统框图

该系统的输入电压为 200 ～ 600V，额定功率为 3kW，最大输入电流为 15 A。
DC/DC 开关频率设计为 20kHz，DC/AC 开关频率设计为 12kHz。逆变桥采用型号
为 PM75CLA120 的 IPM 模块。

系统的软件设计包括 DC/DC 部分的软件设计和 DC/AC 部分的软件设计，在
DC/DC 部分还要实现最大功率点跟踪算法的软件设计，DC/AC 部分要实现波形校
正算法的软件设计。

主程序流程图如图6-78所示，它主要完成系统运行前的一些初始状态检测和初始化工作。MPPT子程序流程图如图6-79所示，它采用改进的变步长导纳增量法计算光伏电池最大功率时对应的Boost电路的占空比，使之工作在最大功率点上。DC/AC变换流程图如图6-80所示，它利用事件管理器EVA的全比较单元CMPR1产生2路互补的PWM信号，上、下桥臂的死区时间由控制器DBTCONA产生的最小CPU周期的死区时间进行控制。

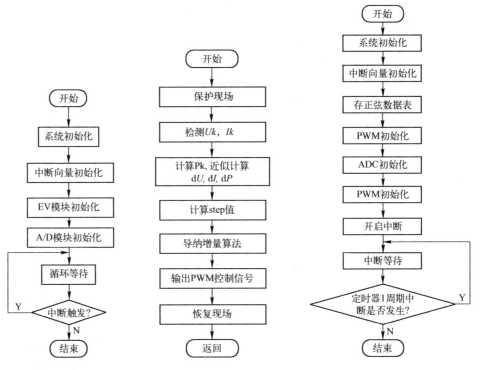

图6-78 主程序流程图　　图6-79 MPPT子程序流程图　　图6-80 DC/AC变换流程图

非隔离型并网逆变系统的一个突出优点是能够提高整个系统的效率（系统效率可达到97%～98%[7]），因此它越来越受到关注，也是未来并网逆变器的发展方向。但由于没有用变压器进行电气隔离和电压变换，也会产生一些问题，如逆变器要向电网注入直流分量，引起变压器饱和等问题；大面积的太阳电池阵列不可避免地与地之间有较大的分布电容的存在，因此太阳电池对地会产生较大的共模漏电流，不仅增加了系统的传导损耗，降低电磁兼容性，还可导致光伏组件与电网相连接，当人接触到光伏侧的正极或负极时，电网的电有可能经桥臂形成回路而对人体构成伤害。

3. 非隔离型并网逆变系统输出直流分量的抑制

理论上，并网逆变系统只能向电网注入交流电能，然而在实际上，由于检测和控制等的偏移使并网电流中往往含有直流分量。IEEE Std. 920—2000 中规定光伏系统并网电流中直流分量必须小于系统额定电流的 0.5%，浙江省电力公司光伏电站并网试验规范中对采用无变压器结构逆变器以获得更高效率时，可放宽至 1%。向电网注入直流分量将对电网设备产生一些不良影响，如引发变压器或互感器饱和、变电所接地网腐蚀等问题，因此要严格控制并网电流中的直流分量。

1）软件直流分量抑制　在 PWM 逆变时，输出脉宽一般是通过调制波与三角波的比较得到的。如果在一个周期内 PWM 输出电压（包括正、负脉冲）的积分为零，则控制器发出的调制波脉宽是对称的，输出电流中不会产生直流分量；否则，就会产生直流分量，由于该直流分量是由控制器软件产生的，因此可以采用软件补偿的方法消除相应的直流分量[8]。

为了保证软件直流分量为零，只须保证在一个工频周期内调制波 u_c 对时间的积分等于零。由于实际应用时，数字控制器是每隔一定的时间采样一次，因此只要将调制波 u_c 在每个工频周期累加，并保证其值等于零，就保证了控制系统中没有软件直流分量。如果累加结果不等于零，则将该累加值作为下一个工频周期调制量 u_c 的修正值，以保证软件直流分量为零。

2）硬件直流分量抑制　在逆变电路中，驱动电路不对称或各功率开关管的饱和压降不同等硬件因素也会产生直流分量。对于由硬件条件所产生的直流分量进行补偿，可以采取适时检测并网电流的方法，提取直流分量，并通过算法改变 PWM 的输出脉宽，以抵消并网电流中的直流分量[8,9]。

可采用如图 6-81 所示的差分电路即可检测出直流分量，并网电流可用电流传感器进行检测。选择滤波时间常数 $\tau_1 = R_3 C_1$ 和 $\tau_2 = R_4 C_2$ 大于 0.2s，则可滤除交流分量。由于检测所得到的直流分量可正可负，所以要用双极性的 A/D 采样电路进行检测。

对于检测到的直流分量，可以采用数字 PI 调节的方法使得直流分量为零。PI 调节的控制结构图如图 6-82 所示。检测得到的直流分量 I_e 与 0 进行比较后得到误差量，该误差量经 PI 调节后得到 I_Δ，这就是所需要的修正脉宽，I_Δ 与原控制量 I_k 叠加后去驱动逆变电路的功率开关管，以抵消并网电流中的直流分量。采用这种方法可以有效地抑制全桥逆变电路中由死区、电路参数不对称和波形校正等原因引起的脉冲宽度不对称而产生的直流分量。

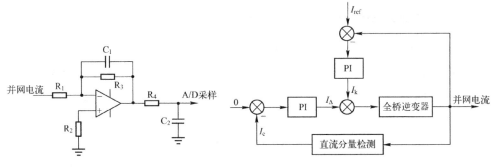

图 6-81　直流分量检测电路图　　　　　　图 6-82　PI 调节的控制结构图

3) 基于虚拟电容概念的直流分量抑制方法　对于并网电流中的直流分量，最简单的考虑就是将电容串联在逆变输出的主电路上，这样就可以从根本上消除直流分量，如图 6-83 所示。但采用这种方法要求电容量必须非常大，以减小交流输出的损耗；此外，在主电路中串联隔直电容，降低了功率传递效率，影响了逆变器的动态特性。为了解决由于在主电路中串联电容而产生的问题，可采用基于虚拟电容概念的直流分量抑制方法，即用控制方法来替代串联电容，这样既可实现零直流注入，又可实现电容的零损耗[10]。

当开关频率远高于并网电流频率时，图 6-83 所示的并网逆变电路控制可简化为线性化大信号模型，如图 6-84 所示。图中，I_o^* 为参考电流，$G(s)$ 为电流控制器，D 为占空比，K 为 PWM 脉宽调制增益。根据控制理论中"变换前、后回路中传递函数乘积保持不变"的原则对图 6-84 中的电路进行变换，可得图 6-85 所示变换模型图。由图 6-85 可知，将并网电流前馈至占空比可实现隔直电容的作用，即用虚拟电容来实现隔直的效果。

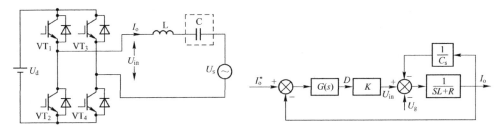

图 6-83　带有隔直电容的并网逆变电路图　　　图 6-84　并网逆变电路控制简化模型图

4. 非隔离型并网逆变系统共模电流的抑制

由于太阳电池与接地的外壳之间存在对地的寄生电容，其大小和直流源及环境因素有关，一般太阳电池组件与地之间的寄生电容变化范围在 nF ～ mF 之间。该寄生电容与逆变系统的输出滤波元件和电网阻抗将会构成共模谐振电路，如

图 6-86 所示。逆变电路的开关动作将引起寄生电容上电压的变化，该变化的共模电压 U_{C_p} 将激励谐振电路从而产生共模电流 I_{C_p}。

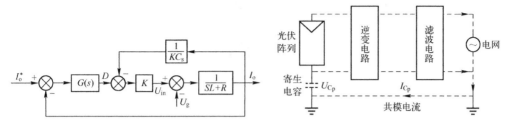

图 6-85　并网逆变电路变换模型图　　图 6-86　非隔离型并网逆电路变
　　　　　　　　　　　　　　　　　　　 系统中的寄生电容和共模电流图

寄生电容上的共模电压 U_{C_p} 和共模电流 I_{C_p} 满足 $I_{C_p} = 2\pi f C_p U_{C_p}$ 的关系式，因此可得到太阳电池组件对地的寄生电容值为

$$C_P = \frac{1}{2\pi f} \frac{I_{C_p}}{U_{C_p}} \tag{6-29}$$

假设系统滤波电感 L_f 要远大于电网内部的电感，则滤波电路的截止频率远小于谐振电路的谐振频率，因此共模谐振电路的谐振频率可近似用下式来计算[11]：

$$f_r = \frac{1}{2\pi \sqrt{L_f C_p}} \tag{6-30}$$

在这个谐振频率处，会出现较大的漏电流，该漏电流将会增加系统传导损耗，降低系统的电磁兼容性，向电网中注入谐波并产生安全问题。可采用以下方法抑制共模电流。

1）带交流旁路的全桥拓扑　在全桥拓扑电路中的交流侧增加一个由两个 IGBT 管组成的双向续流支路，使续流回路与直流侧断开，抑制了共模电流。带交流旁路的全桥拓扑图如图 6-87 所示。

在电网电流正半周，VT_5 始终导通而 VT_6 始终关断，当 VT_1、VT_4 导通时，忽略工频电网电压在寄生电容上所产生的共模电流，则共模电压可表示为

$$U_{C_p} = 0.5(u_{a0} + u_{b0}) = 0.5(U_{pv} + 0) = 0.5U_{pv} \tag{6-31}$$

当 VT_1、VT_4 关断时，电流经 VT_5、VT_6 的反并联二极管续流，而 u_{a0} 和 u_{b0} 近似保持原寄生电容的充电电压 $0.5U_{pv}$，因此有

$$U_{C_p} = 0.5(u_{a0} + u_{b0}) = 0.5(0.5U_{pv} + 0.5U_{pv}) = 0.5U_{pv} \tag{6-32}$$

负半周期的分析过程和结果与正半周期的类似。因此，稳态时，太阳电池组件的电压 U_{pv} 保持不变，则共模电压 U_{cp} 也为定值，所以其所激励的共模电流也近似为零，即消除了共模电流。

采用该电路的特点是其不但保留了双极性调制有效地压制共模电流的优点，而

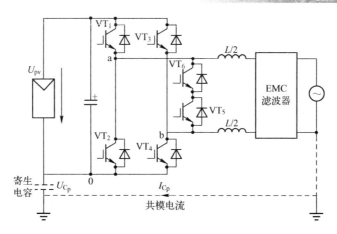

图 6-87　带交流旁路的全桥拓扑图

且其在交流端并联一对串联的开关管，并通过这两个管子的续流，使得 H 桥臂上流过电流调制开关的正向电压由 U_{pv} 降低为 $0.5U_{pv}$，减小了开关管的损耗；同时，该拓扑结构采用双极性 PWM 调制的输出调制波波形与采用单极性 PWM 调制的输出调制波波形一致，从而有效地抑制了电流纹波，减小了滤波电感上的损耗，这一拓扑结构的最高效率为 96.3%[12]。

2) 带直流旁路的全桥拓扑　带交流旁路的全桥拓扑在交流侧增加功率开关管构成续流支路，使续流回路与直流侧断开，抑制了共模电流。同样，也可以在直流母线上增加功率开关管，使续流回路与直流侧断开，构成了带直流旁路的全桥拓扑，如图 6-88 所示。功率管 $VT_1 \sim VT_4$ 工作在工频频率，其开关损耗可忽略，VT_5 和 VT_6 以高频开关频率工作。

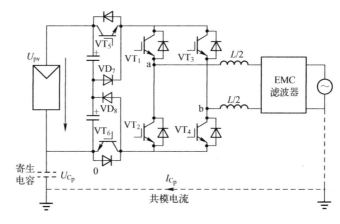

图 6-88　带直流旁路的全桥拓扑图

在电网电流正半周期，VT_1、VT_4导通，VT_5、VT_6以开关频率调制。当 VT_1、VT_4、VT_5、VT_6均导通时，共模电压为

$$U_{C_p} = 0.5(u_{a0} + u_{b0}) = 0.5(U_{pv} + 0) = 0.5U_{pv} \qquad (6-33)$$

当 VT_5、VT_6关断时，有两条续流路径，即 VT_1、VT_3的反并联二极管和 VT_2、VT_4的反并联二极管，同带交流旁路的全桥拓扑分析，有

$$U_{C_p} = 0.5(u_{a0} + u_{b0}) = 0.5(0.5U_{pv} + 0.5U_{pv}) = 0.5U_{pv} \qquad (6-34)$$

负半周期的分析过程和结果与正半周期的类似。与带交流旁路的全桥拓扑分析相同，若太阳电池组件的电压 U_{pv} 保持不变，则共模电压 U_{cp} 也为定值，所以其所激励的共模电流也近似为零，即消除了共模电流。

采用该电路的特点是 VT_5、VT_6以开关频率调制，由于反并联二极管和电容的钳位作用，VT_5、VT_6的开关电压只有 $0.5U_{pv}$，降低了开关损耗，而且 $VT_1 \sim VT_4$ 调制实现零电流导通，进一步减小了损耗；其输出调制波波形与采用单极性 PWM 调制的输出调制波波形一致，有效地抑制了电流纹波，减小了滤波电感上的损耗，这一拓扑结构的最高效率能达到 97.4%[13]。

3）H5 拓扑　在带直流旁路的全桥拓扑中，VT_4、VT_2在电网电流的正负半周分别导通，而 VT_6以开关频率调制。若将 VT_4、VT_2在电网电流的正、负半周分别用开关频率进行调制，就可减少一个开关管 VT_6，而得到 H5 拓扑结构，如图 6-89 所示。

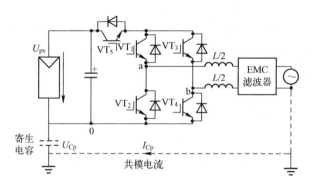

图 6-89　H5 拓扑结构

VT_1、VT_3在电网电流的正、负半周分别导通，VT_4、VT_5在电网正半周用开关频率进行 PWM 调制，VT_2、VT_5在电网负半周用开关频率进行 PWM 调制。

以电网正半周期为例进行分析。在正半周期 VT_1始终导通，当正弦调制波大于三角波时，VT_4、VT_5导通，此时共模电压为

$$U_{C_p} = 0.5(u_{a0} + u_{b0}) = 0.5(U_{pv} + 0) = 0.5U_{pv} \qquad (6-35)$$

当正弦调制波小于三角载波时，VT_4、VT_5关断，电流经 VT_3的反并联二极管、

VT$_1$续流，此时u_{a0}和u_{b0}近似保持原寄生电容的充电电压$0.5U_{pv}$，则

$$U_{Cp} = 0.5(u_{a0} + u_{b0}) = 0.5(0.5U_{pv} + 0.5U_{pv}) = 0.5U_{pv} \qquad (6-36)$$

负半周期的分析过程和结果与正半周期的类似。在开关过程中，若太阳电池组件的电压U_{pv}保持不变，则共模电压U_{cp}也为定值，所以其所激励的共模电流也近似为零。

该电路的特点是少用了一个功率开关管，降低了H5拓扑结构的通态损耗，使效率进一步提高，最高效率达到98.1%[14]。

5. 并网逆变器输出电流的控制策略

要成功实现并网，要求光伏并网逆变器在工作时的功率因数接近于1，即要求输出电流为正弦波且与电网电压同频、同相，输出电流的控制方式一般有两种，即电流滞环瞬时控制方式和固定开关频率控制方式。

1）电流滞环瞬时控制方式 电流滞环瞬时控制是把输出电流参考波形和电流的实际波形通过滞环比较器进行比较，利用其结果来决定逆变器桥臂上、下开关器件的导通和关断。

电流滞环瞬时控制方式采用双闭环结构[15,16]，其控制方式示意图如图6-90所示。图中，外环是电压反馈控制环，内环是电流控制环。将电压PI调节器输出的电流幅值指令乘以表示网压的单位正弦信号后，得到交流的电流指令，将该指令与实际检测到的电流信号进行比较，两者的偏差作为滞环比较器的输入，当电流误差大于指定的环宽时，滞环比较器产生相应的开关信号来控制逆变器主电路中开关管的导通时间，以增大或减小输出电流，使其重新回到滞环内。这样，使实际电流围绕着指令电流曲线变化，并且始终保持在一个滞环带中。

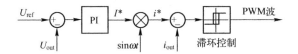

图6-90 电流滞环瞬时控制方式示意图

在这种方式中，滞环的宽度对电流的跟踪性能有较大的影响。当滞环宽度较大时，开关频率较低，对开关器件的开关频率要求不高，但跟踪误差较大，输出电流中的高次谐波含量较大；当滞环宽度较小时，跟踪误差较小，器件的开关频率提高，对器件的开关频率要求较高。

电流滞环瞬时控制方式有以下特点[17]。

☺ 控制方法简单，实时控制，电流响应快，对负载的适应能力强。

☺ 由于不需要载波，所以输出电压中不含特定频率的谐波分量。

☺ 若滞环的宽度固定，电流跟踪的误差范围就会固定，但电力开关器件的开

关频率是变化的，这将导致电流频谱较宽，增加了滤波器设计的难度，可能会引起间接的谐波干扰。这种控制方式在响应很快的同时，电流脉动也很大，并且滞环宽度不好控制。若环宽过大，开关频率和开关损耗可降低，但跟踪误差增大。反之，环宽过窄，虽然跟踪误差减小，但开关频率和开关损耗增加，受到开关器件工作频率的限制。

2）固定开关频率控制方式 固定开关频率控制方式保留了电流跟踪动态性能好的特点，克服了滞环控制开关频率不固定的缺点，其控制方式示意图如图 6-91 所示[18]。该控制方式的基本思想是，对给定参考电压和逆变器输出电压反馈误差信号，经电压调节器后得到逆变器输出电流参考控制信号，然后将电流参考信号与逆变器反馈电流进行比较，得到的误差经过比例放大后再与三角波进行交截就可得到正弦脉宽调制（SPWM）信号，用 SPWM 信号去控制功率器件的导通或关断。因此，逆变器开关器件的工作频率就等于三角波载波频率，是固定频率的。由于载波频率固定，因此逆变器输出谐波是固定的，滤波器设计相对于电流滞环瞬时控制方式控制简单，控制效果较好。

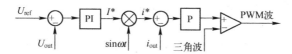

图 6-91 固定开关频率控制示意图

固定开关频率控制方式的特点如下所述。

☺ 跟随误差较大。

☺ 硬件实现相对复杂。

☺ 输出电压中谐波量较少，含有与三角波相同频率的谐波。

☺ 开关器件的开关频率固定，等于三角载波的频率。

☺ 电流响应相对于电流滞环瞬时控制方式较慢。

6.4.6 并网逆变器主要技术参数

光伏并网逆变器的主要技术指标如下所述。

1）输出电压的稳定度 在光伏系统中，太阳电池发出的电能先由蓄电池储存起来，然后经过逆变器逆变成 220V 或 380V 的交流电。但是，蓄电池受自身充/放电的影响，其输出电压的变化范围较大，如标称 12V 的蓄电池，其电压值可在 10.8 ～ 14.4V 之间变动（超出这个范围可能对蓄电池造成损坏）。对于一个合格的逆变器，输入端电压在这个范围内变化时，其稳态输出电压的变化量应不超过额定值的 ±5%；同时，当负载发生突变时，其输出电压偏差不应超过额定值的 ±10%。

2) 输出电压的波形失真度 对正弦波逆变器，应规定其允许的最大波形失真度（或谐波含量），通常以输出电压的总波形失真度来表示，其值应不超过 5%（单相输出允许 10%）。由于逆变器输出的高次谐波电流会在感性负载上产生涡流等附加损耗，如果逆变器波形失真度过大，会导致负载部件严重发热，不利于电气设备的安全，并且严重影响系统的运行效率。

3) 额定输出频率 对于包含电动机类的负载，如洗衣机、电冰箱等，由于其电动机最佳频率工作点为 50Hz，频率过高或过低都会造成设备发热，降低系统运行效率和使用寿命，所以逆变器的输出频率应是一个相对稳定的值，通常为工频 50Hz，正常工作条件下其偏差应在 ±1% 以内。

4) 负载功率因数 表征逆变器带感性负载或容性负载的能力。正弦波逆变器的负载功率因数为 0.7 ～ 0.9，额定值为 0.9。在负载功率一定的情况下，如果逆变器的功率因数较低，则所需逆变器的容量就要增大，一方面会造成成本增加，另一方面光伏系统交流回路的视在功率增大，回路电流增大，损耗必然增加，系统效率也会降低。

5) 逆变器效率 逆变器的效率是指在规定的工作条件下，其输出功率与输入功率之比，以百分数表示。一般情况下，光伏逆变器的标称效率是指纯阻负载（80% 负载）情况下的效率。由于光伏系统总体成本较高，因此应该最大限度地提高光伏逆变器的效率，降低系统成本，提高光伏系统的性价比。目前主流逆变器标称效率在 80% ～ 95% 之间，对小功率逆变器要求其效率不低于 85%。在光伏系统实际设计过程中，不仅要选择高效率的逆变器，同时还应通过系统合理配置，尽量使光伏系统负载工作在最佳效率点附近。

6) 额定输出电流（或额定输出容量） 表示在规定的负载功率因数范围内逆变器的额定输出电流。有些逆变器产品给出的是额定输出容量，其单位以 V·A 或 kV·A 表示。逆变器的额定容量是当输出功率因数为 1（即纯阻性负载）时，额定输出电压与额定输出电流的乘积。

7) 保护措施 一款性能优良的逆变器，应具备完备的保护功能或保护措施，以应对在实际使用过程中出现的各种异常情况，使逆变器本身及系统其他部件免受损伤。

（1）输入欠电压保护：当输入端电压低于额定电压的 85% 时，逆变器应有保护和显示。

（2）输入过电压保护：当输入端电压高于额定电压的 130% 时，逆变器应有保护和显示。

（3）过电流保护：应能保证在负载发生短路或电流超过允许值时及时动作，使其免受浪涌电流的损伤。当工作电流超过额定的 150% 时，逆变器应能自动保护。

（4）输出短路保护：逆变器短路保护动作时间应不超过 0.5s。

（5）输入反接保护：当输入端正、负极接反时，逆变器应有防护功能和显示。

（6）防雷保护：逆变器应有防雷保护。

（7）输出过电压保护：对无电压稳定措施的逆变器，逆变器还应有输出过电压防护措施，以使负载免受过电压的损害。

8）起动特性　表征逆变器带负载起动的能力和动态工作时的性能。逆变器应保证在额定负载下可靠起动。

9）噪声　电力电子设备中的变压器、滤波电感、电磁开关及风扇等部件均会产生噪声。逆变器正常运行时，其噪声不应超过 80dB，小型逆变器的噪声不应超过 65dB。

参 考 文 献

[1] J. Rodriguez, Jih – Sheng Lai, and Fang Zheng Peng. Multievel inverters：a survey of topologies, controls and applications［J］. IEEE Tansactionson Industrial Electronics. 2002, 49（4）：724 – 738.

[2] Akira Nabae, Isao Takahashi, Hirofumi Akagi. A new neutral – point – clamped PWM inverter［J］. IEEE Trans. on Industry Applications, 1981, 17（3）：518 – 523.

[3] Abraham I Pressman. 开关电源设计［M］. 王志强（译）. 北京：电子工业出版社，2005.

[4] 张兴，曹仁贤等. 太阳能光伏并网发电及其逆变控制［M］. 北京：机械工业出版社，2011.

[5] 舒杰等. 高频并网光伏逆变器的主电路拓扑技术［J］. 电力电子技术，2008, 42（7）：79 – 82.

[6] 刘迪，陈国联. 单相两级式非隔离型光伏并网逆变器的研制［J］. 电源学报，2011, 2：29 – 33.

[7] Óscar López, Remus Teodorescu, Francisco Freijedo, et al. Leakage current evaluation of a single – phase transformerless PV inverter connected to the grid［C］. Applied Power Electronics Conference, APEC 2007 – Twenty Second Annual IEEE, Publication Date：Feb. 25 2007 – March 1 2007：907 – 912.

[8] 徐方明，王志飞，孙巍. UPS 电源输出变压器的偏磁分析［J］. 船电技术，2004（3）.

[9] 李剑，康勇，陈坚. DSP 控制 SPWM 全桥逆变器直流偏磁的研究［J］. 电源技术应用，2002（5）.

[10] 王宝诚，郭小强等. 无变压器非隔离型光伏并网逆变器直流注入控制技术［J］. 中国电机工程学报，2009, 29（36）：23 – 28.

[11] Oscar Lopez, Remus Teodorescu, Francisco Freijedo. Eliminating ground current in a transformerless photovoltaic application. Power Engineering Society General Meeting, 2007. IEEE 24 – 28 June 2007：1 – 5.

[12] Roberto González, Jesus López, Paplo Sanchis, at al. High – effciency Transformerless Single – phase Photovoltaic Inverter［C］. 12th International Power Electronics and Motion Control Conference, 2006, 8：1895 – 1900.

[13] Roberto González, Jesus López, Paplo Sanchis, at al. Transformerless Inverter for Single – phase Photovoltaic System［J］. IEEE Transactions on Power Electronics, 2007, 22（2）：693 – 697.

[14] 德国 SMA 技术股份公司. Sunny family 2007/2008［EB/OL］. http：//downroad. sma. de/sma-prosa/dateien/2485/SOLARKAT – 21 – AE3307. pdf, 2007, 14 – 17.

[15] 首福俊, 黄念慈, 窦伟. 一种新型的光伏逆变器的控制方法［J］. 电力电子技术. 2004, 38（2）：66 – 68.

[16] 赵为. 太阳能光伏并网发电系统的研究［D］. 合肥：合肥工业大学, 2003. 2.

[17] Dixon Juan W. , Kullcami Ashok B. , Nishimato Masahiro, et al. Characteristics of a controlled—current PWM rectifier – inverter link［J］. IEEE Transactions on Industry Applications, 1 987, IA – 23（6）：1 022 – 1 028.

[18] 陈东华, 谢少军, 周波. 瞬时值电流控制逆变技术比较［J］. 南京航空航天大学学报, 2004, 36（3）：343 – 347.

第7章　光伏系统储能装置及其充/放电控制电路

光伏系统作为独立发电系统运行时，储能部件就成为不可缺少的组成部分之一，其作用是将方阵在有日照时发出的多余电能贮存起来，在晚间或阴雨天供负载使用。在独立光伏发电系统中，储能部件是仅次于太阳能光伏阵列的重要组成部分，是对系统性能、可靠性、成本影响最大的部分之一。

蓄电池是目前主要的储能装置。在独立光伏发电系统中，蓄电池是使用寿命最短、最需要维护保养的部件。由于蓄电池的过充电将会使水电解析气，造成水分散失和极板活性物质脱落；对于铅酸蓄电池而言，其过放电则容易造成极板的腐蚀和不可逆的硫酸盐化。为了尽可能地延长铅酸蓄电池的使用寿命，在光伏系统中就需要配置蓄电池充/放电控制器，对蓄电池的充电和放电过程加以控制，防止蓄电池频繁过充电和过放电，同时还可设计其他保护功能，以保护系统。任何一个独立光伏发电系统都需要充/放电控制器。虽然大系统（如光伏电站）用的控制器和小系统（如家用照明系统）用的控制器，其控制电路的软硬件复杂程度是不一样的，但其基本原理都是相同的。本章在介绍各种常用的铅酸蓄电池、碱性蓄电池及锂电池的工作原理和特点，以及将来可能会在光伏系统中使用的一些新型的储能装置（如超级电容器和超导储能等）的基础上，重点探讨了目前在光伏系统中广泛使用的铅酸蓄电池的主要特性参数及其充/放电特性，蓄电池的充/放电保护控制原理和一些基本电路，以及为了提高太阳电池的输出效率，在独立光伏系统和并网光伏系统中都需要采用的常用的一些最大功率点跟踪技术，目的是为了帮助读者正确选择及使用蓄电池，以及合理地设计或选择蓄电池的充/放电保护控制器，尽可能地延长蓄电池的使用寿命，减小系统的使用维护成本。

7.1　蓄电池

蓄电池属于电化学电池，它是通过电化学反应将电池内部活性物质的化学能直接转变为直流电能的装置。蓄电池种类很多，按使用的电解液成分分类，可分为酸性蓄电池和碱性蓄电池两大类，主要有铅酸蓄电池、锂离子蓄电池、镍氢电池等。目前，基于产品技术的成熟性和成本等因素考虑，除在一些小型的独立光伏系统中使用镍氢电池外，大多数的独立光伏系统中使用铅酸蓄电池。

7.1.1 蓄电池的命名方法

蓄电池名称由单体蓄电池的格数、型号、额定容量、电池功能或形状等组成，如图7-1所示。表7-1所列为蓄电池型号中常用字母的含义。

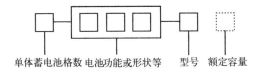

单体蓄电池格数 电池功能或形状等 型号 额定容量

图7-1 蓄电池名称构成

表7-1 蓄电池型号中常用字母的含义

代号	拼音	汉字	全　称	代号	拼音	汉字	全　称
G	Gu	固	固定型	D	Dong	动	动力型
Q	Qi	启	启动型	N	Nei	内	内燃机车型
F	Fa	阀	阀控式	T	Tie	铁	铁路客车型
M	Mi	密	密封	D	Dian	电	电力机车型
J	Jiao	胶	胶体				

如"GFM－500"表示额定电压为2V、固定型阀控式密封蓄电池，额定容量为500A·h；"6－GFMJ－100"表示有6个单体电池串联，额定电压为12V、固定型阀控式密封胶体蓄电池，额定容量为100A·h。

7.1.2 铅酸蓄电池

铅酸蓄电池主要由正极、负极、隔膜、硫酸电解液、蓄电池槽和盖构成。正、负极分别焊接成极群，大容量蓄电池中由汇流排引出成极柱。铅酸蓄电池使用的电解液是一定浓度的硫酸电解液。而隔膜的作用是将正、负极隔开，它是电绝缘体（如橡胶、塑料、玻璃纤维等），耐硫酸腐蚀，耐氧化，还要有足够的孔率和孔径，能让电解液和离子自由穿过。槽体也是电绝缘体，耐酸、耐温范围宽，机械强度高，一般用硬橡胶或塑料作为槽体。其外形基本结构如图7-2所示。

1. 铅酸蓄电池的工作原理

铅酸蓄电池的正极活性物质为二氧化铅（PbO_2），是有效的氧化剂。PbO_2的晶型有

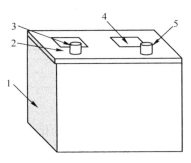

1. 蓄电池槽 2. 盖 3. 正极性接线柱
4. 电解液监视窗 5. 负极性接线柱
图7-2 蓄电池基本外形结构

$\alpha - PbO_2$ 和 $\beta - PbO_2$，$\beta - PbO_2$ 的放电容量大于 $\alpha - PbO_2$ 的放电容量。负极活性物质为灰色海绵状的金属铅（Pb），是有效的还原剂。要求正、负极的活性物质在电解液中有一定的化学稳定性，其电极电势也要稳定。电解液是浓度约为 30% 的硫酸水溶液，电解液靠离子导电。电解液的浓度将影响电导率，浓度加大，单位体积的溶液中离子数增多，有利于导电；但随着离子浓度增加，将会使正、负离子间的静电力增大，造成电解液电离度下降，反而对导电不利。因此，电解液浓度与电导率的关系曲线中会有一个最大值，要合理选择。表7-2 给出了不同浓度的 H_2SO_4 溶液的电导率数值[1]。

表7-2　$1/2(H_2SO_4)$ 溶液的电导率和摩尔电导率 (18℃)

浓度 /w(%)	电导率 /S·m^{-1}	温度系数 $\alpha/(1/℃)$	摩尔电导率 /S·m^2·mol^{-1}	浓度 /w(%)	电导率 /S·m^{-1}	温度系数 $\alpha/(1/℃)$	摩尔电导率 /S·m^2·mol^{-1}
5	20.85	0.0121	0.0198	85	9.80	0.0357	0.000317
10	39.15	0.0128	0.01799	86	9.92	0.0339	0.000316
15	54.32	0.0136	0.01609	87	10.10	——	0.000317
20	65.27	0.0145	0.01402	88	10.33	0.0320	0.000319
25	71.71	0.0154	0.01192	89	10.55		0.000321
30	73.88	0.0162	0.00989	90	10.75	0.0295	0.000322
35	72.43	0.0170	0.00804	91	10.93		0.000324
40	68.00	0.0178	0.00638	92	11.02	0.0280	0.00322
50	54.05	0.0193	0.00397	93	10.96		0.000316
60	57.26	0.0213	0.00027	94	10.71	0.0280	0.000305
65	29.05	0.0230	0.001440	95	10.96	——	0.00289
70	21.57	0.0256	0.000936	96	9.44	0.0286	0.000262
80	11.05	0.0349	0.000391	97	8.0	0.0286	0.000280

当电极与电解液相互接触时，在这两相界面就会产生电势差，其差值就是该电极的电势，正、负两极间的平衡电势之差就是蓄电池的电动势。

正电极在 H_2SO_4 电解液中将产生如下化学反应过程。

正极板上的二氧化铅（PbO_2）与电解液中的水分子作用，生成不稳定的氢氧化铅（$Pb(OH)_4$），继而产生 Pb^{4+} 和 $4OH^-$，反应式为

$$PbO_2 + 2H_2O \rightarrow Pb(OH)_4 \tag{7-1}$$

$$Pb(OH)_4 \rightarrow Pb^{4+} + 4OH^- \tag{7-2}$$

正离子 Pb^{4+} 依附在极板上，OH^- 进入了溶液，使正极缺少电子而具有正的电位。由于正、负电荷间具有相互吸引力，电解液中的 OH^- 又被吸引并分布在正极

表面，当化学溶解力和正、负电荷间的吸引力相等时，达到动态平衡，正极板不再发生溶解，此时正极的电极电位约为 $\varphi^0_+ = +1.685\text{V}$[2]。

负极板上也要发生类似的化学反应，负极板上的活性物质 Pb 发生溶解，其反应式为

$$Pb \rightarrow Pb^{2+} + 2e \tag{7-3}$$

铅离子 Pb^{2+} 进入到溶液中，在负极上留下 2e，使负极具有一定的负电位。同样，当化学溶解力和正、负电荷间的吸引力相等时，达到动态平衡，负极板不再发生溶解，此时负极的电极电位约 $\varphi^0_- = -0.356\text{V}$[2]。

当正、负极板和电解液构成蓄电池时，正、负极板间的电位差就构成了蓄电池的电动势。当电解液浓度确定时，电极电位也将随之确定，蓄电池的电动势也就确定。所以单体铅酸蓄电池的电动势约为 2V。

非密封型的铅酸蓄电池存在如下缺点：充电末期水会分解为氢、氧气体析出，因此需要加酸、加水，进行维护；气体溢出时携带酸雾，腐蚀周围设备，并污染环境，限制了电池的应用。因此，目前在光伏系统中大多使用密封型的铅酸蓄电池。

2. 阀控密封铅酸蓄电池（VRLA 电池）

阀控密封式铅酸蓄电池（Valve Regulated Lead Acid Battery）为密封结构，电池盖子上设有单向排气阀（也叫安全阀），当电池内部气体量超过一定值，即当电池内部气压升高到一定值时，排气阀自动打开，排出气体，然后自动关阀，防止空气进入电池内部。其基本特点是使用期间不用加酸、加水维护，不会漏酸，也不会排酸雾。

阀控式铅酸蓄电池分为吸附式玻璃纤维棉（Absorbed Glass Mat，AGM）固定电解液和 GEL（胶体）电池两种，目前所讨论的 VRLA 电池一般是指 AGM 电池。

1）阀控式铅酸蓄电池工作原理 阀控式铅酸蓄电池采用 AGM 作隔膜，电解液吸附在极板和隔膜中，电池内无流动的电解液，采用贫液式、紧装配结构设计，阴极具有吸收氧的功能。采用贫液式结构能使超细纤维隔膜中的孔道不被电解液充满，可作为氧气快速扩散通道；紧装配结构可以使板极表面与隔膜紧密接触，保证电解液充分润湿极板，同时又能保证氧气经隔膜孔道无阻地扩散到负极，不至于向上逸出。其充电和放电的电化学反应式如下：

$$正电极：PbSO_4 + 2H_2O \underset{放电}{\overset{充电}{\rightleftharpoons}} PbO_2 + H_2SO_4 + 2H^+ + 2e \tag{7-4}$$

$$充电后期将会产生副反应：H_2O \overset{充电}{\longrightarrow} 1/2O_2 \uparrow + 2H^+ + 2e \tag{7-5}$$

$$负电极：PbSO_4 + 2H^+ + 2e \underset{放电}{\overset{充电}{\rightleftharpoons}} Pb + H_2SO_4 \tag{7-6}$$

充电后期的副反应：$2H^+ + 2e \xrightarrow{\text{充电}} H_2 \uparrow$ (7-7)

从反应式中可看出，在充电过程中将会存在水分解反应，尤其是在充电后期，正、负电极都将会有气体析出，但析出的过程不一样。正电极充电到 70% 时，将会有氧气析出；而负电极是充电到 90% 时才开始析出氢气。由于存在着水分解反应所产生的氢、氧气的析出，如果反应所产生的气体不能重新复合，电池就会失水干涸。阀控式铅酸蓄电池所设计的氧循环可以保证在电池内部对氧气进行再复合利用，同时抑制氢气的析出，解决了开口式铅酸蓄电池存在的主要问题。

2) 氧循环工作原理　阀控式铅酸蓄电池采用的是过量设计负电极活性物质，当正电极在充电后期产生的氧气通过 AGM 空隙扩散到负电极时，就与负电极海绵状铅发生反应变成水，使负电极处于去极化状态或充电不足状态，达不到析氢过电位，负电极就不会在充电时析出氢气。因此，在电池内部，必须保证氧气可以顺利地从正电极扩散到负电极，以使氧的复合反应能够进行。氧的移动过程越容易，氧循环就越容易建立。

在阀控式蓄电池内部，氧的传输方式有两种：一是通过在液相中的扩散，到达负电极表面；二是以气相的形式扩散到负电极表面。由于氧在气相中的迁移速率要比在液相中的扩散速率大得多，当充电末期正电极析出氧气时，将会在正电极附近产生轻微的过压，而负电极由于有氧的化合，将会产生轻微的真空，于是正、负电极间的压差将推动气相氧经过电极间的气体通道向负电极移动。阀控式铅蓄电池的结构设计中就提供了这个通道，使得氧很容易通过 AGM 中的小孔到达负电极，因此正电极上产生的氧几乎全部能够被负电极吸收，从而保证阀控式蓄电池在浮充所要求的电压范围下工作时不会有水的损失。

AGM 电池具有良好的密封反应效率，在贫液状态下氧复合效率可达 99% 以上。

在阀控式铅酸蓄电池中，负电极将会产生双重反应，在充电末期或过充电时，极板中的海绵状 Pb 与正电极产生的 O_2 反应生成 PbO；同时极板中的 $PbSO_4$ 又要与外电路所传输的电子进行还原反应，由 $PbSO_4$ 还原成海绵状 Pb。负极板上的化学反应式如下：

$$2Pb + O_2 \rightarrow 2PbO \tag{7-8}$$
$$2PbO + 2H_2SO_4 \rightarrow 2PbSO_4 + 2H_2O \tag{7-9}$$
$$2PbSO_4 + 4H^+ + 4e \rightarrow 2Pb + 2H_2SO_4 \tag{7-10}$$
$$O_2 + 4H^+ + 4e \rightarrow 2H_2O \tag{7-11}$$

VRLA 电极反应原理示意图如图 7-3 所示[3]。

3) 影响阀控式蓄电池寿命的主要因素　由于蓄电池性能的变化有一个渐进和累积的过程，所以阀控密封铅酸蓄电池需要注意管理和维护。影响阀控式蓄电池寿命的主要因素有以下方面[4]。

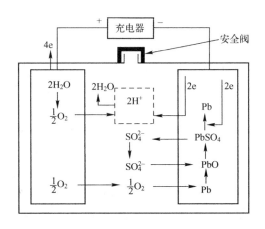

图 7-3　VRLA 电极反应原理示意图

（1）环境温度：蓄电池正常运行的温度是 $20 \sim 40℃$，最佳运行温度是 $25℃$。温度每升高 $10℃$，蓄电池的使用寿命要降低 50%，且容易发生热失控。使用时，要注意蓄电池的环境温度。

（2）过度放电：蓄电池的过放电是影响蓄电池使用寿命的重要因素。过度放电时，会导致大量的硫酸铅吸附到负极表面，形成负电极的硫酸极化，这将会造成电池的活性物质减少，降低电池的有效容量，也影响电池的气体吸收能力，久而久之就会使电池失效。所以，使用时一定要加控制保护装置，防止蓄电池的过度放电。

（3）板栅的腐蚀：由于极板与硫酸溶液相接触，会不断地溶解损耗，尤其是在过充电状态下，正电极由于析氧反应，水被消耗，导致正电极附近酸度增高，加速了板栅腐蚀。如果长期处于过充电状态，板栅就会变薄，从而降低电池容量，缩短电池使用寿命。

（4）浮充电状态的影响：如果蓄电池长期处于浮充电状态，即只充电不放电，这样将会造成蓄电池的极板钝化，使电池内阻急剧增大，实际容量将低于标准容量，从而导致实际供电时间缩短，减少了使用寿命。

（5）蓄电池失水：由于蓄电池充电时的析气、板栅腐蚀、水分热蒸发等都将会导致失水，而阀控式蓄电池采用的是贫液设计，对水分损失更为敏感。蓄电池失水将导致电解液浓度增加，板栅腐蚀，活性物质减少，电池容量降低，从而缩短了电池使用寿命。

3. 胶体蓄电池

胶体蓄电池是将铅酸蓄电池中的 H_2SO_4 电解液贮存在硅凝胶中，利用硅凝胶的触变特性，实现了电池密封的目的，其电极反应的工作原理类同于铅酸蓄电池。

胶体蓄电池具有以下特性。

1）氧复合效率 当胶体电解液注入蓄电池凝胶后，由 SiO_2 组成的三维网络结构会进一步收缩，在凝胶内部形成微小的缝隙，以便为正电极析出的氧到达负电极提供通道。由于凝胶收缩出现缝隙需要一定的时间，因此胶体蓄电池的氧复合效率是逐步提高的，其变化情况见表 7-3[5]。

表 7-3 胶体蓄电池氧复合效率的变化情况表

电池循环次数	10	20	30	40	50	60	80	100
复合效率/%	45.6	58.1	65.3	69.5	77.7	81.1	88.4	90.6

2）放电容量 胶体蓄电池的容量基本上与铅酸蓄电池的一样，但研究发现，使用硅胶电解液会使负极容量增加，正极容量下降[6]。如果电池容量是受负极容量控制，则在这种情况下胶体蓄电池的容量将会有所改善；反之，则会使容量下降。

3）自放电速度 造成蓄电池自放电的因素是负极板海绵状 Pb 的自动溶解、正极板 PbO_2 的自动还原及电解液中含有有害杂质等。

蓄电池负电极海绵状 Pb 自动溶解反应为

$$Pb + H_2SO_4 = PbSO_4 + H_2 \uparrow \qquad (7-12)$$

这是引起负极自放电的主要原因。当电极和电解液中不含杂质时，铅的自动溶解速度（即负电极自放电速度）很慢。

如果在电解液中溶有氧，也能促进负极的自放电，反应式为

$$2Pb + O_2 + 2H_2SO_4 = 2PbSO_4 + 2H_2O \qquad (7-13)$$

由于氧是很容易在 Pb 上还原的，若能有效抑制氧向负电极扩散，则负电极的自放电速度就会明显降低。

在现有常用的蓄电池中，铅酸蓄电池的自放电速度是较小的。由于 AGM 密封铅酸蓄电池所采用的各种原材料纯度普遍较高，所以其自放电速度要比一般的铅酸蓄电池的低约 20%～25%。AGM 密封铅酸蓄电池和普通铅酸蓄电池的自放电特性曲线如图 7-4 所示。由于胶体蓄电池采用了硅凝胶电解液，它既可以阻止杂质粒

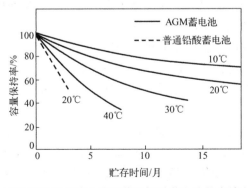

图 7-4 AGM 密封铅酸蓄电池和普通铅酸蓄电池的自放电特性曲线

子在电池内部的迁移，又可防止电池气室中的氧与负极板发生反应，因此进一步减小了电池的自放电速度，其自放电速度只有 AGM 密封蓄电池的 1/5 ~ 1/3[7]。

6DZM10 型号的 AGM 电池和胶体电池的自放电数据见表 7-4[8]。

表 7-4　6DZM10 电池贮存 33 个月后容量保有率表

电池类型	开路电压/V	容量保有率/%	恒电压充电后容量/%
胶体电池	2.028	35.9	94.8
AGM 电池	1.992	7.4	51.9

4）电池失水特性　硅胶电解液具有如下特点：形成氧循环的良好条件，硅胶中有许多通道便于 O_2 的扩散；硅胶电解液会使负极容量相对增大，导致负极活性物质相对正极活性物质过量，有利于氧循环反应；有良好的抗极板硫酸盐化能力等。正因如此，硅胶电解液在充/放电循环和长时间放置时失水很少。当充足电后的硅胶蓄电池放置较长时间后再次充电时，其容量很容易恢复到正常水平（见表 7-4）。

5）电池寿命　胶体蓄电池中的硅胶均匀地填满在板极与隔板之间，这样能有效地增强极板的机械强度，以及防止活性物质脱落。因为硅胶电解液不会产生分层，这样就可避免其他类型的酸性蓄电池通常会产生的底部硫酸浓度过高而腐蚀板栅的现象。硅胶可以有效地阻止放电时生成的 $PbSO_4$ 的下沉，减少了 $PbSO_4$ 的硫酸极化和电池内部短路现象。这些因素都将延长胶体蓄电池的寿命。

由于胶体蓄电池具有较好的大电流放电和深循环能力，充电接受能力强，过放电性能恢复好，低温性能好，寿命长等特点，因此它非常适用于太阳能用储能蓄电池。

4. 铅碳蓄电池（Lead - carbon 蓄电池）

铅碳蓄电池是美国宾夕法尼亚州的 Axion Power 公司研发的一种基于铅碳技术的新型蓄电池，是从传统的铅酸电池演进出来的技术，在铅酸电池的负电极中增加了活性炭后，就能显著提高铅酸蓄电池的寿命。

铅碳蓄电池是一种电容型铅酸电池，采用在铅酸电池的负电极中加入活性炭的技术。若把铅酸电池负电极活性材料 Pb 全部换成活性炭，则普通铅酸蓄电池就变成了混合电容器；若把活性炭混合到负电极活性材料 Pb 中，则普通铅酸电池变成了铅碳蓄电池。它将具有双电层电容特性的碳材料与海绵 Pb 负极进行合并，制作成既有电容特性又有电池特性的 Lead - carbon 双功能复合电极，Lead - carbon 复合电极再与 PbO_2 正极匹配组装成 Lead - carbon 电池。铅碳电池既可以保持铅酸蓄电池的高能量密度，又具有超级电容器高功率、快速充电和长寿命的特点（有关超级电容器的工作原理和特点将在 7.2.1 节中介绍）。

1) 铅碳蓄电池的结构　铅碳蓄电池的结构图和等效电路图如图7-5所示。

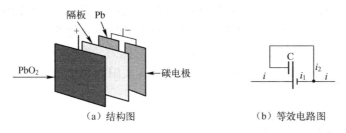

（a）结构图　　　　　　　　（b）等效电路图

图7-5　铅碳蓄电池

铅碳蓄电池正电极的 PbO_2 一方面与负电极的铅组成铅酸蓄电池，另一方面与负电极中的碳组成不对称电容器，在内部形成了铅酸蓄电池与超级电容器的并联，这样不需要另设额外的电子控制装置来调节电流。

铅碳蓄电池中的碳材料对蓄电池的性能起到关键作用，加入的碳材料可以抑制硫酸铅的堆积，增加铅酸蓄电池的循环寿命。通常加入的碳为乙炔黑、活性炭等，其比表面积越大、导电能力越强越好。通过碳的高比表面积增加了硫酸铅的反应表面积，同时在铅酸蓄电池的负极添加碳材料可在硫酸铅间形成导电网络，可使充电能力增强。添加电化学活性炭铅酸蓄电池中的负极充电电位比没有添加的要低 $0.3 \sim 0.4V$，这说明铅离子转化为铅的反应更容易在活性炭表面进行。负极中的碳材料还可以与氧气反应，从而避免与铅反应成为硫酸铅。

2) 铅碳蓄电池的特点

铅碳蓄电池具有以下一些特点：

☺ 当电池进行频繁的瞬时大电流充/放电时，主要由具有电容特性的碳材料释放或接收电流，这可以抑制铅酸电池的"负电极硫酸盐化"现象，有效地延长了电池使用寿命。

☺ 当电池处于长时间小电流工作时，主要由海绵Pb负电极工作，持续提供能量。

☺ 铅碳超级复合电极高碳含量的介入，使电极具有比传统铅酸电池更好的低温启动能力、充电接受能力和大电流充/放电性能。

铅碳蓄电池既发挥了超级电容瞬间功率性大容量充电的优点，也发挥了铅酸电池的能量优势。其具有充电速度快（与铅酸蓄电池相比，充电速度可以提高8倍），以及使用寿命长（与铅酸蓄电池相比，循环寿命可提高到 $3 \sim 4$ 倍，循环充电次数可达2000次）等特点。

3) 存在的问题　由于铅碳蓄电池是一种采用新技术制备的蓄电池，目前还存在着一些问题，如：碳材料的最佳添加量尚未确定；铅粉和碳材料以何种方式加入才能使二者均匀混合，且能够保证负极铅－碳混合材料涂膏的稳固性、极板和铅膏的结合能力，从而达到保证负极板的强度要求；负极板表面的碳材料析出，会出现板栅膨胀变形；碳材料的加入将加剧负电极的析氢；由于碳材料和铅粉密度相差非常大，添加后负极板的孔隙率大幅度上升，负电极易被氧化等。

但是，由于铅碳蓄电池具有较强的储存电荷能力、充/放电速度快、使用温度范围广、循环周期长和安全性高等特点，因此在太阳能光伏发电系统中将会有很好的应用前景。

7.1.3 碱性蓄电池

碱性蓄电池是电解液为碱性溶液的一类蓄电池。碱性蓄电池具有体积小、机械强度高、工作电压平稳、可大电流放电、使用寿命长和宜于携带等特点。按照其极板活性物质材料不同，可分为镍镉蓄电池、镍氢蓄电池、锌银蓄电池、镍铁蓄电池等系列。碱性蓄电池的工作原理与酸性蓄电池类似，只是由于电解液的不同所发生的化学反应不同。

1. 镍镉蓄电池（Ni – Cd 蓄电池）

Ni – Cd 蓄电池的正电极为 β – NiOOH，放电产物是 $Ni(OH)_2$。纯 $Ni(OH)_2$ 本身不导电，但氧化后就具有半导体性质，导电能力将随着氧化程度的增加而增加。为了增加导电性、寿命和容量，可在其中添加石墨和 Ba/Co 化合物。负电极为分散性较好的海绵状 Cd，与氧有很强的化合能力，为了防止 Cd 电极钝化，可加入一些添加剂，如 Fe、Co、Ni、In 等，起分解、阻碍作用，阻碍 Cd 电极在充、放电过程中趋向聚合形成大晶体。Fe、Ni 可提高电极的放电电流密度，降低放电过程的过电位。电解液可以是 NaOH 或 KOH 水溶液。

1）工作原理 放电时，负电极 Cd 与碱性电解液中的氢氧根离子（OH^-）化合成 $Cd(OH)_2$，放出电子；电子经外电路运动至正电极，与正电极的 NiO_2 和电解液溶液中的水反应形成 $Ni(OH)_2$ 和氢氧根离子（OH^-），$Ni(OH)_2$ 附着在正电极上，氢氧根离子（OH^-）则又回到溶液中；充电则是相反的过程。其反应式如下：

$$正极：2e + NiO_2 + 2H_2O \underset{充电}{\overset{放电}{\rightleftharpoons}} Ni(OH)_2 + 2OH^- \tag{7-14}$$

$$负极：Cd + 2OH^- \underset{充电}{\overset{放电}{\rightleftharpoons}} Cd(OH)_2 + 2e \tag{7-15}$$

2）特性 镍镉电池具有以下特性[7]。

（1）充/放电特性：镍镉电池的标准电动势为 1.33V，当充电电压超过 1.55V 时，电解液中的水将电解，电极上就会析出气体，此时充电效率将会大大降低。

镍镉电池的放电曲线较平稳，一般以 0.2C 放电时，镍镉电池的放电电压将稳定在约 1.2V，变化很小。其具有较好的低温放电性能，0℃时的放电容量保持25℃

时放电容量的 90%。高温工作时，电解液比电导增大，黏度下降，放电容量增加，但温度高于 50℃时，正极充电效率下降，从而影响电池容量。

镍镉电池的充/放电特性曲线分别如图 7-6 和图 7-7 所示。

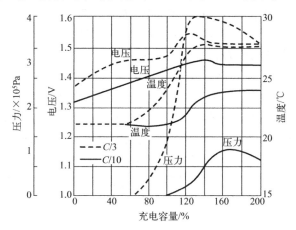

图 7-6　镍镉电池的充电特性曲线

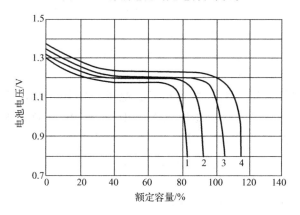

1——18℃　2——10℃　3—0℃　4—10℃

图 7-7　镍镉电池的放电特性曲线

（2）自放电特性：正电极中的高价 NiO_2 及其所吸附的氧是不稳定的，将会发生以下反应。

$$4NiO_2 + 2H_2O = 4NiOOH + O_2 \uparrow \tag{7-16}$$

$$4NiOOH + 2H_2O = 4Ni(OH)_2 + O_2 \uparrow \tag{7-17}$$

而在电解液中的负电极 Cd 是非常稳定的，因此镍镉电池的自放电较小。

（3）寿命：镍镉电池的寿命较长，在正常的使用条件下，其循环寿命可达 1000 次。

（4）耐过充电、过放电能力：相对于其他类型的蓄电池，镍镉电池具有较好的耐过充电、过放电能力。其充电电流范围广,可按标准 $0.2C_5$(A)充电,也可按 $0.5C_5$(A)或 $0.05C_5$(A)恒流充电。

(5)温度特性:镍镉电池具有较好的温度特性,可在 $-40 \sim +50℃$ 环境中使用。在 $-20℃$ 环境温度情况下,如果以正常放电电流放电,其容量能达到额定容量的75%。

(6)记忆效应:Ni-Cd 电池的缺点就是有较高的记忆效应,并且价格较贵。这是由于传统工艺中负电极为烧结式,Cd 晶粒较粗,如果 Ni-Cd 电池在被完全放电前就重新充电,Cd 晶粒容易聚集成块,从而在电池放电时形成次级放电平台,电池会储存这一放电平台,并在下次循环中将其作为放电的终点。如果再进行深放电时,就会表现出明显的容量下降。但是袋式 Ni-Cd 电池是没有记忆效应的。

可通过合理的充/放电方法来消除镍镉电池的记忆效应,如电池完全充电后,以大电流放电至终止电压,再用小电流放电至完全放电状态,然后以 $0.1C_5$(A)恒流充电 20h 以上,确保正、负电极都达到完全充电要求,再按常规放电至完全放电状态,通过这样多次充/放电循环,可消除记忆效应。

2. 镍氢电池(MH-Ni 电池)

MH-Ni 电池的正电极是 $Ni(OH)_2/NiOOH$,负电极是由贮氢合金材料作为活性物质的氢化物,电解液是 KOH 水溶液。

1)工作原理 放电时,吸附了 H 原子的贮氢合金(MH)负电极中的 H 原子扩散到表面,形成吸附态 H 原子,与碱性电解液中的氢氧根离子(OH^-)发生化合反应生成水和贮氢合金(M),放出电子;电子经外电路运动至正极,与正极的 NiOOH 和电解液溶液中的水反应还原成 $Ni(OH)_2$ 和 OH^-,OH^- 则又回到溶液中;充电则是相反的过程。其反应式如下。

$$正电极:NiOOH + H_2O + e \underset{充电}{\overset{放电}{\rightleftharpoons}} Ni(OH)_2 + OH^- \qquad (7-18)$$

$$负电极:MH + OH^- \underset{充电}{\overset{放电}{\rightleftharpoons}} M + H_2O + e \qquad (7-19)$$

MH-Ni 电池在充/放电过程中,电解液不仅起了离子迁移电荷的作用,其中的 OH^- 离子和水也都参与反应。但电解液中没有任何组分被消耗和生成,而且电解液被隔膜和电极所吸收,可构成电池全密封。

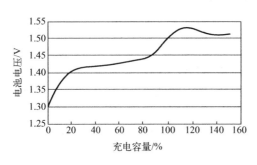

图 7-8 MH-Ni 电池充电曲线

2)特性 MH-Ni 电池具有以下一些特性[7]。

(1)充电特性:MH-Ni 电池的充电特性如图 7-8 所示。开始时由于 $Ni(OH)_2$ 的导电性很差,而充电时产生的 NiOOH 导电性很好，可以达到 Ni(OH)$_2$ 的 10^5 倍，因此电压上升很快；一旦 NiOOH 生成，正极充电电压很快降低，进入充电电压平坦期；当达到额定容量的 75% 时，贮氢合金中 H 原子扩散速度将减慢，同时正电极开始逐步析出 O$_2$，曲线呈快速上升；如果继续充电，则 O 在负电极贮氢合金表面还原、去极化，使负电极电位增高，电压下降。

（2）放电特性：MH－Ni 电池的放电特性与其他蓄电池的放电特性类似，受放电电流和温度的影响，放电的终止电压随放电电流大小而变化。MH－Ni 电池典型的恒电流放电曲线如图 7-9 所示。

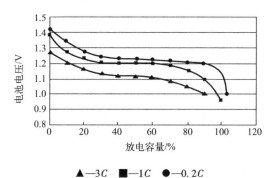

▲—3C　■—1C　●—0.2C

图 7-9　MH－Ni 电池的恒电流放电曲线

MH－Ni 蓄电池 20℃时的放电性能见表 7-5[9]。

表 7-5　MH－Ni 蓄电池放电性能表

恒流放电电流/A	终止电压/V	最少放电时间
1I_3	10	3h
3I_3	10	50min
6I_3	9	22min
9I_3	1	1min

表中：I_3 为 3h 放电率电流，数值等于 $1/3C_3(A)$；蓄电池是由 10 个单体电池组成的。

（3）循环寿命：影响 MH－Ni 电池循环寿命的既有内在的因素，又有外在的因素。

内在因素主要是贮氢合金的寿命，不同的合金材料有不同的循环寿命。MH－Ni 电池的容量是由正电极决定的，一般情况下负电极设计时都是过容量的，但在循环使用过程中负电极容量下降很快；此外，贮氢合金的表面组分也会改变和粉化，这些将会加速电池的失效。由于 Ni 电极决定了电池的容量，其寿命也就决定了电池的寿命。此外隔膜的细化处理、电池的结构与组装工艺也将影响电池的循环寿命。

外在因素主要是电池的使用和维护，包括电池的充电方式，采用低倍率的 $(0.1 \sim 0.3C)$ 恒电流充电方式有利于延长电池寿命，但必须严格控制充电时间；要避免蓄电池的过充电，过充电将会引起电池温升，导致贮氢物质加速粉化，活性物质脱落等；同时也要避免蓄电池的深度放电，在蓄电池的充/放电过程中都会存在电极活性物质表面积不断减小、活性物质脱落等不可逆因素，而这些不可逆因素将随放电深度的增大而加大。

IEC 标准和我国 GB/T18332.2-2001 标准要求的循环寿命见表 7-6。

表 7-6　标准要求的 MH-Ni 电池循环寿命表

标准名称	放电时间	DOD	寿命终止时容量	循环次数
IEC	4h	58.3%	79.2%	400
GB/T18332.2-2001	3h	100%	75%	300

（4）温度特性：虽然 MH-Ni 电池的工作温度范围较宽，但随着工作环境温度的不同，电池性能将发生变化，其最佳工作温度应在 $0 \sim 40℃$。图 7-10 所示为温度对 MH-Ni 电池放电容量的影响。

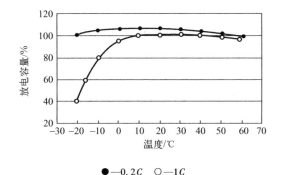

●—0.2C　○—1C

图 7-10　温度对 MH-Ni 电池放电容量的影响

如果温度太高，电池自放电速率大大加快；如果温度太低，电池容量下降很快，尤其是在大电流放电时。

（5）自放电特性：MH-Ni 电池的自放电速率较大，在环境温度为 20℃ 的条件下，自放电速率达到 $(20\% \sim 25\%)$/月[10]。影响 MH-Ni 电池自放电速度的主要因素是温度和湿度。温度升高使电极活性物质的活性提高，自放电速率将随之提高。因此，MH-Ni 电池要采用即充即用，长期存放时温度应保持在 $20 \sim 30℃$。

（6）记忆效应：MH-Ni 电池存在较轻的但可以恢复的记忆效应。在浅充电或部分放电过程中，将会出现电压下降，但进行完全充/放电循环后可将活性物质恢复。

虽然 MH – Ni 电池比 Ni – Cd 电池更轻、寿命更长，对环境也没有污染，但其成本更高，而且其性能也不及锂电池的性能。

7.1.4 锂离子蓄电池（Li – Ion 蓄电池）

Li – Ion 蓄电池是一种新型的高能电池，其正电极活性材料是层状结构的含 Li 金属氧化物，常见的有氧化钴锂（$LiCoO_2$），负电极活性材料也是具有层状结构的石墨化碳结构，在充/放电过程中只有 Li 离子参与，并没有金属 Li 的存在。锂电池的电解质有 4 种类型，即非水液体电解质、胶体电解质、聚合物电解质和固体电解质。由于非水液体电解质的离子电导性最好，因此现在应用最广。非水液体电解质是将锂盐（如 $LiClO_4$，$LiPF_6$ 等）溶解于非质子性的有机溶液中。

锂离子电池的工作电压较高，平均电压达 3.6V。

1. 工作原理

Li – Ion 蓄电池的充/放电过程是通过正电极产生的 Li 离子在负电极碳极材料中的嵌入和脱嵌来实现的。充电时，蓄电池正电极上生成的 Li 离子经过电解液运动到负电极，嵌入到呈层状结构具有许多微孔的负电极中，嵌入的 Li 离子越多，充电容量越高。放电时，Li 离子从负电极微孔中脱出，通过电解液重新运动回到正电极，而负电极同时产生的电子通过外电路也回到正电极，与 Li 离子重新结合。其反应式如下：

$$正电极：Li_{1-x}CoO_2 + xLi^+ + xe \underset{充电}{\overset{放电}{\rightleftharpoons}} LiCoO_2 \tag{7-20}$$

$$负电极：CLi_x \underset{充电}{\overset{放电}{\rightleftharpoons}} C + xLi^+ + xe \tag{7-21}$$

$$电池总反应：Li_{1-x}CoO_2 + CLi_x \underset{充电}{\overset{放电}{\rightleftharpoons}} LiCoO_2 + C \tag{7-22}$$

Li – Ion 蓄电池的工作原理是离子的嵌入和脱嵌，不同于纯金属 Li 的沉积和溶解反应，因此大幅度地提高了安全性和稳定性。

2. 特性

Li – Ion 蓄电池具有以下一些特性[7]。

1）充/放电特性 Li – Ion 蓄电池通常采用先恒流后恒压的充电模式，快速充电时可采用脉冲充电方式，充电时必须要严格防止过充电。如果发生过充电，则负电极会产生金属 Li，将产生不安全因素；正电极会有过量 Li 离子嵌入，将破坏正极结构；电解质溶剂也将发生分解，大量排气，这将会产生起火甚至爆炸，尤其是高温时一定要特别注意。

其放电特性与其他蓄电池类似，也要注意防止过放电。

2) 温度特性 Li – Ion 蓄电池的工作温度范围较宽，可以在 – 20 ～ + 50℃ 环境下工作。但在低温和高温情况下，电池性能下降较快。18650 型的 $C/LiMn_2O_4$ 电池和 $C/LiCoO_2$ 电池在各自恒定的充/放电条件下，其容量与温度的变化关系见表 7-7 和表 7-8。放电容量随着温度的降低而降低，但在 21℃ 以上温度时，其放电特性基本上保持不变。

<table>
<tr><td colspan="3">表 7-7 $C/LiCoO_2$ 电池的温度与
放电容量变化关系表</td><td colspan="3">表 7-8 $C/LiMn_2O_4$ 电池的温度与
放电容量变化关系表</td></tr>
<tr><td>环境温度/℃</td><td>放电容量/(A·h)</td><td>平均电压/V</td><td>环境温度/℃</td><td>放电容量/(A·h)</td><td>平均电压/V</td></tr>
<tr><td>– 20</td><td>1.50</td><td>3.2</td><td>– 20</td><td>1.3</td><td>3.5</td></tr>
<tr><td>– 10</td><td>1.60</td><td>3.4</td><td>– 10</td><td>1.4</td><td>3.7</td></tr>
<tr><td>0</td><td>1.62</td><td>3.5</td><td>0</td><td>1.4</td><td>3.9</td></tr>
<tr><td>21</td><td>1.66</td><td>3.6</td><td>21</td><td>1.4</td><td>3.9</td></tr>
<tr><td>45</td><td>1.66</td><td>3.6</td><td>45</td><td>1.4</td><td>3.9</td></tr>
<tr><td>60</td><td>1.66</td><td>3.6</td><td>60</td><td>1.4</td><td>3.9</td></tr>
</table>

3) 循环寿命 Li – Ion 蓄电池的循环寿命与电池结构、电极材料、充/放电条件和环境温度有关。一般常温下，循环寿命可达 800 ～ 1000 次，但动力型电池的循环寿命要低一些。国家标准要求，电动车用的动力型锂电池组的循环寿命不得低于 300 次[11]。

4) 自放电速率 Li – Ion 蓄电池的自放电率较低，一般可达到 1%/月以下，是 MH – Ni 电池的 1/20。但贮存时间过长时，虽然容量可以恢复到接近初始容量，也将影响其循环寿命。

5) 能量密度 在常温和额定放电速率下，单体锂电池的质量比能量可达到 460 ～ 600W·h/kg，是铅酸蓄电池的 6 ～ 7 倍。

6) 安全性 Li – Ion 蓄电池的安全性问题是由其自身特点所决定的，由于其正电极、负电极和电解液的材料在过充电、过热和过电压的情况下会发生一些不良反应，有可能会产生起火甚至爆炸。但只要使用得当（尤其是要注意防止过充电和过放电），其发生事故的概率还是相当小的。

Li – Ion 蓄电池的主要问题是：耐过充电和耐过放电的能力较差；内阻较大，在大功率输出时，其比能量下降较快；价格较高，限制了其大容量的应用。

7.2 未来可能应用的新型的储能装置

除上述常规蓄电池外，一些新型的储能装置在将来也极有可能应用在光伏发电系统中。

7.2.1　超级电容器

超级电容器是 20 世纪 70—80 年代发展起来的一种电化学电容器，它是依据界面电化学原理研究出的一种新型储能元件，其性能介于普通电容器和蓄电池之间。其能量密度要比普通电容器的高上百倍，其功率密度要比蓄电池的高数十倍，具有更长的循环寿命，非常适合大电流和短时间充/放电使用。因此，将高功率密度超级电容器与高能量密度蓄电池并联组成的混合电源系统既满足了高功率密度的需要，又满足了高能量回收的需要，起到二者互补的作用。

超级电容器的电极材料有活性炭、金属氧化物和导电高分子等。按储能机理，可将超级电容器分为基于高比表面积电极材料与溶液间界面双电层原理的双电层电容器；基于电化学欠电位沉积或氧化还原法拉第过程的法拉第准电容器（也称赝电容器）[12]。

超级电容器是依靠分离出的电荷存储能量的，用于存储电荷的面积越大，分离出的电荷越密集，其电容量就越大。传统电容器的容量与面积成正比，其面积是导体的平板面积，为了获得较大的容量，可以采用很长的导体材料进行卷制；两个极板之间一般用塑料薄膜、纸等绝缘材料进行分离，通常要求这些材料尽可能薄。而超级电容器是采用多孔碳材料，该材料的多孔结构使其面积可以达到 $2000 m^2/g$，再通过其他一些措施可实现更大的表面积。超级电容器电荷分离的距离是由被吸引到带电电极的电解质离子尺寸决定的，该距离远小于传统电容器薄膜材料所能实现的距离。这种庞大的表面积再加上非常小的电荷分离距离，使得超级电容器具有比传统电容器更大的静电容量。

1. 双电层电容器

当一对浸在电解质溶液中的固体电极在外加电场的作用下，在电极表面与电解质接触的界面电荷会重新分布、排列。作为补偿，带正电的正电极吸引电解液中的负离子，带负电的负电极吸引电解液中的正离子，从而在电极表面形成紧密的双电层，由此产生的电容称为双电层电容。双电层是由相距为原子尺寸的微小距离的两个相反电荷层构成的，这两个相对的电荷层就像平板电容器的两个平板一样，能量是以电荷的形式存储在电极材料的界面的。

2. 法拉第准电容器

法拉第准电容由贵金属和贵金属氧化物电极组成，在电极表面活体相中的二维或三维空间上，电活性物质进行欠电位沉积，发生高度可逆的化学吸附或氧化还原反应，产生与电极充电电位有关的电容。这种电极系统的电压随电荷转移的量呈线性变化，表现出电容特征。

在电极的比表面积相同的情况下，由于法拉第准电容器的电容在电极中是由无数微等效电容电路的网络形式形成的，其电容量直接与电极中的法拉第电量有关，所以法拉第准电容器的比电容是双电层电容器的 10 ～ 100 倍。

法拉第准电容器的结构和原理如图 7-11 所示[13]。

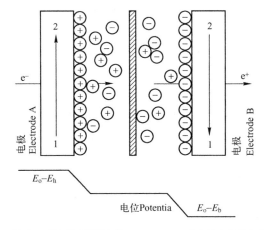

E_o-E_h：充电状态正极电位 E_o-E_b：充电状态负极电位

图 7-11　法拉第准电容器的结构和原理图

由于超级电容器的功率密度及能量密度与工作电压密切相关，所以希望能获得较宽的工作电位。超级电容器的最高工作电压是由电解质的分解电压所决定的，因此它通常取决于电解液的稳定性。超级电容器的电解质一般可为水系电解液、有机电解液、凝胶电解液和固体电解液，水系电解液的导电性能好，非水电解液的可利用电压范围大。

超级电容器的充/放电过程始终是物理反应，没有化学反应，因此性能十分稳定。

3. 超级电容器的特点

超级电容器具有以下特点[14]。

（1）超高电容量，容量范围可达 0.1 ～ 6000F，比同体积电解电容器电容量大 2000 ～ 6000 倍。

（2）漏电流极小，具有电压记忆功能，电压保持时间长。

（3）功率密度高，与蓄电池相比，可供给大电流，但持续时间较短，为 10 ～ 100s，因此较适合用于能量持续时间短的场合。

（4）充/放电效率高，寿命长，循环充/放电次数达到 40 万次以上，可稳定地反复充/放电。

（5）储存时间长，虽然长时间放置后自放电到低电压，但其电容量仍能保持不变，很容易充电恢复到原来的状态，即使数年不用仍可保持原来的性能指标。

（6）温度范围宽，可在 – 40 ～ + 70℃ 的环境下使用，低温状态时离子的吸脱附速度变化不大，使用时其电容量变化也比蓄电池的小得多。

（7）无污染，免维护。

其缺点是成本高，能量还不够大，但超级电容器将成为今后光伏发电系统中极具前途的储能蓄电装置之一。超级电容器可以将光伏发电系统所产生的能量以较快的速度储存起来，并按照设计要求进行释放，可作为电站调峰使用。

7.2.2　超导磁能储能

超导磁能储能系统（Superconducting Magnetic Energy Storage，SMES）利用超导线圈将电磁能直接储存起来，需要时再将电磁能提供给负载。系统一般由超导线圈、低温容器、制冷装置、变流装置和测控系统部件组成。其结构原理图如图 7–12 所示[15]。

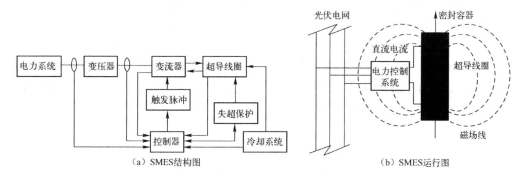

（a）SMES结构图　　　　　　　　（b）SMES运行图

图 7–12　超导储能系统结构原理图

超导磁能储能系统的核心是超导线圈，它是超导储能装置中的储能器件，其储存的能量可由下式表示。

$$E = \frac{1}{2} L \cdot I^2 \tag{7–23}$$

$$P = \frac{\mathrm{d}E}{\mathrm{d}t} = \frac{\mathrm{d}I}{\mathrm{d}t} L \cdot I = U \cdot I \tag{7–24}$$

式中，L 为超导线圈电感，I 为流过超导线圈的电流，U 为超导线圈的电压。由于超导线圈在通过直流电流时没有焦耳热损耗，因此可采用直流电系统作为超导储能装置。

超导磁能储能装置具有以下特点。

☺ 超导线圈运行在超导状态下无直流电流焦耳热损耗，它可传导的平均电流密度比一般常规导线线圈高达 2 个数量级，可产生很强的磁场，其储能密度可达约 $10^8 J/m^3$，且能长时间无损耗地储能。

☺ 储能效率高达 95%，响应速度快。

☺ 超导储能线圈的储能与功率调节系统的容量，可独立在大范围内选取。所以超导储能装置可建成所需的功率和大能量系统，储能系统容易控制。

☺ 超导储能装置除真空和制冷系统外没有转动磨损部分，因此装置使用寿命长。

☺ 超导储能装置可不受地点限制，且维护简单、污染小。

SMES 的缺点是成本高，系统较复杂。今后在大规模光伏发电系统中，超导储能系统有可能成为一个潜在的储能装置。

7.2.3 燃料蓄电池

燃料蓄电池是一种主要通过氧或其他氧化剂进行氧化还原反应，将燃料中的化学能转换成电能的电池，最常见的燃料为氢。燃料电池的最大特点是能量转化效率高，它直接将燃料的化学能转化为电能，中间不经过燃烧过程，因而不受卡诺循环的限制，燃料电池系统的燃料—电能转换效率可达到 60%。

燃料蓄电池有多种类型，但它们的工作原理基本相同，其单体电池主要由阳极、阴极和电解质构成。燃料蓄电池的阳极、阴极本身不包含活性物质，只是含有一定量的催化剂，加速电极上发生的电化学反应。电池工作时，燃料和氧化剂由外部供给，其基本结构示意图如图 7-13 所示。

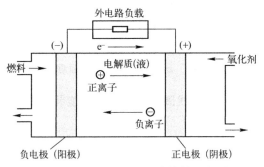

图 7-13 燃料蓄电池基本结构示意图

如果按燃料处理方式的不同进行分类，燃料蓄电池可分为直接式、间接式和再生式三类。直接式燃料电池又可按温度的不同分为低温、中温和高温三种类型。间接式燃料电池包括重整式燃料电池和生物燃料电池。再生式燃料电池中有光、电、热、放射化学燃料电池等。如果按照电解质类型的不同，燃料蓄电池可分为五类，即碱性燃料蓄电池（AFC）、磷酸燃料蓄电池（PAFC）、质子交换膜燃料蓄电池（PEMFC）、熔融碳酸盐燃料蓄电池（MCFC）和固体氧化物燃料蓄电池（SOFC）。其中，质子交换膜燃料蓄电池（PEMFC）虽然发展较晚，但其工作环境温度为 $60 \sim 100^{\circ}\text{C}$，属低温燃料蓄电池，目前应用最为普遍。所以本节重点介绍质子交换膜燃料电池。

1. 质子交换膜燃料电池工作原理

质子交换膜燃料电池具有以下独特的优点：无噪声、零污染、无腐蚀、寿命长（可达 8000h 以上）；其工作电流大（$0.5 \sim 2.0 \text{ A/cm}^2$，0.6V），比功率高（$0.6 \sim 1.0 \text{ kW/dm}^3$）；电解质是一种固体膜，不怕振动，冷启动快；工作温度低（$60 \sim 100^{\circ}\text{C}$）。

单体质子交换膜燃料电池由膜电极装置、双极板和密封垫片组成，电解质一般为全氟磺酸型固体聚合物膜，在质子交换膜的两侧分别涂覆 Pt 或其合金为电催化剂，以及导电多孔透气扩散层（多采用碳纤维纸或碳纤维布）来构成燃料电池的阳极和阴极，膜电极很薄（厚度一般小于 1mm）。

一般以氢为燃料，纯氧或空气为氧化剂。电池工作时，膜电极内发生下列过程。

（1）反应气体在扩散层内的扩散，H_2 通过双极板上的导气通道到达阳极，通过电极上的扩散层到达质子交换膜。

（2）H_2 在催化层内被催化剂吸附并发生电催化反应，分解为 2 个 H 离子（质子），释放出 2 个电子。

（3）阳极反应生成的质子在质子交换膜内传递到阴极，电子经外电路到达阴极。

（4）在阴极催化剂的作用下，到达阴极的质子和电子同 O_2 反应生成水。

反应式如下。

阳极（负电极）：$H_2 \rightarrow 2H^+ + 2e$ （7-25）

阴极（正电极）：$O_2 + 4H^+ + 4e \rightarrow 2H_2O$ （7-26）

电池反应：$2H_2 + O_2 \rightarrow 2H_2O$ （7-27）

总反应的最终产物为水，生成的水不稀释电解质，而是通过电极随反应尾气排出。

2. 质子交换膜燃料电池特点

质子交换膜燃料电池有以下特点。

☺ 通过氢氧化合作用，直接将化学能转化为电能，没有热机过程，不受卡诺循环的限制，能量转化效率高。

☺ 工作时唯一的排放物是纯净水，没有其他污染物排放，可实现零排放。

☺ PEMFC 电池组无机械运动部件，工作时仅有气体和水的流动，运行噪声低，可靠性高。

☺ PEMFC 内部构造简单，电池模块呈现自然的"积木化"结构，使得电池组的组装和维护都非常方便。

☺ 发电效率受负荷变化影响很小。

影响其使用的最大问题是 PEMFC 本身的成本，尤其是廉价的质子交换膜的问题和贵金属 Pt 的用量问题；其次是氢源问题，纯氢是 PEMFC 最理想的燃料，但以纯氢为燃料时，因为 H_2 是一种最易燃易爆的气体，因此氢的制造、运输和贮备仍是一个较大的问题。

从长远来说，人们更倾向于将 H_2 视为储能载体，H_2 来源将主要依靠可再生的能源资源。可以利用太阳能光伏发电并用于电解水，从而大量地将这些不可直接存储的能量以氢能形式存储起来，供人们需要时使用。

7.3 铅酸蓄电池主要特性参数

由于蓄电池的种类较多，各种电池的特性差别也很大，使用时要根据特定的要求去选择最合适的电池。本节重点讨论铅酸蓄电池的主要特性参数。

7.3.1 容量

蓄电池的容量是指在一定的放电条件下（温度、放电电流和截止电压等）所能输出的电量，是放电的电流强度与放电时间的乘积，单位为 A·h，蓄电池的容量分为理论容量、实际容量和额定容量 3 种。

理论容量可以根据电池反应式中电极活性物质的用量和按照法拉第定律计算的活性物质的电化学当量精确计算得到。按照法拉第定律，铅酸蓄电池每放出或充入 1F（26.5A·h），正、负极板上要分别消耗或生成 1g 化学当量的活性物质。铅酸蓄电池参与放电反应的物质是 PbO_2、Pb 和 H_2SO_4，所以它们的电化学当量分别是 4.46g/（A·h）、3.86g/（A·h）和 3.66g/（A·h），因此铅酸蓄电池所消耗的活性物质总量为 11.98g/（A·h）。如果以活性物质的质量为基础，则 1kg 活性物质可以产生的电量就是理论比容量，因此铅酸蓄电池的理论比容量为 83.5A·h/kg。

实际容量是在一定条件下实际所能输出的容量。蓄电池的实际容量要比理论容量低得多，这是因为电池中正、负电极活性材料的实际配比并不是按照反应式所规定的比例；正、负电极活性材料的利用率在实际电池中也是不一样的，二者之间相互影响，如果其中一种活性材料过量了，其利用率就会降低；蓄电池中还有一些附件，虽然它们不参与反应，但要消耗能量。在最佳放电条件下，铅酸蓄电池的实际容量大约只有理论容量的 20%～30%。

额定容量（C）是按照有关标准，保证蓄电池在一定的放电条件下所能输出的最低限度的电量值，通常采用以 10h 放电率的电流放电至终止电压时所输出的容量，以 C_{10} 来表示。

1. 放电率与容量的关系

放电率是指放电到规定的终止电压时所用的时间，与放电电流的大小有关，不同的放电电流有不同的放电率，其定义为

$$放电率(h) = 额定容量(A \cdot h) / 放电电流(A) \tag{7-28}$$

对于一定规格的蓄电池，如果蓄电池的放电率不同，则其能输出的容量也不相同。一般蓄电池的容量用 $C_{放电率}$ 表示，如 C_{10} 表示 10h 放电率时的放电容量。

以较大的电流放电时，蓄电池的放电容量将小于其额定容量。如某蓄电池的容量为 100A · h，以 10h 的放电率放电，即放电电流为 10A 时，可输出容量 100A · h；如果以大于 10A 的电流放电，则容量将小于 100A · h。这是因为大电流放电时，极板上活性物质发生电化学反应的速度快，电极反应优先在表面进行，生成 $PbSO_4$，$PbSO_4$ 的过饱和程度急剧加大，致密的 $PbSO_4$ 很快将 PbO_2 和海绵状 Pb 包围起来，使电解液不能充分扩散到电极深处，电极内部的活性材料不能进行电化学反应，因此放电容量也随之降低（尤其是在放电后期）。

小电流放电时，蓄电池所能输出的容量大，这是因为小电流放电时，电化学反应的速度较慢，溶液中的 $PbSO_4$ 能及时扩散到极板微孔的深处，提高了活性物质的利用率，增加了蓄电池的容量。注意，小电流放电很容易产生过度放电，损坏蓄电池。

图 7-14 所示为铅酸蓄电池的放电率和容量之间的关系图[3]。

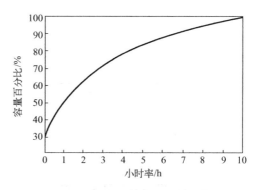

图 7-14　铅酸蓄电池的放电率和容量之间的关系曲线

2. 温度与容量的关系

温度主要影响的是电解液的性质。当温度升高时，电解液的比电导增加，黏度减小，扩散系数变大，使得离子的扩散速度增加，有利于极板活性物质发生反应，活性物质的利用率增加，因此增大了容量。当温度降低时，电解液的黏度增大，电化学反应缓慢，极板活性物质的渗透作用减弱，容量减少。

电解液温度与容量的关系曲线如图 7-15 所示[3]。注意，虽然温度升高，蓄电池的容量相应增大，但当温度太高时（如超过 40℃），会产生蓄电池自放电加快的

现象，并造成极板弯曲，反而造成容量下降。

当电解液温度在 $10 \sim 35℃$ 范围变化时，蓄电池容量的变化可表示为[2]

$$C_2 = \frac{C_1}{1 + 0.01(t_1 - t_2)} \qquad (7-29)$$

式中，C_1 为温度为 t_1 时的容量；C_2 为温度为 t_2 时的容量。

3. 电解液密度与容量的关系

蓄电池在放电过程中，正、负极板的活性物质将与电解液中的 H_2SO_4 发生反应，因此其放电容量与电解液中 H_2SO_4 的含量有关。由法拉第定律可知，每放出 $1A \cdot h$ 的电量将消耗 $3.66g$ 的 H_2SO_4，同时生成 $0.67g$ 的水。随着放电过程的不断进行，H_2SO_4 的含量会不断降低，其剩余容量也将随之降低。蓄电池的剩余容量与电解液密度的关系如图 7-16 所示[7]。

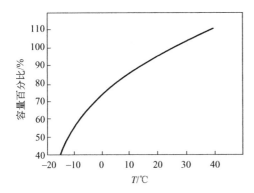

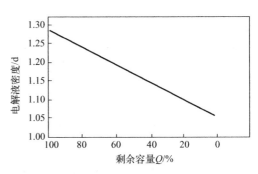

图 7-15　电解液温度与容量的关系曲线　　　图 7-16　铅酸蓄电池剩余容量与
电解液密度的关系曲线

4. 蓄电池的串并联与容量的关系

由于铅酸蓄电池单体电池的工作电压仅为 2V，在制造和使用时，往往需要以串联和/或并联的方式将其连接起来，从而构成电池组。

☺ 将相同规格的蓄电池串联起来可以提高输出电压，电池组的输出电压为各蓄电池电压之和，电池组的容量与单个电池的容量相等。

☺ 将相同规格的蓄电池并联起来可以提高输出容量，电池组的容量为各蓄电池容量之和，输出电压与单个蓄电池的电压相等。

蓄电池在制造过程中由于受材料和工艺等因素的影响，各个蓄电池的性能参数并不可能完全一致，在并联使用时，可能会造成各并联蓄电池之间的不平衡，将缩短其中一些蓄电池的使用寿命。因此，在实际应用中，要尽量减少并联数目，这样做的目的就是为了尽量减少因蓄电池之间的不平衡所造成的影响。一般来讲，并联的数目不要超过4组。

7.3.2 电压

蓄电池电压分为开路电压和工作电压两种。开路电压是指蓄电池在开路状态下的端电压；工作电压是指蓄电池接上负载后所测量得到的电压，由于有内阻的存在，工作电压往往是低于开路电压。工作电压要随着充/放电过程的变化而变化。

1. 充电时电压的变化情况

当以恒定电流对铅酸蓄电池进行充电时，其端电压的变化情况如图 7-17 所示[2]。

开始充电时，因为在活性物质微孔内形成 H_2SO_4 的密度增大，来不及向极板外扩散，电池的电动势增高，故端电压上升很快，如 oa 段曲线；充电中期，活性物质微孔内 H_2SO_4 的密度增大速度和向外扩散的速度趋向平衡，电压缓慢上升，如 ab 段曲线；充电后期，极板表面的活性物质大部分已还原，再继续充电只能造成 H_2O 的大量分解，引起负极板被 H_2 所包围和正极板被 O_2 所包围，增加了内阻并提高了正极电位，端电压继续上升，如 bc 段曲线，此时应停止充电，否则将造成蓄电池的过充电，损坏蓄电池；如果再继续充电，由于极板上的活性物质已全部还原，H_2O 的分解也趋向饱和，电压将稳定在 2.7V 上，不再增加。停止充电后，活性物质微孔中的电解液密度逐渐降低，端电压也将逐渐降低，最后达到稳定状态，如图中 de 虚线所示。

如果充电的电流（即充电率）不同时，充电时端电压的变化情况也会有所不同。不同充电率蓄电池的端电压变化曲线如图 7-18 所示[2]。

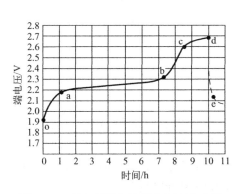

图 7-17 充电时蓄电池端电压变化曲线
（额定充电率）

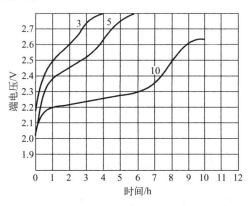

图 7-18 不同充电率蓄电池的端电压变化曲线

2. 放电时电压变化情况

当蓄电池以正常的 10h 放电率进行放电时，其端电压变化情况如图 7-19 所示[2]。

开始放电时，因为电解液 H_2SO_4 要反应生成水，使极板微孔内的电解液密度骤然降低，因此电压下降较快；放电中期，极板微孔内生成水的速度与外部电解液渗入的速度达到平衡，使电解液的密度下降速度变缓，因此端电压下降也较为缓慢，处于放电工作的平稳期；到达 b 点后，因极板活性物质大部分都变成了 $PbSO_4$，所生成的 $PbSO_4$ 使极板的微孔缩小，造成外部浓度较高的电解液渗透困难，微孔内的电解液浓度较低，因此蓄电池的电压下降很快；到达 c 点后，就要终止放电，如果继续放电，微孔中的电解液将都变成 H_2O，而外部的电解液又无法渗入，因此端电压急剧下降，如图 7-19 中虚线所示。此时如果继续放电，则将极大地影响蓄电池的使用寿命，所以应避免蓄电池的深度放电。一般单体蓄电池的终止电压约为 1.80V。

如果以较大电流放电时，电解液向极板微孔扩散就更为困难，同时蓄电池的内阻产生的压降也将增加，因此放电电流越大，蓄电池的端电压就下降越快。不同放电率的蓄电池端电压变化曲线如图 7-20 所示[2]。

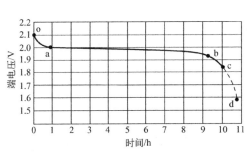

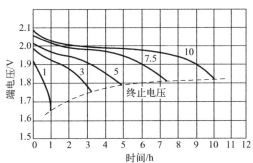

图 7-19　放电时蓄电池端电压变化曲线　　图 7-20　不同放电率蓄电池端电压变化曲线
（额定放电率）

7.3.3　蓄电池内阻

蓄电池内阻也是一个重要的参数，它是一个综合参数，与活性物质、电解质、隔膜和电极等的电阻有关，它将随着活性材料、电解液浓度和温度的变化而变化。不同类型和规格的蓄电池的内阻都不相同，电池的容量越大，其内阻越小；内阻越小，其放电电流和可接受的充电电流就越大，工作时温升也越低。

蓄电池的内阻由如下三部分组成。

1）欧姆电阻　由电极、电解液和隔膜等各部件本身的电阻及各部件间的接触电阻组成。欧姆电阻满足欧姆定律，因此会产生电压降，使蓄电池放电（或充电）时的端电压低于（或高于）蓄电池的开路电压。

2）极化电阻　由电化学极化电阻和浓差极化电阻构成，前者是正、负电极进行电化学反应时因电极电势偏离了平衡电势，产生了极化现象而引起的电阻，与蓄电池的运行工作条件有关；后者是当充/放电时，因电极表面附近的电解液浓度与蓄电池内部电解液的浓度不同所产生的浓差极化而引起的电阻。极化电阻随着电流密度增大而增大，不满足欧姆定律。

3）隔膜电阻　是指隔膜的孔隙率、孔径和孔的曲折程度对离子迁移所产生的阻力，主要影响蓄电池高倍率放电和低温性能。

7.3.4　寿命

蓄电池的寿命可分为贮存寿命、使用寿命和循环寿命。

1）贮存寿命　是指蓄电池在规定的条件下所能允许的最长存放时间，要求经激活后，其电性能仍能达到规定值。

2）使用寿命　是指蓄电池在一定的使用条件下，仍能输出规定的容量。使用寿命与充电方式、放电的过程和平时的维护有密切关系。

3）循环寿命　蓄电池每经过一次全充电和全放电的过程为一个循环，在规定的条件下经过反复充放电后，其电性能仍能达到规定的指标，所经历的最长循环次数就是该电池的循环寿命。

蓄电池寿命下降可分为两种原因：一是蓄电池内部的活性物质晶型改变和活性物质脱落等引起的容量下降；二是内部短路引起的，主要是隔膜物质穿孔、充电过程中生成枝晶穿透隔膜，以及活性物质脱落和膨胀引起电极短路等。

7.3.5　荷电状态（SOC）

荷电状态（State of Charge，SOC）表示蓄电池已充电量与蓄电池额定容量的比值，其定义为

$$SOC = \frac{Q(t)}{Q_r} \tag{7-30}$$

式中，$Q(t)$ 是某个时刻的蓄电池实际带电量，Q_r 是额定容量。

荷电状态是描述蓄电池实际工作状态的重要参数。在一定温度下，蓄电池充足电的荷电状态 SOC 为 100%；蓄电池不能再放出能量的荷电状态 SOC 为 0%。

7.3.6　放电深度（DOD）

放电深度（Depth of Discharge，DOD）是指蓄电池放电量与额定容量的比值，其定义为

$$\text{DOD} = \frac{Q_r - Q(t)}{Q_r} = 1 - \text{SOC} \qquad (7\text{-}31)$$

蓄电池的放电深度影响蓄电池的循环寿命。蓄电池放电深度与循环次数的关系曲线如图 7-21 所示。

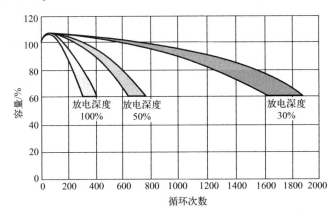

图 7-21　蓄电池放电深度与循环次数的关系曲线

7.4　铅酸蓄电池充/放电特性

7.4.1　放电特性

1. 放电反应

若蓄电池不接负载，如前所述，正、负电极各自存在电极电位，形成电动势；若在蓄电池正、负电极间接上负载后，负电极上的海绵状 Pb 的铅原子放出 2 个电子变成 Pb^{2+}，在内部电动势的作用下，负电极上的电子经负载流入正电极而形成了电流。

蓄电池中的电解质发生电解，反应式为

$$H_2SO_4 \rightarrow 2H^+ + SO_4^{2-} \qquad (7\text{-}32)$$

生成的正离子 H^+ 向正电极运动，负离子 SO_4^{2-} 向负电极运动，在蓄电池内部形成离子电流。SO_4^{2-} 在负电极与 Pb^{2+} 发生反应，生成 $PbSO_4$，负电极的化学反应式为

$$Pb + SO_4^{2-} \rightarrow PbSO_4 + 2e \qquad (7\text{-}33)$$

负电极产生的电子通过负载到达正电极，与正极板上的正离子 Pb^{4+} 化合，成为 Pb^{2+} 正离子，接着与正电极附近的 SO_4^{2-} 发生反应生成 $PbSO_4$。同时，运动到正电极的正离子 H^+ 与负离子 O^{2-} 结合生成 H_2O，正电极的化学反应式为

$$PbO_2 + SO_4^{2-} + 4H^+ + 2e \rightarrow PbSO_4 + H_2O \qquad (7\text{-}34)$$

在放电过程中，正、负极板上的活性物质 Pb 和 PbO_2 都逐渐变成 $PbSO_4$，分别

沉积在正、负极板表面。电解质中的 H_2SO_4 分子也不断减少，逐渐消耗并生成 H_2O，电解质溶液的比重也逐渐下降，蓄电池的容量也逐渐减小。蓄电池放电过程的电化学反应示意图如图 7-22 所示[3]。

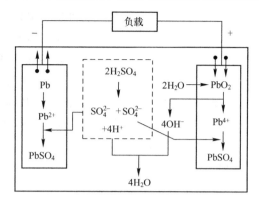

图 7-22　放电过程的电化学反应示意图

2. 蓄电池过放电现象

当蓄电池以一定的放电率连续放电到电压低于规定的终止电压时，如果继续放电，则将产生过放电现象；

如果是断断续续地放电，即使是放电到规定的终止电压值时，也会出现过放电现象；当蓄电池放电到终止电压后，在未充电前放置一段时间后，由于活性物质微孔中的电解液要进行扩散，因此单体蓄电池的电压会逐渐回升至约 2V。这时如果使用者继续使用放电，也将会造成蓄电池的过放电。

蓄电池的过放电会造成内部大量的 $PbSO_4$ 吸附到极板表面，形成极板表面的硫酸盐化，导致蓄电池的内阻增大，对蓄电池的充/放电性能产生不利影响，严重时会使个别电池出现"反极"现象和永久性损坏，因此过放电会严重影响蓄电池的使用寿命。使用时，一定要注意避免过放电。一般情况下，以放电深度（DOD）作为放电程度的指标。在光伏系统中，一般情况下，如果使用的是深循环型蓄电池，蓄电池的放电深度一般为 80%；如果使用的是浅循环型蓄电池，蓄电池的放电深度一般为 50%。

7.4.2　充电特性

1. 充电反应

1）充电反应式　蓄电池的充电反应是放电反应的逆过程，即在外加电源的作用下，将正、负电极放电后生成的 $PbSO_4$ 及 H_2O 分别恢复为原来的活性物质 Pb、PbO_2 和 H_2SO_4，实现将电能转换为化学能并存储起来。

在充电电流的作用下，H_2O 被分解为 H^+ 和 OH^- 离子，在外电场的作用下，H^+ 向负极板运动，OH^- 向正极板运动。正、负极板上的 $PbSO_4$ 不断进入电解液中，并被分解为 Pb^{2+} 和 SO_4^{2-} 离子。

正极板上的 Pb^{2+} 在外电源的作用下被氧化，释放出电子而变成四价 Pb^{4+}，与附近的 OH^- 结合生成 $Pb(OH)_4$，$Pb(OH)_4$ 又被分解为 PbO_2 和 H_2O。

正极板上的反应式如下。

$$PbSO_4 \rightarrow Pb^{2+} + SO_4^{2-} \tag{7-35}$$

$$Pb^{2+} \rightarrow Pb^{4+} + 2e \tag{7-36}$$

$$Pb^{4+} + 4OH^- \rightarrow Pb(OH)_4 \tag{7-37}$$

$$Pb(OH)_4 \rightarrow PbO_2 + 2H_2O \tag{7-38}$$

经过这一系列反应后，正极板上的 $PbSO_4$ 就还原成 PbO_2。

电解液中的 SO_4^{2-} 离子与 H^+ 结合生成 H_2SO_4，即

$$4H^+ + 2SO_4^{2-} \rightarrow 2H_2SO_4 \tag{7-39}$$

因此，正极板上的总反应式为

$$PbSO_4 + SO_4^{2-} + 2H_2O - 2e \rightarrow PbO_2 + 2H_2SO_4 \tag{7-40}$$

负极板上的 Pb^{2+} 与在正极板上产生的并通过外电路输送来的电子结合还原为 Pb，依附在负极板上，其反应式为

$$PbSO_4 \rightarrow Pb^{2+} + SO_4^{2-} \tag{7-41}$$

$$Pb^{2+} + 2e \xrightarrow{\text{还原}} Pb \tag{7-42}$$

负极板上的总反应式为

$$PbSO_4 + 2H^+ + 2e \rightarrow Pb + H_2SO_4 \tag{7-43}$$

因此，充电过程中总的反应式为

$$PbSO_4 + 2H_2O + PbSO_4 \xrightarrow{\text{充电}} Pb + 2H_2SO_4 + PbO_2 \tag{7-44}$$

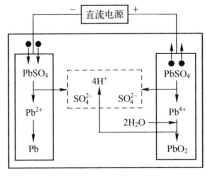

图 7-23　蓄电池充电过程的电化学
反应示意图

充电过程中，正极板上的 $PbSO_4$ 不断变成 PbO_2，负极板上的 $PbSO_4$ 不断变成海绵状的 Pb，放电时消耗的活性物质得到了复原。同时，电解液中的 H_2SO_4 成分不断增加，H_2O 的成分不断减少，电解液的密度不断增加，蓄电池的内阻降低，端电压升高，蓄电池的能量也随之增加。

蓄电池充电过程的电化学反应示意图如图 7-23 所示[3]。

2）过充电　在充电过程中，同样要防止蓄电池的过充电现象。这是因为在充电时，电解质中的 H^+ 离子向负电极运动，获得电子后生成 H_2，从负电极上析出。电解质中的 SO_4^{2-} 离子向正电极运动，与 H_2O 反应后生成 H_2SO_4 和 O_2，O_2 将从正电极析出。过充电的反应式如下。

负电极：$2H^+ + 2e \rightarrow H_2 \uparrow$ $\tag{7-45}$

正电极：$2SO_4^{2-} + 2H_2O \rightarrow 2H_2SO_4 + O_2 \uparrow + 4e$ $\tag{7-46}$

在蓄电池充电后期，$PbSO_4$ 绝大部分都已还原为 PbO_2 和海绵状的 Pb，若继续

充电，一部分得不到反应的电荷将会进一步使 H_2O 分解生成 H_2 和 O_2 析出，反应式如下。

负极：$4H^+ + 4e \rightarrow 2H_2 \uparrow$　　　　　　　　　　　　　　　　　　　(7-47)

正极：$2H_2O - 4e \rightarrow 4H^+ + O_2 \uparrow$　　　　　　　　　　　　　　　　　(7-48)

由于 H_2 和 O_2 的大量析出，破坏电极反应的可逆性，会造成极板活性物质脱落而损坏蓄电池，所以在使用时一定要避免蓄电池的过充电。

2. 充电方式

蓄电池在使用后要及时充电，主要的充电方式有以下 4 种。

1）恒流充电　该方式是以恒定不变的电流对蓄电池进行充电，一般是以 10h 充电率的恒流值进行充电。充电时端电压变化的情况如图 7-17 所示。该充电方式简单易行，可以根据电池端电压变化的情况来判断充电反应过程，适用于多个蓄电池串联的电池组。

但若始终以同一恒流值的电流进行充电，就会产生一些问题，即开始充电时充电电流值比可接受的充电值小，在充电后期充电电流值又比可接受的充电值大，电池就要大量析出气体，容易造成极板上活性物质脱落，影响电池的使用寿命，而且能耗高，充电效率一般小于 65%。

在实际使用中，可采用分段恒流充电的方法。在充电初期，恒电流值可大些，到充电后期，将电流降低至较小的恒电流值，以避免大量析气。根据不同的光伏系统和蓄电池的特性，决定分段恒电流的大小、转换的时间及停止充电的阈值点。一般开始时可用 $0.2 \sim 0.3C(A)$ 电流进行充电，当蓄电池电压接近析气电压 2.4V 时，将充电电流减少 50%；当电压再次达到 2.4V 时，再将充电电流减少 50%；这样经过数次递减后，就可用小电流充电直至充电结束。

2）恒压充电　该方式是用恒电压源对蓄电池进行充电，对于单体电池，充电所用的电压为 $2.35 \sim 2.45V$。

恒压充电的特点是刚开始充电时，由于蓄电池端电压较低，因此充电电流会较大，随着充电时间的推移、蓄电池端电压的升高，充电电流会以指数形式下降。该充电方式简单，充电时间短，充电过程中电流会自动减小，析气量小，可避免蓄电池的过充电。

恒压充电方式的缺点是，如果蓄电池处于过放电状态，则初始充电电流会比较大，可能会损害充电装置及蓄电池；如果恒电压太低，则充电后期电流就很小，极板深处的活性物质不能充分恢复，使蓄电池不能彻底充足电。

因此，在实际使用中可采用恒压限流充电的方法，将电压恒定在 $2.35 \sim 2.45V$ 之间，并将最大充电电流限制在某一个电流值上，如 $\leq 0.2C(A)$；当充电电流下降时，仍保持恒定电压不变，直至电流降低到 $0.01C(A)$ 时停止充电。

3）脉冲充电 为了减小充电时间，尽快将蓄电池充足，可采用脉冲大电流充电方式，用较大的正脉冲对电池进行充电，在充电到一定程度时，加一个负脉冲进行瞬时的大电流放电，以消除极化现象。

该方法可缩短蓄电池的充电时间，同时又能避免蓄电池充电时产生大量的气体及电解液温度的升高，是光伏系统中主要的充电方式。根据不同的光伏系统和蓄电池的特性，可采用不同的脉冲高度、宽度和负脉冲产生的时间。

4）智能充电 该方式是较佳的充电方式，能动态地跟踪蓄电池可接受的充电电流，使充电电流与蓄电池内部的极化电流保持一致。充电装置根据蓄电池的充电状态来决定充电参数，充电电流始终跟踪可接受的充电电流。用该方式进行蓄电池充电时，几乎没有气体析出，是一种既节能又不损伤蓄电池的充电方式，将成为今后光伏系统充电方式的发展方向。

3. 充电时电流规律

1）蓄电池充电基本规律 1967 年美国人马斯（Mas J. A）研究发现，蓄电池恒电流充电时，其容量只能充到某个确定的数值，超过这个数值，H_2O 就会电解析出 H_2 和 O_2，并引起电池温度的升高。若要电池不析气，充电电流就要按指数规律下降，即

$$I = I_0 e^{-\alpha t} \tag{7-49}$$

式中，I 为时刻 t 蓄电池可接受的充电电流；I_0 为初始可接受的充电电流；α 为电流接受比。

在任一时刻，充电存储在蓄电池内的电荷量 Q 为

$$Q = \int_0^t I \mathrm{d}t = \int_0^t I_0 e^{-\alpha t} \mathrm{d}t = \frac{I_0}{\alpha}(1 - e^{-\alpha t}) \tag{7-50}$$

充电结束后，所充的电量也就是蓄电池所放出的电量，即

$$Q = I_0 / \alpha$$

所以，电流接受比为

$$\alpha = I_0 / Q \tag{7-51}$$

其物理意义是，充电初始可接受的充电电流 I_0 与需充入的电荷量的比值。这是一个很重要的参数，α 越高，则初始可接受的充电电流就越大，充电速度也就越快。

铅酸蓄电池可接受理想充电电流曲线如图 7-24 所示。大于可接受曲线的充电电流时，不仅不能提高充电速率，反而会增加析气，这也会对蓄电池造成损害；小于可接受曲线的充电电流时，便可完全为蓄电池所接受而存储。所以，在充电时应考虑电

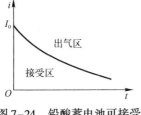

图 7-24 铅酸蓄电池可接受
充电电流曲线

流不要超过该可接受的理想充电电流。

马斯在总结大量的实验结果的基础上，得出支配并影响铅酸蓄电池充电过程的如下三个定律[7]。

（1）第一定律：蓄电池采用任何给定的放电电流放电后，其电流接受比 α 与放电容量 Q 的二次方根成反比，即

$$\alpha = \frac{K}{\sqrt{Q}} \tag{7-52}$$

式中，K 为常数。

根据式（7-51），第一定律可写成

$$I_0 = Q\alpha = K\sqrt{Q} \tag{7-53}$$

该定律表明，蓄电池的充电接受能力是随放电深度的变化而变化的，放电深度越深（即放出的电荷越多），蓄电池可接受的初始充电电流越大。也可以说，蓄电池的容量越大，蓄电池可接受的初始充电电流越大。

（2）第二定律：对于任何给定的放电深度，蓄电池充电电流接受比 α 与放电电流的对数成正比，即

$$\alpha = K\lg(kI_{dis}) \tag{7-54}$$

式中，I_{dis} 为放电电流，K 和 k 均为常数。

该定律表明，蓄电池的充电接受能力是随放电电流的变化而变化的，大电流放电后，可用较大的电流进行充电。

（3）第三定律：蓄电池经不同的放电率放电后，其可接受的充电电流是各放电率条件下可接受的充电电流之和，即

$$I_s = I_1 + I_2 + I_3 + \cdots + I_n \tag{7-55}$$

同时符合

$$\alpha_s = \frac{I_s}{Q_s} \tag{7-56}$$

式中，I_s 为总的可接受充电电流；Q_s 为蓄电池总的放电量；α_s 为总的充电电流接受比。

该定律表明，若放电合适，使得分子的增加大于分母的增加，则可提高充电电流接受比。即蓄电池在充电前或充电过程中适当地进行放电，改变放电深度，这样无论被充电的蓄电池最初放电的深度如何，都可以通过本次放电使其得到新的所需的放电深度，以使蓄电池可接受的电流符合充电电流。这样就可打破图 7-24 所示的指数曲线的自然接受特性。

2）充电过程中的极化现象　影响蓄电池充电电流和充电速度的主要因素是充电过程中所产生的极化现象。在充电过程中，蓄电池的外加电压会高于蓄电池的电动势，这个数值又因为电极材料、溶液浓度等各种因素的差别而超过蓄电池的平衡

电动势值。在蓄电池的化学反应中,这种电动势超过势力学平衡值的现象就是极化现象。有三方面的原因会产生极化现象。

(1) 欧姆极化:由于蓄电池存在着欧姆内阻,蓄电池在充电过程中,正、负离子在向两极运动时会受到阻力,要克服这个阻力就必须额外施加一定的电压,以推动离子运动,这种现象就是欧姆极化。欧姆极化过电压为

$$U_\Omega = IR_\Omega \tag{7-57}$$

该电压遵守欧姆定律,欧姆极化随充电电流的增加而增加,且以热的方式来消耗能量,这是蓄电池充电时产生高温的主要原因。

(2) 浓差极化:当蓄电池不接负载时,电解质溶液的浓度分布是各处均匀的。当蓄电池充电时,正、负电极分别进行氧化和还原反应,最理想的情况就是电极表面的反应物能及时得到补充,而生成物又必须立即离去。但实际上生成物和反应物的迁移速度赶不上化学反应的速度,因此极板附近的电解质溶液浓度会发生变化。从电极表面到内部溶液,浓度的分布是不均匀的,这种现象就是浓差极化。为了克服浓差极化,充电时必须额外施加一定的电压,电极将产生过电位。长时间的大电流充电会加剧浓差极化。浓差极化引起电极电位变化为[16]

$$U_c = \frac{RT}{nF} \ln \frac{I_d}{I_d - I} \tag{7-58}$$

式中,I_d 为极限扩散电流密度;I 为充电电流密度;R 为气体常数;T 为热力学温度;F 为法拉第常数。

实践经验表明,在正常充电的中前期,铅酸蓄电池的浓差极化过电压只有 20 ~ 30mV;到充电的中后期,极板上的 $PbSO_4$ 大部分已还原为活性物质,电解液中的 H_2SO_4 浓度也很高,由极板上剩余 $PbSO_4$ 溶解生成的铅离子浓度比较低,极限扩散电流密度 I_d 将减小,充电电流密度 I 将接近于 I_d,浓差极化电压迅速增加,使充电电压升高,直到发生水电解反应。

(3) 电化学极化:蓄电池充电时,正、负极板上都要发生电化学反应,正电极电位将向正方向偏移,负电极电位将向负方向偏移。在正、负电极发生氧化还原反应的不同的步骤中,其各自反应的速度是不相同的,必定有一个步骤的反应速度最慢,因此需要增加一定的电压去克服反应的活化能,这种现象就是电化学极化。电化学极化引起的电极电位变化为[16]

$$U_e = \frac{RTI}{nFI_0} \tag{7-59}$$

式中,I_0 为交换电流密度;其他符号含义参见式 (7-58)。

铅酸蓄电池的正电极体系 $PbO_2/PbSO_4$ 的交换电流密度要远大于负电极体系 $Pb/PbSO_4$ 的交换电流密度 (约为 $0.1mA/cm^2$),因此其电化学极化实际上是由负电极的电化学反应引起的。

由于铅酸蓄电池的极板是多孔性的，其真实表面积为表观面积的数百倍，因此真实的充电电流密度很小，一般为 $1.5 \times 10^{-2} \sim 5 \times 10^{-3} \mathrm{mA/cm^2}$，所以电化学极化的过电压很小[7]。

当蓄电池充电时，初期的过电压主要是由欧姆极化引起的，加大充电电流会使过电压成正比增加，而浓差极化引起的电极过电位 U_c 增加较慢，电化学极化引起的电极过电位 U_e 也变化不大；到充电的中后期，由于极限扩散电流密度 I_d 将减小，充电电流密度 I 将接近于 I_d，此时浓差极化电压 U_c 迅速增加，对充电电压的升高将起着决定性的作用。

由于有这三种极化现象的存在，使得蓄电池固有的可接受的充电电流具有局限性，即初始电流 I_0 有一定的限制且其维持时间很短，并以一定速率衰减。因此，在光伏发电系统中对蓄电池的充/放电控制必须遵循蓄电池的极化规律。

7.5　太阳能光伏发电系统对蓄电池的要求

太阳能光伏发电系统对蓄电池的基本要求如下所述。

☺ 循环寿命长：太阳能光伏系统中光伏电池的使用寿命通常为 20 年以上，而蓄电池基本上每天都要进行充/放电循环，如果蓄电池循环寿命短，将大大增加使用和维护成本。

☺ 具有较高的充/放电效率。

☺ 能够承受多次大功率深度放电。

☺ 自放电率低：由于太阳能光伏发电系统成本较高，而太阳能本身转化成电能的效率不太高，蓄电池自放电率高将大大降低整个系统的性价比。

☺ 耐过放电能力强：天气对光伏发电系统发电量的影响很大，当连续出现阴雨天时，容易造成蓄电池过放电，因此要求蓄电池具有良好的耐过放电能力，否则将影响系统使用的可靠性

☺ 适应环境能力强：由于大部分太阳能光伏系统使用的环境条件比较恶劣，室外温差变化较大，因此要求蓄电池要有较宽的温度适应能力（尤其是低温适应能力）。

7.6　充/放电控制器工作原理及分类

7.6.1　工作原理

1）充电保护控制原理　图 7-24 已给出铅酸蓄电池可接受的理想充电电流曲线，在充电过程中，只要充电电流不超过蓄电池可接受的电流，蓄电池电解液中的

水就不会因分解而产生大量的气体。图7-25所示为不同容量的蓄电池可接受的充电电流曲线[17]。

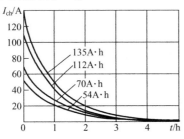

图7-25 不同容量的铅酸蓄电池可接受的充电电流曲线

可接受的充电电流可用下式表示。

$$I_{ch} = C_{dis} \cdot e^{-t} \qquad (7-60)$$

式中，I_{ch}为蓄电池可接受充电电流；C_{dis}为蓄电池放电容量；t为充电时间。

实验数据表明[18]：对单体铅酸蓄电池而言，其标称电压为2V，当充电电压低于2.35V时，无论充电电流多大，析气并不明显；当充电电压达到2.35 ~ 2.40V时，析气现象开始显著起来；当充电电压大于2.40V时，析气就会很激烈。2.40V就可作为蓄电池的临界析气电压，当充电电压超过该临界电压后，充电电流主要消耗于蓄电池的析气，这时既浪费了电能，又会损坏蓄电池。所以该临界电压就可作为蓄电池充电保护的电压阈值。

在铅酸蓄电池端电压上升到析气电压值前，所能充入的电量与充电电流有关。如前所述，充电电流越大，则所产生的极化电压 ΔU 就越大，电压上升就越快。因此，在充电控制时，必须尽可能地降低 ΔU，尽量在电压达到析气电压前多充入电能。

所以，充电控制保护可以采用通过对蓄电池端电压的测量，来判断蓄电池是否已充足电。在此类充电保护控制器中，必须设计电压测量、电压比较和控制开关电路。根据蓄电池的端电压，判断蓄电池的荷电状态，从而按照7.4.2节中所介绍的充电方法控制充电电流的大小，直至最后达到所设定的电压阈值，控制器就可控制开关电路停止对蓄电池充电。

由于蓄电池充电过程中极板所发生的氧化还原反应及水的电解反应均与温度相关，温度越高，氧化还原及水的电解反应越容易，其电化学反应电位将会下降，因此蓄电池的保护控制阈值也要相应降低，以防止气体大量析出；反之，当温度降低时，氧化还原及水的电解反应困难，电化学反应电位将会升高，此时，蓄电池的保护控制阈值也要相应提高，以保证蓄电池能充足电。所以，蓄电池充电保护控制应设计自动温度补偿功能，一般单体电池的温度系数为 – (3 ~ 7) mV/℃，标准条件是25℃。

2）放电保护控制原理 根据图7-19所示的放电时蓄电池端电压变化曲线，当到达 b 点后，因极板活性物质大部分都变成了 $PbSO_4$，所生成的 $PbSO_4$ 使极板的微孔缩小，造成外部浓度较高的电解液渗透困难，微孔内的电解液浓度较低，因此蓄电池的电压下降很快；到达 c 点后，微孔中的电解液将都变成 H_2O，而外部的电解液又无法渗入，因此端电压急剧下降，这时就要终止放电，否则将会造成蓄电池不可逆转的损坏。

因此，与蓄电池充电保护控制器类似，在蓄电池放电保护控制器中也必须设计电压测量、电压比较和控制开关电路，通过对蓄电池端电压的测量，判断蓄电池是否需要进行保护；将蓄电池端电压与所设定的电压阈值进行比较，当达到所设定的保护电压阈值时，控制器即可控制开关电路停止蓄电池的放电。对于阀控式密封铅酸蓄电池，在标准的放电状态下，即工作温度为25℃，以$0.1C$的放电率进行放电时，其保护电压阈值为$1.78 \sim 1.82V$。一般情况下，过放电保护控制不进行温度补偿。

7.6.2　充/放电控制器的分类

1. 按控制开关接入方式分类

光伏发电系统充放电控制器按控制开关在电路中的接入方式可分为串联型控制器和并联型控制器两种。

1) 串联型控制器　串联型充电保护控制器框图如图7-26所示。其中，开关元件串接在太阳电池板和蓄电池之间。对于放电保护控制电路，开关元件串接在蓄电池与负载之间。开关元件可采用机械式或电子开关器件，机械式开关有继电器和交直流接触器等；电子开关有三极管、达林顿管、功率场效应管（MOSFET）、固态继电器和晶闸管（IGBT、GTO）等。控制电路根据蓄电池所充入的电量（或蓄电池的端电压）情况，按照设定的充电保护模式，输出信号去控制开关管的导通和关闭，实现防止蓄电池过充电，以及自动恢复充电的功能。

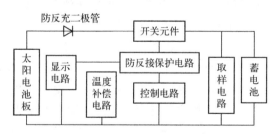

图7-26　串联型充电保护控制器框图

为了防止夜间太阳电池不发电或白天太阳电池所发电压低于蓄电池端电压时，蓄电池向太阳电池阵列倒送电而消耗蓄电池能量及引起太阳电池板发热，在太阳电池阵列与蓄电池间要串接一个防反充二极管；为了避免因太阳电池板或蓄电池正、负极性接反而损坏控制器，控制器还设计有防极性接反保护电路；此外，为了使用户能对控制器的工作状态一目了然，还要设计一些显示电路，如蓄电池电压指示、充电指示、过充电指示、过放电指示及过电流指示等。

2）并联型控制器　并联型充电保护控制器框图如图 7-27 所示。开关元件与太阳电池组件并联，作为充电保护后的放电回路，开关元件可采用固态电子开关器件。其对开关元件的控制模式同串联型充电保护控制器的控制模式。该控制器的优点是没有串联回路的电压损失，在蓄电池充电时开关元件不损耗能量，利用效率较高；但保护开关闭合后，光伏组件的输出电流都将通过开关，以热的形式消耗，因此一般适用于小型的低功率系统，如 12V/20A 以内的系统。

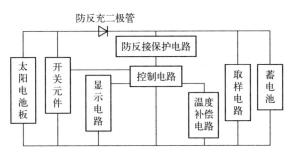

图 7-27　并联型充电保护控制器框图

2. 按控制模式分类

如果按开关元件闭合和断开的控制方式进行分类，可分为回差型控制、脉宽调制型控制和智能型控制 3 类。

1）回差型控制方式　该控制方式可通过检测蓄电池的端电压作为控制开关管导通和关闭的信号，当蓄电池电压达到预定的保护电压值时，断开充电或放电回路；一旦蓄电池电压恢复到可再次充电或放电的电压值时，就自动接通充电或放电回路。所以控制电路送给开关元件的控制信号是一个具有电压回差的信号。

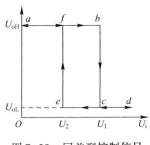

图 7-28　回差型控制信号

串联型充电保护的回差控制电压波形如图 7-28 所示。开始工作时，控制电路输出高电平 U_{oH}，开关元件导通，太阳电池对蓄电池充电，当蓄电池电压达到预定的过充电保护阈值 U_1 时，控制电路输出低电平 U_{oL}，开关元件断开，蓄电池停止充电；之后，控制电路一直保持低电平输出，直至蓄电池端电压 U_i 达到预定的恢复充电电压 U_2 时，控制电路又输出高电平，开关元件导通，太阳电池再次对蓄电池充电，周而复始。

国家标准 GB/T 19064—2003 中规定了不同类型的蓄电池的 U_1 和 U_2 值，如果采用 12V 密封型铅酸蓄电池，则 U_1 值可设定为 14.4V，U_2 值可设定为 13.2V。

用运算放大器、555 集成电路或单片机均可构成具有回差信号输出的施密特触发器。用 555 集成电路构成的施密特触发器原理图如图 7-29 所示。

如果用单片机构成充电保护控制电路，其充电保护控制流程图如图 7-30 所示。

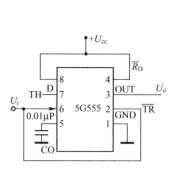

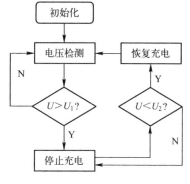

图 7-29 555 集成电路构成的施密特触发器原理图　　图 7-30 充电保护控制流程图

2）脉宽调制型（PWM）方式 与回差型控制方式不同，脉宽调制型（PWM）控制电路输出到开关元件上的信号是频率一定的方波信号，但该方波的脉冲宽度是可调的，即开关元件是工作在周期性开关状态的，且导通的时间可根据蓄电池的端电压进行自动调整。脉冲宽度越宽，开关元件导通的时间越长，充电电流就越大；当脉冲宽度较窄时，充电电流较小，这样可以保证充电电流始终在蓄电池可接受的充电电流范围内。该控制方式可以最大限度地利用光伏能量，又能合理地给蓄电池充电以达到减小损耗、延长蓄电池寿命的目的。

PWM 型控制策略是以太阳电池电压、电流和蓄电池电压、电流和容量同时作为变量和控制对象进行考虑的，可以分成以下 3 个阶段。

☺ 当蓄电池电压较低时，蓄电池接受充电能力较强，可以用较大电流充电，因此脉冲宽度较宽，但一般充电率不超过 C_{10}，这个阶段可以将蓄电池充电到 80%～90% 的额定容量；而且在这个阶段，也是尽可能地利用太阳电池阵列最大可输出能量的阶段，因此要求太阳电池阵列始终工作在其最大功率点上，所以可利用 PWM 控制来实现最大功率点跟踪的策略。

☺ 当蓄电池的端电压接近过充电保护阈值时，采用恒压控制策略，调整脉冲宽度以保持充电电压不变。在这个过程中，由于充电电压恒定，当蓄电池电压升高时，充电电流就会随之减小，可以避免水的电解及气体的析出，避免温度的升高等，这样既可以有效地提高充电效率，又能有效的防止蓄电池的过充电。这个过程可以将蓄电池充电至额定容量的 97% 以上。

☺ 当恒压值与蓄电池端电压相等时，停止充电。但为了防止可能出现的蓄电池并未真正充足电，以及自放电产生的损失，在这个阶段可以保持较窄的脉宽，产生涓流充电，让已基本充足电的蓄电池极板内部的活性物质参加化学反应，使充电彻底。

脉宽调制波形示意图如图 7-31 所示。

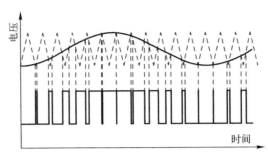

图 7-31　脉宽调制波形示意图

3）智能型控制方式　由于蓄电池充电过程是一个非线性过程，为了得到最优的充电过程，可采用模糊控制、神经元网络控制和自适应控制等各种智能控制方法。如采用智能模糊控制方法，可实现电流控制误差小于 0.01% 的精度，保证充电控制过程中各个阶段各种实现的及时性[17]。

智能型控制方式还可以实现对光伏系统运行数据的采集和远程数据传输功能。

7.7　充/放电保护控制器基本电路

7.7.1　回差型充/放电保护控制器

1. 串联型充/放电保护控制器

以电压比较器 LM393 产生回差型控制信号的充/放电保护控制参考电路图如图 7-32 所示。

IC$_1$ 是双电压比较器 LM393，其两个反相输入端②脚和⑥脚连接在一起，并由稳压管 ZD$_1$ 提供 6.2V 的基准电压作为比较电压，两个输出端①脚和⑦脚分别接反馈电阻，将部分输出信号反馈到同相输入端③脚和⑤脚，这样就把双电压比较器变成了双迟滞电压比较器，可使电路在比较电压的临界点附近不会产生振荡。R$_1$、RP$_1$、C$_1$、IC$_{1A}$、VT$_1$、VT$_2$ 和 J$_1$ 组成过充电压检测比较控制电路；R$_3$、RP$_2$、C$_2$、IC$_{1B}$、VT$_3$、VT$_4$、VT$_5$ 和 J$_2$ 组成过放电压检测比较控制电路。电位器 RP$_1$ 和 RP$_2$ 起调节设定过充、过放电压的作用，形成所需的回差电压信号。通过 R$_4$ 设定的可调三端稳压器 LM317 提供给 LM393 稳定的 8V 工作电压。该控制器可作为 12V 蓄电池的充/放电保护，VD$_1$ 是防反充二极管，防止蓄电池对太阳电池放电。

当有阳光时，太阳电池组件产生电压，等待对蓄电池进行充电；蓄电池三端稳压器输出 8V 电压，电路开始工作，过充电压检测比较控制电路和过放电压检测比较控制电路同时对蓄电池端电压进行检测比较。当蓄电池端电压小于预先设定的过

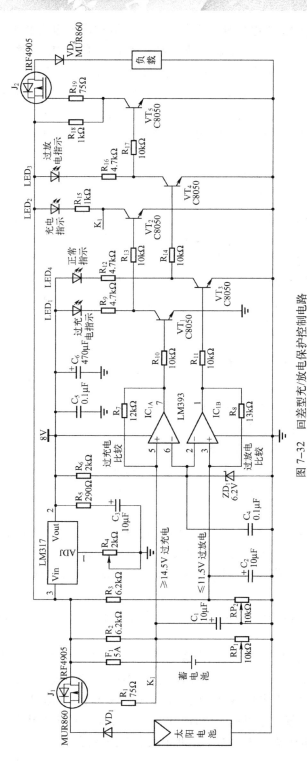

图7-32　回差型充/放电保护控制电路

充电压值时，IC_{1A} 的⑥脚电位高于⑤脚电位，⑦脚输出低电位使 VT_1 截止，VT_2 导通，LED_2 发光指示充电，J_1 导通，硅太阳电池组件通过 VD_1 对蓄电池充电。蓄电池逐渐被充满，当其端电压大于预先设定的过充电压值时，IC_{1A} 的⑥脚电位低于⑤脚电位，⑦脚输出高电位使 VT_1 导通，VT_2 截止，LED_2 熄灭，J_1 断开充电回路，LED_1 发光，指示停止充电；同时⑦脚输出高电位抬高了⑤脚电位，使⑦脚维持高电位，直至蓄电池电压下降到设定的恢复充电电压时，⑤脚电位低于⑥脚电位，J_1 导通，恢复充电。

当蓄电池端电压大于预先设定的过放电压值时，IC_{1B} 的③脚电位高于②脚电位，①脚输出高电位使 VT_3、VT_5 导通，VT_4 截止，LED_3 熄灭，J_2 导通，LED_4 发光，指示负载工作正常；随着蓄电池对负载放电，端电压会逐渐降低，当端电压降低到小于预先设定的过放电压值时，IC_{1B} 的③脚电位低于②脚电位，①脚输出低电位使 VT_3、VT_5 截止，VT_4 导通，LED_3 发光指示过放电，正常指示灯 LED_4 熄灭。J_2 夹断，切断负载回路，避免蓄电池继续放电；同时①脚输出低电位降低了③脚电位，使①脚维持低电位，直至再次充电后，③脚电位高于②脚电位，J_2 导通，恢复放电。

2. 并联型充电保护控制器

以 MOS 场效应管作为开关元件，以运算放大器产生控制信号的并联型充电保护控制（含串联型放电保护控制电路）参考电路图如图 7-33 所示。

该控制器所设计的技术参数如下所述。

☺ 蓄电池电压：DC 12V。

☺ 太阳电池额定充电电流：5A。

☺ 蓄电池过充保护电压：14.4V；恢复充电电压：13.2V。

☺ 蓄电池过放保护电压：10.8V；恢复放电电压：12.5V。

☺ 额定输出电流：5A。

1）过充保护电路工作原理 U_{3B} 和 U_{3D} 构成过充保护检测电路，当蓄电池电压高于 14.4V 时，经运算放大器电平比较后驱动 MOS 管 VT_1 导通，切断太阳电池方阵对蓄电池的充电回路，同时 U_{3B} 输出高电平使 VD_5 导通，告知用户已处于过充电保护状态；直到蓄电池电压低于 13.2V 时，经运算放大器电平比较后使 MOS 管 VT_1 截止，重新接通太阳电池充电回路恢复对蓄电池的充电，同时 VD_2 导通，告知用户处于充电状态。

2）蓄电池过放电保护检测及告警电路 U_{3A} 和 U_{3C} 构成过放电保护检测电路，当蓄电池电压低于 10.8V 时，U_{3A} 输出信号使 MOS 管 VT_2 截止，断开蓄电池到负载的放电回路；直到经充电后蓄电池电压高于 12.5V 时，U_{3A} 输出信号使 MOS 管 VT_2 导通，重新恢复负载放电回路的接通。VD_4 表示蓄电池的工作状态，其导通表示蓄电池正常放电；其熄灭，表示蓄电池处于放电保护状态。

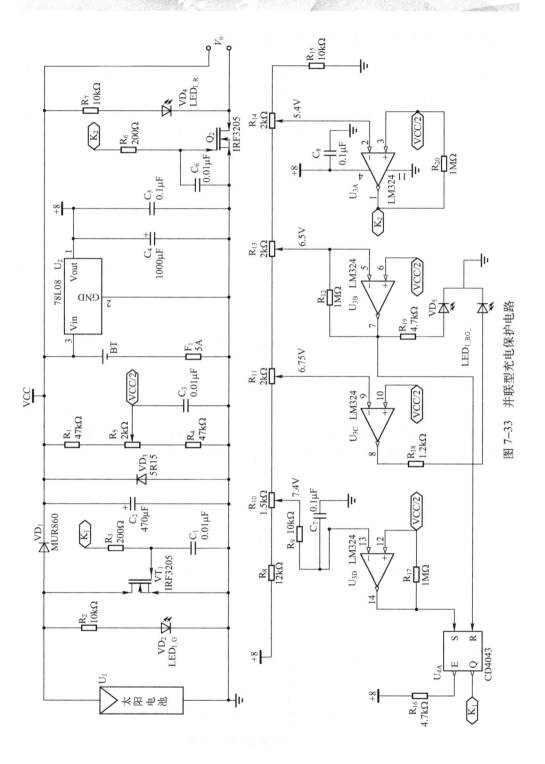

图7-33　并联型充电保护电路

7.7.2 脉宽调制型（PWM）充电控制器

文献［19］介绍了一个基于脉冲宽度调制技术的太阳能充电控制系统，其充电保护原理框图如图7-34所示。通过检测蓄电池的充电端电压，将检测得到的蓄电池端电压与给定点电压比较，若小于给定电压，开关管全通，迅速给蓄电池充电；当蓄电池的电压大于给定电压时，则根据比例调整充电保护开关管的占空比，充电进入慢充阶段，改善充电特性，防止过充。

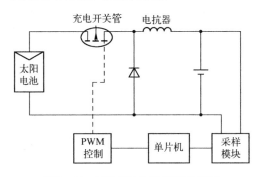

图7-34　PWM充电保护原理框图

1. 充电保护电路

充电保护控制驱动电路图如图7-35所示。充电控制的开关管VD_{53}选用功率MOSFET管IRF4905，具有导通电阻小，开关速度快的特点。当栅源电压VGS < −8.0V时，有很好的开关性能。因为该管为P沟道，很容易把基准电压选在一个

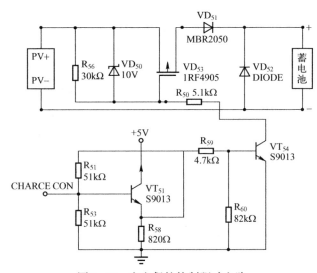

图7-35　充电保护控制驱动电路

点上，提高了系统的可靠性。

防反充二极管 VD_{51}（MBR2050）采用肖特基二极管，其正向导通压降为 0.3V，最大导通电流为 20A，可以满足大电流系统的要求。

VD_{52} 是防止蓄电池正负极性反接的保护二极管，当蓄电池反接时，VD_{52} 正向导通，电流很大，即可烧断熔断丝，断开电路，从而保护了控制器和蓄电池。

PWM 信号由单片机产生，单片机给出充电的控制信号，VT_{51} 和 VT_{54} 导通，由于稳压管 VD_{50} 的作用，使得 VD_{53}（IRF4905）的栅源电压钳位在 $-10V$，VD_{53} 导通，太阳电池向蓄电池充电。反之，VT_{51} 和 VT_{54} 均截止，$VGS = 0V$，VD_{53} 断开，太阳电池停止向蓄电池充电。

2. 脉宽调制充电子程序

为了实现脉宽调制的方式充电，控制器根据蓄电池的荷电状态以脉宽调制的方式来控制太阳电池向蓄电池充电的电流大小，从而达到改善充电效果、保护蓄电池和防止蓄电池过充电的目的。脉宽调制子程序流程图如图 7-36 所示。

如对 12V 蓄电池充电，当检测到蓄电池的电压小于 13.2V 时，开关管始终接通，即采取全通充电方式；如果检测到蓄电池电压为 13.2～14.4V 时采取脉宽调制方式充电，随着蓄电池电压的增加，脉宽不断变窄，直到蓄电池端电压上升为 14.4V 时，脉宽为 0，停止充电。该程序所设计的脉冲周期为 2ms。

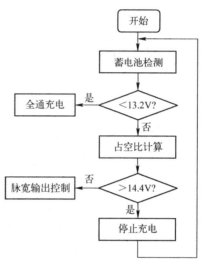

图 7-36　脉宽调制子程序流程图

7.7.3　智能型充电控制器

智能型充电控制器以计算机作为控制单元，实现充/放电控制和运行数据采集、显示、存储、传输和远程控制。控制器可采用高速微处理器和高精度 A/D 转换器构成数据采集和监测控制系统。其控制电路的硬件结构图如图 7-37 所示[4]。

CPU 可以采用 ATMEL 公司的 89C55 单片机，它具有集成度高、内存容量大、工作电压范围宽、运行速度快、功耗低等特点。蓄电池充电控制采用"强充（BOOST）/递减（TAPER）/浮充（FLOAT）自动转换充电方法"，根据蓄电池端电压的变化自动调整充电电流。当蓄电池发生过放电时，自动切断负载，保护蓄电池。采用高精度的 12 位串行 A/D 转换器，可对各种状态参数进行实时快速采集，存入 EEPROM 中，LCD 可以显示当前的工作状态和统计数据。

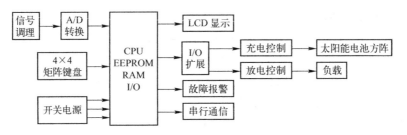

图 7-37　智能型充电控制器控制电路的硬件结构图

7.8　最大功率点跟踪

　　光伏阵列的输出要受到光照强度、环境温度和负载的影响，是非线性的。目前应用得最多的还是晶硅太阳电池，晶硅太阳电池的 $U-I$ 特性曲线如图 7-38 所示。

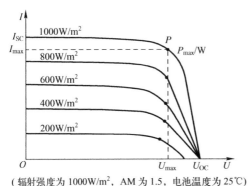

（辐射强度为 1000W/m², AM 为 1.5, 电池温度为 25℃）

图 7-38　晶硅太阳电池的 $U-I$ 特性曲线

　　在某一光照条件下，太阳电池在不同的负载情况下有不同的输出电压。但是，只有在某一负载条件下，太阳电池的输出功率能达到最大值，这时太阳电池的工作点就达到输出功率电压曲线的最高点，该工作点就为最大功率点（Maximum Power Point，MPP），如图 7-38 上的 P 点。因此，为了提高太阳电池的输出效率，在不同的光照和温度情况下，就要实时调整太阳电池的工作点，使其始终工作在最大功率点附近，这个过程就是最大功率点跟踪（Maximum Power Point Tracking，MPPT）技术。可以采用通过在光伏阵列与负载之间连接 DC/DC 变换器（有关 DC/DC 变换器可参考第 6 章），实时改变 DC/DC 变换器的占空比 D 的方法，来实现光伏组件输出电压的调节，使其始终工作在最大功率点上。D 的实时调整控制可采用 PWM 控制方式，控制策略可通过最大功率跟踪算法来实现，有多种方法可以实现最大功率点的跟踪。

　　最大功率点跟踪技术可以保证在任何光照条件下，太阳电池组件或方阵都能输出相对应的最大功率，因此该技术不但应用在蓄电池的充电控制电路中，也广泛应用在并网系统中。

7.8.1　恒定电压法

　　从图 7-38 所示的硅太阳电池的 $U-I$ 特性曲线中可见，在不同的辐射强度下，其最大功率点总是近似在某一恒定的电压值 U_{max} 附近。因此可以采取恒定电压（Constant Voltage Tracking，CVT）控制方法，通过一定的阻抗变换，使光伏系统成为一个稳压器，将光伏阵列的输出工作点始终稳定在 U_{max} 附近，从而尽可能地输出最大功率，恒定电压（CVT）控制与将光伏阵列与蓄电池直接匹配相比，可获得更高的功率。恒定电压控制的流程图如图 7-39 所示。

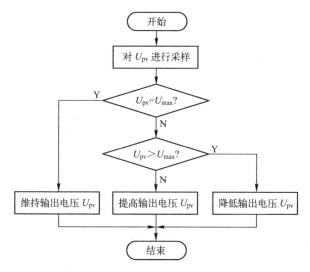

图 7-39　恒定电压控制流程图

系统实时对光伏阵列输出电压 U_{pv} 进行采样，与已设定的最大功率点电压 U_{max} 进行比较，通过调整系统控制器（DC/DC 变换电路），改变负载特性，使光伏阵列的输出电压保持在最大功率点电压上。

恒定电压法控制较为简单，容易实现。但由于太阳电池的最大功率点受到温度的影响，最大功率输出随着温度变化，采用恒定电压控制，则输出功率将会偏离最大功率点，产生较大的功率损失。因此，恒定电压法只是 MPPT 控制的近似，尤其是在外界环境和自身工作状态引起光伏阵列温度变化较大的情况下，并没有真正实现最大功率点的实时跟踪与控制。

7.8.2　MPPT 工作原理

最大功率点跟踪（MPPT）控制策略是实时检测光伏阵列的输出功率，并采用一定的算法实时预测在当前光照和温度情况下光伏阵列可能输出的最大功率，再通过改变阻抗的方法来满足最大功率输出的要求。这样无论是由于光照条件变化还是温度变化引起阵列输出功率的减小，系统都可以自动跟踪运行在当前情况下的最大功率输出。

MPPT 基本工作原理如图 7-40 所示。图中，特性曲线 1 和特性曲线 2 分别为

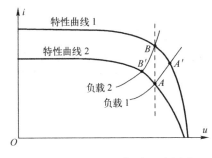

图 7-40　MPPT 工作原理示意图

太阳电池在不同光照强度下的曲线，A 点和 B 点分别为这两组曲线相应光照条件下的最大功率输出点。某个时刻光照条件下的特性曲线为曲线 2，系统运行在 A 点，当光照条件发生变化后，输出特性曲线由曲线 2 变成曲线 1。如果保持负载 1 不变，则系统将工作在 A' 点，偏离了相应光照条件下的最大功率点。因此，为了能继续工作在最大功率点上，必须将系统的负载特性由负载 1 变为负载 2（可以通过改变控制电路输出的脉冲宽度来改变），以保证系统工作在新的最大功率点 B 上。反之，如果辐照强度减小，使太阳电池的输出特性由曲线 1 变为曲线 2，则相应改变负载 2 到负载 1，以保证系统在辐照强度减小后仍能工作在最大功率点 A 上。

常用的最大功率点跟踪方法有扰动观察法、电导增量法和模糊逻辑控制法等。

1. 扰动观察法（Perturb & Observe algorithms，P&O）

1）工作原理　扰动观察法是目前光伏系统 MPPT 控制应用中较为常用的一种方法。扰动观察法的基本工作原理是，让光伏阵列先工作在某一参考电压下，测量其电压和电流，计算出当前功率；然后对输出电压加一个扰动电压信号，再测量电压和电流，重新计算输出功率，并与扰动前的输出功率值进行比较，若输出功率值增加，则表明光伏阵列最大功率点在当前工作点的右侧，表示扰动方向正确，可继续向同一方向扰动；若扰动后的输出功率减小，则表明最大功率点在当前工作点的左侧，应该减小扰动量，往反方向扰动，直到扰动后的输出功率与扰动前的相等，则找出最大功率点。实际情况下，采集到的电流、电压可能会存在误差，因此在对最大功率进行跟踪时，要考虑功率误差。扰动观察法的算法步骤如下所述[20]。

系统初始化，设定初始的脉冲占空比为 D、扰动步长 ΔD。

对光伏电池组件的输出电流、电压进行采样，作为 U_i、I_i，计算功率。

$$P_i = U_i \times I_i \tag{7-61}$$

再次采样后，得到功率 P_{i+1}

$$P_{i+1} = U_{i+1} \times I_{i+1} \tag{7-62}$$

比较 P_i、P_{i+1}，若 $P_{i+1} - P_i > 0$，且 $U_{i+1} > U_i$，表示扰动方向正确，则继续增大 D，令：

$$D = D + \Delta D$$
$$P_i = P_{i+1} \tag{7-63}$$

若 $U_{i+1} < U_i$，则表示扰动方向不正确，应减少 D，令：

$$D = D - \Delta D$$
$$P_i = P_{i+1}$$
(7-64)

然后重新进行上一步骤，继续计算功率 P_{i+1}；若 $P_{i+1} - P_i < 0$，且 $U_{i+1} > U_i$，表示扰动方向不对，应该减小 D，令：

$$D = D - \Delta D$$
$$P_i = P_{i+1}$$
(7-65)

若 $U_{i+1} < U_i$，则表示扰动方向正确，应增加 D，令：

$$D = D + \Delta D$$
$$P_i = P_{i+1}$$
(7-66)

跳至上一步骤，继续比较 P_i、P_{i+1} 的大小；若 $P_{i+1} - P_i = 0$，则表示找到了最大功率点，算法运行结束。

扰动观察法控制算法流程图如图 7-41 所示。

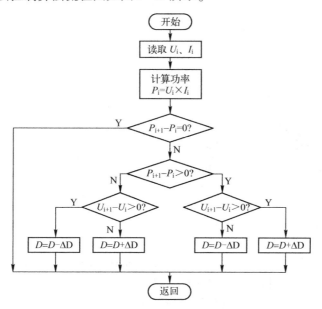

图 7-41　扰动观察法控制算法流程图

扰动观察法需要采用两个传感器分别对电流和电压进行采样，算法简单，易于硬件实现，但响应速度较慢，适用于光照强度变化缓慢的场合。由于该算法采用的是不断扰动的方法，即使在稳态时，还是要不断扰动，因此在最大功率点附近要产生振荡运行，会造成一定的功率损失。此外，扰动所采用的步长也会对系统工作状态产生较大的影响，采用较大的步长进行扰动，则可以获得较快的跟踪速度，但达到稳定后的精度较差，功率损失也较大；然而较小的步长又难以实现快速跟踪；当光照发生快速变化时，跟踪算法可能会失效，发生"误判"现象。

扰动观察法发生"误判"的原因分析如图 7-42 所示。假设系统已工作在最大功率点附近，如图中的 a 点，工作点的电压为 U_a，阵列输出功率为 P_a。当电压扰动方向往右移到 U_b 时，如果辐照强度没有变化，阵列输出功率 $P_b > P_a$，控制系统工作正确；但若此时辐照强度突然下降，则对应的 U_b 的输出功率 $P_c < P_a$，系统将会误判电压扰动方向错误，从而控制工作电压往左移回 U_a 点。如果辐照强度持续下降，则有可能出现控制系统不断误判，使工作点在 U_a 和 U_b 之间来回移动振荡的现象，而无法跟踪到阵列的最大工作点。

较好的方案是采用变步长的方法，控制器根据光伏阵列的工作状态选择合适的步长，偏离最大功率点较大时采取较大步长的控制方式，当已经跟踪到最大功率点附近时采用小步长的控制方式。

2）设计样例   由于太阳电池输出功率 P 与占空比 D 的变化有如图 7-43 所示的关系曲线[21]，因此可以采用变步长的自适应扰动观察法。在偏离最大功率点较远时，选择较大的步长可以快速接近系统最大工作点；当到达最大工作点附近时，选择较小的步长可以减小或避免系统振荡。

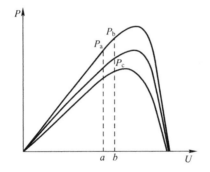
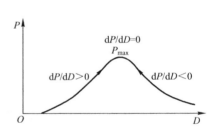

图 7-42   扰动观察法发生误判的原因分析示意图   图 7-43 $P\text{-}D$ 变化关系曲线图

从图 7-43 可知，功率对占空比导数的绝对值在接近最大功率点时逐渐变小，因此可以引进一个变步长参数 $\lambda(k+1)$，即

$$\lambda(k+1) = \varepsilon|\Delta P|/\lambda(k) \tag{7-67}$$

式中，ε 是一个恒定的常数，代表系统灵敏度的大小，ε 越大，系统反应越灵敏，可根据不同的精度要求和系统特性进行选取；$\Delta P = P(k) - P(k-1)$，代表功率变化的幅度。

由式（7-67）可以看出，当功率变化较大时，步长 $\lambda(k+1)$ 也较大，能够快速跟踪最大功率点；当功率变化较小时，步长 $\lambda(k+1)$ 也较小，可以保证输出功率的平滑性，使系统具有一定的自适应能力。

自适应扰动观察法的程序流程图如图 7-44 所示。图中，$\lambda(k+1)$ 为占空比步长，决定功率变化的步长，η 为扰动方向控制系数，取值为 1。

首先，检测太阳电池的输出电压和电流，计算出当前时刻输出功率 $P(k)$，得到 $\Delta P = P(k) - P(k-1)$。进行判断，当 $|\Delta P|$ 小于系统设定的门限值 ε 时，认为系统工作在最大功率区域，此时不需要调整占空比 D，因此不再继续扰动，让系统工作在最大工作点上，解决了传统的扰动观察法因在最大功率点附近产生振荡运行，会造成一定的功率损失的问题。停止扰动后，继续监测系统的工作状态，直至 $|\Delta P|$ 大于系统设定的门限值 ε，说明当前工作点离最大功率点较远，需要计算出新的步长调节太阳电池的输出。

接着判断 ΔP 的符号，若为正，则继续原扰动方向；若为负，则应朝相反方向扰动。变量 η 为步长的符号位，取 1 和 -1。

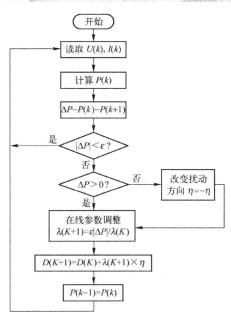

图 7-44　自适应扰动观察法的程序流程图

控制电路可以使用 TI 公司的 TMS320F2812 DSP 作为主控制芯片，其快速的运算能力、丰富的外设资源能为整个控制系统提供一个良好的平台。DSP 是整个控制系统的核心，它接受采样电路送来的模拟信号，按照控制算法对采样信号进行处理，然后产生所需的 PWM 波形，经驱动放大后控制主电路功率开关管的通/断，从而实现 MPPT。TMS320F2812 在时钟频率 150MHz 下，其时钟周期仅为 6.67ns，8 通道 16 位 PWM 脉宽调制，2×8 通道 12 位 A/D 转换模块，一次 A/D 转换的最快转换周期仅为 200ns。TMS320F2812 DSP 芯片的这些特点能够满足 MPPT 控制精度和速度的要求。

采用其中两路 A/D 转换输入通道作为太阳电池的输出电流和电压的采集通道，经过 MPPT 控制产生驱动 PWM 波形控制 DC-DC 开关管的导通时间，系统框图如图 7-45 所示。

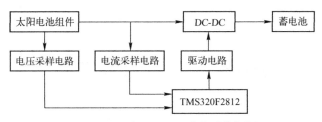

图 7-45　具有 MPPT 跟踪的系统框图

根据图 7-44 所示的变步长扰动观察法的程序流程图，利用 Matlab/Simulink 仿真工具构建的光伏 MPPT 仿真模型如图 7-46 所示[22]。

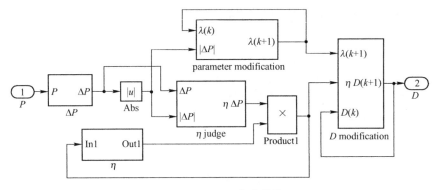

图 7-46　MPPT 仿真模块

设置环境温度为 25℃，太阳辐照度 E 在 5s 范围内从 600W/m² 突变到 1000W/ m²，运行时间为 10s。仿真过程中，要注意采样时间的配合，初始扰动通过突变信号与 Switch 开关相互配合来实现。

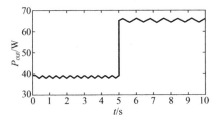

图 7-47　步长为 0.01 时的系统仿真曲线

分别设置了基于固定步长扰动算法的步长为 0.01 和 0.001，基于变步长扰动算法的初始步长 $\lambda = 0.01$、比例因子 $\varepsilon = 1/2500$，对这三种情况进行仿真，仿真结果分别如图 7-47、图 7-48 和图 7-49 所示[22]。由这三个图中可知：采用固定步长 0.01 时，跟踪速度较快、动态性能较好，但达到稳态后有较大的振荡，降低了系统的稳定性和平均输出功率；采用固定步长 0.001 时，稳态误差和振荡都较小，但动态响应速度较慢，同样影响了能量的充分利用；采用变步长时，不仅跟踪速度快，而且对外界环境变化的响应也比较迅速，并且稳态误差小，没有振荡。这说明采用基于变步长的扰动算法能够克服固定步长扰动算法的缺点，使系统具有良好的动态性能和稳态性能。

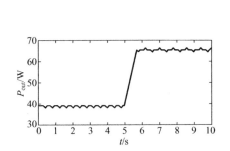

图 7-48　步长为 0.001 时的系统仿真曲线

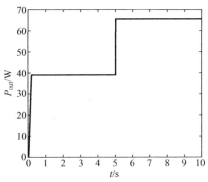

图 7-49　采用变步长时的系统仿真曲线

2. 电导增量法（Incremental Conductance）

1）工作原理　电导增量法也是一种常用的 MPPT 控制方法，它通过比较光伏阵列的瞬时电导和电导变化量来实现最大功率点的跟踪。

太阳电池输出功率与输出电压的特性关系曲线是一个单峰值曲线，如图 7-50 所示。在最大功率点 M 处斜率为零，即

$$\frac{\mathrm{d}P}{\mathrm{d}U} = 0 \qquad (7\text{-}68)$$

如果 $\mathrm{d}P/\mathrm{d}U > 0$，则系统工作在最大功率点的左侧；如果 $\mathrm{d}P/\mathrm{d}U < 0$，则系统工作在最大功率点的右侧。

在 M 点，有

$$\frac{\mathrm{d}P}{\mathrm{d}U} = I + U\frac{\mathrm{d}I}{\mathrm{d}U} = 0$$

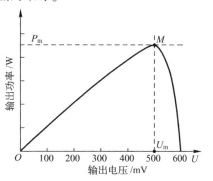

图 7-50　太阳电池 $P-U$ 特性图

即：
$$\frac{\mathrm{d}I}{\mathrm{d}U} = -\frac{I}{U} \qquad (7\text{-}69)$$

该式表示，当输出电导的变化量等于输出电导的负值时，光伏阵列工作在最大功率点上，可以保持光伏阵列的输出电压不变；当 $\dfrac{\mathrm{d}I}{\mathrm{d}U} > -\dfrac{I}{U}$ 时，表明工作在最大功率点的左侧，需要增大光伏阵列的输出电压；当 $\dfrac{\mathrm{d}I}{\mathrm{d}U} < -\dfrac{I}{U}$ 时，表明工作在最大功率点的右侧，需要减小光伏阵列的输出电压。

考虑到 $\mathrm{d}U$ 是分母的情况，所以在程序设计时首先要判断其值是否为零，然后对两种不同的情况进行讨论。电导增量法其控制流程图如图 7-51 所示[23]。

U_{REF} 和 ΔU 分别为参考电压和电压增量步长，当光伏阵列上的辐照强度和温度变化时，其输出电压能平稳地跟踪其变化，与太阳电池组件的特性和参数无关，避免了扰动观察法产生的由于功率时间曲线可能为非单极值曲线而造成的最大功率点误判；在跟踪到系统的最大功率点后，不需要对太阳电池输出电压扰动，不存在功率的波动损失。

与扰动观察法类似，如果采用固定的大步长跟踪最大工作点，则系统具有较好的动态特性，但稳定性较差，因此导致系统的效率较差；如果采用固定的小步长跟踪最大工作点，则系统的稳定性较好，但动态特性较差，同样导致系统的效率不高。所以，无论是固定大步长还是固定小步长都无法兼顾系统的跟踪精度和响应速度。因此，需要采用改进的变步长电导增量法。

电导增量法也需要采用两个传感器分别对电流和电压进行采样，这种方法控制

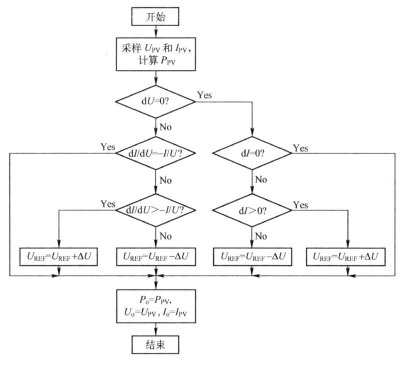

图 7-51　电导增量法控制流程图

精确，响应速度较快，适用于太阳辐射变化比较快的场合。但电导增量法在进行控制判断时需要进行微分判断，计算量大；对硬件的要求（尤其是传感器的精度和响应速度）较高，系统硬件的成本会较高。

2）设计样例　对光伏阵列进行最大功率点跟踪的过程中，其工作电压的控制是通过 Boost 升压电路完成的。当控制开关管导通的信号占空比 D 越大时，Boost 电路的输入阻抗就越小；当占空比 D 越小时，Boost 电路的输入阻抗就越大。通过改变 Boost 电路的控制占空比 D，使其等效输入阻抗与光伏输出阻抗相匹配，可实现光伏电池的最大功率输出。Boost 电路的拓扑结构图如图 7-52 所示。

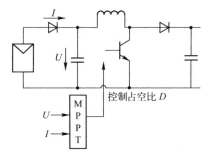

图 7-52　Boost 电路的拓扑结构图

改进的变步长电导增量法有多种，但其基本思路均为占空比跟踪步长可变。当远离最大工作点时，加大步长，加快跟踪速度；当工作点靠近最大工作点附近时，自动减小步长，以减小波动造成的功率损失。

从图 7-50 所示的电压/功率曲线可以看出，在各个工作点，其切线的斜率 $\mathrm{d}P/$

dU 是不同的，越靠近最大工作点时，其斜率越小，在最大工作点上其斜率为零。因此，可以将变步长的系数取自 dP/dU 的绝对值。引入步长控制参数 A，即

$$A = \frac{dP}{dU} = I + U\frac{dI}{dU} \tag{7-70}$$

改进的变步长电导增量法算法可表示为

$$\frac{dI}{dU} > -\frac{I}{U}, \quad \Delta D = -|A|k, \quad U < U_{max}$$

$$\frac{dI}{dU} < -\frac{I}{U}, \quad \Delta D = |A|k, \quad U > U_{max} \tag{7-71}$$

$$\frac{dI}{dU} = -\frac{I}{U}, \quad \Delta D = 0, \quad U = U_{max}$$

式中，k 为占空比变化固定分量。

文献［24］介绍了改进后的电导增量法流程图及其仿真结果，变步长电导增量法控制流程图如图 7-53 所示。根据图 7-53 所示的变步长电导增量法流程图，利用 Matlab/Simulink 仿真工具构建的光伏 MPPT 仿真模型如图 7-54 所示。设置光照条件为 $1000W/m^2$，$T = 25℃$，分别对定步长和变步长的电导增量法的仿真实验结果如图 7-55 所示。从图中可见，变步长电导增量法约为 $30ms$ 时结束暂态过程；而定步长算法则需 $80ms$ 才结束暂态，在接近稳态时的振荡比变步长算法更大。

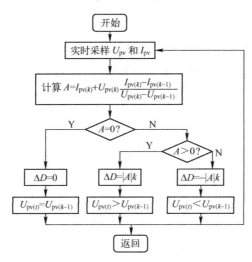

图 7-53 变步长电导增量法控制流程图

固定 $T = 25℃$，当辐照度发生快速变化时，仿真结果如图 7-56 所示。从图中可见，当辐照度快速变化时，变步长电导增量法能快速跟踪最大功率点的变化，并且跟踪稳定无振荡。

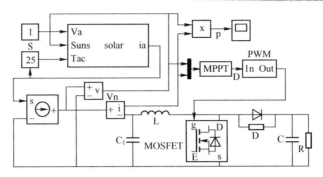

图 7-54　MPPT 仿真模型结构图

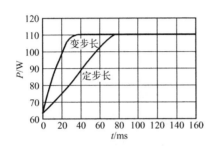

图 7-55　光照和温度固定时的对比仿真

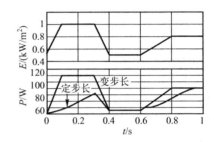

图 7-56　辐照度发生快速变化时的对比仿真

3. 模糊逻辑控制（Fuzzy Logic Control）

由于太阳辐照强度变化很大，而光伏系统是一个典型的非线性系统，所以太阳电池的工作情况很难用精确的数学模型来描述。若要实现光伏阵列最大功率点的精确跟踪，需要考虑的因素很多，因此采用模糊逻辑控制的方法对光伏系统进行最大功率点跟踪非常合适。

模糊逻辑控制采取模糊技术和模糊系统理论与自动控制技术相结合的方法，该方法不需要精确的数学模型，响应速度快，不易受外界环境变化的影响。

模糊控制系统的基本结构如图 7-57 所示[25]。

模糊控制系统一般按输出误差和误差的变化对过程控制进行控制，它首先将实际测量的精确量误差 e 和误差变化 Δe 经过模糊处理而变换成模糊量，在采样时刻 k，定义误差和误差变化为

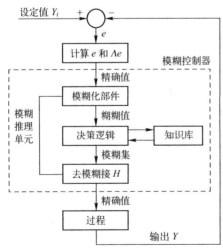

图 7-57　模糊控制系统的基本结构

$$e_k = y_r - y_k \qquad (7-72)$$

$$\Delta e_k = e_k - e_{k-1} \tag{7-73}$$

式中，y_r 和 y_k 分别表示设定值和 k 时刻的过程输出；e_k 为 k 时刻的输出误差。用这些量来计算模糊控制规则，然后再变换成精确量对过程进行控制。

模糊逻辑控制器的设计主要包括以下内容。

☺ 确定模糊控制器的输入变量和输出变量；

☺ 归纳和总结模糊控制器的控制规则；

☺ 确定模糊化和反模糊化的方法；

☺ 选择论域并确定有关参数[26]。

模糊逻辑控制设计的解答可能不是唯一的，在很大程度上要运用启发式和试探方法以求取最佳的选择。

取光伏电池的输出功率为目标函数，用于控制 Buck 变换器的 PWM 信号的占空比 D 为可控量，设计模糊控制器结构框图如图 7-58 所示[27]。

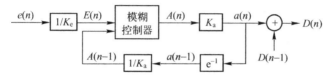

图 7-58　模糊控制器结构框图

模糊控制器第 n 时刻输入量为第 n 时刻的功率变化量和第 $n-1$ 时刻的占空比步长值，第 n 时刻的输出量为第 n 时刻的占空比步长值。

7.8.3　MPPT 的硬件实现

在第 6 章中所介绍的 DC/DC 变换电路可用于实现 MPPT，通常采用的有 Buck 电路和 Boost 电路，但 Buck 电路存在输入电流不连续的问题，如果光伏方阵的输出电流不连续，将会损失部分能量。同时，在光伏方阵输出电压较低的情况下，具有升压功能且输入电流连续工作的 Boost 电路就比较适合作为光伏系统的最大功率点跟踪器。采用 Boost 电路的 MPPT 硬件设计原理图如图 7-59 所示。

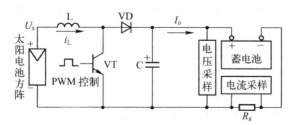

图 7-59　采用 Boost 电路的 MPPT 硬件设计原理图

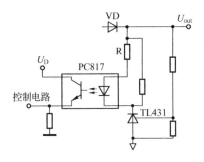

电压采样电路如图 7-60 所示，采用 PC817 光电耦合器件作为输入和输出的隔离，TL431 作为稳压源，通过检测流过电阻 R 电流的变化从而检测输出电压的变化。电流采样电路如图 7-61 所示，采用 Agilent 公司的 HCNR200 线性光耦合器实现线性隔离的目的。

图 7-60　电压采样电路图

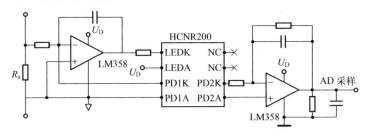

图 7-61　电流采样电路图

7.9　控制器的主要技术参数及选型配置

7.9.1　控制器的主要技术参数

光伏控制器的主要技术参数包括额定充电电流、额定负载电流、额定工作电压、过载和短路保护、最大充电电流、最大负载电流、温度范围、负载欠电压关断、负载再连接电压、温度补偿、总重量和防护等级等。

1）额定工作电压　是指光伏发电系统的直流工作电压，一般为 12V 和 24V，中、大功率控制器的也有 48V、110V、220V 和 600V，共 6 个标称电压等级。

2）最大充电电流　是指太阳能电池组件或方阵输出的最大电流，根据功率大小分为 5A、6A、8A、10A、12A、15A、20A、…、250A、300A 等多种规格。有些厂家用太阳能电池组件的最大功率来表示这一内容，间接地体现了最大充电电流这一技术参数。

3）太阳能电池方阵输入路数　小功率光伏控制器一般都是单路输入，而大功率光伏控制器都是由太阳能电池方阵多路输入，一般大功率光伏控制器可输入 6 路，最多的可接入 12 路、18 路。

4）电路自身损耗　控制器的电路自身损耗也是其主要技术参数之一，又称空载损耗（静态电流）或最大自消耗电流。为了降低控制器的损耗，提高光伏电源的转换效率，控制器的电路自身损耗要尽可能低。控制器的最大自身损耗不得超过其额定充电电流的 1% 或 0.4W。根据电路不同自身损耗一般为 5～20mA。控制器电路的电压降应小于系统额定电压的 5%。

5）蓄电池过充电保护电压（HVD）和恢复电压（HVR）　国家标准 GB/T 19064—2003 规定：对于太阳能电池方阵功率（峰值）大于 20W 的系统，控制器本身应当具有蓄电池充满断开（HVD）及欠电压断开（LVD）的功能。

对于标准设计的 12V 蓄电池，国标给出的各种蓄电池的过充电保护电压（HVD）和恢复充电电压（HVR）参考值见表 7-9。

表 7-9　蓄电池的过充电保护电压（HVD）和恢复充电电压（HVR）参考值表

蓄电池类型	过充电保护电压(HVD)/V	恢复充电电压(HVR)/V
启动型铅酸蓄电池	15.0～15.2	13.7
固定型铅酸蓄电池	14.8～15.0	13.5
密封型铅酸蓄电池	14.1～14.5	13.2

对于脉宽调制型控制器，由于脉宽调制型控制器与开关型控制器的主要差别在于充电回路是否有特定的恢复点。对于标准值为 12V 的蓄电池，国标给出的其充满断开电压的参考值见表 7-10。

表 7-10　脉宽调制型蓄电池的充满断开电压（HVD）参考值表

蓄电池类型	充满断开电压(HVD)/V
起动型铅酸蓄电池	15.0～15.2
固定型铅酸蓄电池	14.8～15.0
密封型铅酸蓄电池	14.1～14.5

6）蓄电池的过放电保护电压（LVD）和恢复电压（LVR）　国家标准规定：当蓄电池电压降到过放点(1.80±0.05)V/只时，控制器应能自动切断负载；当蓄电池电压回升到充电恢复点(2.20～2.25)V/只时，控制器应能自动或手动恢复对负载的供电。

由于蓄电池端电压的变化与放电速率有关，可根据负载的实际情况及蓄电池类型合理地设计过放电保护电压（LVD）。

7）系统状态指示　国家标准规定，系统应为用户提供蓄电池的荷电状态指示。

☺ 充满指示：当蓄电池被充满，太阳能电池方阵充电电流被减小或太阳能电池方阵被切离时的指示。

☺ 欠压指示：当蓄电池电压已经偏低，需要用户节约用电时的指示。

☺ 负载切离指示：当蓄电池电压已经达到过放点，负载被自动切离时的指示。

指示器可以是 LED，也可以是模拟或数字表头，或者蜂鸣告警。这些设备必须带有明显的指示或标志，使用户在没有用户手册的情况下，也能够知道蓄电池的工作状态。

8）蓄电池充电浮充电压 蓄电池的充电浮充电压一般为 13.7V（12V 系统）、27.4V（24V 系统）、和 54.8V（48V 系统）。

9）温度补偿 控制器一般都具有温度补偿功能，以适应不同的工作环境温度，为蓄电池设置更为合理的充电电压，控制器的温度补偿系数应满足蓄电池的技术发展要求，其温度系数应是每节电池 $-(3 \sim 7)\,mV/℃$。

10）工作环境温度 控制器的使用或工作环境温度范围随厂家不同，一般为 $-20 \sim +50℃$。

11）其他保护功能

☺控制器 I/O 短路保护功能：控制器的 I/O 电路都要具有短路保护电路，以确保出现短路时能有效地保护控制器。

☺防反充保护功能：控制器要具有防止蓄电池向太阳能电池反向充电的保护功能。

☺极性反接保护功能：太阳能电池组件或蓄电池接入控制器，当极性接反时，控制器要具有保护电路的功能。

☺防雷击保护功能：控制器输入端具有防雷击的保护功能，避雷器的类型和额定值应能确保吸收预期的冲击能量。

☺耐冲击电压和冲击电流保护：在控制器的太阳能电池输入端施加 1.25 倍的标称电压持续 1h，控制器不应该损坏。将控制器充电回路电流达到标称电流的 1.25 倍并持续 1h，控制器也不应该损坏。

7.9.2 控制器选型配置

根据光伏系统的功率、系统直流工作电压、太阳电池方阵的输入路数、蓄电池组数、负载状况和用户的特殊要求等确定控制器的类型。

一般小功率光伏发电系统采用单路脉宽调制型控制器；大功率光伏发电系统采用具有多路输入的控制器或带有通信功能和远程监测控制功能的智能型控制器。

要注意的是，在选择控制器时，并不是功能越多越好，功能越多一则提高了成本，二则增加了系统出现故障的可能性，因此要根据实际情况合理地选择配备必要的功能。

在选择控制器时，要特别注意控制器的额定工作电流必须既大于太阳电池组件或方阵的短路电流，又大于负载的最大工作电流。

考虑到将来系统扩容的需要，以及为了保证系统能长时间稳定工作，在控制器选型时，可以考虑选择高一个档次的型号。如设计用 12V/5A 的控制器就可满足使用要求时，在实际应用时可选 12V/8A 的控制器。

参 考 文 献

［1］朱松然．蓄电池手册［M］．天津：天津大学出版社，2002.

［2］施钰川．太阳能原理与技术［M］．西安：西安交通大学出版社，2009.

［3］杨贵恒等．太阳能光伏发电系统及其应用［M］．北京：化学工业出版社，2011.

［4］王长贵，王斯成．太阳能光伏发电实用技术［M］．第二版．北京：化学工业出版社，2010.

［5］郑小梅等．胶体蓄电池气体化合效率的研究［J］．国际电池，2005（3）：92－93.

［6］李运康等．SiO_2 胶体颗粒的表面状态对凝胶电解液性能的影响［J］．蓄电池，1993（4）：5－8.

［7］桂长清等．实用蓄电池手册［M］．北京：机械工业出版社，2010.

［8］郭永榔．胶体 VRLA 电池性能的研究［J］．蓄电池，2004（4）：147-150.

［9］GB/T18332.2－2001，电动道路车辆用金属氢化物镍电池［S］.

［10］David Linden，Thomas B，Rebby．电池手册［M］．汪继强等，译．北京：化学工业出版社，2007.

［11］GB/Z 18333.1，电动道路车辆用锂离子电池［S］．北京：中国标准出版社，2005.

［12］Conway B E．Electrochemical Capacitors：Scientific Fundamentals and Technological Applications［M］．Kluwer，Dordrecht，the Netherlands，1999.

［13］张娜等．电化学超级电容器研究进展［J］．电池，2003，33（5）：330－332.

［14］张治安等．电化学电容器的特点及应用［J］．电子元件与材料，2003，22（11）：2－6.

［15］赵争鸣等．太阳能光伏发电及其应用［M］．北京：科学出版社，2005：150.

［16］桂长清，柳瑞华．阀控密封铅酸蓄电池开路电压变化规律［J］．通讯电源技术，2007（1）：61－62.

［17］Bandada G E M D C，Ivanov R，Gishin S．Intelligent Fuzzy Controller for a Lead－Acid Battery Charger，Systems．Man．and Cybernetics，Proceedings of IEEE SMC'99 Conference on 12～15 Oct. 1999，Tokyo，Japan，6：185－189.

［18］Chen H L．A new battery model for use with battery energy storage systems and electric vehicles power sysytems．Power Engineering Society Winter Meeting 2000，IEEE 1：470－475.

［19］洪刚．基于脉冲宽度调制技术的太阳能充电系统的设计［J］．重庆科技学院学报（自然科学版），2009 Vol. 11 No.2：89.

［20］曹卫华等．独立光伏发电系统高效充电控制器设计［J］．浙江大学学报（工学版），2010 Vol. 44 No.7：1262.

［21］Koutroulis E，Kalaitzakis K，Voulgaris N C．Development of a microcontroller based photovoltaic maximum power point tracking control system［J］．IEEE Transaction on Power Electronics，2001，16（1）：46－52.

［22］路晓，秦立军．自适应扰动观察法在光伏 MPPT 中的应用与仿真［J］．现代电力，2011，Vol. 28 No.1：80－84.

［23］Tae－Yeop Kim，Ho－Gyun Ahn，Seung Kyu Park，Youn－Kyun Lee，A novel maximum power point tracking control for photovoltaic power system under rapidly changing solar radiation．IEEE

International Symposium on Industrial Electronics，2001. Proceedings. ISIE 2001. 2：1011～1014.

［24］赖东升，杨苹．一种应用于光伏发电 MPPT 的变步长电导增量法［J］．电力电子技术，2012，Vol. 46 No. 3：40－42.

［25］陈俊，惠晶．基于模糊策略的光伏发电 MPPT 控制技术［J］．现代电子技术，2009（6）：182－185.

［26］王传辉，罗耀华．太阳能电池最大功率点的模糊控制方法［J］．应用科技，2008，35（3）：42－45.

［27］袁路路等．基于模糊理论的光伏发电最大功率点跟踪控制策略研究［J］．电力学报，2009，24（2）：86－89.

第8章 光伏系统设计

太阳能除具有能量分散、密度低和光照强度随季节和昼夜的变化而变化等特点外，还与使用者当地的气候和地理环境有着密切关系。因此，在确定了系统安装地点和用户的负载后，要根据当地的地理和气象条件设计光伏系统。光伏系统的设计分为软件设计和硬件设计两部分。对于独立光伏发电系统而言，软件设计主要包括负载功率和用电量的计算，太阳电池方阵面辐射量的计算，太阳电池组件和蓄电池容量的计算和优化等，其目的是使得光伏系统的配置恰到好处，既能保证光伏系统的可靠运行，满足负载的用电要求，又能使所需的太阳电池方阵容量和蓄电池的容量最小，节约系统初始投资。对于并网系统而言，由于没有蓄电池容量的限制，所以其设计要考虑的是如何实现全年发电量的最大化。硬件设计主要包括太阳电池和蓄电池的选型，太阳电池方阵支架的设计，控制器和逆变器的设计和选型，防雷接地及配电系统的设计等。本章主要介绍光伏系统设计的原则和步骤、太阳电池组件和蓄电池容量的计算、光伏方阵安装倾角的确定、太阳电池方阵支架的设计和安装、防雷接地及配电系统的设计等，并介绍一些目前较为常用的光伏系统设计和优化软件，最后介绍影响光伏电站系统效率的主要因素，以及提高系统效率的措施，并给出了两个大型光伏电站的实例。

8.1 独立光伏系统设计

8.1.1 设计原则和步骤

太阳能光伏系统设计的原则是合理性、实用性、高可靠性和高性价比。在充分考虑安装地的地理和气象条件并满足用户的负载用电需求的前提下，合理地设计、配置系统，使其既能保证系统长期有效、可靠地运行，又能使配置的太阳电池方阵和蓄电池组的容量最小，以达到可靠性和经济性的最佳组合。

太阳能光伏系统的设计步骤如下所述。

（1）从当地气象部门获取光伏系统建设场地的太阳能资源和气象地理条件的数据，如全年太阳能总辐射量和辐射强度的月、日平均值；年最高气温、年最低气温、一年内最长连续阴雨天、最大风速及冰雹等特殊气候条件等；当地的经度、纬度和海拔高度等。

（2）分析计算用户负载的用电量需求，包括负载的额定功率、峰值功率、供电电压、用电时间、日平均用电量、负载性质等。

（3）系统容量设计：主要是设计与计算太阳电池方阵功率和构成，以及设计与计算蓄电池组的容量和组合。

（4）系统硬件的配置与设计：主要是进行控制器的选型与配置；逆变器的选型与配置；设计组件支架和固定方式；设计交流配电系统；设计和配置防雷与接地系统；设计和配置监控和检测系统。

8.1.2 系统容量设计

1. 太阳电池组件及方阵容量设计

在设计时，首先要考虑负载的情况。在实际使用时，实际负载的大小和使用情况都不相同。从一天的使用时间来区分，可分为白天使用、晚上使用和白天晚上连续使用这三种情况。对于这三种情况，在设计系统容量时，所配置的系统容量大小有所区别，如对于仅在白天使用的负载，大部分时间可由光伏系统直接供电，这样蓄电池的充/放电损耗就可相对减少，因此太阳电池组件的容量就可适当减少。从全年使用时间上来区分，又可分为均衡性负载、季节性负载和随机性负载。对于均衡性负载而言，其负载用电量较为固定，月平均耗电量的变化不会超过10%；对于季节性负载而言，其负载的耗电量随着季节的变化而变化，用电量并不固定。对于均衡性负载，由于其每天的耗电量是固定的，因此计算月耗电量就相对简单；而对于季节性负载，由于其每天的耗电量随季节的不同而不同，因此在设计时要根据每天的耗电量来计算出每月的耗电量，然后再按照计算均衡性负载容量的办法来计算太阳电池和蓄电池的容量。

太阳电池组件和方阵设计的一个主要原则就是要满足平均天气条件下负载的每日用电需求，即太阳电池组件全年的发电量要不小于负载的全年用电量。但在这种情况下，会在全年光照条件最差的1/3季节中造成蓄电池的连续无法充足电，这样将产生铅酸蓄电池极板的硫酸盐化，即由于不及时充电，放电时极板上生成的硫酸铅晶粒变得粗大坚硬，粗大晶粒的硫酸铅在充电时很难通过溶解—沉积过程分别转化成正极活性物质 PbO_2 和负极活性物质海绵状金属 Pb，使蓄电池容量下降，这样将使蓄电池的使用寿命和性能受到很大影响。因此，在设计均衡性负载系统的情况下，可以采取适当增加蓄电池设计容量的办法，使蓄电池处于浅放电状态，以弥补在光照条件差的情况下，太阳电池组件发电量不足从而对电池产生的影响；或者考虑采用其他能源互补的方式，如风光互补或柴油发电互补的方法对蓄电池充电。但这些方法都会增加系统的成本。

如果按照光照条件最差季节的负载需要来设计所需太阳电池组件的容量，可以保证在光照最差的情况下蓄电池仍能够被完全地充满电，使蓄电池全年都能达到全满状态，这样可延长蓄电池的使用寿命，减少维护费用。但所设计的太阳电池组件容量在一年中的其他时段就会远超过实际所需，造成太阳电池组件的浪费及系统构成成本高昂。

由于绝大多数独立光伏发电系统的负载类型都可以归属为均衡性负载，因此下面所介绍的太阳电池组件及方阵容量设计主要是针对均衡性负载的。

1）太阳电池组件容量设计　计算太阳电池组件的基本方法是用负载平均每天所需要的能量（即负载电流和用电时间的乘积，单位为 A·h）除以太阳电池组件在一天中可以产生的能量（A·h），这样就可以算出系统需要并联的太阳电池组件数，使用这些组件并联就可以产生系统负载所需要的电流。用系统的标称电压除以太阳电池组件的标称电压，就可以得到需要串联的太阳电池组件数，将这些太阳电池组件串联就可以产生系统负载所需要的电压。

但在实际工作时，太阳电池组件的输出会因受到一些外在因素的影响而降低，因此在实际情况下进行修正时，还需要考虑下列因素。

（1）将太阳电池组件输出降低 10%。在光伏系统设计时，需要考虑工程上的安全系数，可减少太阳电池组件输出的 10% 来解决不可预知和不可量化的因素。

（2）将组件容量增加 10% 以应付蓄电池的库仑效率。蓄电池的库仑效率（Coulombic Efficiency）是指蓄电池的放电容量与同循环过程中充电容量之比。在蓄电池的充/放电过程中，铅酸蓄电池会电解水，并产生气体逸出，即在太阳电池组件产生的电流中将有一部分不能转化为有效电能储存起来，可用蓄电池的库仑效率来评估这种电流损失。不同的蓄电池其库仑效率不同，通常可以认为有 5%～10% 的损失，所以设计中有必要将太阳电池组件的功率增加 10%，以抵消蓄电池的损失。

（3）对于交流负载，再将组件容量增加 10%。对于交流负载而言，考虑到交流逆变器转换效率的损失，还须再将组件的容量增加 10%。

考虑到上述因素，可得到太阳电池组件设计的并联组件数计算公式，即

$$并联组件数量 = \frac{日平均负载用电量(A·h)}{库仑效率 \times [组件日平均发电量(A·h) \times 衰减因子 \times 逆变器效率系数]} \quad (8-1)$$

组件日平均发电量也可采用每天峰值日照时数进行计算。

因为太阳电池组件的输出是在标准状态下标定的，即太阳辐射通量为 $1000W/m^2$、环境温度为 25℃、大气质量为 AM1.5。但在实际使用中，日照条件及太阳电池组件的环境条件是不可能与标准状态完全相同的，因此可以将实际倾斜面上的太阳辐射转换成等同的标准太阳辐射 $1000W/m^2$ 照射的小时数。具体计算过程如下所述。

根据当地地理和气象资料，确定最佳倾角 β，按照 1.1.3 节中所介绍的 Klien 和 Theilacker 倾斜面上的月平均太阳辐照量的计算方法，计算出该角度下倾斜面上

太阳各月平均日辐照量，可得出全年平均太阳日总辐照量 $\bar{I}$，再除以标准的辐照度 $1000\text{W}/\text{m}^2$，即得到平均每天峰值日照时数 $\bar{t}$，即

$$\bar{t} = \frac{\bar{I}}{1000 \text{ W}/\text{m}^2} \tag{8-2}$$

如果辐射量的单位是 cal/cm^2，则峰值日照时数 $\bar{t}$ 为

$$\bar{t} = 0.0116 \times 辐射量 \tag{8-3}$$

如果辐射量的单位是 MJ/m^2，则峰值日照时数 $\bar{t}$ 为

$$\bar{t} = 辐射量/3.6 \tag{8-4}$$

上两式中的 0.0116 和 3.6 分别为不同单位下的换算系数。

因此，将该小时数乘以太阳电池组件的峰值输出，就可以得出太阳电池组件每天输出的安时数，即组件日平均发电量 W 为

$$W = I_m \times \bar{t} \tag{8-5}$$

式中，I_m 为所选择的太阳电池组件的峰值电流。

例如，假设在某个地区倾角为 30° 的斜面上月平均每天的辐射量为 $5.0\text{kW} \cdot \text{h}/\text{m}^2$（可以将其写成 $5.0\text{h} \times 1000\text{W}/\text{m}^2$），则对应的峰值日照时数为 5.0。对于一个典型的 75W 太阳电池组件，I_m 为 4.4A，就可得出每天发电的安时数为 $5.0 \times 4.4\text{A} = 22.0\text{A} \cdot \text{h}/天$。

在 1.1.3 节中已论述了固定倾角太阳电池方阵面上的辐射量要比水平面辐射量高 5%～15%，直射分量越大、纬度越高，倾斜面比水平面增加的辐射量越大。在所设定的倾角下，我国主要城市的日辐射参数见表 8-1[1]，可利用该数据和式（8-4）计算得到不同地点的峰值日照时数 $\bar{t}$。

太阳电池组件设计的串联组件数计算公式为

$$串联组件数量 = \frac{1.43 系统电压(\text{V})}{组件最大工作点电压(\text{V})} \tag{8-6}$$

系统电压通常为蓄电池的额定电压，如 12V、24V、48V 等。系数 1.43 是太阳电池组件最大功率点电压与系统工作电压的比值。

利用上述公式进行太阳电池组件的设计计算时，也要注意以下问题。

（1）温度的影响：当太阳电池温度升高时，其开路电压会下降（温度每升高 1℃，U_{oc} 下降约 2mV）。在高温环境下应用时，应选择 36 片串联的组件，其在标准条件（25℃）下太阳电池组件的 U_m 为 17V，远高于充电所需的 12V 电压，即使在最热的气候条件下，也足够给各种类型的蓄电池充电。在夏季，通常太阳辐射强度较大，太阳电池方阵的发电量有多余的，可以弥补温度升高所减少的电能。

（2）使用峰值日照时数的方法计算太阳电池组件的输出会产生一定的偏差：虽然采用峰值日照时数的方法计算太阳电池组件的输出比较简单，但在使用峰值日照时数的方法中，是利用气象数据中所测量的总辐射强度进行转换。实际上，每天

的清晨和黄昏，有一段时间太阳辐射较低，太阳电池组件产生的电压太小而无法给蓄电池充电，这导致计算得到的峰值日照时数偏大。

表 8-1　我国主要城市的辐射参数

城　市	纬度 Φ	日辐射量 H_1 /(kJ/m²)	倾角 Φ_∞	斜面日辐射量 /(kJ/m²)
哈尔滨	45.68	12703	$\Phi+3$	15838
长春	43.90	13572	$\Phi+1$	17127
沈阳	41.77	13793	$\Phi+1$	16563
北京	39.80	15261	$\Phi+4$	18035
天津	39.10	14356	$\Phi+5$	16722
呼和浩特	40.78	16574	$\Phi+3$	20075
太原	37.78	15061	$\Phi+5$	17394
乌鲁木齐	43.78	14464	$\Phi+12$	16594
西宁	36.75	16777	$\Phi+1$	19617
兰州	36.05	14966	$\Phi+8$	15842
银川	38.48	16553	$\Phi+2$	19615
西安	34.30	12761	$\Phi+14$	12952
上海	31.17	12760	$\Phi+3$	13691
南京	32.00	13099	$\Phi+5$	14207
合肥	31.85	12525	$\Phi+9$	13299
杭州	30.23	11668	$\Phi+3$	12372
南昌	28.67	13094	$\Phi+2$	13714
福州	26.08	12001	$\Phi+4$	12451
济南	36.68	14043	$\Phi+6$	15994
郑州	34.72	13332	$\Phi+7$	14558
武汉	30.63	13201	$\Phi+7$	13707
长沙	28.20	11377	$\Phi+6$	11589
广州	23.13	12110	$\Phi-7$	12702
海口	20.03	13835	$\Phi+12$	13510
南宁	22.82	12515	$\Phi+5$	12734
成都	30.67	10392	$\Phi+2$	10304
贵阳	26.58	10327	$\Phi+8$	10235
昆明	25.02	14194	$\Phi-8$	15333
拉萨	29.70	21301	$\Phi-8$	24151

　　其次，在采用峰值日照时数的方法进行计算太阳电池组件输出时，是假设太阳电池组件的输出和光照完全呈线性关系，并假设所有的太阳电池组件将太阳辐射都转化为相同的电能。但实际情况可能并不是这样，因此有时也会过高地估算组件的

输出。

2) 组件容量的校核[2]　在完成组件容量的设计后，还需要对设计得到的容量进行校核。这时需要考虑到实际使用时存在连续阴雨天的问题，因此在设计时要考虑蓄电池在连续阴雨天持续工作的维持天数 n，一般情况下 n 取 $3 \sim 7$ 天。在所设定的倾角下，实际上方阵不同月份所输出的电流是不同的，在进行校核时取中间值 I，则方阵各月发电量为

$$Q_g = NIH_t\eta_1\eta_2 \tag{8-7}$$

式中，N 为当月天数，H_t 为该月倾斜面上的太阳辐照量，η_1 和 η_2 为前述的实际情况下还需要考虑各种因素的衰减系数。

各月的负载耗电量为

$$Q_c = NQ_L \tag{8-8}$$

Q_L 为负载平均日耗电量（A·h/d）。

因此，各月的发电盈亏量为

$$\Delta Q = Q_g - Q_c \tag{8-9}$$

如果 $\Delta Q > 0$，表示该月系统发电量大于耗电量，方阵所发出的电可以满足负载使用，此外还有多余的电能给蓄电池充电；如果 $\Delta Q < 0$，表示该月发电量不足，要由蓄电池提供部分电能。

以两年为单位，列出各月的发电盈亏量，如果只有一个 $\Delta Q < 0$ 的连续亏欠期，则累计亏欠量即为该亏欠期内各月亏欠量之和；如有两个或两个以上的不连续 $\Delta Q < 0$ 的亏欠期，则累计亏欠量 $\sum |-\Delta Q_i|$ 应扣除连续两个亏欠期之间 ΔQ_i 为正的盈余量，最后得出累计亏欠量 $\sum |-\Delta Q_i|$。

将累计亏欠量 $\sum |-\Delta Q_i|$ 代入下式：

$$n_i = \frac{\sum |-\Delta Q_i|}{Q_L} \tag{8-10}$$

得到的 n_i 与预定的蓄电池维持天数 n 相比，若 $n_i > n$，表示所考虑的电流太小，以致亏欠量太大，所以应该增大电流 I、改变倾角或重新计算容量；反之亦然，直到 $n_i \approx n$，即为可行的方阵输出电流。

因为倾角的不同，光伏阵列所接收的辐射量不同，因此输出电流 I 也是不同的。改变倾角，重复以上计算，进行比较，可得到一个最小的方阵输出电流 I_{min}，这时所对应的倾角就是方阵安装的最佳倾角。

2. 蓄电池的容量设计

蓄电池容量的设计思想是保证在太阳光照连续低于平均值的情况下负载仍可以正常工作。在进行蓄电池设计时，需要引入一个不可缺少的参数——维持天数 n，

即系统在没有任何外来能源的情况下负载仍能正常工作的天数。一般来讲，维持天数的确定与两个因素有关，一是负载对电源的要求程度，二是光伏系统安装地点的气象条件（即最大连续阴雨天数）。通常可以将光伏系统安装地点的最大连续阴雨天数作为系统设计中使用的维持天数，但还要综合考虑负载对电源的要求及光伏系统的成本等问题。

对于不是十分重要的负载而言，用户可以自己调节负载需求，从而适应没有外来能源的情况，这时维持天数可考虑设计为 3 ~ 5 天。而对于比较重要的用电负载（如军事、通信和导航等），不希望在使用过程中出现断电情况，在设计中维持天数要取得适当长些，通常可取 7 ~ 14 天。此外，还要考虑光伏系统的安装地点，如果在很偏远的地区，必须设计较大的蓄电池容量，因为维护人员要到达现场需要花费很长的时间。

光伏系统中使用的蓄电池有铅酸蓄电池、镍氢、镍镉电池和锂电池，但是在较大的系统中考虑到技术的成熟性和成本等因素，通常还是采用铅酸蓄电池。因此，下面主要介绍铅酸蓄电池的设计。

蓄电池的设计包括蓄电池容量的设计计算和蓄电池组的串/并联设计。

1）容量设计　一般情况下，将每天负载需要的用电量 Q_L 乘以根据实际情况确定的维持天数 n，就可以得到蓄电池容量。但在实际应用中，为了保护蓄电池，防止过度放电，不能在维持天数结束时将蓄电池所存储的电量完全释放，因此还要设定蓄电池所允许的最大放电深度，最大放电深度的选择需要参考光伏系统中选择使用的蓄电池的性能参数，可以从蓄电池供应商得到详细的有关该蓄电池最大放电深度的资料。通常情况下，如果使用的是深循环型蓄电池，推荐使用 80% 放电深度（DOD）；如果使用的是浅循环蓄电池，推荐使用 50% DOD。

将计算所得到的蓄电池容量除以蓄电池的允许最大放电深度，即可得到所需要的蓄电池容量 B，即

$$B = \frac{Q_L \times n}{\text{DOD}} \tag{8-11}$$

但在实际情况中，还有很多性能参数会对蓄电池容量和使用寿命产生很大的影响。在蓄电池容量设计时，还需考虑以下影响。

（1）蓄电池的放电率对容量的影响：蓄电池的容量要随着放电率的改变而改变，进行光伏系统设计时，就要为所设计的系统选择恰当的放电率下的蓄电池容量。通常，生产厂家提供的是蓄电池额定容量为 10h 放电率下的蓄电池容量，但是在光伏系统中，因为蓄电池中存储的能量主要是为了自给天数中的负载需要，蓄电池放电率通常较慢，在设计时要采用的是平均放电率，平均放电率的计算公式为

$$\text{平均放电率} = \frac{\text{维持天数} \times \text{负载平均每天工作时间}}{\text{最大放电深度}} \tag{8-12}$$

根据蓄电池生产商提供的该型号蓄电池在不同放电速率下的蓄电池容量，就可以对蓄电池的容量进行修正。

（2）环境温度对蓄电池容量的影响：蓄电池的容量也会随着蓄电池温度的变化而变化。当蓄电池温度下降时，蓄电池的容量会下降。铅酸蓄电池的容量一般是在25℃时标定的。随着温度的降低，0℃时的容量大约下降到额定容量的90%，而在−20℃时大约下降到额定容量的80%，所以必须考虑蓄电池的环境温度对其容量的影响。蓄电池生产商一般会提供相关的蓄电池温度－容量修正曲线。在该曲线上查到对应温度的蓄电池容量修正系数，就可以对蓄电池容量进行修正。

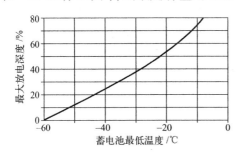

图8-1 铅酸蓄电池最大放电
深度－温度曲线

此外，还需考虑温度与最大放电深度的关系，在低温的情况下，要修正蓄电池的最大放电深度以防止蓄电池凝固失效，从而造成蓄电池的永久损坏。图8-1所示的是一般铅酸蓄电池的最大放电深度和蓄电池温度的关系，当温度低于−8℃时可考虑参考该图进行校正。

在考虑了以上修正因子后，得到的蓄电池容量计算公式为

$$\text{蓄电池容量} = \frac{\text{维持天数} \times \text{负载平均每天用电量} \times \text{放电率修正系数}}{\text{最大放电深度} \times \text{温度修正系数}} \quad (8\text{-}13)$$

2）蓄电池组串/并联设计 当计算出所需的蓄电池的容量后，往往单个蓄电池不能满足要求，这就要进行蓄电池的串/并联设计，以得到所需的蓄电池电压和容量。

（1）蓄电池的串联数设计：蓄电池所需的串联数主要取决于系统的工作电压和所选择的蓄电池的标称电压，即

$$\text{蓄电池串联数} = \frac{\text{系统工作电压}}{\text{蓄电池标称电压}} \quad (8\text{-}14)$$

（2）蓄电池的并联数设计：

$$\text{蓄电池并联数} = \frac{\text{蓄电池总容量}(A \cdot h)}{\text{蓄电池标称容量}(A \cdot h)} \quad (8\text{-}15)$$

蓄电池的并联数有多种选择，如计算出来的蓄电池容量为500A·h，可以选择一个500A·h的单体蓄电池，也可以选择两个250A·h的蓄电池进行并联，还可以选择5个100A·h的蓄电池并联。从理论上讲，这些选择都可以满足要求，但是在实际应用中，要尽量选择大容量的蓄电池以减少所需的并联数目。这样做的目的就是为了尽量减少并联的蓄电池在充/放电时可能产生的不平衡所造成的影响，并联的组数越多，发生蓄电池不平衡的可能性就越大。一般来讲，建议并联的数目

不要超过 4 组。

8.1.3　最佳安装倾角的确定

1. 最佳安装倾角的确定

我国处于北半球，所以光伏方阵应朝正南方向安装。为了使光伏阵列接收到更多的太阳能量，需要确定合适的安装倾角。

方阵的最佳倾角，要根据不同类型负载的情况来确定。

对于独立光伏系统，如果是均衡性负载，要综合考虑方阵上接收到的太阳辐照量的均衡性和最大辐照量接收等因素，要使全年太阳辐照量趋于均匀，避免因夏天太阳辐照量大，从而导致蓄电池充足电后，光伏阵列发出的能量不能利用。参考 8.1.2 节所论述的对组件容量进行校核中所采用的方法，经过反复计算，在满足负载用电要求的条件下，比较不同的倾角所需配置的太阳电池方阵容量大小，得到既符合蓄电池维持天数要求，又能使太阳电池方阵容量最小所对应的方阵倾角。即使其他条件一样，但对于不同的蓄电池维持天数，要求的系统累计亏欠量不同，所计算的方阵最佳倾角也不一定相同。

均衡性负载的独立光伏系统最佳倾角计算和优化的框图如图 8-2 所示[2]。图中，H_t 为该月倾斜面上的太阳辐照量。

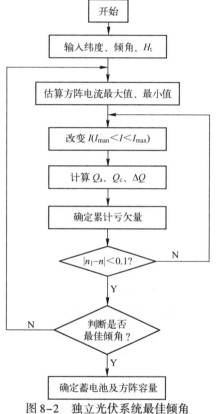

图 8-2　独立光伏系统最佳倾角
计算和优化设计框图

对于季节性负载，其每天的工作时间随季节的变化而变化，这就要以太阳辐照的强弱来决定负载工作时间的长短。如冬天负载耗电量大，则设计时要考虑冬天倾斜面上得到的辐照量大，所对应的倾角应比均衡性负载供电所对应的最佳倾角大；而对于夏天耗电量大的负载，则要减小所对应的倾角，以获取更多的能量。

2. 安装倾角和占地量的关系

在确定方阵的最佳倾角后，还要考虑方阵的占地问题，如果安装不合理，则可能占地过多，造成土地浪费，或者造成方阵前后遮挡，从而损失了发电量。但绝对不遮挡是不可能的，因为太阳刚出地平线时其高度角为零，方阵产生的阴影会无限长。因此要合理设计光伏方阵的占地，在保证光伏系统发电量的条件下最大限度地利用土地，从而使光伏项目得到最佳收益。

GB 50797—2012《光伏发电站设计规范》中对地面光伏电站的光伏方阵布置要求是，光伏方阵各排、列的布置间距应保证每天 9:00 ~ 15:00（当地真太阳时）时段内前、后、左、右互不遮挡。由于我国处在北半球，对光伏阵列最不利的阴影是出现在冬至日前后的一段时间，因此只要保证在冬至日太阳时 9:00 ~ 15:00 不被遮挡，就可以保证全年不会被遮挡了。

对于固定式布置的光伏方阵，在冬至日当天太阳时 9:00 ~ 15:00 不被遮挡的间距如图 8-3 所示。按 GB 50797—2012 给出的固定方阵间距简单计算公式就可计算光伏方阵阵列间的最小间距 D，即

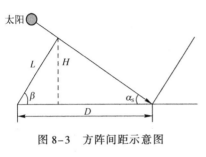

图 8-3　方阵间距示意图

$$D = L\cos\beta + L\sin\beta \frac{0.707\tan\varphi + 0.4338}{0.707 - 0.4338\tan\varphi} \tag{8-16}$$

式中，L 为阵列倾斜面长度；D 为两排阵列之间的距离；β 为阵列倾角；φ 为当地纬度。

因此，当纬度一定时，两阵列之间的最小距离要随着倾角的减小而减小，即占地量要随着倾角的减小而减小，占地量的减小可能会降低土地的投资费用。但倾角的减小又会造成年发电量的减小。因此，可综合考虑发电量最大化和投资效益最大化之间的关系，以此来选择光伏阵列的安装倾角。

8.2　并网光伏系统设计

由于并网光伏系统直接向市电电网馈送电力，没有蓄电池容量的限制，所以其设计也不需要像独立光伏系统那样严格，所要考虑的是如何实现全年发电量的最大化。

一般情况下，并网光伏系统设计分为以下两种情况。

1. 已知太阳电池方阵的容量

并网光伏系统往往是已确定了要安装的太阳电池方阵的容量，在这种情况下，只要找出全年能够得到的最大发电量所对应的最佳倾角，计算出系统每个月的发电量，从而得到全年的总发电量。

每个月的发电量可按下式计算。

$$Q_g = NPH_t\eta_1\eta_2 \tag{8-17}$$

式中，N 为当月的天数；P 为方阵功率；H_t 方阵面上所接收的太阳辐照量；η_1 为直流回路效率；η_2 为交流回路效率。

中国大部分地区的并网系统方阵的最佳倾角都小于当地纬度，部分地区的并网光伏系统最佳倾角见表 8-2[2]。

表 8-2　中国部分地区并网光伏系统方阵最佳倾角

地区	$\varphi/(°)$	$\beta_{opt}/(°)$	$\overline{H}_T/(\mathrm{kW}\cdot\mathrm{h}/(\mathrm{m}^2\cdot\mathrm{d}))$	地区	$\varphi/(°)$	$\beta_{opt}/(°)$	$\overline{H}_T/(\mathrm{kW}\cdot\mathrm{h}/(\mathrm{m}^2\cdot\mathrm{d}))$
海口	20.02	10	3.892	泸洲	28.53	9	2.528
中山	22.32	15	3.065	峨眉	29.31	28	3.711
南宁	22.38	13	3.453	重庆	29.35	10	2.452
广州	23.10	18	3.106	拉萨	29.40	30	5.863
蒙自	23.23	21	4.362	杭州	30.14	20	3.183
汕头	23.24	18	3.847	武汉	30.37	19	3.145
韶关	24.48	17	2.993	成都	30.40	11	2.454
昆明	25.01	25	4.424	宜昌	30.42	17	2.906
腾冲	25.01	28	4.436	昌都	31.09	30	4.830
桂林	25.19	16	2.983	上海	31.17	22	3.600
赣州	25.51	15	3.421	绵阳	31.27	13	2.739
福州	26.05	16	3.377	合肥	31.52	22	3.344
贵阳	26.35	12	2.653	南京	32.00	23	3.377
丽江	26.52	28	5.020	固始	32.10	22	3.504
遵义	27.42	10	2.325	噶尔	32.30	33	6.348
长沙	28.13	15	3.068	南阳	33.02	23	3.587
南昌	28.36	18	3.276	西安	34.18	21	3.318
郑州	34.43	25	3.881	北京	39.56	33	4.228
侯马	35.39	26	3.949	大同	40.06	34	4.633
兰州	36.03	25	4.077	敦煌	40.09	35	5.566
格尔木	36.25	33	5.997	沈阳	41.44	35	4.083
济南	36.36	28	3.824	哈密	42.49	37	5.522
西宁	36.43	31	4.558	延吉	42.53	37	4.054
玉树	33.01	31	4.937	通辽	43.26	39	4.456
和田	37.08	31	4.867	二连浩特	43.39	40	5.762
烟台	37.30	30	4.225	乌鲁木齐	43.47	31	4.208
太原	37.47	30	4.196	长春	43.54	38	4.470
银川	38.29	33	5.098	伊宁	43.57	36	4.740
民勤	38.38	35	5.353	哈尔滨	45.45	38	4.231
大连	38.54	31	4.311	佳木斯	46.49	40	4.047
若羌	39.02	33	5.222	阿勒泰	47.44	39	4.938
天津	39.06	31	4.074	海拉尔	49.13	44	4.769
喀什	39.28	29	4.630	黑河	50.15	45	4.276

表中，φ 是当地纬度；β_{opt} 是并网系统最佳倾角；$\overline{H}_T$ 是方阵面上全年平均太阳辐照量。最佳倾角和倾斜面上太阳辐照量是按照 1.1.3 节所介绍的 Klien 和 Theilacker 的计算方法，计算出不同倾角的太阳辐照量，然后进行比较所得到的全年最大太阳辐照量及其倾角。

2. 已知负载的用电量

如果已知用户负载的用电量，就要在能量平衡的条件下确定所需要的最小太阳电池方阵容量。

首先，根据当地的气象和地理资料，计算出方阵的最佳倾角。然后任意选择一个太阳电池方阵的输出电流 I，根据式（8-7）至式（8-9）计算出每个月的发电盈亏量，如果全年累计盈亏量为正，则应减少方阵的电流；如果全年累计盈亏量为负，则应增加方阵的电流。如此重复计算，直至全年总的盈亏量为零，在这情况下得到的方阵输出电流即为所需的最佳电流 I_m。再根据式（8-18）计算得到所需要的方阵最小容量。

$$P = kI_m(U_m + U_d) \tag{8-18}$$

式中，k 为安全系数，根据负载的重要程度、负载的工作时间、温度的影响和其他须考虑的因素等，一般取 k 值为 $1.05 \sim 1.3$；U_m 为方阵最佳工作点电压；U_d 为线路上的总电压降。

8.3 光伏发电系统的硬件设计

光伏发电系统中，除设计太阳电池方阵和蓄电池容量外，还要考虑系统其他相关附属部件和设施的选型与设计，如太阳电池组件、支架及固定方式、控制器、逆变器、交/直流配电系统、电缆和防雷系统等。太阳能光伏系统的配置构成如图 8-4 所示[3]。

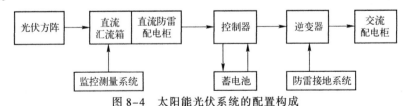

图 8-4 太阳能光伏系统的配置构成

本节主要论述需要进行设计的主要配置。

8.3.1 光伏方阵支架设计及安装

根据所需安装的太阳电池组件数量、尺寸大小、方阵最佳倾角、安装位置和安装方式等设计方阵支架，要求方阵支架牢固可靠，要充分考虑承重、通风、抗腐蚀和抗震等因素，因此要注意支架的机械性能，使其具有与太阳电池组件同等的寿命。机械性能设计包含以下内容[4]。

☺ 确定作用于光伏系统的作用力；

☺ 根据机械力进行机械部件的选型、定容和配置，留有充分的安全裕量；

☺ 选择和配置材料，在系统寿命期内该材料的性能不会降低或恶化到不可接受的水平；

☺ 确定光伏阵列的位置、朝向，使其获得足够的太阳辐射，输出要求的电能，并工作在可接受的太阳电池温度范围内；

☺ 设计光伏阵列的支撑结构，针对现场和应用情况，具有适当的美观性，并提供安装与维护的简便性。

1. 光伏阵列及支架结构上的作用力

光伏系统，尤其是光伏阵列及其结构支撑部件，要受到一些机械力的作用，这些力既有静态的又有动态的。对于支架所采用的钢和铝等材料而言，一旦这些力产生的内部应力和形变超过了材料的极限，将导致其失效或无法恢复的损坏。

作用在光伏阵列及支架结构上的最常见的静态力是组件、支架系统的重力及冬天冰雪的重力。这些重力产生了均匀的正应力、剪应力和扭曲应力，尤其是冰雪的大量累积会产生很大的应力。在绝大多数情况下，这些类型的静态力不会超过阵列和支架结构的应力范围。

除静态力外，光伏阵列及支架结构还要受到动态力的作用，主要是风载荷。风速和风向的变化，将使结构的设计更为复杂。风向的变化通常会导致结构部件受到周期性拉伸与压缩，在设计时要注意除承受均匀拉伸应力外，还要考虑到在压缩时不能弯曲。在动态载荷下，还可能出现疲劳失效的现象。疲劳失效首先表现在结构部件表面上，通常是在弯曲处、拐角或应力集中的地方出现裂纹，裂纹在部件横截面上向内扩散，减小了部件承载区域面积，导致失效[5]。对于易出现大风、阵风的地区，疲劳必须作为设计要考虑的一个因子，支架结构所承受的应力必须远低于所使用材料的疲劳极限。

图 8-5 所示的是钢材料的应力—应变关系曲线。在达到极限前，应力和应变成正比关系；超过比例极限后，棍状物体在略高的应力下仍然具有弹性，如果在弹性极限内撤去拉力，则棍状物仍能恢复到原来尺寸；如果应力超过弹性极限，则会出现永久性形变，即曲线上的屈服点。对于某些材料，确定屈服点比确定弹性极限更容易。曲线上的极限拉伸强度对应的是最大应力点。

2. 材料强度的确定

在得到材料的应力—应变曲线后，设计时要确定允许应力（或工作应力），这

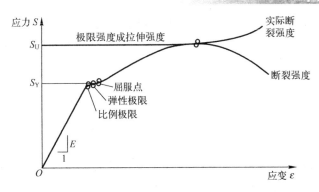

图 8-5　钢材料的应力—应变关系曲线图

是材料所能承受的最大安全应力。要求允许应力应远低于屈服强度和比例极限，可按式（8-19）进行计算。

$$S_a = \frac{S_y}{N} \tag{8-19}$$

式中，S_a 为允许应力；S_y 为屈服强度，单位 MPa；N 为安全因子。

为防止突发性过载，N 应取大于 2，在大风、阵风等可能引起材料疲劳的地区，应使用较高的安全因子。

表 8-3 所列为部分金属材料的极限拉伸强度和屈服强度[4]。

表 8-3　部分金属材料的极限拉伸强度和屈服强度

金　　属	极限拉伸强度/psi	屈服强度/psi
铸铁	18000 - 60000	8000 - 40000
熟铁	45000 - 55000	25000 - 35000
普通结构钢材	50000 - 65000	30000 - 40000
18 - 8 号不锈钢材料	85000 - 95000	30000 - 35000
热轧纯铝材	13000 - 24000	5000 - 21000
17ST 的铝合金	56000	34000
退火钛 6 - 4 合金	130000	120000

注：表中所用的单位 $1\text{psi} = 1\text{lb/in}^2 = 6.895\text{kPa}$。

3. 结构负载的计算

在支架所承受的各种作用力中，风载荷引起的作用力要比结构上的其他作用力大得多。按照美国的要求，建筑物上光伏阵列所产生的静荷重和动荷重通常小于 5psf，而风载荷的典型值为 24 ~ 55psf，某些情况下会大于 100psf。

单位换算：$1\text{psf} = 1\text{lb/ft}^2 \approx 4.88\text{kg/m}^2$。

美国土木工程师协会（ASCE）标准提供了以下各种负载的计算公式和设计准则[6]。

☺ 静荷重；

☺ 动荷重；

☺ 土壤和净水压力及洪水载荷；

☺ 风载荷；

☺ 雪载荷；

☺ 雨载荷；

☺ 地震载荷；

☺ 冰载荷——大气结冰；

☺ 上述载荷的组合。

1）静荷重　静荷重包括由结构部件支撑着的所有材料的重量，如果安装在屋顶上，则屋顶所承受的总静荷重是光伏组件、构成平板的结构部件、安装硬件和安装支架的组合重力，假设这些载荷均匀施加在光伏阵列覆盖的区域内（用 psf 表示），则可用静平衡方程来确定施加在每个支架上的作用力，光伏系统的静荷重一般为 2 ～ 5psf。

2）动荷重　动荷重是指在安装、检查和维护时，由人员、设备和相关材料所产生的作用力，在设计时，也可看成是均匀分布的载荷。一般情况下，动荷重的数量级在 3psf 以下。

3）风载荷　风载荷是风作用在光伏阵列上的力，其幅值取决于大气属性，包括静态压力、温度、黏度和密度。密度是影响光伏系统机械作用力的一个重要因素，空气密度随着海拔的增加而减少。

光伏阵列表面的气流产生两种类型的作用力，即垂直表面的压力和沿表面的摩擦力。表面摩擦力是当空气与表面接触时产生的表面剪切力。

假设气流没有黏性，空气的密度是常数，气流具有保守性，则可得到流体流动的线性动量方程：

$$\int \frac{1}{2}\mathrm{d}(V^2) + \int g\mathrm{d}z + \int \frac{\mathrm{d}p}{\rho} = 常数 \tag{8-20}$$

式中，V 为风速；g 为重力加速度；z 为海拔；p 为静态压力；ρ 为密度。

对式（8-20）进行积分，得到

$$\frac{V^2}{2} + gz + \frac{p}{\rho} = 常数 \tag{8-21}$$

如果忽略高度的变化，则式（8-21）可简化为

$$p + \frac{1}{2}\rho V^2 = 常数 \tag{8-22}$$

式中，p 为静态压力；$1/2\rho V^2$ 为动态压力。这是静态压力和速度等变量间的重要关系式，表明风速增加则静态压力要减小，反之亦然。

不同角度放置的平板所受压力如图 8-6 所示。有两块平板插入在空气流中，一块平板的表面垂直于气流方向，另一块平板与气流成一定的倾角，其产生的相应压力分布如图 8-6 中右侧所示。垂直的平板产生极大的拖曳力，但没有托举力。而有一定角度的平板除拖曳力外，还产生了垂直作用力，该力随着角度的不同，可以产生向上的托举力，也可以产生向下的压力。

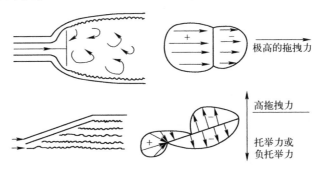

图 8-6　不同角度放置的平板所受压力

风速、空气密度、相对于风向的朝向、形状和表面积、阵列安装的高度及周围地形和建筑物等都将对风载荷产生影响。

某一光伏阵列的设计安装图如图 8-7 所示[7]。当风速为 100mile/h，正对着阵列正面时，地面安装阵列和支架上的静压力分布如图 8-8 所示。最终作用力向下压结构部件 BC。

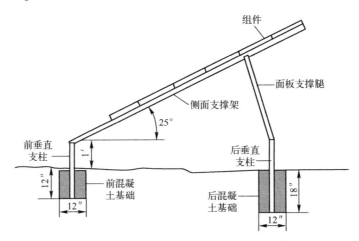

图 8-7　某一光伏阵列的设计安装图

如果风向朝向阵列背面，其形成的静压力分布如图 8-9 所示。最终结构部件 BC 上所受的作用力是拉伸力。

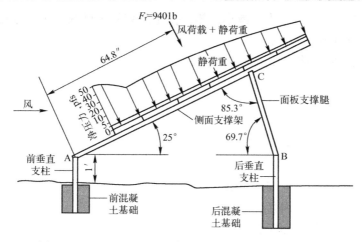

图 8-8　100mile/h 风吹向阵列正面形成的静压力分布图

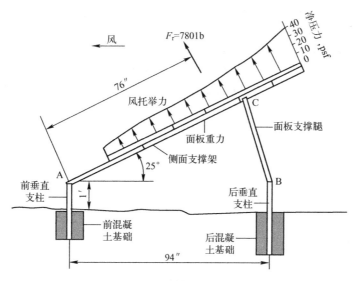

图 8-9　100mile/h 风吹向阵列背面形成的静压力分布图

文献 [8] 的研究结果表明，对于单个阵列，地平面上阵列倾角在 20° 条件下的风力压力达到最小。最大的风力压力出现在阵列倾角 90° 以及 10°～15° 范围内。当阵列倾角为 10°～15° 时，阵列成为一个设计合理的高效翼形，产生巨大的气动升力。当倾角为 20° 以上时，空气被阵列分开，类似于飞机停机过程中机翼上的气流[9]。

阵列之间的间距也对风载荷产生影响，如一个 8ft 高的阵列，间距从 2ft 增加到 4ft 时，可使正面风力压力增加 10%～15%[10]。

试验表明，对于由多排子阵列组成的系统，靠近内侧的数排受到的风载荷要比外侧的小数倍[11]。所以，为了减小外侧各排子阵列的风载荷，可以采用在周围构筑防风林或防风栅栏的方法。

满足风载荷的结构设计步骤如下所述。

（1）建立基本风速；

（2）确定速度压力；

（3）确定阵风影响因子；

（4）确定适当的压力或作用力系数；

（5）确定阵列上的风载荷；

（6）确定作用于关键部件及附着点的力；

（7）考虑一些风险因素，选择适当的安全因子；

（8）选择结构部件和安装硬件，按预设的安全因子承载全部负载。

ASCE 已为此建立了标准，对于屋顶框架结构的光伏阵列的风载荷，屋顶阵列的前、后风向均应考虑，得出向上升力分布和向下压力分布。尤其要注意向上升力，因为它对支撑硬件施加了拉伸力和拔出力。

速度压力 q 可按式（8-23）进行计算。

$$q = 0.00256 K_z K_{zt} K_d V^2 I \tag{8-23}$$

式中，K_z 为高度 z 处的风速压力暴露系数；K_{zt} 为地形因子；K_d 为风向因子；V 为基本风速；I 为重要性因子。

按照 ASCE 标准中的数据：

$K_z = 0.85$

$K_{zt} = 1.00$

$K_d = 0.85$

$I = 1.00$

$V = 150 \text{mile/h}$

计算得到速度压力 q 为

$$q = 42 \text{psf} \tag{8-24}$$

风压 p 可按式（8-25）计算：

$$p = qGC_f \tag{8-25}$$

式中，G 为阵风因子，G 可取 0.85；C_f 为应力系数，对于垂直面或屋顶，C_f 可取 0.70。

代入式（8-25），可计算得到风压：

$$p = 25 \text{psf} = 122 \text{kg/m}^2$$

我国标准规定太阳电池方阵及支架必须能够抵抗 120km/h 的风力而不被损坏。

4）雪载荷 光伏阵列的雪载荷随着阵列倾角的增加而减小。因为随着倾角的增加，垂直于阵列表面的分量减小，有助于雪的脱落，更有利于风力将雪吹落；融化的雪减小了阵列表面的摩擦力，也将有助于雪的脱落。

5）其他载荷 光伏阵列及其支架还可能受到其他载荷引起的机械力，如雨、冰、静水压及地震活动等。

4. 屋顶安装阵列

屋顶安装阵列一般有支架式、框架式、集成式和直接式等。

1）支架式安装 支架式安装应用于屋顶上方，支架倾斜面角度就是方阵的最佳倾角，支架式安装方式适用于水平屋顶或坡度不大于 2∶12 的屋顶。我国标准要求方阵支架必须与建筑物的主体结构相连接，而不能连接在屋顶材料上。可采用混凝土水泥基础固定支架的方式，如果不能做混凝土基础的屋顶，可直接用角钢支架固定电池组件，但需要用钢丝绳拉紧法或支架延长固定法来固定支架，如图 8-10 所示[3]。支架安装阵列工作时，散热较好，因为其散热是通过

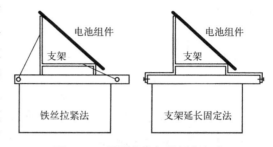

图 8-10 屋顶上支架的固定方法

组件前表面和后表面的对流进行散热的，同时可以通过放置支架来形成自然风道，增强了散热效果。

2）框架式安装 框架式安装应用于具有倾斜屋顶的表面上方，与屋顶表面平行。通常使用点连接的方式将框架式光伏板或子阵列固定在屋顶上，连接点一般在面板或子阵列的四角处及其附近。为了提高框架式阵列的被动散热性能，屋顶与组件框架底部之间要留有一定的间距，允许横向和纵向气流沿组件背面流过。设计时，要考虑使进气口和出气口区域出现压力差，以及横向尺寸要大于纵向尺寸（即有较大的长宽比）。

图 8-11 集成式安装示例图

3）集成式安装 集成式安装也称为 BIPV，阵列可替代传统屋顶或玻璃材料。集成式安装示例图如图 8-11 所示。光伏发电系统作为建筑物结构的一部分，与建筑物建造时同时设计、施工和安装。由于集成式阵列替代了传统屋顶或玻璃材料，具有建筑物构件和材料功能，与建筑物形成完美的统一体。

某些集成式阵列的尺寸公差要比框架式或支架式紧凑得多。

4）直接式安装 直接安装方式是将阵列直接黏贴在屋顶材料或衬料上。组件和屋顶之间的通风间距很小或没有，因此直接安装阵列的温度通常要高于其他安装

方式。对于工作温度不太敏感的新型薄膜电池产品，直接式安装应用得越来越普遍。

5. 地面安装方式

地面安装阵列可使用支架、立杆或跟踪作为支撑，与地面固定在一起，以便能够承受太阳电池阵列的重量并能抵抗风载荷产生的上升力，要求其能抵抗 120km/h 的风力而不被损坏。太阳电池阵列与地面之间的最小间距推荐在 0.3m 以上，以降低风阻并减少泥污溅上组件及增加散热。由于组件前、后表面的空气流动良好，所以地面安装阵列工作时的散热效果较好。

1）支架式安装 支架安装方式被普遍应用于地面安装，可采用简单的结构硬件，如角钢、槽钢和金属管等。图 8-12 所示为地面支架式安装示例图。

2）杆式安装 光伏供电的照明灯是典型的杆式安装应用方式。根据所安装组件的数量和距地面的高度，立杆可能需要固定在混凝土基座中，以防止被风刮倒。

图 8-12　地面支架式安装示例图

3）跟踪式安装 跟踪式阵列比静止式阵列可接收更多的光能，发出更多的电能，是否采用跟踪主要取决于所增加的电能和成本，以及复杂性之间的比较和权衡。

光伏阵列跟踪式安装分为单轴跟踪和双轴跟踪两类。

（1）单轴跟踪：单轴跟踪只有一个旋转轴用于改变太阳电池方阵的方位角或高度角，以期跟踪太阳运行的轨迹，达到使太阳光线与太阳电池面板垂直的目的，使太阳电池组件接收的辐射强度最大，从而提高太阳辐射的利用率。单轴跟踪的旋转轴可以有多种放置方式，如水平南北向放置、水平东西向放置或地平面垂直放置等。但单轴跟踪系统一般情况下难以达到太阳光线与太阳电池面板完全垂直的目的。

（2）双轴跟踪：双轴跟踪光伏阵列可沿两个旋转轴运动，能同时跟踪太阳的方位角与高度角的变化，在理论上可完全跟踪太阳的运行轨迹，以实现太阳光线与太阳电池面板完全垂直的目的。双轴跟踪可分为两种方式，即极轴式全跟踪和高度—方位角式全跟踪。自动跟踪系统控制原理图如图 8-13 所示。

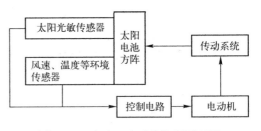

图 8-13　自动跟踪系统控制原理图

文献[12]对各种跟踪系统的太阳辐射利用率进行了仿真计算，得到的结果见表 8-4。表中全年发电效率的计算是根据 1 ～ 12 月份的系统发电量得出的结果。

表 8-4　太阳辐射利用率统计结果表

	太阳辐射利用率/%				
	3 月	6 月	9 月	12 月	全年
系统 A	100	100	100	100	100
系统 B	114.4	125.7	115.0	109.7	121.7
系统 C	122.5	124.4	125.9	120.5	131.9
系统 D	112.0	128.5	114.3	87.6	120.3
系统 E	122.6	135.5	126.1	131.3	136.4

其中，系统 A 采用的是光伏阵列固定安装方式，阵列面向正南与水平面的夹角为当地阵列安装的最佳倾角，$\theta = 21°$。

系统 B 采用的是单轴跟踪方式，旋转轴与水平面垂直，太阳电池阵列与水平面的夹角 $\theta = 25°$，该倾角能够保证光伏阵列获得最佳的太阳辐射利用率。该倾角要根据安装地点的纬度变化而变化。

系统 C 采用的也是单轴跟踪方式，旋转轴与其在水平面上投影的夹角 $\theta = 28.39°$，旋转轴在水平面上的投影与南北向经度线平行，该倾角可实现跟踪轴与极轴的平行。

系统 D 采用的也是单轴跟踪方式，旋转轴与水平面东西方向平行。

系统 E 采用的是双轴跟踪方式，第一个旋转轴与水平面垂直，第二个旋转轴与水平面平行。

从仿真结果可以看出，采用双轴跟踪方式的系统 E 在所有的情况下都能够最大效率地利用太阳辐射能量，固定式安装的光伏系统 A 全年的太阳辐射利用率最低；系统 C 的太阳辐射利用率在大多数情况下都高于另外两种单轴跟踪系统，尤其是在 3 月和 9 月。因为在这两个月，太阳辐射直射地球赤道附近，太阳赤纬角 $\delta \approx 0$，系统 C 的性能接近双轴跟踪系统 E 的性能。

采用自动跟踪光伏阵列能够提高太阳辐射的利用效率，但需要很高的初始安装成本和后期的维护费用。

（3）根据季节调整倾角：为了不增加过多的初始安装成本和后期的维护费用，也可以采用人工调节倾角的安装方式，根据不同的季节改变倾角。春分、夏至、秋分和冬至是太阳入射角变化的转折点，因此可以采用每年调节 4 次倾角的方法。可以参考 RETScreen 分析软件，根据安装地的纬度和气象条件，计算出这 4 个季节的最佳倾角。因此在固定光伏阵列的支架上按照计算得到的不同季节的最佳倾角所对应的位置打上相应的孔，根据季节的不同人工去调整相对应的倾角，尽可能多地获得太阳辐射，从而获得更多的发电量。

这种可调支架的光伏阵列、单轴跟踪和双轴跟踪系统的成本增加及年发电量增加的比较情况见表8-5[13]。

表8-5 可调支架、单轴跟踪和双轴跟踪系统的成本及年发电量增加比较情况表

序 号	安 装 方 式	年发电量增加/%	单W_p总成本增加/%
1	可调支架	5.8	1.8
2	单轴水平跟踪	15.0	18.1
3	双轴高精度跟踪	40.0	34.7

8.3.2 光伏方阵基础设计

1. 杆柱类安装基础的设计

杆柱类安装基础和预埋件尺寸示意图如图8-14所示,根据杆柱的高度不同,其具体的尺寸有所不同。杆柱高度与预埋件尺寸的关系见表8-6[3]。该基础适用于金属类电线杆和灯杆等。

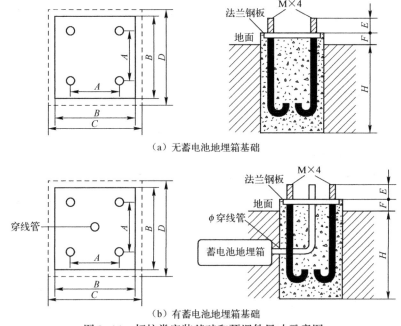

（a）无蓄电池地埋箱基础

（b）有蓄电池地埋箱基础

图8-14 杆柱类安装基础和预埋件尺寸示意图

图8-14中,A为预埋件螺杆中心距离;B为法兰盘边缘尺寸;C、D为基础平面尺寸;E为露出基础面的螺杆高度;F为基础高出地面的高度;M为螺杆直径;φ为穿线管直径,根据需要在25～40mm之间选择。

表8-6　杆柱高度与预埋件尺寸的关系表

杆柱高度/m	螺距尺寸 $A \times A$ /mm×mm	法兰盘尺寸 $B \times B$ /mm×mm	基础尺寸 $C \times D$ /mm×mm	E/mm	F/mm	H/mm	M/mm
3～4.5	160×160	200×200	300×300	40	40	≥500	14
5～6	180×180	250×250	350×350	40	40	≥600	16
7～8	210×210	300×300	400×400	50	50	≥700	18
9～10	250×250	350×350	450×450	60	60	≥800	20
11～12	300×300	400×400	500×500	80	80	≥1 000	22

2. 支架类安装基础的设计

方阵支架安装基础属于丙类建筑，要满足该类建筑相应的要求，如对场地、地基土混凝土砌块和强度等级，以及地基基础抗震等都有一定的要求。

地面方阵支架基础的尺寸如图8-15所示[3]。对于一般土质，每个基础的地面以下部分根据方阵大小一般选择长×宽×高为400mm×400mm×400mm或500mm×500mm×500mm。如果土质比较松散，则基础部分的长宽尺寸要适当放大，高度要加高，或者做成整体基础。

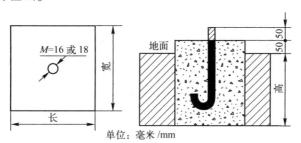

图8-15　地面方阵支架基础的尺寸示意图

大型光伏发电系统的阵列基础要根据GB 5007—2011《建筑地基基础设计规范》中的相关要求进行设计。

3. 混凝土基础制作的基本技术规范

混凝土基础制作的基本技术规范如下所述。

☺ 基础混凝土水泥、沙石混合比例一般为1:2，采用42号水泥（或更细），胶石每块尺寸为20mm（或更小）。

☺ 基础上表面要平整光滑，同一支架的所有基础上表面要在同一水平面上。

☺ 基础预埋螺杆要保证垂直且位置要正确，单螺杆要位于基础中央，不要倾斜。

☺基础预埋件螺杆高出混凝土基础表面部分的螺纹在施工时要进行保护，防止受损。

☺在土质松散的沙土、软土等位置做基础时，要适当加大基础尺寸。对于太松软的土质，要先进行土质处理或重新选择位置。

8.3.3 光伏系统配线设计

由于在光伏发电系统中既有直流又有交流，而直流系统配线与交流系统配线不同，二者是不兼容的。两套系统的配线材料，如用于直流系统的开关、插座与用于交流系统的配线材料是不能互换的。直流系统和交流系统的配电设备也不应安装在同一电气箱中。

光伏阵列的场地输电线通常采用地下电缆沟的方式铺设，一般选用不怕潮湿环境的橡胶绝缘电缆。如果直接埋设，则橡胶电缆要放在高强度的塑料管内穿管敷设。

1. 导线类型选择

导线类型的不同主要在于导体材料和绝缘性能的不同。在光伏系统中，导线一般选择铜线。小规格铝线的机械强度不如铜线，容易折断或损伤。大多数标准规定，铝线不允许用于室内配线，可用于大截面的地下或高空设施的引入线。

导线绝缘层的颜色代表不同的功能，必须掌握常规电线的色彩编码规则以保证安装使用的正确，以及便于维修和故障排除。导线的色彩标记规则见表8-7。

表8-7 导线的色彩标记规则

交 流 线		直 流 线	
颜　　色	用　　途	颜　　色	用　　途
黄、绿、红	相线（A、B、C）	棕色	正极
淡蓝色	中性线	蓝色	负极
黄绿色	安全用接地线	黄绿色	安全用接地线
黑色	设备内部布线		

2. 电源馈线与管道配置

阵列至蓄电池的电源馈线容量应按所规划的阵列容量配置，全程的压降（不包括防反充二极管及调压装置压降）应不大于负载电压的3%。

阵列至蓄电池的电源馈线应选用电力电缆，其他馈线型号及芯线截面选择应按

YD 5040—2005《通信电源设备安装设计规范》的相关规定执行。

室外引入建筑物内的电压馈线应穿专用管道铺设。

阵列馈线布线应符合以下要求。

☺ 每个子方阵应是独立的充电单元。

☺ 子方阵中组件排列要有规则，必须保证组件间串/并线及子方阵引出线简便、可靠。如对 24V 蓄电池充电，可将组件均等分为两组，两组组件正、负极朝向应相反；对 12V 蓄电池充电，则同极性均朝统一方向。组件排列、组件间的并联和子方阵引出线按图 8-16 所示的方法实施[1]。

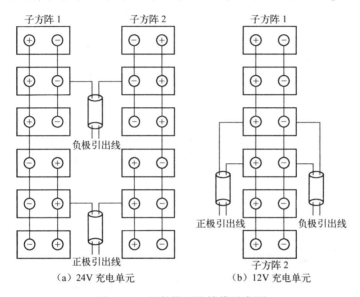

（a）24V 充电单元　　　　（b）12V 充电单元

图 8-16　组件排列及馈线示意图

组件间串/并联线的线径要按子方阵中最大电流的 1.5 ～ 2.0 倍配置。

3. 电缆的选择

1）选择电缆时所考虑的因素　系统中选择电缆时主要考虑以下因素。

☺ 电缆的绝缘性能；

☺ 电缆的耐热、耐寒、阻燃性能；

☺ 电缆的防潮、防光性能；

☺ 电缆芯的类型（铜芯、铝芯）；

☺ 电缆的敷设方式；

☺ 电缆的线径规格。

2）系统中不同连接部分的技术要求　光伏系统中不同部件间的连接，因为环境和要求不同，选择的电缆也不相同。

☺ 组件与组件间的连接：一般使用组件连接盒附带的连接电缆直接连接，该类连接电缆使用双层绝缘外皮，必须进行 UL 测试，具有耐热 90℃、防酸、防化学物质、防潮、防暴晒等能力。所选取电缆的额定电流为各电缆中最大连续工作电流的 1.25 倍。

☺ 方阵内部与方阵间的连接：可以露天或埋在地下，要求防潮、防暴晒。建议穿管安装，导管必须耐热 90℃。所选取电缆的额定电流为各电缆中最大连续工作电流的 1.56 倍。

☺ 蓄电池和逆变器间的接线，使用通过 UL 测试的多股软线或电焊机电缆，尽量就近连接，选择短而粗的电缆以减小线损。所选取电缆额定电流为各电缆中最大连续工作电流的 1.56 倍。

☺ 光伏方阵与控制器或直流接线箱间采用防水、机械强度良好、通过 UL 测试的多股软线，截面积规格根据方阵最大输出电流而定。

☺ 蓄电池到室内设备的短距离直流连接：可以使用较短的直流连线，选取的电缆额定电流为所计算的电缆连续电流的 1.25 倍。

在设计电缆规格时，要考虑温度对电缆性能的影响，线经规格的选取基于两个因素，即电流强度和电路电压损失，要求电压降不要超过 2%。

计算线路损耗的公式为

$$线损 = 电流 \times 电路总线长 \times 线缆电压因子 \tag{8-26}$$

线缆电压因子可从电缆制造商处获得。

8.3.4　防雷和接地设计

太阳能光伏系统的安装位置和环境具有特殊性，其设备遭受直接雷击或雷电电磁脉冲损坏的可能性也较大。为避免雷击对光伏系统的损坏，需要设置防雷和接地系统对其进行保护。太阳能光伏电站是三级防雷建筑物，其防雷设计可参照 GB 50057—2010《建筑物防雷设计规范》。

1. 雷击的主要形式和危害

通常雷击的主要形式和产生的危害如下所述。

☺ 直击雷：雷电直接击在建筑物构架、光伏系统上，因电效应、热效应和机械效应等造成建筑物和光伏系统等的损坏。一般防直击雷是通过避雷装置（即接闪器、引下线、接地装置构成的完整的电气通路）将雷电流泄入大地。

☺ 感应雷：雷电在雷云间或雷云对地放电时，在附近的户外信号传输线路、埋地电力线、设备间连接线上产生电磁感应并侵入设备，使串联在线路中间或终端的电子设备遭受损害。感应雷没有直击雷猛烈，但其发生的概率比直击雷高得多。

☺ 地电位反击：当雷击大地或接地体时，引起地电位上升产生高电压，高电压通过设备的接地线进入设备，造成电气、电子设备的损坏。

2. 雷击的防护

防雷的基本途径就是提供一条具有合理阻抗的雷电流对地泄放途径。防雷保护有如下三个途径：外部保护，将绝大部分雷电流直接引入大地泄放；内部保护，阻塞沿电源线或数据线、信号线侵入的雷电波危害设备；过电压保护，限制被保护设备上的雷电过电压幅值。对光伏系统的防雷设计，主要是考虑直击雷和感应雷的防护。

1）直击雷的防护 直击雷的防护是采用避雷针、避雷线、避雷带和避雷网等作为接闪器，然后通过良好的接地装置将雷电流迅速、安全地泄放至大地。安装避雷针时，要注意避免避雷针的投影落在电池组件上从而造成阴影。安装在屋顶的阵列要将所有电池组件下的钢结构与屋顶建筑的防雷网相连，同时在屋顶电池阵列附近安装避雷针，以达到防雷击的目的。

接闪线（带）、接闪杆和引下线的材料、结构与最小截面，以及接地体的材料、结构和最小尺寸，可参考 GB 50057—2010《建筑物防雷设计规范》中的要求。人工垂直接地体的长度宜用 2.5m，其间距及人工水平接地体的间距均宜为 5m，人工接地体在土壤中的埋设深度不小于 0.5m，且需要做热镀锌防腐处理。

应尽量采用多根均匀分布的引下线将雷击电流引入地下，多根引下线的分流作用可降低引下线的引线压降，减小侧击的危险，并使引下线泄流产生的磁场强度减小。

2）感应雷的防护 感应雷的防护主要采取以下措施。

（1）电源防护：光伏配电系统采用浪涌保护器（SPD）三级防护方式，第一级保护一般安装在光伏发电系统的直流输入端，主要保护直流输入端的设备；第二级保护主要安装在直流输出配电柜上，用于保护直流用电设备；第三级保护主要安装在交流输出端，用于保护交流用电设备。

如果这些防雷配电接线箱设在室外，应选防护等级为 IP65 的防雷配电接线箱。

应在不同使用范围内选择不同性能的 SPD，应要求厂家提供 SPD 相关技术参数资料、安装指导意见，正确的安装才能达到预期的效果。

SPD 的接地线要与其他线路分开铺设，因地线泄放雷电流时产生的磁场强度较大，分开 50mm 以上时，可有效避免在其他线路上感应出高电压。

三级 SPD 防护的示意图如图 8-17 所示。

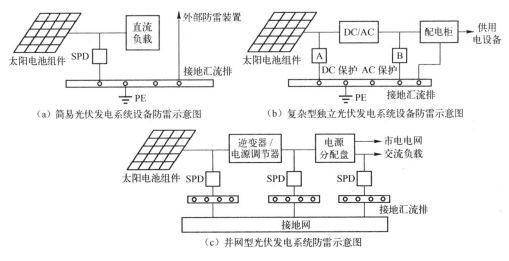

（a）简易光伏发电系统设备防雷示意图　　　（b）复杂型独立光伏发电系统设备防雷示意图

（c）并网型光伏发电系统防雷示意图

图 8-17　三级 SPD 防护示意图

（2）等电位连接：等电位连接的目的是减小需要防雷的空间内各金属部件和各系统间的电位差，防止雷电反击。将正常不带电且未接地的设备金属外壳、电缆的金属外皮、建筑物的金属构架等与接地系统进行电气连接，防止在这些物件上由于感应雷电高电压或接地装置上雷电入地高电压的传递造成对设备内部绝缘、电缆芯线的反击。光伏发电系统等电位连接示意图如图 8-18 所示[3]。

（3）金属屏蔽和重复接地：尽可能采用埋地电缆引入，并用金属导管屏蔽，屏蔽金属管进入建筑物前重复接地，最大限度地衰减从各种线缆上引入的雷电高电压。

3. 光伏系统接地要求

接地就是将电气设备的任何部分与大地间进行良好的电气连接。在光伏系统中进行正确地接地，可以确保设备和人身安全。

所有的接地都要连接在一个接地体上，接地电阻应满足光伏系统中设备对接地电阻最小值的要求，不允许各设备的接地端串联后再接到接地干线上。

光伏系统的接地有以下 5 种类型。

☺ 防雷接地：包括避雷针、避雷带、接地体、引下线、低压避雷器、外线出线杆上的瓷瓶铁脚及连接架空线路的电缆金属外皮的接地等。要求独立设置，接地电阻小于 10Ω，且在地下与主接地装置的距离大于 3m。

☺ 保护接地：光伏系统中平时不带电的金属部分，如光伏电池组件支架、控制器、逆变器、配电屏外壳、蓄电池支架、电缆外皮、穿线金属管道外皮等的接地。保护接地电阻要小于 4Ω。

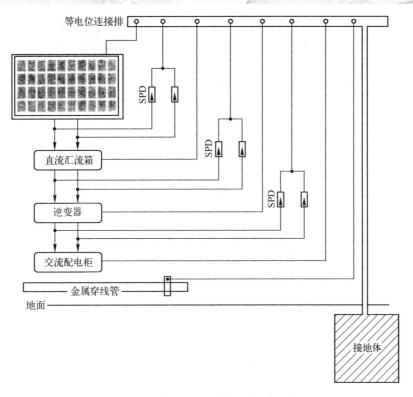

图 8-18　光伏发电系统等电位连接示意图

☺ **工作接地**：逆变器、蓄电池的中性点，电压互感器和电源互感器的二次线圈，要求重复接地，且接地电阻小于 4Ω。

☺ **屏蔽接地**：电子设备的金属屏蔽，接地电阻小于 4Ω。

☺ **重复接地**：光伏发电系统若采用低压架空线路输送电能，低压架空线路的中性线在每隔 1km 处应做一次重复接地。

8.3.5　直流汇流箱的设计

对于大型光伏发电系统，为了减少光伏组件与逆变器间的连接线，方便维护，提高可靠性，一般需要在光伏组件与逆变器间增加直流汇流装置。用户可以根据逆变器输入的直流电压范围，把一定数量规格相同的光伏组件串联组成 1 个光伏组件串列，再将若干个串列接入光伏阵列防雷汇流箱，通过防雷器与断路器后输出，方便了后级逆变器的接入。

直流汇流箱由箱体、分路开关、总开关、防雷器件、防反充二极管、接线端子板、直流熔断器等组成，其内部电路示意图如图 8-19 所示[3]。

1）机箱壳体　机箱壳体的大小由内部器件数量和所占用的位置决定，不宜太

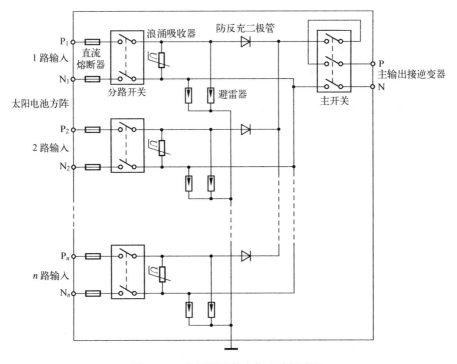

图 8-19 直流汇流箱内部电路示意图

拥挤。根据不同的使用场合，机箱壳体分为室内型和室外型两种，可由不同的材料制成。可直接购买合适的机箱产品。

2）分路开关和主开关 在电池方阵输入端安装分路开关是为了在某一路组件发生异常或需要维护检修时，可以方便地将该路组件与方阵分离。

主开关安装在直流汇流箱输出端与交流逆变器输入端之间，如果是功率不大的系统，则可将分路开关和主开关合二为一，但必要的熔断器仍须保留。要注意的是，所选的开关器件的额定工作电流要大于回路的最大工作电流，额定的工作电压要大于回路的最高工作电压。而且要注意工作在直流状态，如选用的是交流开关器件，则其开关触点所能承受的直流工作电流是交流电路的 1/2～1/3。

3）避雷器 为了防止雷电侵入到太阳电池方阵和逆变器等部件中，在每个电池组件串中都要安装避雷器。对于功率较小的系统，也可以在电池方阵的总输出电路中安装。避雷器的接地端可以一并接到汇流箱的主接地端子上。

4）防反充二极管 如果在组件的接线盒里未安装防反充二极管，就应在直流汇流箱中安装。

5）直流熔断器 直流熔断器主要是对可能产生的太阳电池组和逆变器所产生的电路过载或短路电流进行保护。直流熔断器的规格参数为额定电压 1000VDC、额定电流 1～630A。

市场上有许多光伏防雷汇流箱产品，除以上这些基本功能外，还可以对输入阵列进行电流监控和显示，以及对汇流后的电压进行监控和显示。

8.3.6 交流配电柜的设计

在太阳能光伏发电系统中，交流配电柜是连接在逆变器与交流负载间的接受和分配电能的电力设备，它主要由开关类电器（如空气开关、切换开关、交流接触器等）、保护类电器（如熔断器、防雷器等）、测量类电器（如电压表、电流表、电能表、交流互感器等）、指示灯和母线排等组成。交流配电柜按照负荷功率的大小，分为大型配电柜和小型配电柜；按照使用场所的不同，分为户内型配电柜和户外型配电柜；按照电压等级的不同，分为低压配电柜和高压配电柜。

中小型太阳能光伏发电系统一般采用低压供电和输送方式，选用低压配电柜就可以满足输送和分配电力的需要。大型光伏发电系统大多数采用高压配供电装置和设施输送电力，并入电网，因此要选用符合大型发电系统需要的高/低压配电柜和升/降压变压器等配电设施。

交流配电柜电路结构示意图如图 8-20 所示。

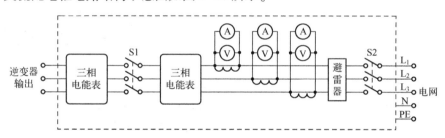

图 8-20 交流配电柜电路结构示意图

除与普通的交流配电柜具有相同的结构外，光伏发电系统还有一些特殊的部分。

1）避雷器 避雷器一般都是接在总开关后，用于保护交流负载或电网免遭雷电破坏，具体接法如图 8-21 所示。

2）具有发电和用电两个电表 在可逆流的光伏并网发电系统中，除正常用电计量的电能表外，还需要在配电箱中安装两个电能表，用于分别计量发电系统馈入电网的电量（卖出的电量）和电网向系统内补充的电量（买入的电量）。

3）防逆流检测保护装置 对于不允许逆流

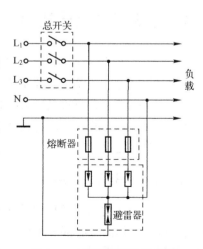

图 8-21 避雷器接法示意图

向电网送电的光伏发电系统，在交流配电箱中还须接入"防逆流检测保护装置"。当检测到光伏发电系统有多余的电能送向电网时，立即切断给电网的供电；当光伏发电系统发电量不够负载使用时，电网的电能可以立即向负载补充供电。

市场上已有许多防逆流检测保护装置的产品，图 8-22 所示的是某一品牌的防逆流检测保护装置外形图，图 8-23 所示的是防逆流检测保护装置连接示意图[3]。

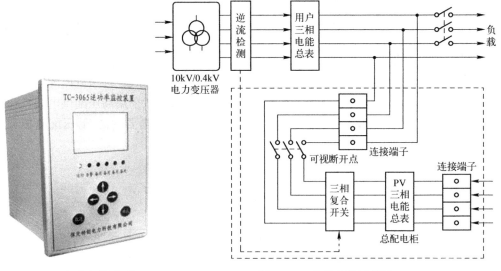

图 8-22 防逆流检测保护
装置外形图

图 8-23 防逆流检测保护
装置连接示意图

8.4 光伏系统设计软件

在光伏系统的设计和优化过程中，需要考虑的因素很多，并且需要进行大量的计算，因此国内外开发了多种相关的优化设计软件，这些软件各有其特点及适用范围。下面介绍 6 个典型的光伏系统相关设计软件，帮助大家了解这些软件的特点，以便从中挑选合适的软件进行辅助设计，从而减少计算量、提高效率和准确度，并进行系统的优化设计。

8.4.1 RETScreeen

RETScreeen 清洁能源项目分析软件是由加拿大政府资助开发的独特决策支持工具，这个工具的核心部分是由已标准化和集成化清洁能源分析软件构成。该软件完全免费，并提供中文语言支持，可以在世界范围内使用，用以评估各种能效、可再生能源技术的能源生产量、节能效益、寿命周期成本、减排量和财务风险。每个 RETScreen 能源工程模型（包括光伏项目等）都可以在微软 Excel 的"工作手册"文件中开发。"工作手册"文件是由一系列的工作表依次组成的，这些工作表有公共的界面和与所有的 RETScreen 模型都相匹配的标准方式。该软件也包括产品、成本和气象数据库。

使用者按行从上到下把数据输入"有阴暗背景的"工作表单元，只需单击每个屏幕底部的制表符或界面上有蓝色下划线的超链接，就可以实现不同工作表间的切换，呈现出 RETScreen 模型流程图。RETScreen 模型流程图如图 8-24 所示。

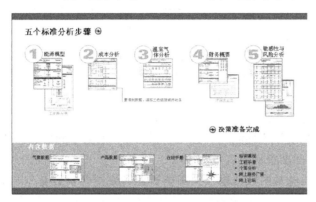

图 8-24　RETScreen 模型流程图

使用者可以通过 Excel 菜单栏中的"RETScreen"菜单来使用 RETScreen 在线用户手册、产品数据库和气象数据库，RETScreen 菜单和工具栏如图 8-25 所示。在 RETScreen 菜单下显示的图标可以在浮动的 RETScreen 工具栏中显示。因此，使用者也可以单击浮动的 RETScreen 工具栏中相应的图标来使用在线用户手册、产品数据库和气象数据库。

图 8-25　RETScreen 菜单和工具栏

RETScreen 光伏项目模型可以方便地评估三个基本光伏应用系统（并网系统、独立系统和水泵）的能源产量、寿命期成本和温室气体减排，独立光伏系统还包括互补光伏系统。

光伏项目模型包括 6 个工作表，即能量模型、太阳能资源和系统负荷计算、成本分析、温室气体排放降低分析、财务概要和敏感性与风险分析。使用时，应首先完成能量模型、太阳能资源和系统负荷计算，然后进行成本分析和财务分析。

1. 能源模型

在 RETScreen 的清洁能源项目分析软件中，"能源模型"和"太阳能资源和系统负荷计算"工作表用于帮助用户根据当地的场址条件和系统性能来计算光伏项目的年发电量。计算结果通常用兆瓦时（MW·h）作为单位。

用户要自定义项目的地点，当用户在太阳能资源和系统负荷计算（SR&SLC）工作表中输入当地气象站的纬度时，就会自动复制到"能源模型"工作表上。

将每月太阳辐射的数据输入到太阳能资源和系统负荷计算（SR&SLC）工作表后，能源模型就可以计算出入射到光伏方阵倾斜表面上的年太阳辐射（以 MW·h/m^2 为单位）。

将每月的温度数据输入太阳能资源和系统负荷计算（SR&SLC）工作表后，能源模型就可以计算出年平均温度（以℃为单位）。根据不同位置，年平均温度一般为 –20 ～ 30℃，标准条件的温度为 15℃。

将有关直流耗电量的数据输入太阳能资源和系统负荷计算（SR&SLC）工作表中的"负载特性"部分，能源模型就可以计算出随季节性变化的直流用电量（以 MW·h 为单位）。

将有关交流耗电量的数据输入太阳能资源和系统负荷计算（SR&SLC）工作表中的"负载特性"部分，能源模型就可以计算出随季节性变化的交流用电量（以 MW·h 为单位）。

2. 光伏阵列

用户可从下拉菜单中选择光伏模块种类。有 6 种可供选择，即单晶硅、多晶硅、非晶硅、CdTe、CIS 和用户自定义。

光伏模块的选择取决于多种因素，包括供货商的价格、产品供货情况、保障、效率等。一般情况下，单晶硅或多晶硅应为首选，因为两者都具有类似相对优化的性价比，是目前普遍采用的光伏组件。

用户可输入光伏组件生产厂家的名字或产品型号（仅供参考）。要获得更多信息，用户可查阅 RETScreen 软件的在线产品数据库。

用户可以从下拉菜单中选择光伏方阵控制器类型，包括最大功率跟踪器 MPPT 和 Clamped。MPPT 可以保证无论负载阻抗发生变化还是由温度或太阳辐射引起工作条件的变化，都使光伏方阵工作在其输出最大功率点上，此时方阵效率将是最佳的。Clamped 光伏方阵控制器直接连接于方阵和蓄电池之间，在这种配置下，方阵的工作电压由蓄电池的电压决定，因此方阵效率将会降低。

3. 太阳能资源和系统负荷计算

"太阳能资源和系统负荷计算"工作表用于连接"能源模型"工作表，计算能量负载和光伏系统节约的能量。

该工作表的前两部分——"系统所在地纬度"与"光伏方阵方位和月输入"用于计算光伏方阵表面上的太阳每月、每年的日均辐射量，这是通过方阵方位，系统所在地纬度及水平面上太阳一年 12 个月的日均辐射量来计算的。工作表的第三部分（负载特性）用于详细说明所考虑的光伏系统类型（并网光伏系统、离网光伏系统或光伏水泵系统）和负载的特性。

用户输入最能够反映项目气象条件的气象站位置（仅做参考，可以查阅 RET-Screen 在线气象数据库）。

用户输入项目位置地理纬度，以度（°）为单位。北半球的纬度记为正数而南半球的纬度记为负数，用户也可以查阅 RETScreen 的在线气象数据库。

用户可选择光伏系统太阳跟踪装置的跟踪类型，包括固定式、单轴跟踪、双轴跟踪和方位角跟踪。

用户输入当地水平面上的每月日平均辐射量，以（$kW \cdot h/m^2$）/d 为单位。模型就可以计算出在当前倾角下的倾斜面平均一天所接收到的太阳辐射量（以 $kW \cdot h/m^2/d$ 为单位）。

更详细的信息读者可参阅 RETScreen 的使用手册。要注意的是，软件中的全球气象数据库来自美国航空航天局，其地面数据与中国的气象站提供的地面数据有较大差别。

8.4.2　PVSYST

PVSYST 是由瑞士日内瓦大学能源组开发的，也是目前光伏系统设计领域比较常用的软件之一，它能够较完整地对光伏发电系统进行研究、设计和数据分析，涉及并网光伏系统、独立光伏系统和光伏水泵系统，并包括了广泛的气象数据库、光伏系统组件数据库，以及一般的太阳能工具等。PVSYST 具有设定光伏组件的排布参数，包括固定方式、光伏方阵倾斜角、行距、方位角等；架构建筑物对光伏系统遮阴影响评估、计算遮阴时间及遮阴比例；模拟不同类型光伏系统的发电量及系统发电效率，以及研究光伏系统的环境参数等功能。

1. PVSYST 的界面介绍

PVSYST 主界面如图 8-26 所示。

PVSYST 界面中左侧 3 个选项分列为初步设计（Preliminary design）、工程设计

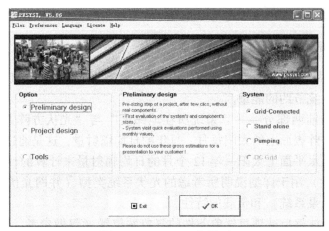

图 8-26　PVSYST 主界面

（Project desig）和工具（Tools）。

☺ 初步设计：在这种模式下，光伏发电系统的产出仅须输入很少的系统特征参数而无须指定详细的系统单元即可被非常迅速地用月值来评估，还可以得到一个粗略的系统费用评估。

☺ 项目设计：用详细的小时模拟数据来进行详细的系统设计。在"项目"对话框中，设计人员可以模拟不同的系统运行情况并比较它们。这个模块在设计光伏阵列、选择逆变器、蓄电池组或泵等方面能给设计人员提供很大的帮助。

☺ 工具：当一个光伏系统正在运行或被详细监控时，工具中详细数据分析部分允许输出详细数据（几乎任何 ASCII 格式），并以表格或图形的形式显示。工具中还包含了数据库管理，如气象数据库、光伏组件数据库，以及一些用于处理太阳能资源的特定工具（从不同数据源中导入气象数据、气象数据或太阳相关几何参数的表或图形显示、晴朗天空的辐射模型、光伏阵列在部分阴影或组件失谐条件下的性能等），均可由用户自行扩展。

PVSYST 界面中右侧 4 个选项分别为并网型光伏系统（Grid-Connected）、独立光伏系统（Stand alone）、水泵光伏系统（Pumping）和直流并网光伏系统（DC Grid）。

下面以并网光伏系统为例，介绍 PVSYST 软件的使用。

2. 并网光伏系统初步设计的使用

如图 8-26 所示，已选定并网光伏系统的初步设计，单击"OK"按钮，弹出"Projecd's location"对话框，在此选择地理位置，如图 8-27 所示。

"System Specification"基本参数设置的界面如图 8-28 所示。左侧的三个选项为组件面积（Active area（m^2））、装机容量（Nominal Power（kWp））、年发电量（Annual yield（MWh/year））。一般选装机容量。方位角一般取 0，即北半球朝正南，南半球朝正北。

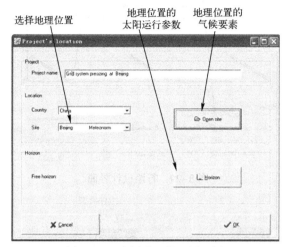

图 8-27　选择地理位置界面图

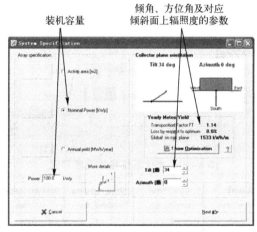

图 8-28　基本参数设置界面图

　　行距设计的界面如图 8-29 所示。单击 "System Specification" 对话框中的 "More detail" 按钮，选择第二个进入地面光伏电站排布设计。通过调整行距，使得遮挡情况和遮阴损失达到合理的设计值。

　　光伏系统参数设置界面如图 8-30 所示。其中，组件类型设置影响组件的面积与装机容量的关系；通风类型影响装机容量与发电量的关系；安装类型影响安装的成本。

　　最后得到的初步设计结果如图 8-31 所示。主要参数有各月的地面辐照度（Gl. Horiz.）、倾斜面上辐照度（Coll. Plane）、发电量（System output）。可以调整不同的参数，对比初步项目的发电量。

设置光伏阵列的宽度和行距　　查看排布下的遮挡情况及损失

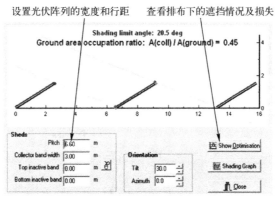

图 8-29　行距设计界面

组件类型

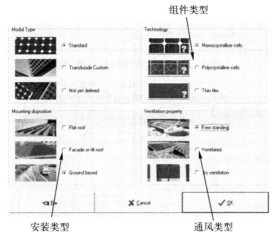

安装类型　　　　　　　　　　通风类型

图 8-30　光伏系统参数设置界面

	Gl. horiz.	Coll. Plane	Shed shading	System output	System output
	kWh/m2.day	kWh/m2.day	kWh/m2.day	kWh/day	kWh
Jan.	2.42	4.27	4.17	3464	107388
Feb.	3.35	5.01	4.93	4094	114642
Mar.	4.68	6.02	5.93	4920	152507
Apr.	6.00	6.61	6.49	5391	161729
May	6.57	6.48	6.35	5273	163465
June	6.51	6.11	5.98	4963	148891
July	6.05	5.78	5.65	4691	145430
Aug.	5.30	5.46	5.35	4442	137689
Sep.	4.72	5.57	5.47	4540	136190
Oct.	3.67	5.11	5.03	4175	129435
Nov.	2.61	4.33	4.25	3527	105804
Dec.	2.10	3.88	3.77	3127	96930
Year	4.50	5.39	5.28	4384	1600100

图 8-31　初步设计结果

3. 并网光伏系统工程设计的使用

在 PVSYST 主界面中选择"Project design"选项和"Grid – Connected"选项，然后单击"OK"按钮，进入如图 8–32 所示的界面。

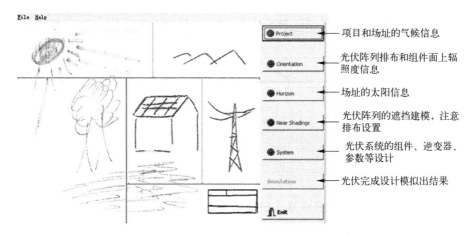

图 8–32　并网光伏系统工程设计界面图

在图 8–32 所示界面中单击"Project"按钮，就会出现如图 8–33 所示的输入项目信息界面，输入项目信息后，单击"Site and Meteo"按钮。

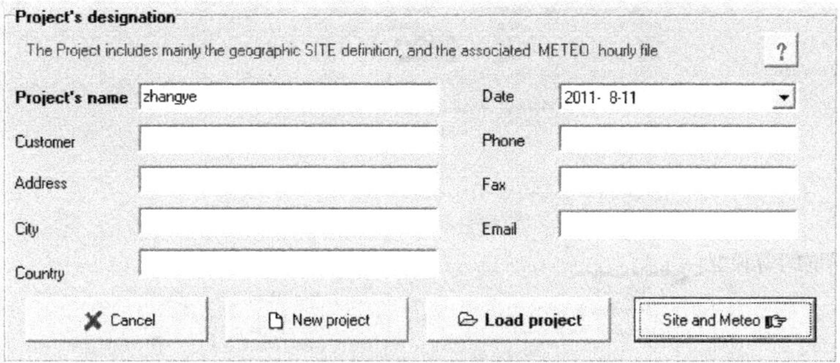

图 8–33　输入项目信息界面

之后就会出现如图 8–34 所示的界面，在此可得到当地的详细太阳辐照信息。选择地点，单击"Next"按钮，可设置反射率。

图 8–34　当地详细太阳辐照信息界面

在图 8-32 所示的界面中单击 "Orientation" 按钮，进入如图 8-35 所示的光伏阵列排布方式，在此可设置固定、跟踪、不同方位角等参数。

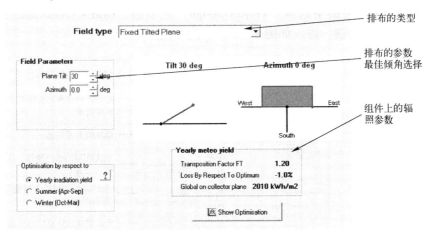

图 8-35　光伏阵列排布方式界面

如果光伏方阵有遮挡，则需对遮挡建模。在图 8-32 所示的界面中单击 "Near shadings" 按钮，进入如图 8-36 所示的界面。

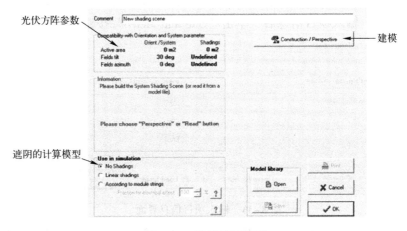

图 8-36　遮挡建模界面

在图 8-32 所示的界面中单击 "System" 按钮，进入光伏系统的设计界面，如图 8-37 所示。

系统中，根据光伏并网电站的规模和场地的要求配置阵列，要求组件有高质量且一致性要好；阵列的排列数量要有利于组件串/并联及电缆布线；根据逆变器的特性，确定组件串/并联数量。

并网逆变器的配置要求考虑电压的输入范围、MPPT 跟踪范围、额定的输出功

不同子系统数

装机容量

组件类型

逆变器类型

组件串并联

设计问题反馈

图 8-37 光伏系统设计界面

率和逆变器的数量等。

在光伏系统设计完成后，单击"detailed losses"按钮就可进入系统参数设置，系统参数设置界面如图 8-38 所示。该界面包括温度损失（Thermal parameter）、电阻损失（Ohmic Losses）、组件质量及失配损失（Module guality – Mismatch）、灰尘损失（Soiling Loss）和辐照损失（AM Losses）。

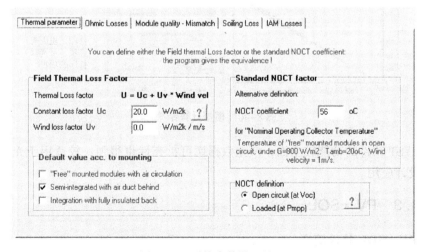

图 8-38 系统参数设置界面

在系统设计完成后，在图 8-32 所示的界面中单击"Simulation"按钮，就可进行模拟计算，如图 8-39 所示。然后再单击图 8-39 所示界面中的"Simulation"按钮，开始进行模拟计算。所得到的模拟系统发电量曲线、数据和报告等如图 8-40 所示。

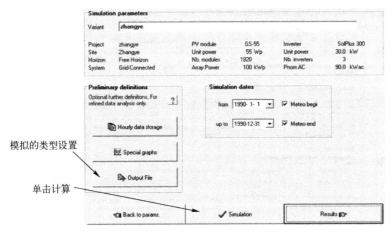

图 8-39　模拟计算界面

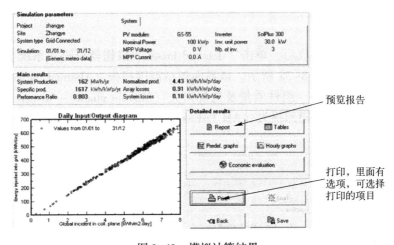

图 8-40　模拟计算结果

PVSYST 软件的功能较全面，模型数据库可扩充性也很强，较适用于光伏发电系统的设计应用。

8.4.3　PV * SOL

1. PV * SOL 软件简介

PV * SOL 是由德国 Gerhard Valentin 博士开发的，这是一款用于模拟和设计光伏系统的软件。PV∗SOL 从不同的技术和经济角度来评估光伏发电系统。另外，每个系统的生态效益都可以通过污染排放计算得到。这些计算基于时平衡，最终结果可以图形、项目详细报告等形式显示或打印出来。PV∗SOL 在数据库的建立方面做得比较出色。它提供了欧美许多国家和地区详尽的气象数据，而且是以 1h 为间隔的。这些数据包括太阳辐照强度、指定地点 10m 高的风速和环境温度。所有数据均能按日 / 周 / 月的时间间隔以表格或曲线的形式显示出来。除此之外，它还包含丰富的负载数据、150 种太阳电池组件、70 种蓄电池的特性数据，150 种独立系统和并网系统的逆变器特性数据。所有的数据都可以通过用户自定义而得到扩展，增加了设计的灵活性。

该软件具有以下功能：可进行三种系统的设计包括独立系统、并网系统及混合系统；光伏阵列可以被设置在不同的角度；可方便地选择光伏组件、系统逆变器等；进行系统中不同搭配的光伏组件和逆变器的 MPP（最大输出功率）跟踪；各种阴影的影响分析（建筑物、树等），可用图形或表的方式输入阴影；监视部分负荷时光伏组件和逆变器的性能；详细的系统组件数据库能够由用户自定义扩展；定义不同负荷下的电力需求；可输入单独负载，如洗衣机和电视；关于能量生产 / 需求的详细信息及其他各种经济分析；所有的数据库单元都能被用户自定义扩展。

PV∗SOL 软件主界面如图 8-41 所示。

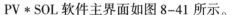
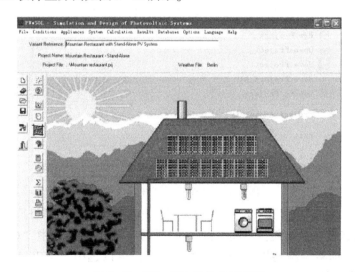

图 8-41　PV∗SOL 软件主界面图

2. PV∗SOL 软件使用

在进行实际设计时，首先选择光伏系统的安装地点。如果数据库中没有确切的地点数据，可以选择相近的地点数据，或者通过其他途径获得相关数据并将其输入软件。然后选择系统的类型，可在独立系统、并网系统及混合系统中选择一种。

接着选择和输入负载。PV＊SOL 软件的特点之一是负载类型的丰富及参数的详尽。对于设计者而言，需要知道某 1h 内同时工作负载的数量和功率，负载每天工作的特定小时数等信息，而不是简单确定负载全年总的工作时间及所消耗的电量。这些都将影响太阳电池组件和蓄电池的匹配、逆变器的选择。

负载确定后，软件就能够计算出系统需要的太阳电池组件输出和蓄电池容量。如果选择好了组件、蓄电池和其他设备的型号，软件就会给出组件和蓄电池的数量、串/并联情况等。

PV＊SOL 软件的另一功能是模拟。进行模拟计算后，会显示出详细的模拟报告，内容包括 PV 组件的年发电量、负载的年耗电量、PV 阵列的太阳辐射、PV 组件效率、系统效率、系统效率损失的可能性、蓄电池状态等。此外，它还可以进行光伏系统经济效益和环保效益的分析。经济效益的分析涉及利率、净现值、通货膨胀率、生命周期等简单的经济学知识，只需要输入这些参数，就可以得到系统生命周期内成本，以 ¥/(kW·h) 表示。

1) 文件 文件的界面如图 8-42 所示。单击"File"（文件）菜单就会显示下拉菜单。

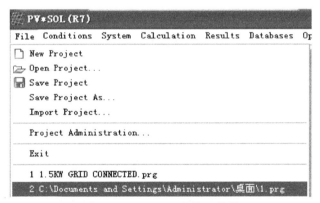

图 8-42 "File"（文件）菜单

执行菜单命令"File"→"New Project"，即可开始一个新项目。

2) 系统连接 系统连接界面如图 8-43 所示。在此可以选中"One System Inverter"选项，即多个阵列用一个逆变器输出；也可以选中"Multiple Inverter"选项，即每个阵列各接一个逆变器输出。

多个阵列用一个逆变器输出和每个阵列各接一个逆变器输出的逆变器选择示范图如图 8-44 所示。

3) 太阳电池组件选型 单击如图 8-45（a）所示"Technical Data：Array"对话框"PV Array"选项卡中的"PV Module"按钮，就可进行太阳电池组件的选型，

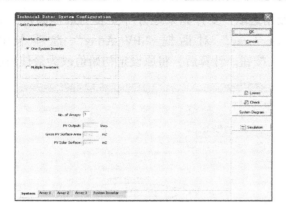

图 8-43　系统连接界面

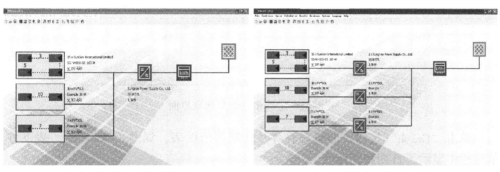

（a）多个阵列用一个逆变器输出　　　　　　　（b）每个阵列各接一个逆变器输出

图 8-44　逆变器选择示范图

弹出"Load File"对话框，如图 8-45（b）所示。可在对话框中选择需要的产品。

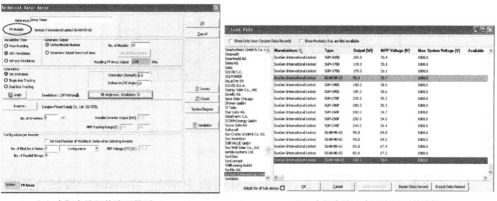

（a）太阳电池组件选型界面　　　　　　　　（b）太阳电池生产厂家及型号选择

图 8-45　太阳电池组件选型

4）方阵最佳倾角选取 要计算某地方阵安装的最佳倾角，单击如图8-46所示"Technical Data：Array"对话框"PV Array"选项卡中的"Tilt Angle max. Irradiation：19"按钮。计算后，将原设定初始值改为最佳角度值。

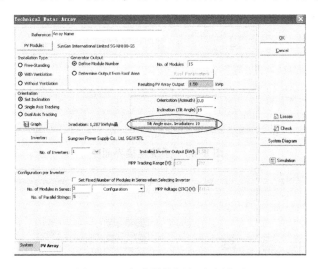

图8-46 方阵最佳倾角选取界面

单击"Graph"按钮，即可查看各月的辐照值图表，如图8-47所示。表下方信息栏中显示了日期和辐照值。

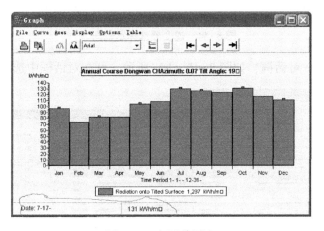

图8-47 辐照值图表

5）逆变器选择 在如图8-46所示对话框中单击"Inverter"按钮，弹出"Load File"对话框，如图8-48所示。设计者可根据要求选择逆变器，✓表示匹配的逆变器，❓表示不适合，⊘表示不能用。

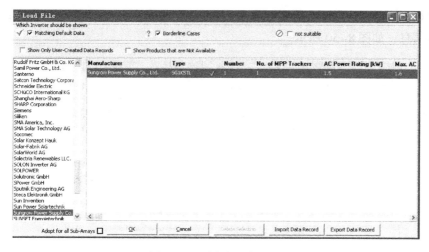

图 8-48 逆变器选择界面

6) 系统模拟计算校对 在模拟时，需要考虑光伏系统的各种损失因素，如不匹配、温度、电压及电极损失，以及漫反射系统等。PV＊SOL 软件会对输入的数据进行可行性检查，这样就可以在最初阶段避免输入错误，错误的数据会被检测出。

在如图 8-46 所示的对话框中单击"Losses"按钮，系统将给出各项损失的参数，如图 8-49 所示。可以根据实际的系统进行输入。

图 8-49 各项损失的参数界面

在如图 8-46 所示的对话框中单击"Check"按钮,系统将会给出是否有错误的提示信息,如图 8-50 所示。

图 8-50　校核后给出是否有错误的提示信息

PV＊SOL 软件的其他使用这里就不再详细介绍了。

PV＊SOL 软件的最大优点是提供了大量的用户可扩充接口,主要包括光伏组件数据库、逆变器数据库、蓄电池数据库、负载概况、单独装置、由电网供电产生的费用、向电网供电产生的费用、混合污染、MPP 跟踪等。另外,其气象数据库包含了欧美许多国家和地区的详细时数据,并可由用户自定义扩充。

8.4.4　国内光伏系统优化设计软件

上海电力学院太阳能研究所在国家发改委、全球环境基金(GEF)、世界银行中国可再生能源发展项目办公室的支持下,开发了 3 套相关的光伏系统优化设计软件。

1."中国太阳辐射资料库"软件

该软件的内容包括两方面:收录我国 595 个地区的相关太阳辐射资料;按照 Klein. S. A 和 Theilacker. J. C 提出的月平均太阳辐射计算方法,计算出不同方位和各种倾斜面上 12 个月份的太阳总辐照量。

该软件可显示当地全年接受到最大太阳辐射量所对应的倾角及各个月份的太阳辐照量,显示当地 12 个月分别接受到的最大太阳辐照量所对应的倾角及其辐照量。可方便设计者确定太阳电池阵列的最佳倾角。太阳辐射计算模块界面图如图 8-51 所示。

若要计算某地在某一倾角下的各月太阳辐照量，先单击"R. 读入"按钮，找到右侧资料库储存的对应地点；再单击"Y. 选取"按钮，该地区的纬度及 20 年的月平均太阳总辐照量和直射辐照量就自动显示在左侧的方框中；然后单击"C. 计算"按钮，即可得到该倾角下倾斜面上的各月平均太阳总辐照量及其全年总辐照量。

单击"S. 统计"按钮，即可显示当地方位角为 0° 时，全年接收到最大太阳辐照量所对应的倾角；以及相应各个月份的太阳辐照量，如图 8-52 左侧所示。图 8-52 右侧所示为 12 个月分别接收到的最大太阳辐照量所对应的倾角及其辐照量。

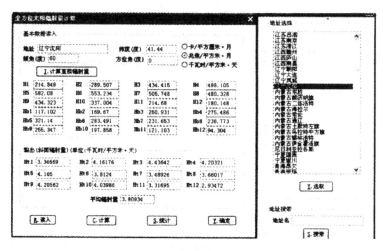

图 8-51　太阳辐射计算模块界面图

图 8-52　统计结果界面图

2. "独立光伏系统优化设计"软件

该软件包括两部分内容：为均衡性负载供电的独立光伏系统和光控太阳能照明系统。

对于为均衡性负载供电的独立光伏系统，只要输入每天负载的耗电量、蓄电池电压、维持天数，以及放电深度、安全系数、输入回路和输出回路效率，即可得出所需太阳电池方阵容量和最佳倾角，以及蓄电池的容量，并显示出各月份的能量平衡情况。其优化设计模块界面图如图8-53所示。"R. 读入"按钮和"Y. 选取"按钮的功能同"太阳辐射资料库"软件。输入各所需参数后，单击"C. 优化"按钮，即可显示出所需的蓄电池容量、太阳电池方阵容量、最佳倾角和对应的电流。

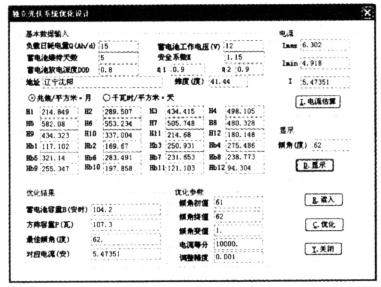

图8-53　均衡性负载供电的独立光伏系统优化设计界面图

对于光控太阳能照明系统的设计，同样只需输入有关参数，即可得出优化设计结果。

3. "并网光伏系统优化设计"软件

该软件也包括两个模块。模块一是已知太阳电池方阵容量，可计算得到全年光伏系统的最大发电量和太阳电池方阵的最佳倾角，以及各个月份光伏系统的发电量和全年总发电量。该模块计算界面如图8-54所示。

模块二是根据负载用电量，在全年能量平衡的条件下，确定所需太阳电池方阵的最小容量、12个月光伏系统的发电量及负载用电量、全年光伏系统的发电量，以及太阳电池方阵的最佳倾角。该模块计算界面如图8-55所示。

图 8-54 并网光伏系统模块一界面图

图 8-55 并网光伏系统模块二界面图

8.5 光伏电站系统效率分析

对于大型光伏电站而言，投入运行后，其系统性能比（Performance Ratio，

PR）是表征光伏电站运行性能的最终指标，系统性能比通常称为系统效率。在电站容量和光辐照量一致的情况下，系统效率越高就代表发电量越大。

1. 系统效率的定义

PR 定义为光伏系统输出给电网的能量和方阵接收到的太阳能量之比。

IEC 61724（1）给出的 PR 定义为

$$PR_T = \frac{E_T}{P_e \cdot h_T} \tag{8-27}$$

式中，PR_T 为在 T 时间段内电站的平均系统效率；E_T 为在 T 时间段内电站输入电网的电量；P_e 为电站组件装机的标称容量；h_T 为是 T 时间段内方阵面上峰值日照时数。

一般用 PR 表示一年的平均系统效率。

光伏电站中 PR 的大小与系统设计、安装、部件质量的好坏、逆变器和控制器等的效率、连接线路的损耗及运行维护情况等很多因素有关。

2. 影响系统效率 PR 的主要因素

影响系统效率主要因素有阴影遮挡损失，组件串联不匹配产生的效率降低，直流/交流部分线缆功率损耗，灰尘、雨水遮挡引起的效率降低，温度引起的效率降低，逆变器的功率损耗，变压器功率损耗和跟踪系统的精度等。

1）阴影遮挡损失 阴影遮挡损失可分为两种情况：一种是电站安装场地远方的物体（如山脉等）对方阵造成的影响，这种遮挡对所有方阵的影响是一致的；另一种是电站安装场地附近的物体（如建筑物、电线杆、电缆和植物等）及阵列前后排间的遮挡，这种遮挡一般都只在某些特定的时间段对光伏阵列中某些特定区域有遮挡影响。

电站在冬至日的时候是阴影遮挡时间最长的，在设计时，要求组件在 9：00—15：00 这段时间都不能有阴影遮挡。一般情况下，电站的发电量都会受阴影遮挡的影响，只是受影响的程度有差异。如果按规范来设计，阴影遮挡造成的能量损失占总发电量的比率约为 0.7。

阴影遮挡损失可用 PVSYST 软件进行仿真。对于第一种遮挡损失，可用软件中的 "horizon" 模块进行仿真；第二种遮挡损失可用软件中的 "near shadings" 模块进行仿真。

2）失配损失 失配损失是因组件之间功率及电流的偏差，对光伏电站的发电效率所产生的影响。光伏并网电站的太阳电池方阵是由很多太阳电池组件串/并联组成的，由于生产工艺问题，导致不同组件之间功率及电流存在一定偏差，即使是功率相同的组件，各组件的最佳工作电压和电流也不一定完全相同。因此，组件供应商应对所供组件按电流进行分档，保证光伏发电单元的各个组件的短路电流与平均值的误差分布在 ±0.6% 之内；组件的功率偏差在 0% ~ 3%，保证这个光伏发电单元的各组件的开路电压和平均值的误差发布在 ±3% 之内。

失配损失可用 PVSYST 软件中 "electrical behavior of arrays" 功能模块进行估计。若按照上述误差要求，则 PVSYST 软件所估计的失配损失不超过 0.5%。

安装时，尽可能将电流相近的组件安装在一个组串中，而且组件的衰减特性要尽可能保持一致，这样可以有效降低失配损失。

3）直流部分线缆功率损耗 组件之间或组件到接线盒、组件到直流汇流箱、汇流箱到逆变器之间都需要用导线进行连接。导线本身具有一定的电阻，如果连接导线线径太细，或者因这些连接点安装不慎造成接触不良，就会产生较大的线路损耗。

一般情况下，20MW 光伏并网发电项目使用光伏专用电缆用量约为 350km，汇流箱至直流配电柜的电力电缆（一般使用规格型号为 ZR – YJV22 – 1kV – 2 × 70mm²）用量约为 35km，经计算得直流部分的线缆损耗约为 3%。

4）交流线缆的功率损耗 由于光伏并网电站一般采用就地升压方式进行并网，交流线缆通常为高压电缆，该部分损耗较小，交流部分的线缆损耗约为 1%。

5）光伏组件表面污染引起的效率降低 光伏组件表面由于受到灰尘或其他污垢蒙蔽而产生的遮光影响，从而引起效率降低。大型光伏电站一般地处戈壁地区，风沙较大，降水很少，在光伏电站运行过程中，方阵表面会沉积灰尘，而且由于并网光伏系统的太阳电池方阵倾角比较小，仅依靠雨水冲刷无法清洁方阵的表面。该效率损失与环境的清洁度和组件的清洗方案有关。

2006 年，在对美国 50 个大型光伏并网电站进行研究后得出，在无人工清洗的情况下，不同地区光伏组件表面污染引起的效率降低在 2% ~ 6% 之间，如图 8-56 所示[14]。

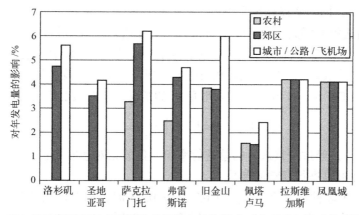

图 8-56 美国不同地区表面污染对年发电量的影响（在无人工清洗的条件下）

我国的环境情况和美国还是有一定差距的，因此如果考虑有管理人员人工清理方阵组件频繁度一般的情况下，效率衰减值取约8%。

6）温度引起的效率降低　太阳电池组件的额定功率是在标准测试条件下测定的，因此太阳电池组件的实际输出功率与太阳电池工作温度有关。温度升高时，输出电压降低，电流略有增大，组件实际效率降低，发电量减少。因此，温度引起的效率降低是必须要考虑的一个重要因素，在设计时考虑温度变化引起的电压变化，并根据该变化选择组件串联数量，保证组件能在绝大部分时间内工作在最大跟踪功率范围内。晶硅组件的峰值功率温度系数一般约为 $-0.45\%/℃$，非晶硅组件的温度系数一般约为 $-0.2\%/℃$（负号表示当温度升高时，组件的峰值功率下降）。

考虑到温度引起的功率变化，以及考虑各月辐照量计算加权平均值，因不同地域环境温度存在一定的差异，对系统效率影响存在一定的差异，可以考虑温度引起系统效率降低取值为3%。

7）逆变器的功率损耗　逆变器的功率损耗主要包括逆变损耗、超功率损耗、输入电压超过最大允许电压损耗和输入电压低于最低允许电压损耗。

☺ 逆变损耗：是指逆变器在逆变过程中产生的损失，主要有逆变器中的电子器件的热损失及辅助系统的耗电。

☺ 超功率损耗：是指当逆变器试图输出超过其最大输出功率时，而被自动限制成按最大输出功率输出时所造成损耗。

☺ 输入电压超过最大允许电压损耗：是指当输入直流电压过高时，逆变器的过电压保护动作，自动断开直流输入回路而造成的损耗。

☺ 输入电压低于最低允许电压损耗：是指当输入直流电压过低时，逆变器停止工作而造成的损耗。

目前国内生产的大功率逆变器（$\geqslant500kW$）系统效率一般达到98%以上。

8）升压变压器功率损耗　变压器为成熟产品，选用高效率变压器，变压器效率可达到99%，即功率损耗约为1%。

9）相对透射率损失　由于光学材料的反射和透射与入射角有关，在组件功率标定测试时，光线是垂直入射的。而电站实际工作时，光线较少与组件垂直，且存在着一定比例的散射光，即存在着相对透射率损失。美国采暖、制冷与空调工程师协会（ASHRAE）给出了在给定的入射角 θ_s 的情况下相对透射率的理论模型，即

$$FT_B(\theta_s) = 1 - b_0\left(\frac{1}{\cos\theta_s} - 1\right) \tag{8-28}$$

式中，$FT_B(\theta_s)$ 是经过垂直入射的总透射率归一化的相对透射率；b_0 是对于不同种类的光伏组件可以进行调整的参数。

在PVSYST软件中，默认 $b_0 = 0.05$。$b_0 = 0.05$ 时，相对透射率与 θ_s 的关系曲线如图8-57所示。从图中可知，在入射角小于60°时，相对透射率大于95%。

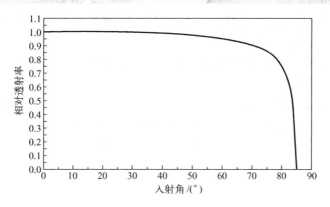

图 8-57　$b_0 = 0.05$ 时相对透射率与 θ_s 的关系曲线图

注意，即使是采用双轴跟踪系统，由于散射辐射的方向不同，用 PVSYST 软件进行仿真时仍会存在相对透射率损失。

10）弱光损失　由于组件功率在标定测试时的标准条件是辐照度为 1000W/m²，在实际使用时，无论是晶硅太阳电池还是非晶硅太阳电池，光电转换效率都会随着辐射度的下降而降低，产生弱光损失。

如果将以上各项在能量转换和传输中的损失分别定义为 η_1、η_2、$\cdots$、η_n，则在 T 时间段内电站的平均系统效率 PR 为

$$PR = (1 - \eta_1) \cdot (1 - \eta_2) \cdot (\cdots) \cdot (1 - \eta_n) \tag{8-29}$$

同一个电站在不同时间段 PR 值也会存在差异。

3. 提高系统效率的措施

根据以上对影响系统效率主要因素的分析，可采用相对应的措施来提高系统效率。

1）减小阴影遮挡损失　采用减小倾角、增大方阵间距、优化组件的布置和组串连接等措施。

2）减小失配损失　采用组件分选设计，对组件按实测参数进行电流、电压的按档分选，并按此分选设计进行组件组串设计、安装，同一逆变器的组件要采用同一档次。

3）减小交、直流部分线缆功率损耗　对组件接线进行最优化设计，优化各种线缆的铺设路径，尽可能增大线缆的线径，减小线损。

4）减小光伏组件表面污染引起的效率降低　由于受沙尘、阴雨等因素引起光伏组件表面污染对光伏电站的发电量影响很大，可聘请专业人员经常清洗电池组件表面，这对光伏电站系统效率的提高有明显的作用。

5）减小温度引起的效率降低　在温度较高的场合使用时，可选择峰值功率温

度系数绝对值较小的太阳电池组件；在温度较低的场合使用时，可选择峰值功率温度系数绝对值较大的太阳电池组件。

6）减小逆变器和变压器的功率损耗　选择高效率的逆变器和变压器，优化组件组串与逆变器的匹配。

7）减小相对透射率损失　选择相对透射率高的组件；采用单轴及双轴跟踪系统；在没有跟踪系统的情况下，可采用倾角可调支架，由人工根据各季度辐射情况或按照月份进行调节，从而达到该季度或该月的"最佳"倾角，以增加发电量，进而达到提高系统效率的作用。

8）减小弱光损失　选择弱光性好的光伏组件。

4. 光伏组件输出功率的衰减

在光伏电站运行过程中，光伏组件的输出功率会出现极缓慢的衰减，这与电池的缓慢衰减有关，也与封装材料的性能退化有关。

晶硅组件的厂家一般承诺第 1 年末组件输出功率不低于初始值的 90%，第 25 年末组件输出功率不低于初始值的 80%。也有厂家提供线性衰减质保：对于单晶硅组件，一般保证第一年衰减不超过 3.5%，之后 24 年内每年衰减不超过 0.68%；对于多晶硅组件，一般保证第一年衰减不超过 2.5%，之后 24 年内每年衰减不超过 0.7%。

8.6　光伏电站设计实例

本节中将给出天合光能有限公司的两例光伏电站的设计实例。

8.6.1　天合光能武威二期100MW光伏并网发电工程

1. 工程概况

该电站位于甘肃省武威市民勤县，场址区位于民勤县红沙岗境内，东距民勤县城约 55km，南距金昌市约 65km，北距红沙岗镇约 8.4km，距省道 S212（里程 68km 处场地西侧）约 11km。地形地貌以荒漠戈壁滩为主，场址地形较平坦，地势开阔。场址区海拔高程在 1366 ～ 1383m 之间。

光伏发电项目电站容量为 100.0692MW（注：本书中涉及太阳电池组件功率的单位 "W" 均表示是 "峰瓦"），占地面积为 2.63km²。防洪设计主要为排泄暴雨形成的地表径流，洪水标准按 50 年一遇洪水设计。

2. 地形地貌

工程区总体地处甘肃省中部，东临腾格里沙漠，西、北为巴丹吉林沙漠，北依北大山，南与龙首山相望。地势相对平坦，切割轻微，天然植被稀少，场址区地形图如图 8-58 所示。

图 8-58　场址区地形图

3. 项目地气象条件与太阳能资源

项目地年平均气温为 8.81℃，极端最低气温出现在一月份，为 -29.5℃，极端最高气温出现在七月份，为 41.7℃。年平均降水量为 114.5mm，最大冻土深度为 116cm，最大积雪深度为 11cm，最大风压为 1400Pa。

项目地近 32 年年太阳总辐射量平均值为 6172.46MJ/m²，年日照时数平均值为 3133.39h。项目地为资源最丰富区，最佳倾角 37°角的光伏阵列上的多年平均总辐射量为 7279.11MJ/m²。

项目地民勤站平均日照小时数为 3133.39h，最低值出现在 1984 年，最高值出现在 1997 年，民勤站 1981 年—2012 年日照时数年际变化图如图 8-59 所示。

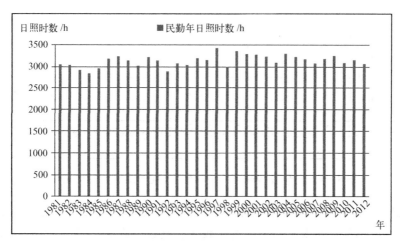

图 8-59　民勤站 1981 年—2012 年日照时数年际变化图

项目地民勤站月日照时数 2 月为全年最小值，为 222.42h，5 月为全年最大值，为 303.61h。民勤站 1981 年—2012 年月日照时数变化图如图 8-60 所示。

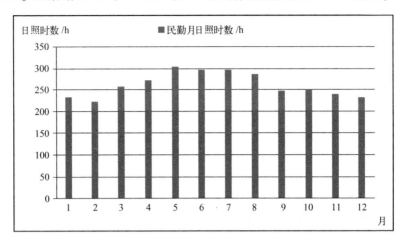

图 8-60 民勤站 1981 年—2012 年月日照时数变化图

项目地民勤站 1981 年—2012 年太阳总辐射量年际变化图如图 8-61 所示。从图中可知，民勤站年太阳总辐射量基本稳定，多年平均太阳辐射量为 6172.46MJ/m²，最低值出现在 1988 年，最高值出现在 1997 年。

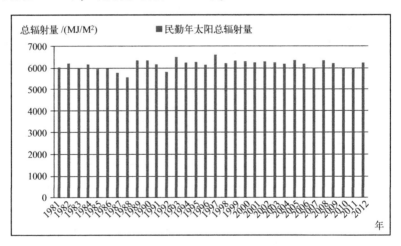

图 8-61 民勤站 1981 年—2012 年太阳总辐射量年际变化图

项目地民勤站 1981 年—2012 年各月太阳总辐射量变化图如图 8-62 所示。从图中可知，民勤各月的太阳辐射的变化较大，其数值在 284.17 ~ 716.26MJ/m² 之间，月总辐射量从 2 月开始急剧增加，6 月达到最高值，7 月略有下降，8 月以后迅速下降，冬季 12 月达到最小值。

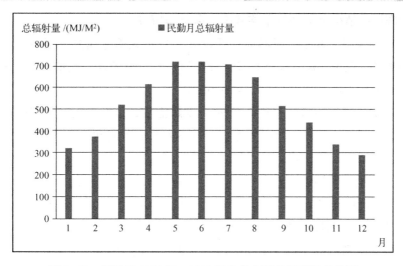

图 8-62　民勤站 1981 年—2012 年各月太阳总辐射量变化图

4. 光伏发电工程年上网电量计算分析

1）模型计算条件　阵列发电量采用 RETSCREEN 能源模型进行计算分析。
模型计算的气象资料依据收集到的项目当地的气象资料。

100MW 多晶硅太阳电池组件方阵采用南北方向固定 37°倾斜角排布。

采用分段计算太阳电池方阵输出、逆变器输出和变压器输出，最后计算并网输
出到电网的电量的方法。

2）系统综合效率分析　对该项目的并网发电系统的综合效率进行分析和计
算，得到了该并网发电系统的综合效率，分析计算结果如下所述。

（1）组件类型修正系数 η_1：该修正系数根据组件类型和厂家参数确定，一般
晶体硅电池的 $\eta_1 = 100\%$。

（2）太阳电池方阵的倾角、方位角修正系数 η_2：该修正系数是将水平面太阳
能总辐射量转换到太阳电池方阵阵列面上的折算系数，根据组件安装方式，结合站
址所在地太阳能资源数据及纬度和经度进行计算。由于已经将辐射量经软件折算至
斜面，安装的方位角为 0°，固定支架，所以取 $\eta_2 = 100\%$。

（3）光伏发电系统可用率 η_3：排除故障停用时间和检修时间，剩余时间占全
年总时间的百分比。根据经验，取 $\eta_3 = 98\%$。

（4）太阳光照利用率 η_4：由于障碍物可能对太阳电池方阵上的太阳光造成遮
挡或方阵各阵列间的互相遮挡，对太阳能资源利用生产影响，取 $\eta_4 = 96\%$。

（5）逆变器效率 η_5：该效率是指逆变器将输入的直流电能转换成交流电能时，

在不同功率段的情况下的加权平均效率，取 $\eta_5 = 98\%$。

（6）集电线路、升压变压器损耗系数 η_6：包括太阳电池方阵至逆变器之间的直流电缆损耗，取值 2%；逆变器至计量点的交流电缆损耗，取值 2%；升压变压器损耗，取值 0.4%。所以，取 $\eta_6 = 95.6\%$。

（7）光伏组件表面污染修正系数 η_7：该修正系数是指光伏组件表面由于受到灰尘或其他污垢蒙蔽而产生的遮光影响，与环境的清洁度和组件的清洗方案有关，取 $\eta_7 = 93.5\%$。

（8）光伏组件转换效率修正系数 η_8：该修正系数是指考虑光伏组件工作温度变化时对光伏组件转换效率的影响，取工作温度系数为 98%；输出功率偏离峰值系数，取值 99%。综合考虑，取 $\eta_8 = 97\%$。

（9）场用电系数 η_9：考虑到 1% 的场用电，取 $\eta_9 = 99\%$。

因此，并网发电系统的综合效率 PR 为

$$
\begin{aligned}
\mathrm{PR} &= \eta_1 \cdot \eta_2 \cdot \eta_3 \cdot \eta_4 \cdot \eta_5 \cdot \eta_6 \cdot \eta_7 \cdot \eta_8 \cdot \eta_9 \\
&= 100\% \times 100\% \times 98\% \times 96\% \times 98\% \times 95.6\% \times 93.5\% \\
&\quad \times 97\% \times 99\% \approx 79.1\%
\end{aligned}
$$

3）系统发电量计算 该项目系统装机容量为 100MW，方阵采用 0° 方位角，南北方向固定 37° 倾斜角排布。

根据最佳倾斜面 37° 上各月平均太阳总辐射量可求出月及年峰值日照小时数。所计算得到的太阳电池阵列峰值日照小时数及发电量统计表见表 8-8。

表 8-8 第一年电池阵列峰值日照小时数及发电量统计表

月份	光伏阵列表面月平均辐射量/(MJ/m²)	多年月平均峰值日照小时数/h	月发电量/10^4 kw·h	月上网电量/10^4 kw·h
1	587.03	163.06	1633.53	1292.12
2	565.51	157.09	1573.64	1244.75
3	627.43	174.29	1745.95	1381.04
4	638.06	177.24	1775.53	1404.44
5	667.62	185.45	1857.78	1469.51
6	637.23	177.01	1773.22	1402.61
7	639.89	177.75	1780.62	1408.47
8	639.11	177.53	1778.45	1406.75
9	580.39	161.22	1615.05	1277.50
10	590.37	163.99	1642.82	1299.47
11	569.31	158.14	1584.22	1253.11
12	555.15	154.21	1544.81	1221.95
全年	7297.11	2026.97	20305.60	16061.73

经计算得到该系统第一年年理论发电量为 20305.60 万 kW·h，年上网电量为 16061.73 万 kW·h，年利用小时数 1603.34h。

项目中采用的光伏组件的第一年输出功率衰减率不大于 2.5%，投入运行的后续年份每年的衰减率为 0.7%，因此 5 年内输出功率衰减率不大于 5.3%，12 年内输出功率衰减率不大于 10%，25 年衰减不超过 20%。

因此，光伏电站 25 年发电量及上网电量估算见表 8-9。

表 8-9 光伏电站 25 年发电量及上网电量估算表

年数	年平均发电量 /10^4kw·h	累计发电量 /10^4kw·h	年平均上网电量 /10^4kw·h	累计上网电量 /10^4kw·h
1	20305.60	20305.60	16061.73	16061.73
2	19797.96	40103.56	15660.19	31721.92
3	19606.60	59710.16	15508.82	47230.73
4	19417.08	79127.24	15358.91	62589.65
5	19229.40	98356.64	15210.46	77800.11
6	19034.62	117391.27	15056.39	92856.49
7	18841.82	136233.09	14903.88	107760.37
8	18650.97	154884.05	14752.91	122513.29
9	18462.05	173346.10	14603.48	137116.76
10	18275.04	191621.14	14455.56	151572.32
11	18132.10	209753.24	14342.49	165914.81
12	17990.28	227743.53	14230.31	180145.13
13	17849.57	245593.10	14119.01	194264.14
14	17709.96	263303.06	14008.58	208272.72
15	17571.45	280874.51	13899.01	222171.73
16	17434.01	298308.52	13790.30	235962.04
17	17297.65	315606.17	13682.44	249644.48
18	17162.36	332768.53	13575.43	263219.91
19	17028.12	349796.65	13469.24	276689.15
20	16894.94	366691.59	13363.90	290053.05
21	16762.80	383454.39	13259.37	303312.42
22	16631.69	400086.08	13155.66	316468.09
23	16501.60	416587.68	13052.77	329520.86
24	16372.54	432960.22	12950.68	342471.53
25	16244.48	449204.70	12849.38	355320.92

图8-63 项目太阳电池方阵

从表8-9中可知，整个光伏发电系统在25年运营周期中理论总发电量为449204.70万度，25年年平均理论发电量为17968.19万度，25年实际总上网电量为355320.92万度，25年平均年上网电量为14212.84万度电，25年平均年利用小时数为1419h。

该项目的太阳电池方阵如图8-63所示。

8.6.2 天合光能120MW鱼光互补项目

1. 项目概况

该项目位于江苏省盐城市响水县灌东盐场，光伏电站总容量为120MW，共分两期，一期为100MW，二期为20MW。100MW光伏发电项目占地面积约为2943亩，分别采用245W、250W、255W多晶硅太阳能组件84304片、225808片、95920片，容量为101.56608MW；20MW光伏发电项目占地面积约721亩，分别采用245W、250W、255W多晶硅太阳能组件8800片、33506片、38324片，容量为20.30512MW。光伏电站实际总容量为121.8712MW，25年年平均发电利用小时数为1121h，25年年平均发电量为13504.45万度。该项目在水产养殖水面上方布置光伏组件，立体布置，做到一地两用，下层为水产养殖，上层用于光伏发电，提高了单位面积土地的经济价值。

项目总体效果图如图8-64所示。

图8-64 项目总体效果图

鱼光互补光伏电站照片如图8-65所示。

图 8-65 鱼光互补光伏电站照片 1

2. 项目特点

该项目使用双玻组件，抗 PID 及高效组件，提高了系统效率。

"渔光互补"条件下水产养殖存在的主要问题是太阳电池板遮挡阳光，造成水温偏低，会对水产的正常生长有一定的影响。因此，在电站设计时，为了减少电池组件遮挡阳光的影响，使组件前后间距比正常值加大 0.4m。

在每个池塘光伏厂区周围一圈都挖有较塘底深 0.8～1m 的环沟，整个鱼塘塘底至水面深约 1.5m，将水抽至与塘底齐平，鱼自然都会随之进入环沟，方便渔民的捕捞。

该项目充分利用鱼塘自身的水源来清洁光伏电池表面，因此光伏组件的清洗维护比较方便，降低了维护成本。

该项目利用江南地区丰富的鱼塘资源及芦苇荡滩来开发建设光伏发电项目，采用水上发电、水下养殖的模式，并具有发展休闲旅游业的潜力，既满足了清洁能源发展需要，又改变了一家一户一塘口原有的小农经济养殖模式，实现了规模化养殖，对促进当地经济发展和环境保护有积极意义。

8.7 光伏电站的智能化运维

光伏电站建成并网后，后期的运营、维护与管理显得更为重要，不要形成光伏电站"无人值守"的状态，更不能产生发生不良情况后无人及时处理的情况，如发生电站组件表面污垢较多，故障处理不合理导致停机过多，产能不均匀，电站数据的分析不到位等。因此，光伏电站需要从以下方面进行后期的运营、维护：有一个快速高效运维团队；全天候监控电站状态；组件的及时保洁；定时的巡检与故障清除报告；故障分析记录与管理等。

光伏电站的运维直接关系到电站能否长期正常、稳定地运行，关系到光伏电站的运维成本、投资价值及最终收益。光伏电站面积大、自然环境恶劣，运维人员稳定性不够等都制约着电站运维的效率。随着光伏电站规模的扩大，智能化运维将成为未来的发展趋势，将会推出场景适应性更强，融合现代数字信息技术、通信技术、大数据挖掘技术的新型光伏电站运维解决方案。

8.7.1 监控系统

智能化运维的监控系统可能会有以下 5 个方面的变化。

1）直观拓扑结构与电力逻辑多视图组合 一个为 30MW 的光伏电站，所涉及的光伏板、汇流箱、逆变器等设备数量会多达十万以上。通过互联网式的系统操作设计，将直观拓扑结构与电力逻辑多视图进行组合来提升管理效率。

2）直观的方式及时呈现结果 用户需要电压、电流等指标数据，这些数据需要精准的监测、智能化的在线分析，自动化地精准呈现。如果以逆变器作为监测的载体，组串式逆变器方案能够精确监测逆变器的每一路组串电流、电压，数据采样精度可以达到 0.5% 以上，可以实现不同组串之间、不同逆变器之间、不同光伏方阵之间的实时功率的采集和分析，及时发现故障和发电异常单元。这些结果可以以直观的方式及时呈现，实时并直观地展现给运维人员。

3）高可靠、高带宽的方阵内组网 在智能电站的建设上，需要利用更可靠、带宽更大、维护更便利的通信方式解决各光伏方阵内的通信采集问题。采用电力线载波通信技术（Power Line Communication），主流量产的芯片内置逆变器中的方式，支持的带宽可以达到 5Mbit/s 以上，远高于现有 RS－485 普遍采用的 9600bit/s 的通信速率。通信带宽的加大可以大幅降低通信异常率，其传输距离最大可达到 3000m，可以满足光伏方阵的通信要求。

4）远程全方位协同 借助于 4G 技术定制的光伏专用无线高速通信系统，不仅可以回传实时的视频和语音信息，也可以回传现场红外热成像仪信息，这样就为现场与集控中心专家的沟通提供了便捷的通道，使专家能身临其境地进行问题诊断。

5）大数据分析引擎 对于大型光伏电站的管理，目前已有的生产管理系统主要是通过报表方式去呈现历史数据分析。大数据分析引擎将能够很好地解决定制化和灵活性的需求。利用大数据分析引擎，可以及时发现潜在缺陷，进行前瞻性运维。

监控系统能够精确监测逆变器的每一路组串电流、电压，用于支撑不同组串之间、不同逆变器之间、不同光伏方阵之间的实时功率的采集和分析，任何的故障和发电落后单元都能够及时地被发现，并实时、直观地展现给运维人员。

8.7.2　智能运维

智能运维贯穿于电站的整个生命周期，用于生产全环节的监控和管理。

1）智能运维云中心　智能运维云中心可以实现对客户电站的集中管理，提高了电站的管理和运维效率，提升发电量，降低管理成本。

应用云计算平台，可以管理数十 GW、数百电站的数据接入，能够支持 25 年、数百 TB 的数据存储，具有完备的权限控制机制，可以保证数据安全；云中心支持多个电站接入、扩展接入新电站，将位于不同位置的多个电站当做本地逻辑电站进行管理，分析各电站全年和各月发电计划完成情况、运维投入情况，有助于决策分析；能够汇总多个电站生产数据、融合分析，形成一整套跨电站的 KPI 指标来评估电站的运营情况，评估电站运行健康状态，快速找出短板、给出优化建议。

华为公司的集中运维云中心逻辑架构图如图 8-66 所示。

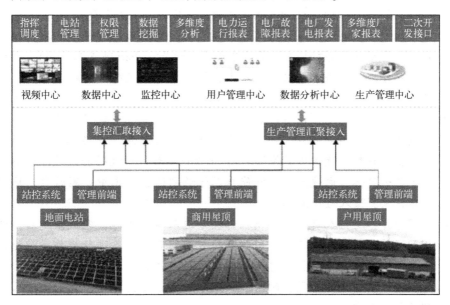

图 8-66　集中运维云中心逻辑架构图

光伏电站的监控信号和控制信号通过无线通信技术进行传输，控制室接收到信号后，通过互联网将实时数据自动上传到云储存，运维人员可在任何有无线网络的地方通过手机客户端或使用基于互联网 Web 的软件调用云储存信息，从而对电站进行监视和控制。

2）光伏终端及运维 APP　目前已开发的基于智能光伏终端及运维 APP，可以提供移动化的运维和巡检手段，具有提供多种业务功能（如电站列表、告警管理、告警查看、两票管理、资产管理、运营报表等），为电站运维提供强大的业务支撑；突破办公场所的限制，能够提供新型移动运维模式。

采用光伏终端及专用 APP，可以快速、准确地记录全部资产的设备型号、厂家信息、电气拓扑、GPS 位置信息，对每个组件、节点都做到可管理、可跟踪、可回溯。

3）经营 APP 目前也已开发了经营 APP，可通过手机实时查询集团及电站 KPI 运营指标，可以直观展现所有电站布局结构及运行状态，为电站管理者提供各种运营数据，如发电报表、电量统计分析、电站运行分析、设备运行分析、运维评估等多维度运营信息；为投资机构和投资者提供了解电站运营、收益情况的通道。

4）智能运维管理模式

（1）运行管理：主要包括运行日志、交接班、设备巡检和倒闸操作管理。

☺ 运行日志管理：运行人员在完成巡检后，可以通过手机客户端记录当班期间的设备运行状态、故障情况、电量信息等，并可附带照片生成唯一编号（条形码或二维码），运行日志上传云存储后可以永久保存。

☺ 交接班管理：通过云存储就可进行交接班，交班人员通过语音输入即可转换为文字形式的运行日志，同时生成唯一编号（条形码或二维码），上传云存储；接班人员登录手机客户端，扫描交班人员运行日志的二维码，即可从云存储下载并阅读后完成交接班确认。

☺ 设备巡检管理：运行人员在进行设备巡检时，如果发现设备异常，通过扫描设备编码（条形码或二维码）即可识别设备信息（产品名称、型号、厂家、出厂日期、故障历史等信息）；记录这些故障情况并拍摄故障设备照片后上传云存储，通过云处理就能自动记录到运行日志中；同时自动提出检修申请单，进入检修流程。

☺ 倒闸操作：运行人员接到倒闸操作指令进入审批流程，完成审批后，进行倒闸操作；操作人员领取对应权限的智能钥匙对设备进行操作，智能锁孔系统通过视频锁控联锁对整个倒闸操作过程进行监控。操作完毕后，将智能钥匙记录的开启位置、时间、次数等信息上传云存储，经云处理后记录到运行日志中。

（2）维修管理：主要包括在线故障诊断与处理、预防性维修诊断与处理、敏感设备预警诊断与处理。

☺ 在线故障诊断与处理：智能运维系统可以实时采集电站设备各种运行状态信息，维修人员通过手机客户端或基于互联网 Web 的软件就能对电站故障情况进行监控；发生故障时，自动触发警告通知，通过短信形式提醒维修人员查看故障情况并做出相应的处置。故障处理后，结束检修流程，并将结果记录到手机客户端中，上传至云存储。

☺ 预防性维修诊断与处理：通过采集电站设备运行状态、故障历史等信息，经云计算就能得出设备易发故障点和老化趋势的评价，自动生成满足国家标准和行业标准要求的具有针对性的预防性维修计划，在维修任务到期前，提醒维修人员进行检修准备。

☺ 敏感设备预警诊断与处理：智能运维系统将敏感设备的保护定值固化到云处理相关程序中，通过对电站实时监控采集的数据进行分析，当发现产生偏差时，就发出预警，帮助运维人员对设备进行操作并及时切断故障点，防止设备损坏或故障扩大。

（3）发电效率评估：智能运维系统通过对设备运行状态的实时监测及仿真模型就可对电站效率、系统性能、发电量、等效利用小时数进行评估。

（4）组件清洗预警：当光伏组件表面产生污染时，若不清洗组件表面，将造成电量损失，但过于频繁的清洗又会造成经济性上的不合算。智能运维系统可通过发电效率评估结果和仿真模型对比的方式给出光伏组件的最佳清洗时间。

通过采用大数据分析技术，对监控数据进行汇总分析，即可给出有针对性的优化建议，实现精细化运维、预防性运维。

参 考 文 献

［1］杨贵恒等. 太阳能光伏发电系统及其应用［M］. 北京：化学工业出版社，2011：195.

［2］杨金焕，于从化，葛亮. 太阳能光伏发电应用技术［M］. 北京：电子工业出版社，2009.

［3］李钟实. 太阳能光伏发电系统设计施工与应用［M］. 北京：人民邮电出版社，2012：136.

［4］Roger A. Messenger& Jerry Ventre. 光伏系统工程［M］. 王一波等，译. 北京：机械工业出版社，2012.

［5］Hanks, R. W., Materials Science Engineering: An Introduction, Harcourt, Brace & World, New York, 1970.

［6］Minimum Design Loads for Buildings and other structure, ASCE Standard, SEI/ASCE 7 – 05, American Society of Civil Engineers, Reston, VA, 2003.

［7］Modular Photovoltaic Array Field, prepared for Sandia National Laboratories, SAND83 – 7082, Hughes Aircraft Company, 1984.

［8］Miller, R. D. and Zimmerman, D. K., Wing Loads on Flat Plate Photovoltaic Array Fields, Phase Ⅱ Final Report, prepared for Jet Propulsion Laboratory, Contract No. NAS – 7 – 100 – 954833, Boeing Engineering and Construction Company, Seattle, WA, 1979.

［9］Marion, B. and Atmaram, G., Preliminary Design of a 15 – 25 kWp Thin – Film Photovoltaic System, prepared for the U. S. Department of Energy, Florida Solar Energy Centre, Cape Canaveral, FL, November 13, 1987.

［10］Wind Design of Flat Plate Photovoltaic Array Structures, prepared for Sandia National Laboratories, SAND79 – 7057, Bechtel National, Int., June 1980.

［11］Miller, R. D. and Zimmerman, D. K., Wing Loads on Flat Plate Photovoltaic Array Fields, Phase Ⅲ and Phase Ⅳ Final Report, prepared for Jet Propulsion Laboratory, Contract No. NAS –

7 - 100 - 954833, Boeing Engineering and Construction Company, Seattle, WA, April 1981.

[12] 窦伟，许洪华，李晶. 跟踪式光伏发电系统研究 [J]. 太阳能学报. 2007, Vol. 28 No. 2: 169 - 173.

[13] 邓霞，邹新，王峰. 光伏阵列可调支架的技术研究 [C] //第十一届中国光伏大会会议论文集. 南京: 2010. 1274 - 1276.

[14] Kimber, Adrianne. The effect of soiling on photovoltaic systems located in arid climates. [R] Proceedings 22nd European Photovoltaic Solar Energy Conference. 2007.

第9章 分布式发电与微电网

分布式发电是指直接布置在配电网或分布在负荷附近的多种能源（天燃气、氢能、太阳能、风能、生物质能）供能、小容量的与环境相容的发电设施，可以经济、高效、可靠地为用户提供电能。这些分布式电源由电力公司、电力用户或第三方所有，用以满足电力系统用户特定的要求，如负荷调峰，为商业区、学校、居民区及边远用户供电，节省输/变电投资，提高供电可靠性等。由于分布式电源数量多而分散，并且电源具有不同属性，如果大量的分布式电源接入配电网，会使得配电网的安全运行与管理存在很大困难。

微型电网（简称微电网）是指在一定区域内的分布式发电装置、储能装置、能量变换装置、负荷、保护和监控装置组成的小型发/配电系统，它是能实现自我控制、保护和管理的自治系统。微电网接入配电网后，使配电网与小型发/配电网协同运行，可以实现微电网与配电网之间的双向电能交换，当配电网故障停电时，微电网可以自动脱离配电网，独立地向所管辖的负荷区域供电，保证供电安全，改善电能质量[1-3]。由于微电网系统涉及的分布式能源类型、电力电子能量变换技术、电网规划与设计、电力系统分析与控制、通信、控制、仿真和计算机等多学科领域，其理论、方法尚未完善，系统技术较为复杂，其工程应用尚处于示范阶段。

本章主要介绍分布式发电概念、分布式电源、微电网概念及相关技术、微电网典型结构、分布式电源建模、分布式电源控制、微电网能量管理、微电网系统控制、微电网的保护等。本章以校园光伏微电网实证研究系统为例，介绍了光伏微电网组成、并网和独立运行控制模式，以及运行实验结果。

9.1 分布式发电与微电网概述

9.1.1 分布式发电的基本概念

近年来，随着全球各地经济、工业的飞速发展，电力供给的需求量也随之不断增大。传统的电力系统集中供电模式在应对区域性突发情况时存在供电不稳定等先天缺陷。例如，2003 年 8 月 14 日发生的美加大停电，2005 年 5 月 25 日的莫斯科大停电，以及 2008 年我国南方发生的冰灾等，这些都充分暴露出了传统大电网应对紧急情况时的脆弱性[4-6]。

由此可见，传统的大电网显然已经越来越不能满足用户对于用电可靠性、用电质量方面的需求。与此同时，用电量的增加也加速了地球上传统化石能源的开采利用，而传统化石能源储量有限且对环境会造成较大污染，因此基于可再生能源的分布式发电引起了发达国家重视。分布式发电，通常是指发电功率在数千瓦至数十兆瓦（建议限制在 30 ~ 50MW 以下）的小型模块化、分散式、布置在用户附近的高效、可靠的发电单元，主要包括以液体或气体为燃料的内燃机、微型燃气轮机、太阳能发电（光伏电池、光热发电）、风力发电、海洋能发电、生物质能发电等，目前分布式发电技术及装备已成为了世界各国研究开发的重点。分布式发电一般是用于对传统电网的补充或应急措施，接入点处于接近用户的中低压或低压侧。分布式发电系统中的用户既可以从大电网中购电，也可以在允许的情况下将多余的电能出售给供电公司。分布式发电减弱了大电网中不确定因素对用户用电稳定性的影响，也相对解决了大电网所面临的一系列难题[7-9]，如对于大电网的投资风险，传统发电对于环境影响的问题等。分布式发电的主要优点如下所述。

☺ 能源利用效率高：用户可根据自己所需来向电网输电或购电，能源的综合利用效率可达到 80% 以上。

☺ 投资小，损耗低：由于其投资回报的周期较短，因此投资回报率较高，可降低一次性的投资和成本的费用；靠近用户侧的安装方式可实现就近供电，因此可降低输/配电网的网损。

☺ 安全性和可靠性高：分布式能源系统发电方式灵活，在公用电网发生故障时，可自动与公用电网断开，独立向用户供电，提高了用户自身的用电可靠性；当所在地的用户系统出现故障时，可主动与公用电网断开，减小了对其他用户的影响。

☺ 高效、清洁、环境污染小：分布式发电系统采用天然气、氢气、太阳能、风能为能源，可减少有害物的排放总量，减轻环保的压力；大量的就近供电减少了大容量、远距离、高电压输电线的建设，由此减少了高压输电线的电磁污染。

☺ 解决了边远地区的供电问题：由于许多边远及农村地区远离大电网，因此难以由大电网向其供电，采用太阳能光伏发电、小型风力发电、生物质能发电的独立发电系统，可以解决边远地区或未连接电网的农村地区的用电问题。

传统意义上的分布式发电系统被定义为处于用户侧或变电站的小容量发电技术，且只给本地用户输送电能。其中一些分布式发电技术（如风力发电、太阳能发电）的发电量并不稳定，若不直接并入大电网中，则必须将其能力储存起来然后再利用。分布式发电单元（Distributed Generation, DG）和分布式储能单元（Distribute Storage, DS）组合形成了分布式能源（Distribute Energy Resources, DER）系统。目前，商用化的分布式发电单元有柴油机、燃气轮机、风力发电、太阳能发电等；分布式储能单元主要有燃料电池、蓄电池、超级电容、飞轮储能等。分布式发电单元根据其供电特性、用途的不同，也可进一步地进行分类。以下为一些分布式发电单元的主要用途。

☺ 备用电源：发电机一般处于待机状态，当主要供电出现意外断供时，发电机可以随时并网运行。备用电源主要用于医院、商业机构、办公场所及一些工厂。

☺ 工业电源：通常用于有热电联产的工业园区内。工业电源联合大电网给园区供电，同时给工业园区提供热气供应。它产生的电能一般也只供应给工业园区内或相对小范围内的一些建筑物。

☺ 负荷管理：为一部分特定负荷供电，通过负荷管理技术削减这些负荷的供电波峰和波谷。

☺ 商业电源：这类电源通常为大容量发电机，其发电只是为了产生电能然后卖给电网公司。

☺ 优质供电：为敏感负荷或重要工业生产线提供高质量、高稳定性的电能。

9.1.2　分布式电源

1. 分布式电源的类型

分布式电源的种类很多。从能量来源上看，有风力发电、太阳能发电、水力发电、海洋能发电、生物质能发电、化学能发电等；从实用设备来说，主要包括微型燃气轮机、光伏电池、风力发电机、小型水电机组、柴油发电机、超级电容器、蓄电池、燃料电池、飞轮等。

根据分布式电源所使用的能源的不同特性，分布式电源可以分为如下 3 类。

1）间歇性电源　如风力发电机、光伏电池等，这些分布式电源受天气等自然条件影响较大，其发电功率具有明显的波动性和间歇性。

2）连续性电源　如微型燃气轮机、小型水电机组、柴油发电机等，这类分布式电源可连续运行，发电功率不受自然条件的影响。

3）储能装置　如蓄电池、超级电容器、飞轮、超导线圈、压缩空气储能等，应用于电能存储和暂态的功率补偿。

储能技术的应用是保障微电网稳定运行的必要条件，为了保证微电网功率和电压暂态平稳，以及减小电力系统负荷峰谷差，抑制电力系统振荡，提高微电网和大电网的稳定性，储能技术是必不可少的重要措施。以最常见的储能装置蓄电池为例，其在分布式发电中的作用主要有以下 3 个方面。

☺ 蓄电池可单独向用户提供短时供电。在阴天里，太阳能无法发电或风力发电机无风时，蓄电池能够提供短时的供电，保证持续供能。

☺ 改善电网内电能质量。对于光伏发电、风力发电等不可控的微型电源，其输出功率波动会使电能质量下降，这类电源与储能装置（如蓄电池、超级电容器）结合后，可以解决诸如电压跌落、涌流和瞬时电压波形畸变等动态电能质量问题。

☺优化微电网的运行，提高经济效益。随着微电网内其他分布式能源输出功率变化，为了保证电能质量，就需要使用缓冲器来存储发电能力，因此可以采用储能装置来满足峰值电能需求，需要时可提供功率支撑。

2. 主要储能技术及特性

电能可以转换为势能、动能、化学能、电磁能等形式来存储，按照其转换方式的不同，主要分为物理、电化学、电磁和相变等储能类型。其中，物理储能包括飞轮储能、压缩空气储能和抽水储能等；电化学储能主要是蓄电池储能，包括铅酸、镍镉、钠硫、锂和液流等各种蓄电池；电磁储能包括超导储能和超级电容器储能；相变储能包括冰蓄冷储能。

抽水储能是电力系统中应用较广泛的一种大规模储能技术，但从微电网的特点来看，主要的储能技术有超级电容器储能、蓄电池储能、飞轮储能、超导储能和压缩空气储能。

1）超级电容储能 超级电容器又称双电层电容器，是一种新型储能装置，它具有充电时间短、使用寿命长、温度特性好、节约能源和绿色环保等特点。超级电容器在分离出的电荷中存储能量，用于存储电荷的面积越大、分离出的电荷越密集，其电容量也越大。超级电容器的充电速度快，循环使用寿命长，深度充/放电循环使用次数可达数十万次。尤其是其能量转换效率高，大电流能量循环效率大于90%；功率储存密度较高，可达 $300 \sim 5000W/kg$。由于这些技术特征，使得超级电容器非常适用于微电网的瞬时能量补偿，是一种很有前景的分布式电源。

2）电池类储能 根据化学反应中使用的化学物质的不同，蓄电池可分为铅酸电池、钠硫电池、镍氢电池、锂离子电池等。目前，铅酸蓄电池应用最广，其缺点是体积较大，不能用于快速的动态功率补偿。在分布式发电系统中，主要考虑应用使用寿命较长和充/放电次数较高的蓄电池。

3）飞轮储能 飞轮储能主要由高速飞轮、电动机或发电机、变换器等设备组成，利用电力电子变流器控制电机运行于电动机或发电机状态，以实现电能的存储和输出，电能可以机械能的形式储存于电机转子及飞轮中。当系统中存在盈余电能时，飞轮储能通过电动机拖动飞轮使其转速加快，将电能转换为动能，使得能量被存储；当系统中电能缺额时，飞轮拖动发电机发电，转速降低，将动能转换为电能，完成能量的释放。飞轮储能密度主要取决于飞轮的转动惯量和转速，因此对飞轮的抗拉强度有较高的要求。目前，碳素纤维复合材料飞轮转子承受的最大线速度已经超过 $1km/s$，其储能密度达到 $13.8J/g$。飞轮储能的主要优点是储能密度高，使用寿命长，可快速实现功率补偿。

4）超导储能 超导储能一般由超导线圈及低温容器、制冷设备、变流装置和测控系统 4 个主要部分组成。其主要特点是响应速度快，可以达到 1～5ms；储能效率达到 90% 以上；可实现较大功率输出。

5）压缩空气储能 压缩空气储能的原理是，在非用电高峰，将空气压缩进一个特制的储存空间（如存储罐）；在用电高峰，将压缩的高压气体释放进行发电。存储空间需要经过严密的检测、模拟和分析。

各种储能技术具有不同的物理特性、化学特性、功率密度、能量密度、电压/电流输出特性。微电网对储能技术的不同应用场合提出了不同的技术要求，很少能有一种储能技术可以完全胜任微电网的各种应用。因此，在选择储能技术时，必须兼顾能量和功率需求，采用多种储能技术复合的方式来匹配微电网的各种需求。表 9-1 和表 9-2 是这些储能技术的主要动态响应特性[10-11]。

表 9-1　微电网适用的几种主要储能技术的动态响应特性（1）

储能方式	响应时间/ms	放电持续时间	输出功率/MW	循环寿命/万次
飞轮	1～20ms	1ms～15min	0～0.25	2
超导储能	1～5ms	1ms～8s	0.01～10	10
超级电容器	1～20ms	1ms～1h	0～0.1	5
铅酸电池	>20ms	数秒～数小时	0～50	1.2
钠硫电池	20ms～数秒	数秒～数小时	0.05～8	0.25
压缩空气储能	1s～15min	数小时～数天	0～数百	1

表 9-2　微电网适用的几种主要储能技术的动态响应特性（2）

储能类型	能量密度		功率密度	
	W·h/kg	W·h/L	W/kg	W/L
飞轮	10～30	20～80	400～1500	1000～2000
超导	0.5～10	0.2～5	500～2000	1000～4000
超级电容器	2.5～15		500～5000	>10000
铅酸电池	30～50	75～300	50～80	10～400
钠硫电池	150～240	150～250	150～230	
压缩空气	30～60	3～6		0.5～2

可以看出，电池类储能的循环寿命短、响应速度慢、储能时间长，只能作为负荷调节或紧急备用电源，其中钠硫电池等新兴电池相对于铅酸电池来说，其储能技术兼顾能量需求和功率需要，使用性能上更优于传统的铅酸蓄电池；飞轮、超级电容器、超导储能的响应速度快，输出功率较大，可用于电能质量调节和系统暂态补偿，其中超级电容器和飞轮储能技术由于其功率密度大、能量密度大，更适合暂态补偿和短时间的备用电源；而压缩空气储能适合于大功率和大容量电能的储存。

3. 分布式电源的特点

在分布式发电系统中，分布式电源主要有如下特点。

☺ 有些分布式电源的输出频率明显高于50Hz工频，有的产生直流电（如光伏电池和燃料电池等）。考虑到绝大部分负荷是工频负荷，这些分布式电源必须通过电力电子设备（如整流逆变技术）转变成工频电源后，再与母线连接。

☺ 与传统大电网的电源相比，分布式电源是一个小惯性电源，当负荷突变时，分布式电源的过载能力有限，微电网中必须备有一定容量的储能设备，以便负荷变化时能及时供能或吸收多余能量，保证微电网内能量的供需平衡。

☺ 有些不可控分布式电源（如光伏电池和风力发电机）受到自然条件影响，其输出功率存在较强的随机性和不可持续性。光伏电池和风力发电等由于受天气条件的影响，只能间歇性发电，不能全天候提供电能，为了保证对负荷的连续供电，可以在分布式发电系统中安装储能设备。此外，储能设备也可以在电能波动的过程中，作为瞬时的后备能源。例如，在光蓄混合系统中，可以将光伏电池与蓄电池等整合在一起，这样可以作为一个小型分布式电源系统为负荷供电。

9.1.3 微电网的概念

虽然分布式能源有污染小、供电灵活、投资低、可提高建筑供电可靠性等诸多的优点，但是其对于大电网也存在着一定的影响。为了减小单一分布式能源对大电网的影响，同时充分发挥分布式能源在提高用户供电稳定性方面的优势，美国CERTS（可靠性技术解决方案协会）提出了最具权威性的微电网概念，即这是一种负荷和微电源的集合。微电源在微电网中以提供电能或同时提供电能和热量的方式运行，这些微电源中的大多数是电力电子型的，并提供接入的灵活性，以确保能以一个集成系统的方式运行，其控制的灵活性使得微电网能作为大电力系统的一个受控单元，以适应当地负荷对可靠性和安全性的要求[12]。图9-1所示的是CERTS微电网概念示意图。

迄今为止，国际上尚未对微电网进行统一定义。世界各国对于发展微电网的侧重点不同，故对于微电网的定义也有所不同[13]。

欧盟框架计划给出的定义是，利用一次能源，使用微型电源，分为不可控、部分可控和全控3种，并可冷、热、电三联供；配有储能装置，使用电力电子装置进行能量调节；可在并网和独立两种方式下运行；微电网是面向小型负荷提供电能的小规模系统，它与传统的电力系统区别在于其电力的主要提供者是可控的微型电源，而这些电源除满足负荷需求和维持功率平衡外，也有可能成为负载。

日本新能源产业技术综合开发机构（NEDO）对微电网的定义是，微电网是指在一定区域内利用可控的分布式电源，根据用户需求提供电能的小型供电系统。东京大学给出定义是，微电网是一种由分布式电源组成的独立系统，一般通过联络线与大系统相连，由于供电与需求的不平衡关系，微电网可以选择与主网之间互供或独立运行。三菱电气给出的定义是，微电网是一种包含电源、热能设备和负荷的小型可控系统，对外表现为一个整体单元，并可以接入主网运行；它也将以传统电源供电的独立电力系统归入了微电网范畴。

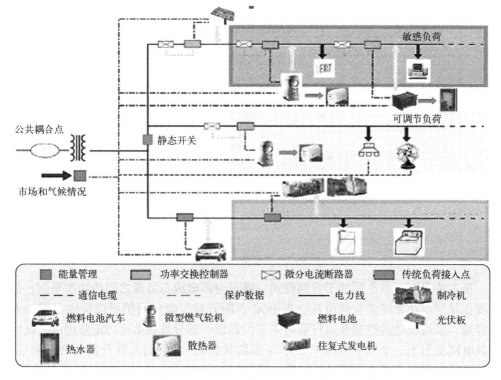

图 9-1　CERTS 微电网概念示意图

综上所述，微电网将大量的分布式发电单元及分布式储能单元根据实际需要形成一定的容量比例，对本地负荷进行供电。它利用了先进电力电子技术及可靠的能量管理系统对整个微电网内部进行能量管理。对于大电网，可以将微电网视为一个可控单元，它可以在用电高峰期对大电网进行供电，在大电网电能过剩时吸收部分电能。对于微电网内部电力用户，微电网可以提供高稳定性、高电能质量、低污染的电能。

图 9-2 所示为一种含有多种分布式能源及负荷的典型微电网系统。该微电网系统包含多种 DER 单元、电力用户和（或）冷/热能用户。冷/热能用户主要通过冷热电联供（Cooling – Heating – Power，CHP）系统来获取所需的供热（冷），从而提高系统能效。DER 单元包括光伏、风电、内燃发电机、CHP 和燃气轮机、分

布式储能单元 DS，它们各有不同的容量和特性。微电网通常接入低压配电网（380V 或 10kV 配电网，一般低于 66kV 电压等级），并网时，微电网与大电网的公共连接点（Point of Common Coupling，PCC）处的电压调节由电网企业来负责。

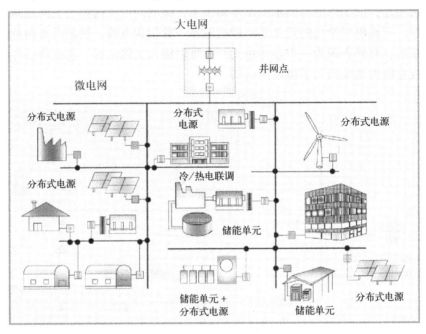

图 9-2　典型微电网结构

正常情况下，微电网处于并网模式。通过内部电源与负荷之间的功率平衡，能实现在并网点功率潮流双向可控。当 PCC 点断开后，微电网仍可以提供足够的发电容量，采用合适的控制及运行策略来至少保证一部分重要负荷的正常用电。此时的微电网相当于一个完全自治的实体（孤岛状态）。考虑到人员及设备安全问题，现阶段通常不允许微电网孤岛运行后自动并网。然而，随着大量 DER 单元的渗透，为了更好地利用微电网能源，孤岛/并网模式运行和平滑切换方法成为一种潜在的必需技术。微电网的出现，减少了早期分布式能源供电对大电网的影响。理想的微电网将具备如下特点。

☺ 能适应分布式的、间歇的、可调度的等各种特性的发电单元。

☺ 能授权用户实现微电网与智能建筑物内的能量管理系统互连，使用户可以管理其能量使用和降低其能量消耗。

☺ 即插即用功能是微电网可切换为合适的运行模式的一个特点，即并网或孤岛；微电网在孤岛运行时提供电压和频率保护，以及具有安全再同步到大电网的能力。

☺ 在孤岛模式下，微电网内所有负荷由分布式发电单元提供和分享。

☺ 若微电网具有利用废热的热电装置，废热为热电联产（CHP）发电的副产品，以制冷或制热的方式循环利用废热。

☺ 微电网可服务于各种负荷，包括居民区、办公楼、工业园、商业区、校园，为用户提供所需要的电能质量。

☺ 在紧急情况和大电网停电导致的电力短缺时，提供了一个好的解决方案。

☺ 能承受来自外部物理和网络的攻击，减轻供电系统受到的危害，并保持供电系统的柔性。

☺ 具有自愈性。为了避免停电或减轻停电时间和电能质量问题，微电网必须能够预见和立即响应功能。

☺ 具有充分市场竞争力。微电网因其实时信息、低交易成本等特点，适合任何用户；当微电网处于最优运行和减少维护成本时，可实现资产优化，通过监控不断优化资产来取得更好的投资回报率。

微电网是智能电网的重要组成部分，能实现内部电源和负荷的一体化运行，并通过和配电网的协调控制，可平滑接入配电网或独立自治运行，充分满足用户对电能质量、供电可靠性和安全性的要求。

9.1.4　国内外微电网发展概况

在分布式发电、可再生能源发电与微电网方面，北美、欧洲、日本、澳大利亚均处于研究前列。近年来，在智能电网驱动下，韩国、新加坡、印度等国家都十分重视微电网研究，正在建设各类试验平台或示范工程。自 2005 年以来，由美国 CERTS 和劳伦斯伯克利国家实验室发起，由政府、企业、大学、研究单位共同参与的微电网研讨会（Symposium on Microgrids），一直受到工业界和学术界的关注。目前，美、日、欧等发达国家已经完成了微电网的理论研究、实验室验证、示范工程，并开始进行小规模的商业推广应用[13]。我国的微电网的研究大多还处于实验室和示范工程阶段，取得的成果有限，离商业化推广应用还有较长距离。

1. 北美微电网发展

美国最早提出了微电网概念，并引入了基于电力电子技术的控制方法。美国的微电网研究项目主要受到了美国能源部的电力供应和能源可靠性办公室、国家能源委员会的资助，其研究的重点主要集中在满足多种电能质量的要求、提高供电的可靠性、降低成本和实现智能化等方面。

1999 年，美国 CERTS 对微电网在可靠性、经济性及其对环境的影响等方面进行了研究，对微电网的主要思想及关键问题进行了描述和总结，系统地概括了微电网的定义、结构、控制和保护等一系列问题。CERTS 计划对微电网进行全面检验，在美国北部电力系统承建了第一个微电网示范工程。CERTS 微电网的可行性研究已经在威斯康星大学麦迪逊分校的实验室得到了检验。美国俄亥俄州哥伦布市 Dolan 技术中心已经开始了对微电网的全面测试。CERTS 微电网的实现基于如下 3 个关键技术：①微电网并网和孤岛运行状态的自动和无缝切换；②不需要过电流的微电网内部电气保护；③不需要高速通信装置的微电网控制，并保证孤岛状态下的电压频率稳定。

美国的微电网工程得到了美国能源部的高度重视[14]。2003 年，美国政府提出"电网现代化"的目标，指出要将信息技术、通信技术等广泛引入电力系统，实现电网的智能化。在随后出台的《Grid 2030》发展战略中，美国能源部制定了美国电力系统未来 30 年的研究与发展规划，微电网是其重要组成部分之一。从美国电网现代化角度来看，提高重要负荷的供电可靠性、满足用户定制的多种电能质量需求、降低成本、实现智能化将是美国电网的发展重点。CERTS 微电网中电力电子装置与众多新能源的使用与控制，为可再生能源潜能的充分发挥及稳定、控制等问题的解决提供了新的思路。据不完全统计，美国至今已有 50 多个各类可再生能源、储能系统、燃气发电（CCHP）等构成微电网或智能电网项目进入试验和示范。除CERTS 外，美国劳伦斯伯克利国家实验室、美国可再生能源实验室、通用电气、甲骨文公司、波音公司、霍尼韦尔等机构企业也积极投入微电网的研究中，其研究内容与示范工程、产品应用见表 9-3。2012 年 7 月，CERTS 在美国加利福尼亚Santa Rita 监狱建成集合了燃料电池、太阳能、风机和柴油发电机的最新微电网示范工程，该微电网可最大限度地为监狱内的重要建筑提供稳定电能，据估计这个微电网每年将为该监狱节约 10 万美元的电费开销。

加拿大的微电网相关研究主要集中在中压配电网上，各研究机构在联邦政府及各地区政府的资助下也开展了多项研究，主要集中在如下 3 个方面：①城市电网如何作为"模范市民"；②计划孤岛运行；③解决边远地区的供电问题。目前，BC Hydro 和 Quebec 两家水电公司已经开始建设各自的微电网示范工程，其主要目标是改善用户侧的用电质量及用电可靠性。此外，NRCan 与电力研究单位合作也开展了多个研究项目，为偏远地区提供稳定的电力供应。

2. 欧盟微电网发展

欧洲微电网的研究和发展主要考虑的是有利于满足能源用户对电能质量的多种要求，以及欧洲电网的稳定和环保要求等。欧盟的微电网研究起步于 1998 年，在随后的时间中，欧盟第 5 框架计划（The 5th Framework Program，1998－2002）、第 6 框架计划[15]（The 6th Framework Program，2002－2006）、第 7 框架计划（The 7th Framework Program，2007－2013）投入了大量资金，由希腊雅典国立大学（NTUA）领导，组织欧盟多国高校、研究机构和企业开展了微电网相关研究。2009 年，欧盟制定了微电网技术路线图，从初期、发展期、成熟期和整合期 4 个阶段对微电网装置、市场、对基础设施影响及研究内容 4 个方面进行规划，时间跨度超过20 年。欧盟第 6 框架计划提出了"多微电网高级结构与控制概念"，并制定了欧盟微电网 3 层控制方案，整个分层控制方案是采用多 Agent 实现的；下层控制器负责微电网的切负荷管理和暂态功率平衡，包括负荷控制器和分布式电源控制器；中间层为微电网中心控制器，负责最大化微电网的价值和优化微电网的操作；最上层主要负责根据调度需求和市场来调度和管理系统中的多个微电网，被称为配电网络操作管理系统。其研究目标包括研发新型的分布式能源控制器、寻找基于下一代通信技术的控制策略、创造新的网络设计理念、微电网在技术和商业方面的整合及协议标准，以及微电网对大电网运行的影响等。欧盟第 7 框架计划的主要目标是研究如何减小微电网发电单元对燃料发电机的依赖，增加可再生能源在微电网中的比例，充分利用可再生能源提高微电网的能量利用率，减小微电网对环境的影响。

表 9-3　美国微电网技术研究现状

机 构 名 称	研 究 内 容	示 范 工 程
橡树岭国家实验室（ORNL）	故障检测与保护技术	2012 年，夏威夷希凯姆空军基地，建立环路级微电网；2013 年，科罗拉多州美国陆军基地，3MW 光伏系统和车辆—电网储能微电网；2014 年，夏威夷史密斯基地，智能化微电网
桑迪亚国家实验室（SDNL）	能源安全微电网设计方法	
西北太平洋国家实验室（PNNL）	（1）电网可再生能源储存能力分析；（2）储能电池的材料研究	美国能源部和加州能源委员会联合资助的 SDG&E 微电网项目，PNNL 负责分布式能源设计
劳伦斯伯克利国家实验室（LBNL）	建立了分布式电源用户应用模型（DER－CAM），实现经济能效分析和微电网模拟运行	在加利福尼亚州、夏威夷和内华达州开展了热电联产应用示范项目，涵盖了酒店、商务楼、研究中心、购物中心、监狱、赌场等各种场所
电力系统工程研究中心（PSERC）	微电网组件的控制与设计，优化微电网各组件对等与即插即用运行模式的自主控制，微电网测试系统的可重构研究	
通用电气公司	微电网控制系统；微电网能量管理系统	加利福尼亚棕榈湖海军基地，1MW、7 英亩光伏发电场；7MW 燃气热电厂；燃料电池和高级储能系统
甲骨文公司	分布式电网管理系统；实时负荷检测和负荷预测；三相不平衡配电等	圣地亚哥微电网断电/配电管理系统的开发与应用
波音公司	能效工具；智能能源控制与管理；整合可再生能源和储能装置	
霍尼韦尔公司	霍尼韦尔微电网技术系统	2011 年，夏威夷空军基地测试和验证其微电网系统

欧洲的微电网示范工程主要有希腊基斯诺斯岛微电网、德国曼海姆 Wallstadt 居民区示范工程、西班牙 LABEIN 项目、葡萄牙 EDP 项目、意大利 CESI 项目和丹麦 ELTRA 项目等。欧洲所有的微电网研究计划都围绕着可靠性、可接入性和灵活性 3 个方面来考虑。电网的智能化、能量利用的多元化等是欧洲未来电网的重要特点。

3. 日本微电网发展

由于日本资源的匮乏，新能源利用一直是其发展重点，其微电网技术也一直处于世界领先水平。在新能源产业技术开发机构（NEDO）的协调和组织下，东京大学、东京理科大学、清水建设研究所、三菱电气公司等日本知名高校、研究所及公司在微电网方面开展了大量理论和实证研究工作，取得了许多成果。日本微电网研究的发展可分为如下 3 个阶段：①2001 年至 2003 年，日本主要致力于高品质供电网的研究，该电网将区域的发电资源与负荷组合起来，实现电网内高品质电能供应，这与微电网很相似，可以认为是微电网在日本发展的开始；②2003 年至 2008 年，日本大力发展微电网技术，期间建成了多个微电网实证研究系统，其研究主要侧重于分布式电源与储能元件的配合，以平衡负荷波动，实现微电网并网运行时的并网点恒定潮流及孤岛运行时的电能质量稳定，取得了丰富的实证资料，积极推动了微电网在日本的实用化；③2008 年至今，日本展开了低耗能、长寿命、大容量蓄电池控制系统的研究工作，为进一步提高可再生能源的利用率提供支持。最大限度利用可再生能源、减小污染物排放是日本微电网发展追求的目标，可再生能源微电网运行稳定性是其研究的主要方向。

自 2003 年以来，日本在其本土及境外建立了多个光伏微电网实证系统，如位于清水建设研究所的光伏发电 10kW、总容量 450kW 的微电网试验系统，位于东京燃气公司的光伏发电 10kW、总容量 90kW 的微电网系统等。日本 NEDO 于 2004 年开展了 3 个微电网的实证研究项目，以此验证供需控制系统在微电网实际运行中的有效性。这 3 个微电网分别位于青森、爱知和京都，容量分别为 710kW、2400kW 和 750kW，自然变动电源比例均为约 14%。由 NEDO 资助的位于八户市的多能源微电网系统由 130kW 光伏发电、20kW 风力发电、510kW 燃汽轮机发电组成。该实证项目完成了多电源微电网稳定运行的实证研究，实现了将并网点潮流控制在总容量 3% 以下的目标，此项目还对该微电网的总能量控制能力进行了评估。

近期，NEDO 还组织了 9 家日本顶尖企业参与日美智能电网协作示范项目，在美国新墨西哥州的 Los Alamos 和 Albuquerque 两个城市实施微电网示范。其中，清水建设研究所负责微电网总体系统的设计与构筑；东芝公司负责商用电力方的能源管理系统的设计、构筑及性能验证；夏普公司负责太阳能发电系统的设计及性能验证；东京燃气公司负责分散电源控制方法的设计、构筑及性能验证；三菱重工公司负责燃气引擎发电机及控制系统的设计、制造及性能验证；富士电机公司负责燃料电池的设计及性能验证；明电舍公司负责光伏发电用电力控制系统的设计及性能验证；古河电工公司负责蓄电池管理系统的设计及性能验证；古河电池公司负责蓄电池的设计及性能验证。

日本典型微电网结构将燃气轮机等旋转发电设备直接接入到微电网同步运行，但不具备"即插即用"功能，而是强调分布式电源类型的多样化。该微电网结构采用主—从控制模式，通过中央控制器对系统内的各电源及可控负荷进行管理和调度，以减少对主网的影响与依赖，保证微电网内部的暂态功率平衡。目前，日本对微电网的研究主要集中在电力供需平衡、孤岛稳定运行与经济调度、负荷跟踪能力与电能质量监控等方面。

4. 其他国家微电网发展

韩国开展微电网的研究相对于欧美各国要晚一些。2007 年 6 月 1 日，韩国成立了以高校为主的智能电网研究中心，同年成立了电力信息科技研究工程中心，开展了配电网技术、电力变换器技术、控制与通信技术、微电网的仿真与建模、微电网的硬件开发、微电网的综合能量管理系统及热电联供微电网系统的优化等研究与开发。韩国在济州岛开展了大规模的智能微电网实验，2010 年 11 月在韩国召开的 G20 峰会的部分会议也在济州岛举办，其目的就是为了向各国元首宣传韩国的智能微电网项目。

新加坡在 2007 年也提出了新能源决策报告，该报告明确提出要加强能源研究，提高新能源和可再生能源使用的比例。在此基础上，新加坡开展了微电网相关技术的研究工作，其主要内容为测试微电网的并网和孤岛运行模式，对微电网实行远程监控和智能控制，建立微电网与分布式电源研究的试验和示范平台。

除上述国家外，墨西哥、印度等国家和地区也正在积极开展微电网方面的研究和建设。

5. 国内微电网发展

尽管我国可再生分布式电源微电网的研究起步较晚，但在智能电网的推进下发展迅速。近年来，国内高校、研究机构和电力企业已经在微电网的建模、控制、仿真和实验研究等方面取得了一些代表性研究成果，全国各地已建成或正在建设若干个微电网实验系统，各类示范项目正在不断开展。

2009 年 12 月，杭州电子科技大学与日本清水建设研究所合作，完成了国家发改委和日本 NEDO 合作的并网光伏发电微电网实证研究系统项目。该系统包括 120kW 光伏发电、120kW 柴油发电机、50k·Wh 蓄电池、100kW×2s 的超级电容器等，实现了并网功率潮流双向可控和孤岛自主稳定运行，达到国际先进水平，建立了国内首个高校微电网实验室。实证研究结果为进一步开展微电网的设计、分析和运行提供了大量的具有实际参考价值的实验依据。除此以外，中国科学院电工研究所、天津大学、合肥工业大学、清华大学、西安交通大学等高校都先后建立了各自的微电网实验室。其中，天津大学等高校获得了国家973、863重点项目的支持，对分布式能源供电系统基础理论与关键技术的研究比较全面和深入。另外，中国科学院电工研究所、浙江省电力试验研究院也获得了相关项目的大力支持，取得了较好的研究成果。

南方电网公司与天津大学合作建设了国家863重点项目"兆瓦级冷热电联供分布式能源微电网并网关键技术和工程示范"，主要研究冷热电联供微电网系统的优化设计、运行及对配电网影响等问题，为我国冷热电联供与微电网技术的研究与发展提供了示范平台，现已投入运行使用，实际测试结果表明能源利用效率可以达到75%。南方电网公司还专门针对储能技术和海岛微电网进行了研究验证，在深圳宝清建立了容量为12MW的储能电站，该项目于2011年9月完工及并网工作；在南海三沙市建立的500kW独立光伏微电网也于2013年12月31日正式竣工并投入运行。

目前国家电网公司已经建成了中新天津生态城微电网系统、南麂岛离网型微电网示范工程、鹿西岛并网型微电网示范工程及张北的国家风光储示范工程。其中，张北项目总投资120亿元，项目建成后将成为世界上规模最大和智能化水平最高的风力、光伏、储能综合新能源项目。

目前，国内微电网系统的相关研究已经取得了一定成绩，但相比于美日欧等微电网实验室或示范工程还存在着一定的差距，首先是规模非常有限，其次是以实验和示范为主，缺乏实际应用。因此有必要加快开展微电网核心技术研究，促进微电网在我国的发展和应用。

9.1.5 微电网的相关技术

微电网中存在多种分布式能源、各种电负荷或冷/热负荷及相关监控和保护装置。从技术角度来讲，微电网研究的主要关键技术包括微电网规划与设计、微电网运行控制、故障检测与保护、运行控制和能量管理所涉及的系统监控体系、控制与管理、运行标准、发电单元和系统建模仿真、微电网经济性评估等[15]。以下主要介绍微电网的规划设计、运行、控制和保护等方面一些关键问题。

1. 微电网规划与设计

微电网规划设计包括网架结构的优化设计，以及分布式发电单元类型、容量、位置的选择和确定。这需要根据微电网系统建设地点的负荷特性与分布、分布式电源类型、运行模式（并网或独立）等情况，考虑设备的响应特性、效率、安装费用及控制方法等，从而优化各类分布式电源的容量，提高整个系统的可靠性、安全性和经济性。

分布式电源的配置不同于常规的发电单元，在微电网系统规划设计中，电源配置的优化策略对于实现整个系统效益最大化尤为重要。在日照强度较高的地区，可选择较多容量的太阳能电池板；在热能需求量较大的地区，可选用热电联产的微型燃气轮机和燃料电池。例如，以满足微电网中负荷需求所需供电量的年运行费用最小为目标，考虑 6 种天气类型，利用优化规划确定微电网中各种电源的数量和容量、与主网间的能量交换合同及系统的年运行计划。目前，美国、加拿大、欧洲和我国研究人员开发了一些分布式供电系统规划、微电网规划的软件[16-17]。其中，常用的软件及其功能介绍如下。

1) DER – CAM（Distributed Energy Resources Customer Adoption Model） 该软件由美国伯克利实验室开发，其目标是使个人用户端或微电网中的现场发电运行成本和热电联供（CHP）系统成本最小化。它主要用于政策分析与市场评估，独栋建筑优化的投资决策（上海市购物中心），实时运行分析（美国 Santa Rita 监狱、新墨西哥大学），即插式电动汽车控制（洛杉矶空军基地）。DER – CAM 适用于含冷/热/电联供系统的微电网容量优化，但它仅考虑并网运行，无法体现微电网孤岛运行对可靠性的作用。另外，该软件只能联网使用。

2) Hybrid2（The Hybrid Power System Simulation Model） Hybrid2 是由美国可再生能源实验室开发的用于执行多种动力混合发电系统详细的长期性能和经济分析的概率/时间序列计算机模型。使用者利用负载、风速、太阳辐射、温度的时间序列数据来设计和选择电力系统，并预测混合动力系统的性能。每个时间步长内的风速和负荷的变化会被考虑到性能预测中，不考虑由系统动态变化或组件瞬态所引起的短期系统波动。这些混合系统可以包括 3 种类型的电气负载、不同类型的多个风力涡轮机、光伏电池板、多个柴油发电机、蓄电池存储和 4 种类型的电力转换装置。系统可以模仿 AC、DC 母线或两种母线同时存在。各种不同的控制策略/选项的结合，可以实现详细的柴油机调度，以及柴油发电机组与蓄电池之间的相互作用。

3) HOMER（Hybrid Optimization Model for Electric Renewables） HOMER 是由美国可再生能源实验室开发的用于设计和分析混合动力系统的工具。它主要执行 3 个主要任务，即模拟、优化和灵敏度分析。在仿真过程中，HOMER 模拟一个特定的微型电力系统配置一年中逐小时的性能，确定其技术可行性和生命周期成本。在优化过程中，HOMER 模拟许多不同系统配置，以寻找一个满足技术限制的全寿命周期成本最低的方案。在灵敏度分析过中，HOMER 通过一系列的假设输入来评估模型输入中不确定性或变化的影响，并执行多个优化。敏感性分析有助于评估一些设计者无法控制的变量（如平均风速或未来的燃料价格的不确定性或变化）的影响。

4）RETScreen RETScreen 清洁能源项目分析软件是由加拿大自然资源部（Natural Resources Canada）开发的。它通过结合现有的产品、项目、水文学及气候数据库，来分析可再生能源、节能或热电联产项目在财务上是否合理。决策人员可实施 5 个步骤标准分析法，包括能源模型、成本分析、排放量分析、财务分析及风险分析。

5）H2RES H2RES 是克罗地亚萨格勒布大学开发的软件，它适合提高海岛、偏远山区等独立系统或电网连接比较脆弱的并网型系统的可再生能源渗透率及利用率。

6）PDMG（Planning and Designing of Microgrid） PDMG 是由天津大学基于对微电网、分布式电源、储能等智能电网方面的研究而开发的可视化、智能化的微电网规划设计专业应用软件[18]。该软件适用于微电网的多种应用场景，实现了间歇性数据分析、分布式电源规划设计、按场景自动生成目标曲线、逆变器结构设计、混合储能设计、多目标优化、孤并网控制策略、微电网设备选型和定容、冷热电联供优化分析、微电网设计方案建设、方案评价、多目标权重分析、方案 3D 效果展现及灵活设备建模等多种功能。

2. 微电网运行控制

微电网系统的运行模式分为并网运行和独立（孤岛）运行两种模式[15,19]。并网运行模式指的是微电网系统与大电网并网运行。并网运行时，可根据微电网的内部电能供需关系，决定向大电网购电或向外输送电能。同时，在合理的控制策略下，微电网可在并网运行模式与孤岛运行模式之间实现平滑切换。

独立运行模式是指当微电网检测到大电网故障或其他特殊情况时，断开与大电网的连接，由微电网内部的分布式电源向微电网内部负荷进行供电。孤岛运行的关键之处在于要通过有效的控制手段保证本地负载的供电质量。

相对于大电网而言，微电网可作为一个模块化的可控单元，对内部可以提供满足负荷用户需求的电能。为了实现这些功能，微电网必须具有良好的微电网控制和管理。微电网的控制，应保证分布式电源的接入不对系统造成影响；自主选择运行点；平滑地实现与电网的并网、分离；对有功、无功进行独立控制；具有抑制电压跌落和不平衡的能力。目前，主要的微电网控制方法有以下 3 种。

（1）基于电力电子技术的"即插即用"与"对等"的控制方法。该方法简单、可靠，易于实现，但没有考虑系统电压与频率的恢复问题，在微电网遭受干扰时，系统的频率质量可能无法保证，而且该方法只是针对基于电力电子技术的微电源间的控制。

（2）基于功率管理系统的控制。该方法采用不同的控制模块对有功和无功分别进行控制，较好地满足了微电网 PQ、V/F 等多种控制要求，而且还能够满足频率质量的要求，增加了控制的灵活性并提高了控制性能，但该方法也只是基于电力电子技术的电源单元间的协调控制，而没有考虑它们与含有调速器的常规发电机间的协调控制。

（3）基于多代理技术的控制方法。该方法将传统的多代理技术应用于微电网的控制系统，代理的自治性、反应能力及自发行为等特点正好满足了微电网分散控制的需要，提供了一个能够嵌入各种控制且不需要管理者经常参与的系统。但该技术目前还集中于对微电网的频率和电压控制层面。

3. 微电网检测与保护

含多个分布式电源及储能装置的微电网的接入，彻底改变了配电系统故障的特征。而且微电网在并网和孤岛两种运行情况下，短路电流大小不同且差异很大。因此，如何在并网和孤岛情况下均能对微电网内部故障做出响应，以及在并网情况下快速感知大电网故障，同时保证保护的选择性、快速性、灵敏性与可靠性，是微电网检测与保护的关键。

分布式电源的引入，使得微电网系统的保护控制与常规电力系统中的保护控制在研究对象和控制方法、策略上有很大不同，如除过电压及欠电压保护外，针对分布式电源必须制定包括反孤岛和低频保护的特殊保护功能。常规的保护控制策略是针对单向潮流系统进行保护的，而在微电网系统中，潮流可能双向流通，且随着系统结构和所连接的分布式电源单元数量的不同，故障电流级别将有很大不同，传统的继电保护设备可能不再起到应有的保护作用，甚至可能导致这些保护设备损坏，因而需要研发能够在完全不同于常规保护模式下运行的故障检测与保护控制系统。

4. 微电网管理与优化

在微电网系统中，光伏发电单元和风力发电单元的输出功率随着太阳辐射度、环境稳定及风速的变化而随之波动。同时，微电网具有并网和孤岛两种运行模式，不同运行模式下的微电网能量管理策略、分布式能源的控制方式也不尽相同。因此，微电网系统需要通过管理系统实现微电网系统的供电稳定性与运行经济型。微电网管理由电源管理策略（Power Management Strategy，PMS）和能量管理策略（Energy Management Strategy，EMS）两部分组成。将这两个策略组合而形成反应更灵敏的 PMS/EMS 系统，使得优化与控制的效果更为理想，这是考虑到微电网系统具有如下 3 个特点。

☺ 微电网内部存在多种不同容量、不同输出特性的分布式电源；

☺ 在独立运行模式下，可能发生没有主要电源进行电能输出的情况。

☺分布式电源的快速响应可以保证在供电不足时电压/相角的稳定。

微电网 PMS/EMS 的能量管理中的实时能量管理模块采集当前及预测的用户负荷需求、分布式电源的发电量和电力市场信息，然后控制各分布式电源的功率输出，并决定从公用电网购电或向公用电网卖电。为此，准确地预测微电网内的风力发电、光伏发电及负荷水平，可以有效地提高微电网系统的运行稳定性，为微电网能量管理系统调节各发电单元或负载状态提供充裕的准备时间。根据微电网的分布式电源的特性、容量和运行模式，微电网的能量管理策略也有所不同。例如，光伏发电与蓄电池配合的微电网系统优化控制策略，根据光伏发电量的预测，控制蓄电池的充/放电，延长蓄电池的使用寿命，并有效降低光伏微电网系统的运行成本；针对含有多分布式能源的孤岛运行微电网系统，分析微电网系统中各分布式能源对系统经济性的影响，提出一种合理设计微电网发电单元与储能单元容量的方法等。

9.2 微电网的典型结构

在进行微电网规划时，系统容量与母线电压的选择、微电网结构与分布式电源运行模式的选择都非常重要。本节主要分析微电网容量等级划分及其适用场景；母线电压与输送功率和距离的关系；交流微电网、直流微电网和交/直流微电网结构及其适用场景与优/缺点。

1. 微电网的容量与电压

关于微电网容量的定义，目前尚未达成一致。有人主张以微电网中接入的分布式电源容量来定义微电网容量，也有人主张以微电网内的全部负荷容量来定义其容量。在此，微电网的容量是以微电网内接入的全部分布式电源总容量来计算的。目前，通常将微电网的容量划分为表9-4中的4个等级，以适用不同的网架体系，充分发挥分布式发电的优势，实现微电网系统的经济、环境、社会效益最大化。

表9-4　微电网容量等级划分

类　别	容量/MW	应　用　范　围
单设施级微电网	<2	小型工业或商业建筑；大的居民楼或单栋建筑物
多设施级微电网	2～5	含多种负荷类型，如军事基地、校园、医院、工商业区等
馈线级微电网	5～10	含多个小型微电网，适用于公共设施、政府机构、监狱等
变电站级微电网	10～20	包括全部或部分的前3级微电网，适用于变电站供电的区域

从表9-4中可以看出，微电网的容量基本都少于20MW，但是随着大规模的可再生能源推广应使用，未来微电网的容量可能上升至数百 MW 甚至 GW 级别，主要应用于能源需求较为集中的新型工业园区。

微电网容量的选择不仅受到微电网内部的负荷水平影响，还要受到其所处地理环境、分布式发电设备的制造水平、上级电网的负荷水平、容量大小、网络结构、PCC 点交换功率限制等诸多因素的制约。例如，美国桑迪亚国家实验室（Sandia Nation Lab，SNL）进行的一些研究表明，如果光伏或风力发电的渗透率超过配电系统容量的 30%，则在某些情况下电网会变得不稳定。而根据国内电网公司的规定，对于单个并网点的微电网容量将限制在 6MW 以下。

不同容量的微电网系统，其选用的电压等级也不一样。对于小容量的微电网，由于其电能均就地消耗，一般情况下都选用 0.4kV 电压。而对于需要远距离大规模输电的并网型微电网及带有高压负荷的独立型微电网而言，电压等级的选择与输电距离、负荷水平、供电模式、设备性能参数等因素相关，需要考虑电网所处的自然地理环境，以"安全、经济、合理"为原则，由供电公司和用户共同协商，确定最佳方案。一般情况下，输送功率、容量与输送距离是最重要的考虑因素。表 9-5 给出了工程应用的电力线路的额定电压与输送功率和输送距离的关系。

表 9-5　电力线路的电压等级与输送功率和输送距离的关系

额定电压/kV	输送功率/kW	输送距离/km	额定电压/kV	输送功率/kW	输送距离/km
3	100 ～ 1000	1 ～ 3	60	3500 ～ 30000	30 ～ 100
6	100 ～ 1200	4 ～ 15	110	10000 ～ 50000	50 ～ 150
10	200 ～ 2000	6 ～ 20	220	100000 ～ 500000	100 ～ 300
35	2000 ～ 10000	20 ～ 50			

2. 微电网的典型结构

根据微电网母线结构类型的不同，微电网可以分为交流微电网、直流微电网和交/直流混合微电网 3 种。

1）交流微电网　目前，交流微电网仍然是微电网的主要形式，其典型结构如图 9-3 所示。在交流微电网中，分布式电源、储能装置和负荷等均通过电力电子装置连接至交流母线，通过并网点与上一级配电网或主网连接并网运行，微电网与配电网联网的电压等级根据并网点的交换功率来确定，如微电网接入 400V 配电网，并网点的交换功率应不大于 500kW；微电网接入 10kV 配电网，并网点的交换功率应不大于 6MW。通过控制 PCC 端口处的断路器，可实现微电网并网运行与孤岛运行模式的转换。在并网状态下，微电网与公用电网一起为本地负载供电，若有剩余电能，则可向公用电网输电。当外部电网发生故障时，微电网可断开 PCC 点的断路器，进入孤岛运行模式，独自为本地负载供电，从而保证了微电网内部负荷供电的可靠性。由于交流微电网不需要改造原有电网结构即可将其纳入配电网系统，因此交流微电网目前占据主流地位。

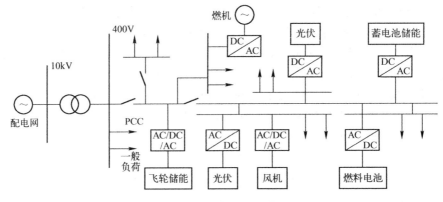

图9-3 交流微电网结构图

2）直流微电网 直流微电网结构如图9-4所示。其特征是系统中的分布式电源、储能装置和负荷等均通过电力电子变换装置连接至直流母线，直流网络再通过逆变装置连接至外部交流电网。直流微电网通过电力电子变换装置可以向不同电压等级的交流、直流负荷提供电能，分布式电源和负荷的波动可由储能装置在直流侧进行补偿。直流微电网系统比交流微电网的优势明显，因为它不需要考虑各分布式电源之间的同步性，负载不受电压调整、电压闪变、三相不平衡、谐波等影响，而且效率更高，这将减少很多功率转换装置，提高系统的控制性能，因此成为未来微电网的发展趋势之一。目前，德国曼海姆居民区微电网采用的就是这种结构。但是，由于直流电灭弧困难，这给直流微电网的推广造成了一定阻碍。

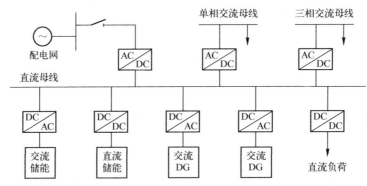

图9-4 直流微电网结构图

3）交/直流混合微电网 在交/直流混合的微电网系统中，同时包含了直流母线和交流母线，因此可以直接向直流负荷和交流负荷供电，该类微电网的系统结构如图9-5所示。直流母线可通过变换器与交流母线相连，交流母线通过PCC并网点与大电网相连。它很好地融合了交流微电网和直流微电网的优点，可以看做是一类特殊的交流微电网。目前，我国深圳微电网能源管理实验室采用的就是交/直流混合微电网。

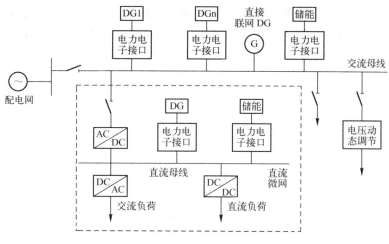

图 9-5　交直流混合微电网结构

9.3　分布式电源的建模与控制

　　光伏发电、风力发电、燃气轮机、燃料电池、蓄电池、超级电容等是典型的分布式电源，这些分布式电源需要通过电力电子变换装置与电网连接，这使得分布式发电系统的动态特性与电力电子变流装置及其控制系统直接有关。为此，有必要根据分布式电源的原理给出其模型描述，为分布式电源控制提供必要的理论基础。本节主要给出风力发电、微型燃气轮机、超级电容的模型描述和分布式电源控制策略。

9.3.1　风力发电系统[20]

　　并网型风力发电系统的分类方法有多种。按照发电机的类型来划分，可分为同步发电机型和异步发电机型两种；按照风力机驱动发电机的方式来划分，可分为直驱式和使用增速齿轮箱驱动两种类型；另一种更为重要的分类方法是根据风速变化时发电机转速是否变化，将其分为恒频/恒速、恒频/变速两种。

　　双馈风力发电系统、永磁同步直驱风力发电系统一般用于大型风力发电机组并网，容量相对较大，在中低压配电系统中一般较少采用。此外，也可以采用普通同步发电机或异步发电机通过变频器来并网，但由于发电机转速较高，风机与发电机间需要通过齿轮箱进行变速。

　　在恒频/恒速风力发电系统中，发电机直接与电网相连，当风速变化时，采用定桨距控制或失速控制维持发电机转速的恒定。恒速/恒频的风力发电机组一般采用笼型异步发电机，其电路结构如图9-6所示。鼠笼式异步风力发电机系统主要由风轮机、传动装置、笼型异步风力发电机及桨距控制系统组成。由于无功不可控，需要利用电容器组或SVC进行无功补偿。这种类型的风力发电系统的优点是结构简单、成本低，容量通常较小，在低压系统中较为常见，这也是中低压配网接入的分布式发电系统分析中主要采用的模型。虽然风力发电系统的并网形式有多种，但在风机本身结构上仍有不少相似之处。

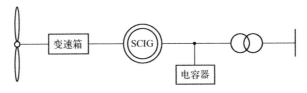

图9-6　异步风力发电机系统结构

1. 风力发电机组的工作原理

风力发电机组发出的电能是从风能中转化而来的，风电机组的叶片从风中捕获部分能量并将其转化为旋转的动能，然后通过机械驱动系统将机械能传送至发电机，通过发电机将机械能转化为磁场的能量，最终转化为电能。

由风力发电机的空气动力学模型可以得出风机的输出功率为

$$P_w = \frac{1}{2}\rho\pi R_w^2 v^3 C_p \tag{9-1}$$

式中，ρ 为空气密度；R_w 为风机叶片半径；πR_w^2 为叶片扫过的面积；v 为风速；C_p 为风能利用系数，它是风轮机叶尖速比（Tip Speed Ratio，TSR）λ 和桨距角 β 的函数。叶尖速比即叶片的叶尖线速度和风速之比，可表示为

$$\lambda = \frac{\omega_w R_w}{v} \tag{9-2}$$

C_p 可由下式确定：

$$C_p(\beta,\lambda) = 0.22\left(\frac{116}{\lambda_j} - 0.4\beta - 5\right)\exp(-12.5/\beta) \tag{9-3}$$

式中，

$$\lambda_j = \frac{1}{\dfrac{1}{\lambda + 0.08\beta} - \dfrac{0.035}{\theta^3 + 1}} \tag{9-4}$$

风能利用系数 C_p 与给定的桨距角 β 的关系如图9-7所示。

由图9-7可知，当桨距角 β 为恒定值时，C_p 的大小与 λ 有关，此时使 C_p 最大的 λ 称为最佳叶尖速比 λ_{opt}。

要想使风机保持最大的功率转换效率，必须保证叶尖速比始终为最佳叶尖速

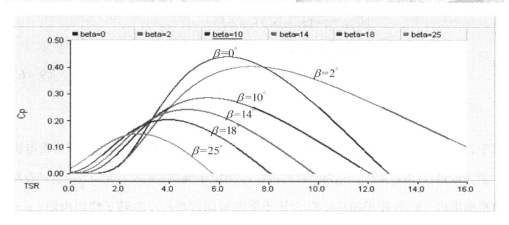

图 9-7 风能利用系数 $C_p(\beta,\lambda)$ 曲线

比，因此 ω_w 将随着风速的变化而变化。将不同风速时的最大功率点连接起来，即可得到风机的最佳功率曲线，其功率表达式为

$$P_{opt} = \frac{1}{2}\rho\pi R_w^2 \left(\frac{R_w}{\lambda_{opt}}\right)^3 C_{Pmax}\omega_w^3 \qquad (9-5)$$

异步风力发电机主要由风机、传动装置、笼型异步风力发电机及桨距控制系统组成。异步发电机系统控制结构如图 9-8 所示。

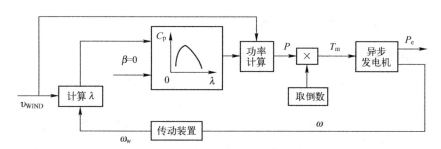

图 9-8 异步风力发电机系统控制结构

异步风力发电机的转速 ω 经过传动装置得到风机角速度 ω_w，再结合风速 v_{WIND} 可以求得叶尖速比 λ，定桨距风力发电机桨叶桨距角 $\beta=0$，根据 $C_p(\lambda,\beta)$ 函数可得风能利用系数 C_p，然后通过功率计算模块可得风机的输出功率。异步风力发电机运行时，在输出有功功率的同时，需要吸收一定的无功功率，通常配备一定容量的无功补偿电容器来提高其端口的功率因数。

2. 异步风力发电机的数学模型

异步发电机采用机电暂态模型，该模型忽略了定子绕组暂态过程，即

$$\begin{cases} U_{S,0} = -(r_S + jx')I_{S,0} + E' \\ \dfrac{ds}{dt} = \dfrac{1}{T_j}(T_E - T_{1ss}) \\ T'_{d0}\dfrac{dE'}{dt} = -E' - j(x - x')I - j2\pi f_0 T'_{d0}E'_S \\ T_E = \mathrm{Re}(E'\overset{*}{I}) \end{cases} \tag{9-6}$$

式中，$U_{S,0}$，r_S，$I_{S,0}$ 分别为异步风力发电机的定子电压、电阻和电流；E' 为发电机的暂态电势；$x = x_1 + x_m$，x_m 为励磁电抗；x_1 为定子漏抗；$x' = x_1 + \dfrac{x_2 x_m}{x_2 + x_m}$，$x'$ 为发电机的电抗，x_2 为转子漏抗；T_j 为转子惯性时间常数；r_2 为转子绕组电阻；$s = \dfrac{\omega - \omega_r}{\omega_0}$，$s$ 为转子转差率；$T'_{d0} = \dfrac{x_2 + x_m}{r_2}$，$T'_{d0}$ 为定子开路时转子回路的时间参数。

9.3.2　微型燃气轮机发电系统[21-25]

在微电网中，微型燃气轮机发电机组主要用于补偿大幅度的功率波动，它与其他储能单元配合，以实现对负荷供电的稳定性。目前，微型燃气轮机主要有两种结构，即单轴结构和分轴结构。单轴微型燃气轮机发电机组的燃气涡轮和发电机同轴相连，发电机转速较高，需采用电力电子装置整流逆变后接入电网发电，具有效率高、稳定性好、运行灵活等优点。分轴微型燃气轮机发电系统的燃气涡轮与发电机采用不同的转轴，燃气涡轮通过变速机构与发电机相连，降低了发电机转速，因此可以直接并网发电。

1. 微型燃气轮机发电机组的工作原理

微型燃气轮机发电机（Micro – Turbine Generator）一般以天然气、甲烷等为燃料，由燃气轮机、压气机、回热器、燃烧室、发电机及电力控制部分组成，是一种新发展起来的小型热力发电机。其基本结构特点，是采用径流式叶轮机械向心式涡轮机和离心式压气机，采用高效率式回热器，以及与同步发电机一体化设计，使得整个发电机组尺寸更小，质量更轻，优点显著。

单轴微型燃气轮机的发电系统结构如图 9-9 所示。它包括微型燃气轮机（MT）、同步发电机、整流器和逆变装置等。燃料系统将燃料送至燃烧室，充分燃烧后，产生的燃气驱动发电机涡轮高速旋转，其旋转速度高达 30000 ～ 120000r/min。同步发电机产生的高频交流电通过整流装置和逆变后，转换为工频交流电输送到馈线。为了提高效率，MT 系统中发电部分排出的高温尾气可以用于预热进入燃烧室的压缩空气，从而减少燃烧过程中加温过程的能量损耗，而回热器排出的余热尾气可以通过制冷机或热交换器满足冷、热负荷的需求。

图 9-10 所示为微型燃气轮机发电系统电路结构。微型燃气轮机系统包括微型燃气轮机、永磁同步发电机（Permanent Magnet Synchronous Generator，PMSG）、三

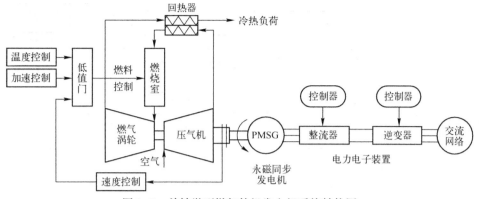

图 9-9　单轴微型燃气轮机发电机系统结构图

相全桥不可控二极管整流电路（AC/DC）、BOOST 升压电路（DC/DC）及带有 LC 滤波电路的逆变电路（DC/AC），然后接入电网（GRID）。

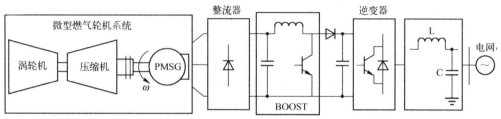

图 9-10　微型燃气轮机发电系统电路图

2. 微型燃气轮机的数学模型

在此讨论的燃气轮机模型为单轴单循环重负荷的燃气轮机模型，如图 9-11 所示。该模型主要由温度控制系统、速度控制系统、加速度控制系统、燃料供给系统及压缩机 - 涡轮机控制系统组成。

1）速度和加速度控制环节　MT 的速度控制是以转子速度与预先设定的转速参考值的差值作为输入信号，以速度控制量作为输出信号，输出值送到燃料最小值选择器。在此以一个超前滞后函数被用于代替速度控制器，如图 9-12 所示。

加速度控制按照转速变化率调整燃料基准，以控制 MT 高温燃气通道中的热冲击。在该模型中，将转速的变化率与给定的加速度基准相比较，如果转速变化率大于基准值，则降低加速度控制值。该环节用于限制过大的转速变化率，主要参与 MT 的启动和甩负荷过程控制，如图 9-13 所示。

2）温度控制系统　温度控制是 MT 的主要特点之一，MT 的涡轮机叶轮在高温高速下工作，材料的强度随着温度的上升而下降，必须使涡轮机的进气温度限制在一定范围内。如图 9-14 所示，温度调节系统是一个 PI 调节器，输入信号是热电偶测量的排气温度，然后与额定的排气温度基准进行比较，经 PI 控制器输出温度

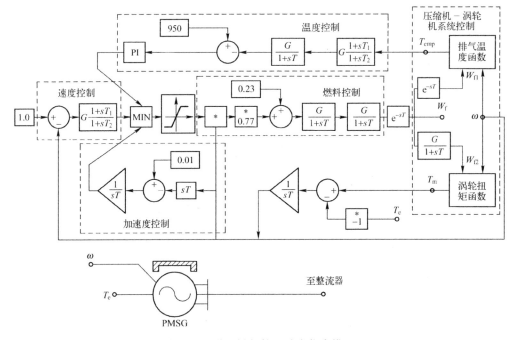

图 9-11　微型燃气轮机动态仿真模型

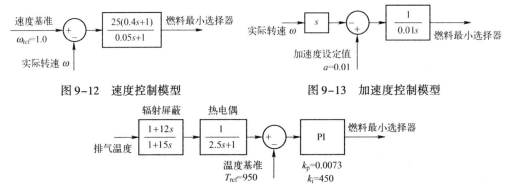

图 9-12　速度控制模型　　　　图 9-13　加速度控制模型

图 9-14　温度控制模型

控制信号到最小值选择器。在正常运行时，MT 是通过改变燃料量来控制涡轮机入口温度不超过其最大设计值的。

3）燃料供给控制环节　燃料供给控制环节包括 3 部分，即燃料限制器、阀门定位器和燃料调节器。其中，阀门定位器和燃料调节器都是一阶惯性环节。如图 9-15 所示，其输入信号是根据转速控制环节、加速度控制环节、温度控制环节三者产生的 3 个燃料基准，通过一个最小值选择器来得到一个最终的最小燃料输入信号。由于 MT 即使在空载情况下也需要一定量的燃料来维持空载运行，那么其最小燃料量一般有一个最低值，这里取最小燃料流量为 0.23（标幺值）。

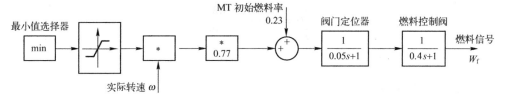

图 9-15　燃料控制模型

4）压缩机—涡轮机系统　MT 的燃气轮机是重要组成部分，其本质是非线性动态系统，包括燃烧室、压气机和燃气涡轮 3 部分。如图 9-16 所示，分别用两个延迟环节模拟燃烧室的燃烧过程和排气系统的工作情况，用一个一阶惯性环节模拟压气机排气的过程。该环节的输入信号为燃料控制环节的输出信号与发电机的实际转速，而输出信号为机械转矩和排气口温度。其转矩 T_m（单位为 N·m）和排气温度 T_{emp}（单位为℃）分别为

$$T_m = 1.3(\omega_{f2} - 0.23) + 0.5(1 - \omega) \qquad (9-7)$$

$$T_{emp} = T_{ref} - 700(1 - \omega_{f1}) + 550(1 - \omega) \qquad (9-8)$$

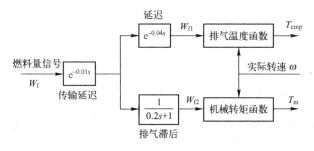

图 9-16　压缩机—涡轮机系统模型

式中，ω_{f1}、ω_{f2}（标幺值）表示燃料供给信号；T_{emp} 为排气温度基准值，一般取 950℃；ω（标幺值）是 MT 的转速。

3. 永磁同步发电机的数学模型

单轴燃气轮机由压缩涡轮机驱动高速永磁同步电机，由此产生电能。在此，通过 PSCAD/EMTDC 部件库中的同步电机进行建模仿真，其 dq0 坐标系下有如下关系式。

☺定子绕组电压：

$$\begin{cases} v_q = r_s \cdot i_q + \dfrac{d\lambda_q}{dt} + \lambda_d \cdot \dfrac{d\theta_r}{dt} \\[3mm] v_d = r_s \cdot i_d + \dfrac{d\lambda_d}{dt} + \lambda_q \cdot \dfrac{d\theta_r}{dt} \end{cases} \qquad (9-9)$$

☺短路绕组电压：

$$\begin{cases} 0 = r'_{kd} \cdot i'_{kd} + \dfrac{d\lambda'_{kd}}{dt} \\[2mm] 0 = r'_{kq} \cdot i'_{kq} + \dfrac{d\lambda'_{kq}}{dt} \end{cases} \tag{9-10}$$

☺ 绕组磁链电压：

$$\begin{cases} \lambda_q = L_q \cdot i_q + L_{mq} \cdot i'_{kq} \\[2mm] \lambda_d = L_d \cdot i_d + L_{md} \cdot i'_{kd} + \lambda'_m \end{cases} \tag{9-11}$$

☺ 电磁转矩：

$$T_m = 1.5 \cdot p(\lambda_d \cdot i_q - \lambda_a \cdot i_d) \tag{9-12}$$

☺ 机械转矩：

$$J \frac{d\omega}{dt} = T_m - T_e - R_\Omega \cdot \omega \tag{9-13}$$

式中 v、i 和 λ 为电压、电流及磁链；d、q、k_d 和 k_q 分别为定子和转子的对应分量；r_s 为定子绕组电阻；λ_d 和 λ_q 分别为 d 轴和 q 轴的磁链分量；θ_r 为转子角位置；r'_{kd} 和 r'_{kq} 为阻尼绕组的 d 轴和 q 轴分量；λ'_{kd} 和 λ'_{kq} 为短路绕组的 d 轴和 q 轴分量；L_q、L_d、L_{kd} 和 L_{kq} 为电感的 d 轴和 q 轴分量；λ'_m 为定子绕组的永磁通量；p 为极对数；J 为转子惯性常数；R_Ω 为转子和负荷的粘滞磨擦；ω 为转子角速度；T_m 和 T_e 分别燃气轮机的轴转矩和永磁同步发电机的电磁转矩。

4. 变流装置及其控制

由于微型燃气轮机的转速较高，导致交流发电机频率远高于电网工频，不能直接接入电网。燃气轮机发电系统需要通过 AC/DC、BOOST 升压和 DC/AC 过程才能将电能输送到电网之中。图 9-17 给出了整流与升压电路及其控制原理，整流电路采用三相全桥不可控二极管整流电路对同步发电机输出的电压进行整流，BOOST 升压电路用于稳定同步发电机输出电压的波动，以及使直流侧电压达到 DC/AC 所要求的逆变电压。

微型燃气轮机发电机并网采用 P/Q 控制。图 9-18 给出了微型燃气轮机发电系统并网侧逆变电路及 P/Q 控制框图。经过有功功率和无功功率解耦，得到电感电流参考值，与实际测得的电感电流比较，得到的误差信号经过 PI 控制器作为逆变桥调制电压信号。利用锁相环技术，可使采用 P/Q 控制的分布式电源能够获得频率支撑，U_{dc} 为升压后的直流电压。

9.3.3 超级电容器[26]

1. 超级电容器的基本原理

双电层电容器（Electrical Double - Layer Capacitor，EDLC）技术是实现超级电

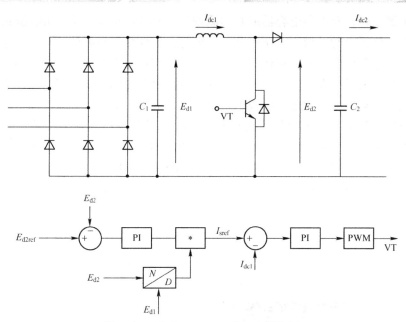

图 9-17　整流、BOOST 升压及其控制

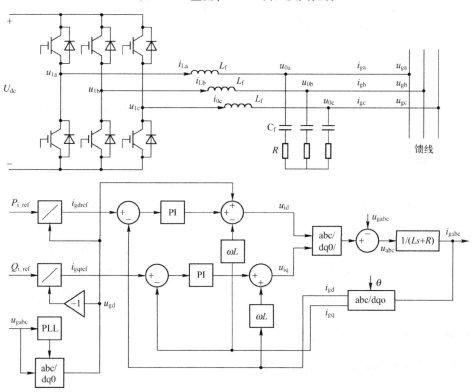

图 9-18　并网侧逆变电路及其控制

容器的主要途径。双电层电容器的基本原理如图 9-19 所示。当外加电压到超级电容器的两个极板上时，极板的正极存储正电荷，负极存储负电荷，在超级电容器的两个极板上电荷产生的电势场作用下，在正电荷与负电荷两个不同相之间的接触面上，正、负电荷排列在相反的位置上，这个电荷分布层称为双电层。当两个极板间的电势低于电解液的氧化还原电极电位时，电解液界面上电荷不会脱离电解液，此时超级电容器为正常工作状态（通常低于3V）；当电容器两端电压超过电解的氧化还原电极电位时，电解液将分解，为非正常工作，但在电极和电解液的边界会出现"双电层"，此时电子穿过双电层，可以表示为电容器的充电过程。当超级电容器放电时，两个极板上的电荷释放到外电路，电解液的界面上电荷相应减少。

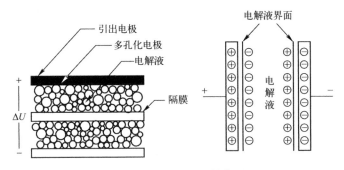

图 9-19　超级电容器结构图

在低于电解电压时，双电层的作用如同绝缘体。其储存的能量 E 可以表示为。

$$E = \frac{1}{2}CU^2 \qquad (9-14)$$

式中，C 为电容值，U 为有效电压值。由式（9-14）可知，对于储存较大能量密度的电容器，可期望有较高的额定电压。目前，对含水电解液的超级电容器，其单元的额定电压约为 0.9V，而对无水电解液的电容器，其单体额定电压约为 2.3 ~ 3.3V。

当采用铝箔时，即可获得数个 $\mu F/cm^2$，然而这样的能量密度并不大。为了增加电容量，电极通常由特种材料制造而成，该材料的面积非常大，如活性炭的表面积高达 1000 ~ 3000m^2/g，大大增加了电容量。相比于蓄电池，超级电容器的比功率（指单位时间内储存或释放的能量）很高，可达数 kW/kg，是蓄电池的数十倍，但其储存能量密度较蓄电池要小的多。

2. 超级电容器的等效的电路模型

使用活性炭作为电极的双电层超级电容器技术比较成熟，目前应用相对广泛。

经典的超级电容器的等效模型主要有两种，即拜德极化电池模型和 Newman 等提出的传输线模型，两种模型都由 RC 结构组成。

最简单、实用的等效模型是一个由电阻和电容构成的 RC 模型，包括理想电容器 C、等效并联内阻 R_p 和等效串联电阻 R_s，如图 9-20（a）所示。实际应用中的超级电容器处于快速大电流的频繁充/放电循环中，这时并联电阻 R_p 的影响可以忽略。这样，超级电容器的模型可进一步简化为电容器 C 和等效串联内阻 R_s 串联的结构，如图 9-20（b）所示。

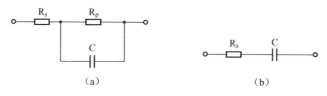

图 9-20　超级电容器的 RC 等效模型

RC 等效模型结构简单，可以准确地反映出超级电容器在充/放电过程中的特性，通过简单测量即可确定工程所需要的模型参数，因此广泛应用于工程设计和实践。

由于单体超级电容器的储能量较小，端电压较低，通常需要将多个单体进行串/并联的组合，以形成各种不同结构和容量的超级电容器阵列。由于这种单体超级电容器的一般特性（如功率密度、储能效率、循环寿命等）只取决于制造超级电容器的材料、结构和工艺，所以串/并联后并不影响其特性，超级电容器形成的阵列等效电路也可以近似为 RC 结构。其等效内阻为

$$R_{\text{array}} = \frac{N_s R_s}{N_p} \qquad (9-15)$$

式中，N_s 表示串联器件数，N_p 表示并联支路数。这时，超级电容器阵列的等效电容为

$$C_{\text{array}} = \frac{N_p C}{N_s} \qquad (9-16)$$

根据上述计算方法，可以获得不同组合的超级电容器组的参数值。

3. 超级电容器的性能分析

在放电和充电期间，采用不同的电流放电率，通过测量超级电容器输出电压和电流的变化，可以描述超级电容器的性能。图 9-21 所示的是超级电容器放电时的描述电路。

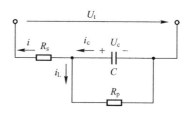

图 9-21　超级电容器的等值电路

超级电容器放电时的端电压可表示为

$$U_{t} = U_{c} - iR_{s} \qquad (9-17)$$

超级电容器的电位可表示为

$$\frac{\mathrm{d}U_{c}}{\mathrm{d}t} = -\frac{i + i_{L}}{C} \qquad (9-18)$$

式中，C 为超级电容器电容值；漏电流 i_{L} 可表示为

$$i_{L} = \frac{U_{c}}{R_{p}} \qquad (9-19)$$

将式（9-19）带入式（9-18），得到：

$$\frac{\mathrm{d}U_{c}}{\mathrm{d}t} = -\left(\frac{U_{c}}{CR_{p}} + \frac{i}{C}\right) \qquad (9-20)$$

同理，求得充电时的电路方程为

$$\frac{\mathrm{d}U_{c}}{\mathrm{d}t} = \frac{i}{C} - \frac{U_{c}}{CR_{p}} \qquad (9-21)$$

4. 超级电容器的充/放电特性

超级电容器可以大电流放电，可以补偿母线在负荷突然波动时的峰值电流。选取一个典型的单体 EDLC 的模型，对其进行不同电流的放电实验。其参数为：电容器 $C = 470\mathrm{F}$，等效串联电阻 $R_{s} = 4.3\mathrm{m\Omega}$，等效并联内阻 $R_{p} = 1.08\Omega$，额定电压 2.3V。根据其等效一阶 RC 模型，获得电流特性曲线如图 9-22 所示。由图可知，超级电容器从额定电压分别以 3 种不同的电流放电，电流分别为 20A、40A、60A；图 9-23 所示为超级电容器从 0V 开始，以不同的电流充电，直到其到达额定电压。可见，超级电容器放电电流越大，其放电时间越短；充电电流越大，充电时间越短。

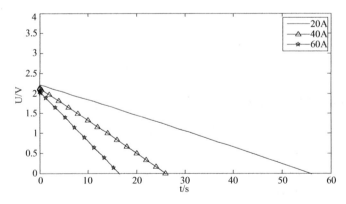

图 9-22　超级电容器一阶 RC 模型放电特性

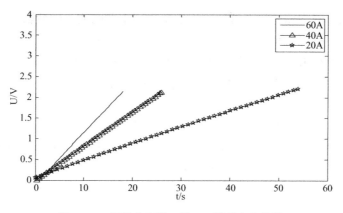

图 9-23　超级电容器一阶 RC 模型充电特性

9.3.4　分布式电源控制

微电网分布式电源控制器的主要任务是完成在不同地点的不同电源的功率分配。由于通信线（特别是长距离线路）一般较昂贵，且容易出故障，因此长距离快速通信应尽量避免。频率和电压的下垂控制可以实现功率分配。通常频率与有功有关，而电压与无功有关。常规的同步发电机系统自身就具有这种下垂特性，再辅以其他控制器以提高系统性能。在微电网系统中，除常规同步发电机系统外，更多的是微型燃气轮机发电系统、风力发电、光伏发电、蓄电池、超级电容器这些分布式电源通过电力电子功率变换器（如逆变器）与三相交流电网连接。微电网分布式电源控制是在逆变器控制回路基础上增加外环控制，以适应微电网的需求。

分布式电源控制主要有恒功率控制（P/Q Control）、电压/频率控制（V/F Control）、下垂控制（Droop Control）。不同类型的分布式能源由于其发电特性及微电网运行模式（并网模式、孤岛模式）的不同，其控制策略也不尽相同。合理的控制策略对于微电网的运行稳定性至关重要。P/Q 控制用于对并网运行时分布式电源的控制，或者孤岛运行时部分分布式电源的控制；V/F 控制主要用于在微电网孤岛运行时，主从控制中用于主电源控制以保证微电网内部电压、频率的稳定，其他电源仍采用 P/Q 控制；Droop 控制在对等控制中被广泛应用，对等控制可实现微电网内无通信情况下的分布式电源"即插即用"功能。

1. 恒功率（P/Q）控制

P/Q 控制即有功功率和无功功率控制。P/Q 控制方式通常用于微电网并网运行状态。在该状态下，微电网内负荷波动、频率和电压扰动由大电网承担，各分布式电源不参与频率和电压的调节，直接采用大电网的频率和电压作为支撑。P/Q 控制在分布式电源并网和孤岛时都可使用，主要应用于蓄电池、微型燃气轮机、燃料电池以及超级电容器等分布式电源。

由于电网三相电压 U_{abc} 经过 Park 变换后，$u_{gq} = 0$，则功率的计算公式为

$$\begin{cases} P_{ref} = u_{gd}i_{gd} + u_{gq}i_{gq} = u_{gd}i_{gd} \\ Q_{ref} = -u_{gd}i_{gd} + u_{gq}i_{gq} = -u_{gd}i_{gd} \end{cases} \quad (9-22)$$

式中，P_{ref} 和 Q_{ref} 分别为实际注入 PCC 的有功和无功；u_{gd}、u_{gq}、i_{gd}、i_{gq} 分别为流向电网的电压和电流的有功和无功分量。由此可得到电流内环 dq 轴参考值计算公式：

$$\begin{cases} i_{gdref} = P_{ref}/u_{gd} \\ i_{gqref} = -Q_{ref}/u_{gd} \end{cases} \quad (9-23)$$

P/Q 控制的分布式发电单元如图 9-24 所示，图 9-25 所示的是 P/Q 控制器结构图。图中将有功功率和无功功率解耦，得到电感电流参考值，与实际测得的电感电流比较，得到的误差信号经过 PI 控制器作为逆变桥调制电压信号。利用锁相环（Phase-Locked Loop，PLL）技术，可使采用 P/Q 控制的分布式电源能够获得频率支撑。

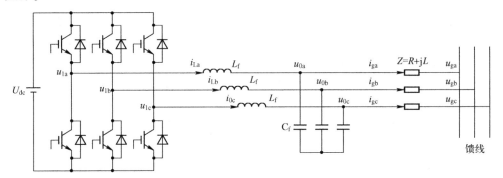

图 9-24　P/Q 控制的分布式发电单元

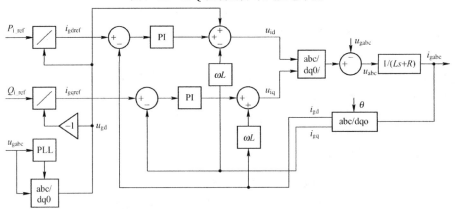

图 9-25　P/Q 控制结构

2. 电压/频率(V/F)控制

分布式电源的逆变器电压和频率控制主要是为微电网的孤岛运行提供电压和频率支撑，并具有一定的跟随特性。V/F 控制利用逆变器反馈电压调节交流侧电压来保证输出电压的恒定，该控制策略可以分为电感电流内环电压外环和电容电流内环电压外环两种。V/F 控制主要用于孤岛，主要应用于微型燃气轮机、蓄电池、超级电容等分布式电源及储能装置的逆变器控制。

图 9-26 所示为 V/F 控制结构框图。它采用电容电流内环电压外环控制，在dq0 坐标系下实现。结构图中的 LC 为滤波器电路串联了小电阻，用于抑制振荡。

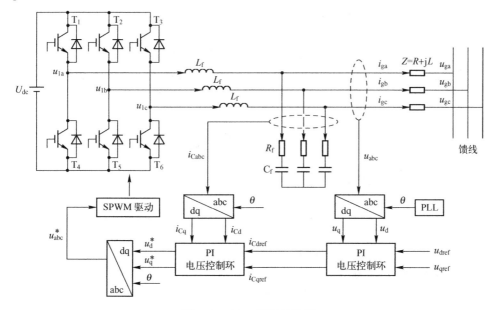

图 9-26　V/F 控制结构图

图 9-27 所示为在 dq0 坐标系的双环控制框图。在控制系统中加入前馈解耦环节 $-\omega C u_{qref}$、$\omega C u_{dref}$。若参考电压为三相电压对称的基频正弦波，则 q 轴参考电压 $u_{qref} = 0$，d 轴参考电压 u_{dref} 为基波幅值。电流内环输出经过 dq 反变换，得到可控正弦调制信号 u_{abc}^*。

3. 下垂控制 (Droop Control)

Droop 控制主要是指通过解耦 P/F 与 Q/V 或者 P/V 和 Q/F 之间的下垂关系来进行系统电压和频率调节的方法，相当于传统同步发电机的一次调频功能。Droop 控制在分布式电源并网和孤岛时均可使用，主要应用于蓄电池、超级电容器等分布式电源。

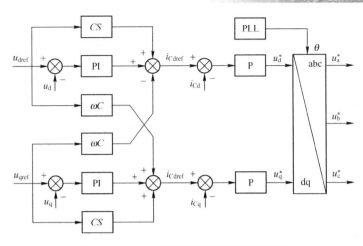

图 9-27　dq 坐标系下双环系统控制框图

图 9-28 所示为频率下垂 P/F 和电压下垂 Q/V 特性曲线。下垂系数和基点可以通过动态地调节各个电源单元的运行点的恢复过程来控制。

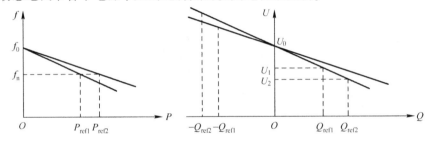

图 9-28　P/F 和 Q/V 下垂特性

下垂系数由下式来确定：

$$\begin{cases} \alpha = \dfrac{(f_0 - f_n) * 2\pi}{P_{refi}} = \dfrac{\omega_0 - \omega_n}{P_{refi}} \\ \beta = \dfrac{U_1 - U_2}{Q_{refi}} \end{cases} \quad (i = 1,2\cdots) \qquad (9-24)$$

采用 Droop 控制的分布式电源的控制结构如图 9-29 所示。

图 9-30 所示为 Droop 下垂控制框图。它包括功率计算、下垂特性计算及电压合成计算三部分。功率计算是为了获得负荷侧的平均功率；下垂特性计算是为了得到输出频率和输出电压幅值；电压合成计算是将下垂特性计算得到的输出的频率和电压合成参考电压的相角和幅值，从而得到双环控制的输入。

9.4　微电网运行控制

微电网通过公共耦合（PCC）点与公用电网相连，与公用电网有功率交换。当

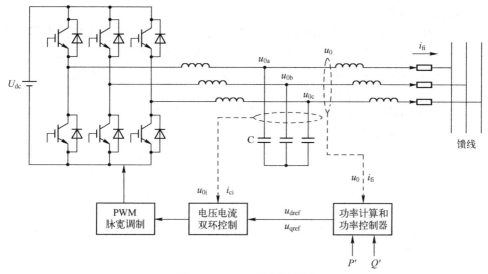

图 9-29　Droop 控制结构图

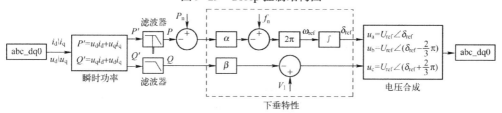

图 9-30　Droop 下垂控制框图

负荷大于分布式电源发电时，微电网从公用电网吸收部分电能；反之，当负荷小于分布式电源发电量时，微电网向公用电网输送多余的电能。在并网运行模式下，微电网可以利用电力市场的规律灵活控制分布式电源的运行，获得更多的经济效益，微电网内的频率缺额由大电网进行平衡，因此频率的调整由大电网完成。为保证局部的可靠性和稳定性，恰当的电压调节是必要的。如果没有有效的局部电压控制，分布式电源高渗透率的系统可能会产生电压和无功偏移或振荡。电压控制要求电源之间没有大的无功功率流动。在并网运行模式下，分布式电源单元以局部电压支撑的形式提供辅助服务。对于现代电力电子接口，与有功功率下垂控制器相似，采用电压无功功率下垂控制器可以为局部无功需求提供一种解决方案。

9.4.1　微电网的能量管理

传统大电网中的电能主要依靠火力发电及一些水利发电来提供，这些传统电源相对较易控制。由于微电网内部包含多种分布式能源及其本身的功能特性，所以微电网系统控制较为复杂，主要表现为如下 3 个方面。

（1）微电网中通常包含太阳能光伏发电或风力发电装置，这些发电单元的发电量通常随外部环境的变化而变化，这造成了微电网内部分发电单元功率具有间歇性、随机性和不确定性。

（2）微电网内部能量可双向流动，如蓄电池单元既可用于补偿微电网内部的功率不足，也可在负荷小于发电功率时吸收一部分多余的能量。同时，微电网与大电网之间也存在能量的双向流动性。微电网既可以向大电网买电，也可向大电网中输送符合电能质量要求的电能。

（3）微电网的运行通常可分为两种模式，即并网运和孤岛运行。针对不同模式下的各个分布式能源的控制方式，其系统的控制策略也不同。

微电网能量管理系统主要有 3 部分，即微电网信息系统、微电网供需控制系统和本地分布式电源控制器。微电网能量管理系统主要对微电网内发电单元、储能单元状态进行检测，然后根据微电网内功率平衡情况、控制目标，对微电网内各个分布式能量单元进行综合控制，最终实现微电网内的能量平衡及经济性[27-28]。同时，根据电力公司要求，将需要的参数通过网络上传至电力调度部门。微电网能量管理系统的结构如图 9-31 所示。

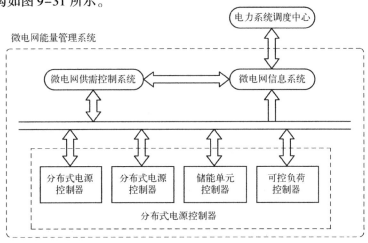

图 9-31　微电网能量管理系统

1. 微电网信息系统

微电网信息系统主要负责微电网内电源和负载信息的综合管理，并将微电网运行信息与电力系统调度中心进行交换。其主要功能如下所述。

☺ 接受电力调度中心的咨询，并提供最新微电网内发电量、负荷水平、电能质量、是否并网等数据和运行状态。

☺ 接受电力调度中心提供的相关数据，如当前电力市场用电情况、电价等。

☺ 存储微电网系统的历史数据。

2. 供需控制系统

微电网供需控制系统利用微电网信息系统所收集的信息，综合考虑分布式发电单元发电功率、储能设备状态、本地负荷情况后，决定相应的控制目标。通过对可控分布式发电单元的发电功率控制，实现微电网内的电能供需平衡及经济运行。微电网供需控制系统的主要功能如下所述。

☺ 接收分布式能源控制器采集的当前时刻各分布式发电单元的状态、发电量和分布式发电单元的状态，以及分布式发电单元发电成本。

☺ 采集微电网内电能质量，如电压、频率等参数。

☺ 综合分析当前微电网状态后，根据相应的运行策略制定最新的微电网运行计划，并将控制信号传输给分布式能源控制器，再由各控制器对其所属分布式能源进行输出控制。

微电网供需控制系统主要由预测模块、运行计划模块和功率控制模块 3 部分组成，如图 9-32 所示。系统首先根据天气预报数据及历史负荷数据对第 2 天的负荷和 PV 输出进行预测，以此为依据，制定第 2 天各电源出力的运行计划。系统运行时，以运行计划为基础，根据运行当天的实际负荷和天气情况与预测的不同对各电源出力进行实时调整。功率控制模块中的跟随控制单元用于稳定微电网内的功率平衡，也可根据需要实现并网点控制。

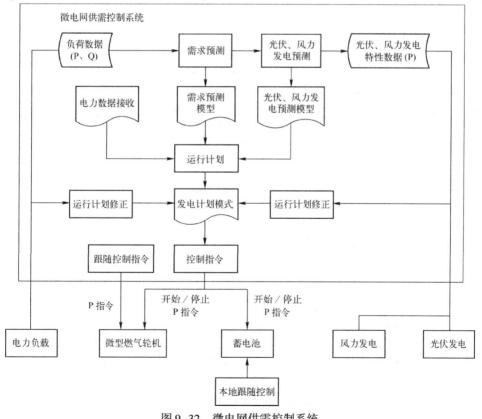

图 9-32　微电网供需控制系统

3. 分布式电源控制器

本地分布式能源控制器根据微电网供需控制系统指令对分布式能源进行有效的功率控制，其主要功能如下所述。

☺ 采集分布式发电单元、储能单元的状态量及可控负荷信息。

☺ 提供各可控单元目前所能提供的最大输出功率值。

☺ 接收微电网供需控制系统的指令，对各分布式单元进行相应的控制。

☺ 提供控制器所属分布式能源的发电成本数据。

9.4.2　微电网系统的控制模式

多种状态转化、多种能源输入、多种能源输出、多种能源转换形式等是微电网不同于大电网的鲜明特征，这些特征使微电网的动态特性更为复杂。微电网运行分为并网运行和孤岛运行两种模式。根据分布式电源在微电网运行中发挥的作用不同，微电网控制系统可以分为主—从控制模式、对等控制模式和分层控制模式 3 种[29-33]。

1. 主—从控制

主—从控制是以微电网中某个分布式电源为主控发电单元，为微电网提供频率和电压参考，其他从属分布式电源以主电源频率电压作为基准进行调节。主—从控制模式下的微电网结构如图 9-33 所示。系统一般以电压源作为主电源，并有可控

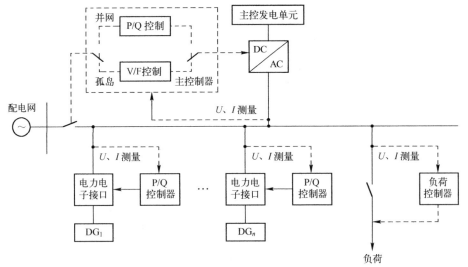

图 9-33　主—从控制微电网结构

电流源作为从属电源。在微电网孤岛运行模式下，主控发电单元控制器采用电压/频率控制（即 V/F 控制）；从属发电单元控制器可采用有功/无功控制（即 P/Q 控制）。在微电网并网运行模式下，由于电网能支撑微电网的电压和频率，此时所有发电单元均可采用 P/Q 控制。主—从控制是微电网在孤岛运行模式下常用的控制模式。

在主—从控制模式中，担任主控发电单元的电源需要满足一定的条件。尤其是在孤岛运行时，主控发电单元自身应有完善的调频调压系统，能为微电网提供稳定的电压频率标准。此外，当微电网从并网模式切换到孤岛模式时，主控发电单元应迅速由 P/Q 控制模式切换到 V/F 控制模式。因此，要求主控发电单元的控制器能实现两种模式间的相互切换。

2. 对等控制模式

所谓对等控制模式，是指微电网中所有分布式电源在控制上都具有同等的地位，各控制器间不存在主、从的关系，每个分布式电源都根据接入系统点电压和频率的就地信息进行控制，如图 9-34 所示。对于这种控制模式，分布式电源控制器的策略选择十分关键，目前备受关注的方法就是 Droop 控制方法。对于常规电力系统，发电机输出的有功功率与系统频率、无功功率和端电压之间存在一定的关联性，系统频率降低，发电机的有功功率输出将加大；端电压降低，发电机输出的无功功率将加大。

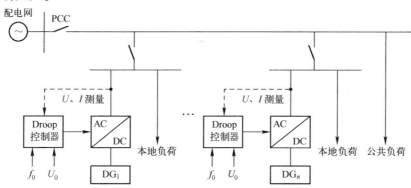

图 9-34　对等控制微电网结构

在对等控制模式下，当微电网运行在孤岛模式时，微电网中每个采用 Droop 控制策略的分布式电源都参与微电网电压和频率的调节。在负荷变化的情况下，自动依据 Droop 下垂系数分担负荷的变化量，即各分布式电源通过调整各自输出电压的频率和幅值，使微电网达到一个新的稳态工作点，最终实现输出功率的合理分配。显然，采用 Droop 控制可以实现负载功率变化在分布式电源之间的自动分配，但负载变化前、后系统的稳态电压和频率也会有所变化，对系统电压和频率指标而言，这种控制实际上是一种有差控制。

与主—从控制模式相比，对等控制中的各分布式电源可以自动参与输出功率的分配，易于实现分布式电源的即插即用，便于各种分布式电源的接入。由于省去了昂贵的通信系统，理论上可以降低系统成本。同时，由于无论工作在并网运行模式下，还是工作在孤岛运行模式下，微电网中分布式电源的 Droop 控制策略可以不加变化，系统运行模式易于实现无缝切换。在一个采用对等控制的实际微电网中，一些分布式电源同样可以采用 P/Q 控制，在此情况下，采用 Droop 控制的多个分布式电源共同担负起主—从控制器中主控制单元的控制任务，即通过 Droop 系数的合理设置，可以实现外界功率变化在各分布式电源之间的合理分配，从而满足负荷变化的需要，维持孤岛运行模式下对电压和频率的支撑作用等。

3. 分层控制模式

分层控制模式一般都设有中央控制器，用于向微电网中的分布式电源发出控制信息。一种微电网的两层控制结构如图 9-35 所示。中心控制器首先对分布式电源发电功率和负荷需求量进行预测，然后制定相应运行计划，并根据采集的电压、电流、功率等状态信息，对运行计划进行实时调整，控制各电源、负荷和储能装置的启/停，保证微电网电压和频率的稳定，并为系统提供相关保护功能。

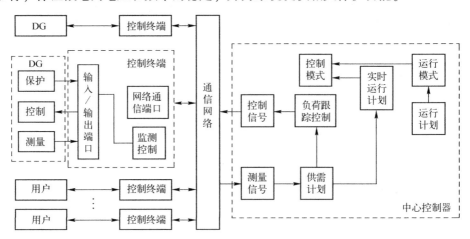

图 9-35　两层控制微电网结构

为了获得微电网运行的最大效益，微电网与低压配电网的融合，以及与上一级中压电网的联系非常重要。为了达到上述目标，应采用三层控制系统结构，如图 9-36 所示。三层控制结构应包含如下 3 个关键控制层。

☺ 配电管理系统（DMS）。

☺ 微电网中央控制器（MGCC）。

☺ 本地微电源（分布式电源）控制器（MC）和负荷控制器（LC）。

配电管理系统（DMS）对包含多条馈线及多个微电网的配电网区域进行电能管理和控制。微电网的连接，以及分布式电源不断增加的渗透率，使得配电网运行呈现一些新的特性，因此传统的 DMS 的功能也需要提升，目的是满足 MGCC 在并网模式下的新要求。

微电网中央控制器（MGCC）的任务是使微电网运行最优并实现价值最大化。MGCC 利用电能的市场价格和 DSM 需求来决定微电网的向配电网的购电量并实现本地发电量的最优化，也可以利用负荷预测及发电预测来实现。MGCC 向分布式电源和可控负荷发送控制指令，实现之前确定好的最优运行状态。在这种结构下，不重要且可控的负荷在必要时可能会被切除，而且还需要监控元件的有功、无功。这些控制技术相当于互联电网的二次控制。

MC 发挥了电力电子接口的长处，它利用本地信息来控制微电网在暂态过程中的电压和频率。当微电网与电网相连时，MC 跟随来自 MGCC 的需求，自主实现微电源有功、无功的就地最优化，以及孤岛模式下的快速负荷跟踪。LC 被安装在可控负荷处，以实现需求侧管理方针下的负荷控制，使得微电网能响应来自 MGCC 的命令。

分层控制的控制模式在欧盟的微电网应用较多，其组成结构如图 9-36 所示。

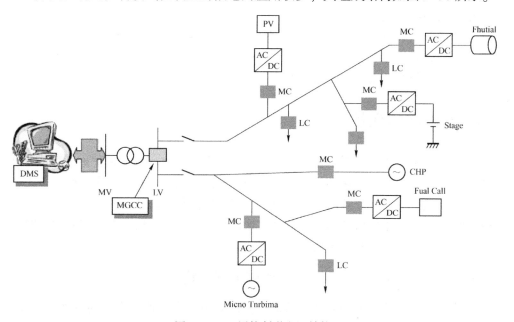

图 9-36　三层控制微电网结构

微电网有并网和孤岛两种运行模式，因此微电网只能运行在三种状态，即并网运行、孤岛运行和两种状态之间切换的暂态。

微电网运行于并网模式时，微电网作为整个电网的一部分，是一个可控的单元。微电网与配电网连接时必须满足配电网的接口要求，不能参与对主电网的操作。在这种运行模式下，微电网既可以向外输送电能，也可以从配电网吸收电能，微电网应至少不能造成电能质量恶化。除此之外，微电网还能为配电网提供一些辅助操作。

微电网运行于孤岛模式时，微电网必须保证其内部的能量供需平衡，以达到电压和频率平稳的目的。在传统的大电网中，电网频率主要通过大惯性的同步发电机来维持，电压通过调节无功功率来维持；而微电网中各种分布式电源种类不一，整个系统惯性小，随机性和间歇性强，负载功率多变等，这些因素都使得微电网电能质量控制的难度和复杂性大大增加。

微电网在并网和孤岛之间的暂态中，如何保证两种模式间无缝切换是其主要的研究问题，也是微电网研究的重点。例如，在主动孤网运行时，微电网应采用合适的策略实现并网点的潮流维持在一个较小值；否则，若微电网在并网运行时从大电网吸收电能，那么当微电网突然由并网模式切换到孤网模式时，微电网内的负荷将产生功率缺额，如果没有足够的分布式电源储能和优良的控制方法，那么微电网极有可能崩溃。相反，微电网若要从孤网模式重新变换为并网模式，则应考虑微电网与大电网的同期问题。

常见的分布式电源电力电子逆变器的控制方法主要有有功无功控制（P/Q 控制）和恒压恒频控制（V/F 控制）。其中，P/Q 控制通常用于分布式电源并网运行模式，V/F 控制通常用于孤网运行模式。

9.5 微电网的保护

继电保护是维护电力系统正常运行的必不可少的环节。继电保护通常要满足 4 个基本要求，即选择性、速动性、灵敏性和可靠性。在微电网中接入各种分布式电源后，由于这些分布式电源的类型、容量、接入位置和拓扑结构的不同，会对微电网内的短路电流产生较大影响。本节将讨论这些影响，并根据这些影响对微电网的保护对策展开分析，研究微电网的保护问题[34-36]。

9.5.1 分布式电源对传统继电保护的影响

分布式电源作为一种新兴的、节能环保的发电技术，近年来蓬勃发展。然而，大量的分布式电源接入传统的配电网，将深刻影响配电网的结构和配电网中短路电流的大小及分布，由此会给配电网的运行和继电保护带来诸多方面的影响。

传统配电网的电能传输方式是辐射状的单向流动方式，传统的继电保护也是基于此特征而设计的。然而，分布式电源接入后，对某些区段来说，配电网的结构已发生变化，若某处发生故障，那么提供故障电流的除主网外，还有邻近的分布式电源，这将改变配电网的节点短路电流水平及其分布。此外，接入配电网的分布式电源的类型、容量、安装位置等因素都会影响继电保护的正常运行。分布式电源接入电网后，对配电网的影响包括如下 4 个方面。

（1）分布式电源降低了所在线路的保护灵敏度。如图 9-37 所示，分布式电源接在线路末端，当 k1 处出现故障时，分布式电源向短路点处提供电流，减少了保护点安装处 K 点提供的短路故障电流，所以降低了保护的灵敏度，K 点处的保护有可能拒动。

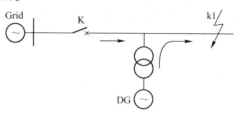

图 9-37　分布式下游故障时对保护的影响

（2）相邻线路故障时，分布式电源所在线路保护误动作。采用单侧电源供电的配电网其继电保护一般没有必要安装方向元件，但在接入分布式电源后，配电网的某些区段将变成双侧电源供电，这样的例子在微电网中很常见。假如系统的上游发生故障，流过分布式电源的电流可能会达到保护整定值，由于保护装置没有方向元件，那么保护会误动作。如图 9-38 所示，当故障发生在 k1 处，分布式电源向短路处提供短路电流，K_2 将产生反向电流，当此反向电流足够大时，K_2 处的保护有可能误动，导致分布式电源下游线路在无故障的情况下跳闸，这将造成非常大的麻烦。

（3）对保护范围的影响：接入分布式电源后，在不改变分布式电源容量的情况下，对同一故障点而言，其母线侧的故障电流减小，而下游流经的故障电流增大，产生的结果是使上游的保护范围减小，同时下游的保护范围增大。如图 9-39 所示，当 K 点发生故障时，随着分布式电源容量逐渐增大，注入故障点 K 处的电流逐渐增大，流过 R_2 的故障电流也逐渐增大，其保护伸入下一段的范围也会增大；相反，由于分布式电源的分流，若分布式电源容量逐渐增大，流经 R_1 的故障电流却逐渐减小，对限时分段保护而言，其保护范围将小于理论值。

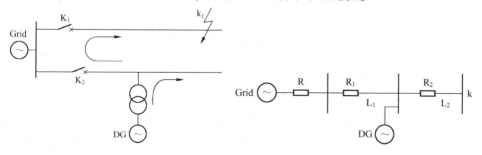

图 9-38　相邻线路故障时分布式电源误动原理　　图 9-39　分布式电源对保护范围的影响

（4）分布式电源对重合闸的影响：配电网中至少 80% 以上的故障是瞬时性的。因此，为了在线路发生瞬时故障时，系统能快速恢复供电，保护装置通常会设置重合闸功能。在分布式电源的配电网中，线路两侧连接有系统侧电源和负荷侧分布式电源两种电源，重合闸动作前，必须保证分布式电源已经停止，或者与配电网断开；否则，将产生如下两种潜在的威胁。

☺ 故障点电流若由分布式电源提供，重合闸启动时，电网电流的作用将引起故障电流突变，有可能引起事故扩大，重合闸失败。

☺ 由于检测不到电网电压，分布式电源形成的孤网很难与电网保持同步，在重合闸的过程中，这两者的电动势将会产生不确定的角度偏移，倘若重合闸，将会产生保护误动作，导致重合闸失败。

9.5.2 并网运行时的保护

通常，微电网与上级配电网并网运行，微电网相对于大电网来说，其容量远小于主电网，因此故障点电流主要由大电网提供，故障电流仍然较大，微电网内部保护可按传统继电保护来设计。然而，接入分布式电源的配电网在某些部分变成了双侧电源供电，因此可以参考双侧电源供电线路适用的电流速断保护、限时过电流保护和方向性电流保护来设计微电网的保护。下面以电流速断保护和功率方向保护为例来进行分析。

1. 电流速断保护

接入分布式电源后，类似于双侧电源的配电线路上的电流保护，采用传统保护来分析。如图 9-40 所示，绘制出线路上各点短路电流的分布曲线，曲线 1 表示由电源 E_1 提供的短路电流，曲线 2 表示由电源 E_2 提供的短路电流，两者容量不同。

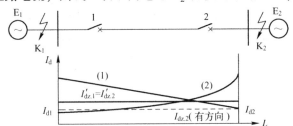

图 9-40 双侧电源线路上电流速断保护整体值分析

当任一侧区外相邻线路出口处（图中 K_1 和 K_2 点）短路时，短路电流要同时流过两侧的保护 1 和 2，按照保护选择性要求，两个保护不应动作，所以两个保护的启动电流应相同，并按较大的短路电流来整定。例如，当 $I_{k2.\,max} > I_{k1.\,max}$，应取保护装置启动电流 $I'_{dz.\,1} = I'_{dz.\,2} = K'_K I_{d2.\,max}$，其中 K'_K 为可靠系数，一般取 $1.2 \sim 1.3$。这样使得容量较小的电源侧的保护 2 的保护范围缩小。并且两端电源容量差别越大，对保护 2 的保护范围影响就越大。

为了弥补这个问题，需要在保护 2 处加入方向保护，使其只有在电流从母线流向保护线路时才动作，这时保护 2 的启动电流可以按躲开 K_1 点短路电流来整定，但小于之前的整体值，可取 $I'_{kz.2} = K'_K I_{k1.max}$。如图 9-40 中虚线所示，保护整定值减小，但保护范围延长。而保护 1 处由于整定值大于反向短路时最大电流值，所以不用装设方向保护元件。

2. 方向性电流保护和功率方向继电器

双侧电源供电时，分布式电源接入后会产生保护选择性和可靠性不能满足的情况，主要原因是由配电网电源侧或分布式电源侧提供的短路电流引起的。为了消除这种两侧电源或多电源情况下电流保护的无选择动作，应该在可能误动作的保护上加装方向闭锁元件。其保护原则是，短路电流由母线流向线路时应动作，投入电流保护功能；而当短路电流由线路流向母线时，闭锁电流保护功能，保护不投入。根据上述原理，短路电流由母线流向线路才是正方向，方向性电流保护的每个保护的正方向如图 9-41 所示。

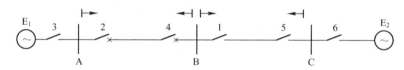

图 9-41　双侧电压网络接线及保护动作方向规定

用以判断功率方向或测量电压和电流相位的继电器称为功率方向继电器。故障的方向可以利用短路功率的方向来判断，而短路功率的方向又取决于保护安装处电流与电压之间的相位关系，所以在保护处测量出继电器中的电压与电流的相位就能确定功率方向保护。假定 φ_d 是正方向上母线至故障点之间的线路阻抗角，若短路发生，功率继电器反应电压超前电流角度为 φ_d，则保护应该动作；若电压超前电流角度为 $180° + \varphi_d$，则保护不应该动作。

关于继电保护中方向继电器的基本要求包括如下两点。

☺ 具有明确的方面性。正方向发生故障时保护动作，反方向时不动作。

☺ 故障发生时，继电器的动作应有足够的灵敏度。当输入电压和电流值不变时，一般的功率方向继电器的输出转矩或电压值随两者相位差的大小而改变，输出为最大时的相位差成为继电器的最大灵敏角。为了在常见的短路情况下使继电器动作最灵敏，采用上述保护原则的功率方向继电器应做成最大灵敏角 $\varphi_m = \varphi_d = 60°$。进而，为了保护在正方向故障时，$\varphi_d$ 在 $0 \sim 90°$ 范围内变化时继电器都能可靠动作，继电器的角度范围通常取为 $\varphi_m \pm 90°$。

9.5.3 孤网运行时的保护

微电网通常要在并网运行模式和孤网运行模式之间切换，微电网的保护装置应该能处理二者之间切换时的各种类型故障。当微电网系统内部使用固态换流器将直流电源（如光伏电池、燃料电池、蓄电池等）转换成交流的微型电源或基于逆变器的其他微型电源时，将给微电网保护带来很大挑战。由于微型电源提供故障电流有限，又因为固态换流器和逆变器的存在，将大大限制故障电流值，有文献指出经逆变器的故障电流被硅器件限制在额定电流的约 2 倍，这时将不适合按传统的整定方法来设置保护值。在实证性微电网项目中，分布式电源内部的各种保护，如蓄电池的直流侧过电流保护、逆变器过电流保护等，其整定值都设为 170% 的额定值。

有文献提出适用于含电力电子接口的微电网故障快速检测方法，其主要原理就是通过检查微型电源输出电压的扰动情况，判断是否出现故障，并可区别出是哪种故障。其保护原理为，将 abc 三相静止坐标系下的三相电压分量转换成 dq 两相旋转坐标系下的分量，转换公式为

$$
\begin{bmatrix} U_{ds} \\ U_{qs} \\ U_0 \end{bmatrix} = \frac{2}{3} \begin{bmatrix} 1 & -1/2 & 1/2 \\ 0 & -\sqrt{3}/2 & \sqrt{3}/2 \\ 1/2 & 1/2 & 1/2 \end{bmatrix} \begin{bmatrix} U_a \\ U_b \\ U_c \end{bmatrix} \tag{9-25}
$$

$$
\begin{bmatrix} U_{dr} \\ U_{qr} \end{bmatrix} = \begin{bmatrix} \cos\omega t & -\sin\omega t \\ \sin\omega t & \cos\omega t \end{bmatrix} \begin{bmatrix} U_{ds} \\ U_{qs} \end{bmatrix} \tag{9-26}
$$

$$
U_{dist} = U_{qref} - U_{qr} \tag{9-27}
$$

通过检测 U_{qr} 信号的扰动并将其与一个周期性的更新参考信号 U_{qref} 作比较，得到扰动电压 U_{dist}，故障类型就是通过 U_{dist} 的值来判断的。正常情况下，由于 U_{qref} 的值变化有限，U_{dist} 几乎为 0。当出现故障状态时，U_{dist} 会有相当大的变化，若是三相故障，U_{dist} 为一个稳定的直流信号；若是两相故障，U_{dist} 由一个直流电压和摆动信号组成；若是单相接地故障，U_{dist} 为一个从 0 变化到最大值的摆动信号。上述两处摆动信号的频率都是系统频率的 2 倍。通过这些检测量与实际运行过程中的阈值电压值比较，就能检测到故障是否发生，以及发生的是哪种故障。

9.5.4 孤岛检测方法

根据 IEEE Std929-2000 的定义，所谓孤岛，就是电网的一部分，包括负载和分布式电源，在与电网其他部分隔开时仍然保持运行的一种状态。如图 9-42 所示，并网逆变系统就处于孤岛状态。在标准 IEEE Std.1547.1 中规定了反孤岛测试相关参数和测试方法。

单个逆变器及其负荷与电网断开是孤岛状态，多个逆变系统及其负荷与大电网断开的状态也是孤岛状态。

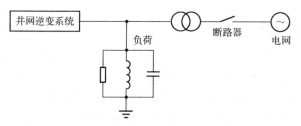

图 9-42　处于孤岛状态的并网逆变系统示意图

在微电网应用中，当大电网出现故障、检修或拉闸限电而停电后，与大电网连接的微电网若没有及时判断出大电网停电，而继续向大电网供电，这时微电网与大电网都将处于无法控制的状态，从而产生孤岛效应。

孤岛现象的产生会对光伏逆变器系统或微电网和用电设备造成损失，还会对电力检修人员造成危险，因此必须在光伏逆变发电系统或分布式电源组成的微电网系统中采取有效的孤岛检测和保护措施。

IEEE std. 929 - 2000 标准规定，所有的光伏并网逆变器都应该具有防止孤岛效应的功能，并给出了电网断电时并网逆变系统在不同情况下的最大允许跳闸时间，见表 9-6。

表 9-6　IEEE std. 929 - 2000 标准推荐的孤岛检测时间限制

类　　型	公共连接点电压幅值	公共连接点电压频率	允许最大跳闸时间
1	$U < 0.5 U_{nom}$	f_{nom}	6 个工频周期
2	$0.5 U_{nom} \leq U < 0.88 U_{nom}$	f_{nom}	120 个工频周期
3	$0.88 U_{nom} \leq U < 1.1 U_{nom}$	f_{nom}	正常运行
4	$1.1 U_{nom} \leq U < 1.37 U_{nom}$	f_{nom}	120 个工频周期
5	$1.37 U_{nom} \leq U$	f_{nom}	2 个工频周期
6	U_{nom}	$f \leq f_{nom} - 0.7$	6 个工频周期
7	U_{nom}	$f > f_{nom} + 0.5$	6 个工频周期

注：U_{nom} 为电网额定电压；f_{nom} 为电网额定频率。

孤岛效应检测方法可以分为被动式和主动式两类。被动式检测方法是通过监测母线状态（如电压、频率和相位）是否偏离正常范围，从而来判断是否发生或将要发生孤岛状态。这种方法在微电网内分布式电源和负荷功率不平衡时是有效的，但在微电网内负荷和分布式电源功率达到平衡时就会失效。为了解决这一问题，就提出了主动式检测方法，其基本原理是，在并网逆变器或微电网内加入较小的扰动量，然后检测并网点电压、频率或相位。假如并网逆变器与主电网相连，那么在大容量电网支撑下，这些扰动产生的影响可以忽略不计，也无法检测。而逆变器或微电网处于孤岛运行时，由于电源容量有限，那么扰动信号产生的影响必然增加，这时就可以在线路上检测出扰动向量大大增加，若检测到扰动量在并网点处超过规定的范围时，就可以判断孤岛状态已经形成。

1. 被动式孤岛检测

在发生孤岛运行时，被动式孤岛检测根据参数（如电压、频率和相位）的变化来判断是否发生了孤岛情况。在实际应用中，主要有如下 3 种方法。

1）利用电压和频率监测功能　当并网点输出电压和频率超出正常范围时，那么孤岛检测和保护启动后，则认为分布式电源或微电网与电网连接已经断开。基本的孤岛检测功能包括过电压、欠电压、过频和欠频等保护。

2）电压谐波监测法　孤岛状况下，由于微电网内有大量的电感性元件，以及微电网内电源容量有限，导致母线上会产生较大的谐波分量。当检测到母线上的谐波含量超过一定值时，就可以认定已经发生了孤岛现象。有文献指出，这种方法很难找到合适的谐波阈值，会影响判断的准确性。

3）相位跳变检测法　在电网断开的瞬间，并网点的输出电压和电流相位关系将取决于负载的情况，由于微电网通常处于功率过剩或缺额的状态，孤岛形成会产生一个瞬时的相位跳变，若测量装置检测到此时的相位跳变信号，就认为孤岛已经发生。

2. 主动孤岛检测法

孤岛主动式检测法是利用在母线上加以电流、频率或相位扰动信号，从而检测其对线路电压的影响。在孤岛运行时，扰动信号在线路上会产生积累，检测这些扰动信号就可以判定是否发生孤岛。主要检测方法主要有如下 3 种。

1）有功干扰法　该方法的原理是，周期性地改变分布式电源的有功功率输出，同时检测电网线路上的电压幅值情况。该方法在微电网孤岛情况时，由于存在平均效应，单个分布式电源的干扰对母线上的电压影响有限。

2）无功干扰法　与有功干扰法类似，无功干扰法输入的干扰量是分布式电源的无功输出。并网运行时，母线电压受电网电压支撑，母线电压比较稳定；当系统进入孤岛状态时，系统容量有限；当出现无功功率与负载不平衡时，负载电压相位和幅值将发生变化，当检测到这些电压幅值达到阈值时，就可以确定孤岛状态的产生。

3）主动频移法　主动频移法是目前较常见的检测方法，该方法通过偏移母线电网电压采样频率来作为逆变器或微电网的输出电流频率，造成对系统频率的扰动，进而由频率保护电路来检测出孤岛现象，但此方法会对供电系统造成不稳定及输出功率因数的下降。其控制原理如图 9-43 所示，逆变

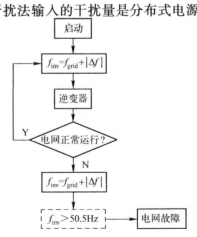

图 9-43　主动频移法控制原理

器的输出电压频率 f_{inv} 与电网电压频率 f_{grid} 存在一定的误差 Δf，当电网正常运行时，由于锁相环的闭环反馈控制，频率误差 Δf 在小范围内；若电网发生故障，逆变器将以上一个周期的频率为基准，然后加上频率误差 Δf，再作为逆变器输出频率，以此类推，会导致频率误差 Δf 增大，到逆变器输出频率超出并网规定要求后，就会发生孤岛保护。

实际应用时，通过插入固定的死区 T_z 来实现，也可以通过强制设置电流频率比前一周期的电压频率快去实现，但造成的扰动要满足电流总谐波失真 THDi < 5% 的要求。图 9-44 所示的是插入固定死区的主动频移波形，电网正常时 T_z 与电网半个周期的比值 C_f 固定，也可以认为是输出电流与线路电压的频率误差 Δf 固定，若孤岛形成，线路电压完全跟随输出电流，系统为保证 C_f 固定，会不断增加输出电流频率，直到线路电压频率超过阈值，触发保护。

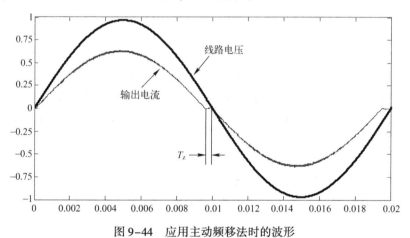

图 9-44　应用主动频移法时的波形

9.6　光伏微电网实例分析

9.6.1　光伏微电网的系统组成

本节以国内某个高校校园光伏发电微型电网实证研究系统为例，来说明光伏发电微电网的系统组成、运行与控制、并网运行、独立运行等。

光伏发电微电网主要由光伏发电系统、同步发电机系统、储能系统等组成。同步发电机系统是微电网主控电源，可为微电网孤岛运行时提供微电网的基准电压和基准频率，以及微电网黑启动过程中建立最初的电压和频率。光伏发电系统按照光伏发电利用最大化原则是不可控电源。储能系统用于平滑光伏发电输出功率的间歇性和不确定性及负荷波动。

光伏发电微电网系统结构如图 9-45 所示。光伏微电网在校园配电网系统的变电

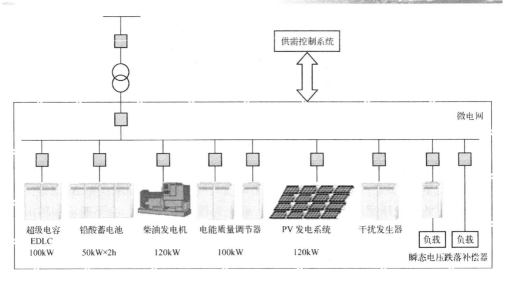

图 9-45　光伏微电网基本结构

所低压侧接入，接入电压等级为380V。除微电网内的分布式电源外，从改善微电网在并网或孤岛运行时的电能质量考虑，该系统还配置有电能质量调节器（PQC）和瞬间电压跌落补偿器（DVC）；考虑了实验研究的需要，还配置了扰动发生装置，用于产生电压闪变、谐波、无功等。微电网的主要设备如下所述。

☺ 太阳光伏发电系统120kW，是系统主要的自然变动电源。

☺ 柴油发电机组120kW，是系统主控电源。

☺ 蓄电池组及控制系统（功率平衡）50kW×2h，用于平滑秒级的光伏系统输出功率和负荷功率变化。

☺ 超级电容（EDLC）控制系统100kW×2s，用于ms级的瞬间功率平衡。

☺ 瞬间电压跌落补偿器（DVC），用于电压敏感负荷的瞬间电压跌落补偿。

☺ 电能质量调节器（PQC），用于电压闪变、谐波、无功功率的补偿。

☺ 扰动发生装置，用于实验中的电压闪变、谐波、无功功率的模拟。

☺ 模拟电阻负荷，用于调试实验中的阻性负荷。

☺ 供需控制系统及系统软件，并网运行控制和系统监控。

9.6.2　光伏微电网并网运行控制

在并网运行模式下，光伏微电网通过 PCC 点与校园配电网相连，与配电网有功率交换。当负荷大于分布式电源发电量时，微电网从大电网吸收部分电能；反之，当负荷小于分布式电源发电量时，微电网向大电网输送多余的电能。在并网运行模式下，微电网可以利用电力市场的规律灵活控制分布式电源的运行，从而获得更多的经济效益。此时，微电网的频率缺额由大电网进行平衡，因此频率的调整由大电网来完成。对于局部可靠性和稳定性，恰当的电压调节是必要的。如果没有有效的局部电压控制，分布式电源高渗透率的系统可能会产生电压和无功偏移或振荡。在并网运行模式下，分布式电源单元以局部电压支撑的形式提供辅助服务。对于电力电子接口，与有功功率下垂控制器相似，它采用电压无功功率下垂控制器，为局部无功需求提供了一种解决方案。

以光伏发电微电网系统为例，为保持微电网在并网运行时稳定的功率平衡，微电网供需控制系统主要用于协调柴油发电机和蓄电池的功率输出控制，以保证含有高比例光伏电源的微电网系统稳定性，实现功率平衡。微电网供需控制系统及有关功能模块如下所述。

1. 供需控制系统

供需控制系统主要由预测模块、运行计划模块和功率跟踪控制模块 3 部分组成，如图 9-46 所示。系统首先根据天气预报数据及历史负荷数据对第 2 天的负荷和 PV 输出进行预测，以此为依据制定第 2 天各电源出力的运行计划。系统运行时，以运行计划为基础，根据运行当天的实际负荷和天气情况与预测的不同对各电源出力进行实时调整。

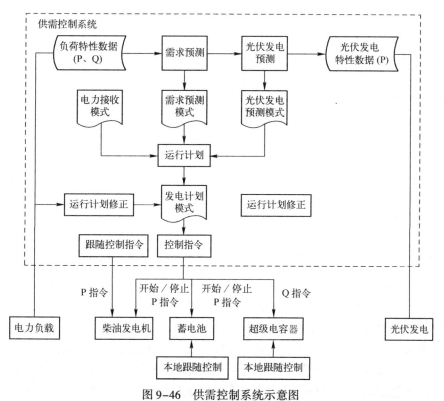

图 9-46　供需控制系统示意图

2. 负荷预测

负荷预测的总体流程如图 9-47 所示。它是利用历史的气温、负荷、平均负荷数据训练神经网络，获得基于神经网络负荷预测模型，将当天的预测气温和负荷，以及温度和平均负荷输入到神经网络中，得到负荷修正值。修正后的数据再加到平均负荷中，以此来计算负荷的预报模式。同样，神经网络也用于 PV 输出的预测。

3. 运行计划

运行计划模块如图 9-48 所示。首先由预测模块得到功率缺额，然后以"经济性最优化"和"环境影响最优化"为目标，以单位购电电价和预测的允许误差为约束条件，对电源进行最优线性规划。

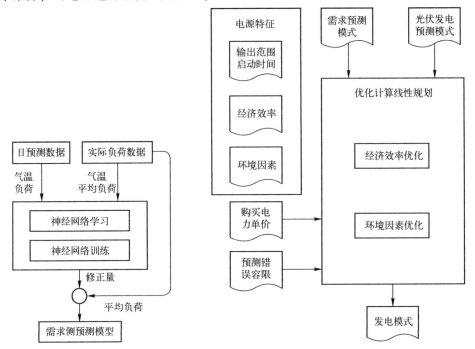

图 9-47　负荷预报功能的示意图　　　图 9-48　运行计划生成功能示意图

必需的能量供应由预测功能的"负荷预报模式"和"PV 输出预报模式"计算来得到。运行计划模块通过电源特性、购买电量的单位电价和其他数据来进行最优化计算，从而制定相应的发电模式。

需要特别指出的是，微电网内蓄电池组通过就地跟踪来吸收短期波动，但一般认为经常性重复充/放电会影响蓄电池组的寿命（当然这也取决于电池的类型）；此外，由于热量的产生使得电池温度升高的问题也应该注意。所以，供需控制系统给电池设定了一个输出常量，以这个常量为基准，电池可以吸收正、反两个方向的功率波动，这样可以不用经常性重复充/放电来实现波动抑制，如图 9-49 所示。这个常量由控制系统的运行计划生成功能来设定。

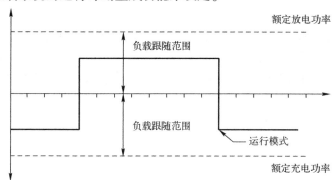

图 9-49　蓄电池组的电能生成模式示例

4. 功率跟踪控制

并网点恒定潮流控制就是根据分布式电源及补偿装置的不同响应特性对各装置的输出功率进行控制，以平抑 PV 及负荷波动，从而实现系统内部的供需平衡，达到并网点潮流恒定的目标。以典型光伏发电微电网为例，若以内燃机发电机组或微型燃气轮机发电机组作为微电网的基本稳定电源，以蓄电池和超级电容器为储能装置，光伏发电电源因其自然变动性，通常被当做不确定负荷，与实际负荷功率合并处理，并假定光伏发电总是以最大功率输出且不可控。图 9-50 所示的是柴油发电机作为基本稳定电源时，并网点潮流恒定控制的系统结构图。图中，P_{GS} 为并网点潮流设定值；P_G 为并网点潮流实际值；P_{GE} 为并网点潮流误差，即 $P_{GE} = P_{GS} - P_G$；P_{DG} 为柴油发电机输出功率；P_{BAT} 为蓄电池输出功率；P_{EDLC} 为超级电容器输出功率；P_{PV} 为光伏发电电源输出功率；P_{Load} 为负荷功率。

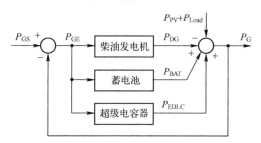

图 9-50　光伏微电网并网点恒定潮流控制模型

作为除光伏发电外的主要电源，内燃机发电机组或微型燃气轮机发电机组在并网运行时承担了负荷的基荷部分，在独立运行时起到黑启动过程中建立最初的电压和频率的作用。蓄电池和超级电容器在系统中起到补偿负荷波动的作用，蓄电池主要承担周期较大（如周期为数 min）的负荷波动，而超级电容器则承担瞬间(s 级)负荷波动。

对于柴油发电机，根据拟合精度的不同，可有一阶、二阶或多阶数学模型。为简化起见，采用一阶数学模型，如图 9-51 所示。图中，T_{DG} 为柴油发电机时间常数；K_P 为控制器的控制增益，为待优化参数；T_i 为控制器积分时间常数，为待优化参数。

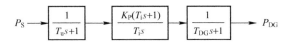

图 9-51　柴油发电机控制模型

蓄电池与超级电容器功率跟随控制系统的模型分别如图 9-52 和图 9-53 所示。图中。T_{BAT} 为蓄电池时间常数；T_L 为滤波器时间常数，为待优化参数；T_H 为改善蓄电池系统频率响应的时间常数，为待优化参数；K 为比例增益，为待优化参数；T_{EDLC} 为超级电容器时间常数。

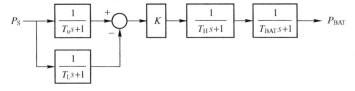

图 9-52　蓄电池控制模型

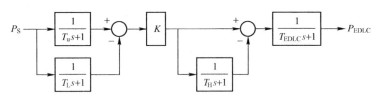

图 9-53　超级电容器控制模型

5. 并网点恒定潮流控制实验结果

基于以上控制策略，实验结果如图 9-54 所示。

由图 9-54 可知，在并网运行模式下，并网点潮流被控制在 ±5kW 的范围内。同时可以看到，在整个并网点潮流控制过程中，由于各电源特性的不同，柴油发电机承担了长周期的负荷和太阳能波动，蓄电池承担了短周期负荷和太阳能波动，而超级电容器则承担了超短周期的负荷与太阳能波动，3 种电源经供需控制系统的协调控制，共同补偿了负荷和太阳能的波动。

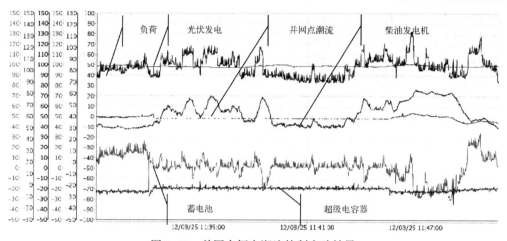

图 9-54　并网点恒定潮流控制实验结果

9.6.3　光伏发电微电网孤岛自治运行控制

微电网孤岛运行可分为计划内孤网运行和计划外孤岛运行两种。在大电网发生故障或其电能质量不满足标准的情况下，微电网可以孤岛模式独立运行，这被称为计划外孤岛运行。这种运行方式可以保证微电网自身和大电网的正常运行，从而提高供电可靠性和安全性，此时微电网的负荷全部由分布式电源承担。

此外，基于经济性和其他方面的考虑，微电网可以主动与大电网隔离，独立运行，这被称为计划内孤岛运行。

在孤岛运行模式下，微电网的稳定运行和电能质量的控制具有一定的挑战性。大电网的频率响应基于旋转体发电设备，它被认为是系统固有稳定性的要素。因为微电网本质上是以电力电子接口为主的网络，具有很小或根本没有直接相连的旋转体，微型燃气轮机和燃料电池具有较缓慢的响应特性，并且几乎是没有惯性的。电力电子接口的控制系统必须相对应地提供与旋转体直接相连时所能得到的响应特性。孤岛运行提出了负荷跟踪问题，必须达到电压稳定和频率稳定。在并网运行时，基于主—从控制的微电网系统的电压和频率由大电网支撑，主电源和其他分布式电源（从电源）采用恒功率跟随控制模式；当微电网切换为孤岛运行时，主电源应采用恒压/恒频（V/F）控制，主电源为微电网孤岛运行提供支撑电压和频率，其他分布式电源（从电源）采用恒功率跟随控制模式。在实际应用中，从电源通常采用恒功率跟随控制为主、V/F 控制为辅的混合控制策略。

1. 电压和频率控制

为了维持微电网的独立稳定运行，首先应保持电压和频率的稳定性。在孤岛运行模式中，所有分布式电源实施就地控制。柴油发电机通过调速器控制和 AVR 控制为系统提供基准电压和频率。蓄电池采用功率跟随控制为主、V/F 控制为辅的混合控制策略，V/F 控制是用于补偿独立运行时电源输出端的电压和频率波动的，特别是在并网和孤岛之间进行切换时，柴油发电机不能及时响应的短期的功率波动，蓄电池与超级电容器一起协同抑制因功率波动而导致的电压和频率波动。超级电容器系统采用功率跟随控制和 V/F 控制，利用超级电容器的快速响应特性，补偿蓄电池响应频带之外的高频功率波动，吸收系统中的比较尖锐的瞬时功率波动。

2. 独立运行时供需控制系统的功能

在微电网独立运行时，系统中的供需控制系统的主要功能是监测微电网系统的各运行电源设备和系统运行状态，同时监测和管理蓄电池的剩余电量，以保证微电网安全运行。

3. 光伏发电微电网孤岛运行实验结果

基于以上控制策略，2012 年 3 月 25 日的实验结果如图 9-55 所示。

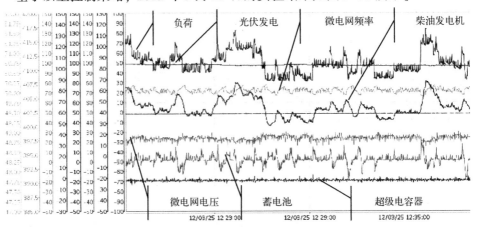

图 9-55　光伏发电微电网孤岛运行实验结果

由图 9-55 可知，在孤岛运行模式下，由于柴油发电机提供了基准电压和频率；在光伏和负荷波动情况下，利用蓄电池系统和超级电容器系统的功率补偿作用，将系统母线电压和频率维持在允许的范围内，电能质量满足国家标准的要求。

表 9-7 列出了当微电网处于独岛状态下，考虑了电压闪变、谐波扰动作用下的电能质量测量结果。根据测量的结果，当 PV 的输出功率潮流在 20 ～ 80kW 范围内波动时，可以考虑继续进行孤岛操作。尽管频率的波动取决于负载等的波动，但是系统还是在允许的电压、频率波动的范围内运行的。尽管微电网系统所在变电所存在调节功率因数的电容器组的周期性开和关的现象，但电压仍然可以通过 EDLC 和 BAT 来补偿，并且保证系统电压运行在约 ±10V 的波动范围内；尽管由此导致的电压闪变相对于并网时比较大，但仍然在预先设定的波动范围内；尽管谐波的大小会因为各相相负载产生的电压不平衡而不同，但也控制在预先设定的范围内。上

述的结果表明，在微电网独立运行时，只要在允许的光伏和负荷功率波动范围内，就能够保证微电网在独立运行时的电能质量。

表 9-7 孤岛运行时正常运行测试中的电能质量测量结果

测 试 项 目	测 量 值	目 标 值
电压（线电压转换）	392～402V	标准电压 380V：±7%
频率	49.94～50.22Hz	50Hz±0.3Hz
电压闪变（V10）	0.22%（平均值），0.23%（最大值）	V10 = 0.32%
谐波（THD u）	1.0%～2.1%（平均值），2.2%（最大值）	THDu = 3%～5%

参 考 文 献

[1] 鲁宗相，王彩霞，闵勇等．微电网研究综述 [J]．电力系统自动化，2007，31（19）：100-107.

[2] 盛鹏，孔力，齐智平，等．新型电网-微电网（Microgrid）研究综述 [J]．继电器，2007，35（12）：75-81.

[3] 肖宏飞，刘士荣，郑凌蔚，等．微型电网技术研究初探 [J]．电力系统保护与控制，2009，36（8）：114-119.

[4] 胡学浩．美加联合电网大面积停电事故的反思和启示 [J]．电网技术，2003（16）：2-6.

[5] 鲁顺，高立群，王坷，等．莫斯科大停电分析及启示 [J]．继电器，2005，33（7）：27-31.

[6] 邵德军，尹项根，陈庆前，等．2008 年冰雪灾害对我国南方地区电网的影响分析 [J]．电网技术．2009（5）：38-43.

[7] （美）凯伊哈尼，[印尼] 穆罕默德·N·马瓦里，戴民著．绿色可再生能源电力系统接入 [M]．王志新等，译．北京：中国电力出版社，2013.

[8] 王建，李兴源，邱晓燕．含有分布式发电装置的电力系统研究综述 [J]．电网技术，2005（24）：90-97.

[9] 王成山，王守相．分布式发电供能系统若干问题研究 [J]．电力系统自动化，2008. 32（20）：1-4.

[10] Jewell Ward, Gomatom Phanikrishna, Bam Lokendra, et al. Evaluation of Distributed Electric Energy Storage and Generation [R]. Wichita, Kansas, USA：Power Systems Engineering Research Center (PSERC). 2004.

[11] Ibrahim H. Ilinca A., Perron J. Energy Storage Systems—Characteristics and Comparisons [J]. Renewable and Sustainable Energy Reviews. 2008, 12 (5)：1221～1250.

[12] Lassetter R, Akhil A, Marnay C, et al. The CETRS Micro-Grid Concept [EB/OL] [2008-10-18] CERTS. http://certs. lbl. gov/pdf/50829. pdf.

[13] Nikos Hatziargyriou, Hiroshi Asano, Reza Iravani, Chris Marnay. Microgrids. IEEE Power and Energy Magazine, 2007, 5 (4)：78-94.

[14] US Department of Energy Electricity Distribution Programme. Advanced Distribution Technologies

and Operating Concepts – MicroGrids ［EB/OL］. http://www. electricdistribution. ctc. com/ MicroGrids. htm.

［15］王成山. 微电网分析与仿真理论［M］. 北京：科学出版社，2013.

［16］郭贤. 分布式电源及典型微网的规划方法研究［D］. 上海：上海交通大学，2013.

［17］周文君. 基于分布式电源的微电网规划与分析［D］. 杭州：杭州电子科技大学，2014.

［18］肖俊，白临泉，王成山等. 微网规划设计方法与软件［J］. 中国电机工程学报，2012，32（25）：149–157.

［19］张建华，黄伟. 微电网运行控制与保护技术［M］. 北京：中国电力出版社，2010.

［20］（德）Menfred Stiebler 著，倪玮，许光译. 风力发电系统［M］. 北京：机械工业出版社，2011.

［21］翁一武，翁史烈，苏明. 以微型燃气轮机为核心的分布式供能系统［J］. 中国电力，2003，3，36（3）：1～4.

［22］S. R. Guda, C. Wang, M. H. Nehrir. Modeling of Microturbine Power Generation Systems ［J］. Electric Power Components and Systems, 2006, 34：1027–1041.

［23］Amer Al–Hinai, Feliachi Ali. Dynamic Model of a Microturbine Used As a Distributed Generator ［J］. IEEE Transactions on Power Systems, 2002, 1（1）：209–213.

［24］郑建涛，陈文炎，陆志清. 燃气轮机系统的仿真建模［J］. 热力发电，2007，36（11），56–64.

［25］杨秀，臧海洋，靳希. 微型燃气轮机并网发电系统的仿真分析［J］. 华东电力，2011，5（4），818–821.

［26］唐西胜，齐智平. 超级电容器储能应用于分布式发电系统的能量管理及稳定性研究［D］. 北京：中国科学院电工研究所，2006.

［27］郑凌蔚. 光伏微电网控制与优化的若干问题研究［D］. 上海：华东理工大学，2014.

［28］吴舜裕. 微电网负荷预测与运行控制研究［D］. 杭州：杭州电子科技大学，2013.

［29］Antonis G. Tsikalakis, Nikos D. Hatziargyriou. Centralized Control for Optimizing Microgrids Operation ［J］. IEEE Transaction on Energy Conversion. 2008, 23（1）：241–248.

［30］Juan C. Vasquez, Josep M. Guerrero, Jaume Miret, etc. Hierarchical Control of intelligent Microgrids ［J］. IEEE Industrial Electronics Magazine. 2010, 23–29.

［31］Ali Bidram, Ali Davoudi. Hierarchical Structure of Microgrids Control System ［J］. IEEE Transactions on Smart Grid. 2010, 3（4）：1963–1976.

［32］J. M. Guerrero, J. C. Vasquez, J. Mats, etc. Hierarchical control of droop–controlled AC and DC microgrdis–A general approach toward standardization ［J］. IEEE Transactions on Industrial Electronics. 2011, 58（1）：158–172.

［33］肖朝霞. 微电网控制与运行特性分析［D］. 天津：天津大学，2008.

［34］贺家李，宋从矩. 电力系统继电保护原理［D］. 北京：中国电力出版社，1994.

［35］胡成志，卢继平等. 分布式电源对配电网继电保护影响的分析［J］. 重庆大学学报，2006，29（8）：36–39

［36］荣延泽. 分布式电源建模与微电网控制及保护［D］. 杭州：杭州电子科技大学，2012.

反侵权盗版声明

电子工业出版社依法对本作品享有专有出版权。任何未经权利人书面许可，复制、销售或通过信息网络传播本作品的行为；歪曲、篡改、剽窃本作品的行为，均违反《中华人民共和国著作权法》，其行为人应承担相应的民事责任和行政责任，构成犯罪的，将被依法追究刑事责任。

为了维护市场秩序，保护权利人的合法权益，我社将依法查处和打击侵权盗版的单位和个人。欢迎社会各界人士积极举报侵权盗版行为，本社将奖励举报有功人员，并保证举报人的信息不被泄露。

举报电话：(010) 88254396；(010) 88258888

传　　真：(010) 88254397

E-mail：dbqq@phei. com. cn

通信地址：北京市万寿路 173 信箱

电子工业出版社总编办公室

邮　　编：100036